工业设计专业系列教材

3ds Max
三维建模基础教程

梁艳霞　编著

電子工業出版社
Publishing House of Electronics Industry
北京 · BEIJING

内 容 简 介

本书以计算机三维效果图的创建为主线，较为全面、系统地介绍了利用 3ds Max 软件进行计算机三维建模的思路、方法和技巧。其主要内容包括概述、创建内置基本体、3ds Max 的基本操作、编辑修改器、样条线建模、放样建模、布尔运算、基本材质、真实材质、灯光和摄影机及渲染。同时，本书还配有电子课件和书中实例文件，读者可通过华信教育资源网（www.hxedu.com.cn）免费注册申请。

本书可作为高等学校工业设计、产品设计、室内设计、环境设计等设计类专业的本科教材，也可供设计类专业研究生、科研院所、工矿企业从事工业设计的科技工作者及广大对 3ds Max 软件有兴趣的读者参考使用。

图书在版编目（CIP）数据

3ds Max 三维建模基础教程 / 梁艳霞编著. —北京：电子工业出版社，2019.7

工业设计专业规划教材

ISBN 978-7-121-36278-1

Ⅰ. ①3… Ⅱ. ①梁… Ⅲ. ①三维动画软件－高等学校－教材 Ⅳ. ①TP391.414

中国版本图书馆 CIP 数据核字（2019）第 064966 号

责任编辑：赵玉山　　　　特约编辑：田学清
印　　刷：中煤（北京）印务有限公司
装　　订：中煤（北京）印务有限公司
出版发行：电子工业出版社
　　　　　北京市海淀区万寿路 173 信箱　　　　邮编：100036
开　　本：787×1092　1/16　印张：12.25　字数：275 千字
版　　次：2019 年 7 月第 1 版
印　　次：2024 年 8 月第 11 次印刷
定　　价：39.00 元

凡所购买电子工业出版社图书有缺损问题，请向购买书店调换。若书店售缺，请与本社发行部联系，联系及邮购电话：（010）88254888，88258888。

质量投诉请发邮件至 zlts@phei.com.cn，盗版侵权举报请发邮件至 dbqq@phei.com.cn。

本书咨询联系方式：88254556，zhaoys@phei.com.cn。

前　言

作为一名新时代的优秀设计师，除了需要具有独特的创意和精妙的构思，还需要具有将确定的设计方案淋漓尽致地展示出来的能力和水平。随着计算机技术的飞速发展，目前计算机三维建模软件也如同雨后春笋般地涌现出来，3ds Max 软件即是较早面世的三维建模软件之一。

3ds Max 是一款基于 Windows 操作平台的优秀三维建模和动画制作软件，它是由美国 Autodesk 公司旗下的 Discreet 子公司开发的，其历史最早可追溯到 1992 年。由于该软件能够完成一个三维场景所需要的建模、材质、灯光、动画及渲染等所有工作，同时还具有界面直观、操作简单等特点，因此被广泛应用于产品及室内外效果图的制作中，成为全球非常受欢迎的三维制作软件之一。

本书编者在十多年的高校教学实践中发现，市面上介绍 3ds Max 软件的书籍可谓琳琅满目，许多书籍的编写和印刷质量也相当不错，但却很难找到一本适合高校教学的教材，因此结合自己的教学实践，动手编写了本教材。作为一本基础教程，本教材的立足点在于能够让零基础的高校学生通过短短几十个课时的学习和实践，掌握 3ds Max 软件的体系结构、建模思路和建模能力。本书的编排特点如下：一是注重少而精。在内容选择上以 40 学时左右的教学为原则，选择软件核心的建模技术进行介绍，不求大而全，但求少而精。二是注重理论与实践相结合。避免教材编写中的两种极端情况，即纯理论、纯命令的枯燥介绍或纯实例演练的不得要领，而是将重点命令介绍和实例演练充分结合，力争使读者在最短时间内掌握该软件。

本书较为详尽地介绍了 3ds Max 软件的建模、材质、灯光和摄影机及渲染功能，全书分为 11 章，包含众多的操作小练习和 30 个独立的综合实例。每个教学单元大致可分为理论概述、命令介绍和实例演练 3 个环节。理论概述为读者介绍教学单元中的相关理论知识；命令介绍为读者介绍教学单元中的重点命令，包括其功能和应用方法步骤；实例演练则是通过精心设计和选择的操作实例，一步一步地演练教学单元中介绍过的重点命令，让读者通过具体练习掌握软件在实际建模中的应用。通过这种连贯和整合的教学方式，可以使读者快速进入学习状态，领会讲述内容，掌握操作方法，从而大大节省学习时间，提高学习效率。

本书各章主要内容如下：

第 1 章介绍了 3ds Max 的发展历程及应用，重点介绍了 3ds Max 2018 的工作界面，以及 3ds Max 2018 的基本设置。

第 2 章介绍了软件内置的 11 种标准基本体及 13 种扩展基本体的创建。

第 3 章介绍了 3ds Max 的基本操作，包括选择对象、变换对象、复制对象、捕捉与对齐对象、对象的组等内容，并通过几个综合实例掌握这些操作。

第 4 章介绍了编辑修改器，包括修改器的基础知识，以及常用的锥化、弯曲和扭曲修改器、平滑类修改器、编辑网格修改器及编辑多边形修改器。

第 5 章介绍了样条线建模，包括样条线创建、编辑和三维建模。

第 6 章介绍了放样建模，包括基本放样、多截面放样、调整放样对象及放样物体的 5 种变形。

第 7 章介绍了布尔运算，包括布尔运算的理论知识和布尔运算实例。

第 8 章介绍了基本材质，包括材质概述、材质编辑器、标准材质、复合材质和基本贴图。

第 9 章介绍了真实材质，对 3 种玻璃材质、2 种金属材质、2 种木纹材质、1 种瓷器材质、2 种塑料材质和 1 种镜子材质的编辑方法进行了介绍，并通过一个综合实例，将各种材质的编辑方法予以实际应用。

第 10 章介绍了灯光和摄影机，包括标准灯光、灯光照明原理和摄影机的理论介绍，并通过一个实例演练掌握灯光与摄影机的应用。

第 11 章介绍了渲染，包括渲染的基本常识、常用渲染器及系统默认的扫描线渲染器的使用方法。

华信教育资源网（www.hxedu.com.cn）收录了书中全部实例的源文件和最终渲染作品，以及教材的多媒体课件。

由于编者水平有限，书中的错误与不妥之处在所难免，敬请读者批评、指正。您的意见或建议可通过邮件发至 745898591@qq.com，编者一定会给予答复。

编　者

目　录

第1章

概　述

1.1　3ds Max 的发展历程及应用

3ds Max 是一款基于 Windows 操作平台的优秀三维建模和动画制作软件，它是由美国 Autodesk 公司旗下的 Discreet 子公司开发的。它采用交互式的操作方式，无须编写程序就可以生成非常精美的图像和动画。3ds Max 在模型塑造、场景渲染、动画及特效等方面都能制作出高品质的对象，这也使其在插画、影视动画、游戏、产品造型和效果图等领域中占据领导地位，成为全球非常受欢迎的三维建模和动画制作软件之一。

1.1.1　3ds Max 的发展历程

3ds Max 软件的历史可追溯到 1992 年，当时称为 3D Studio，在 2.0 版本时开始流行，使用 DOS 操作系统。后来随着 Windows 操作系统的普及，开发者在 1996 年推出了全新的 3D Studio Max 1.0，它基于 Windows 95 和 NT 平台，进行了本质上的提升。之后，该软件不断推出新的版本，自 2010 年之后，几乎以一年一个版本的速度不断更新，目前最新版本是 3ds Max 2019。

1.1.2　3ds Max 的应用

3ds Max 的应用领域十分广泛，如设计领域的建筑装潢、工业设计；娱乐领域的影视动画、电影特技、游戏制作、多媒体设计、网页动画设计；军事领域的实战模拟；医学领域的人造器官设计、医学手术模拟；等等。在国内，3ds Max 主要应用在建筑装潢、工业设计、计算机游戏和影视特效制作等方面。

1. 建筑装潢

建筑装潢设计可分为室外建筑设计和室内装潢设计两部分，是目前国内市场相当大并极具发展潜力的行业。在进行建筑施工与装潢设计之前，可以先通过 3ds Max 进行真实场景的模拟，并渲染出多角度的效果图，以观察施工或装潢后的效果。如果效果不理想，则可在施工之前改变方案，从而节约大量的时间和资金。图 1-1 所示为室内装潢效果图。

图 1-1　室内装潢效果图

2. 工业设计

3ds Max 在工业设计领域中已经成为非常有效的技术之一。在新产品的开发中，可以利用 3ds Max 进行计算机辅助设计，从而在产品批量生产之前模拟产品的实际情况。图 1-2 所示为用 3ds Max 软件创建的汽车三维效果图。

图 1-2　汽车三维效果图

3. 计算机游戏

计算机游戏（Computer Game，CG）是随着个人计算机产生而出现的一种由个人计算机程序控制的、以益智或娱乐为目的的游戏。20 世纪 70 年代（特别是 80 年代）以来，随着个人计算机技术的高速发展，各种计算机三维软件（如 3ds Max）在计算机游戏开发中的广泛应用，使得计算机游戏的内容日渐丰富，种类日趋繁多，游戏情节也越来越复杂，图像越来越逼真，如图 1-3 所示。

图 1-3　计算机游戏制作

4. 影视特效

在 Windows NT 出现以前，工业级的计算机游戏制作被 SGI 图形工作站所垄断。3D Studio Max + Windows NT 组合的出现降低了计算机游戏的制作门槛，首先开始运用在计算机游戏的动画制作中，后来进一步开始参与影视片的特效制作，如《X 战警 II》《最后的武士》等。图 1-4 所示为《最后的武士》中的一幅剧照。

图 1-4　影视特效制作

1.2　3ds Max 2018 的工作界面

熟悉软件的界面是学习软件的基础，3ds Max 是运行在 Windows 系统之下的三维建模和动画制作软件，具有一般窗口式软件的界面特征，即窗口式的操作接口。

3ds Max 2018 的主界面由标题栏、菜单栏、主工具栏、命令面板、视图区、视图导航控制按钮、状态栏、动画控件等组成，如图 1-5 所示。

无标题 - Autodesk 3ds Max 2018
文件(F)　编辑(E)　工具(T)　组(G)　视图(V)　创建(C)　修改器(M)　动画(A)　图形编辑器(D)　渲染(R)　Civil View　自定义(U)　脚本(S)

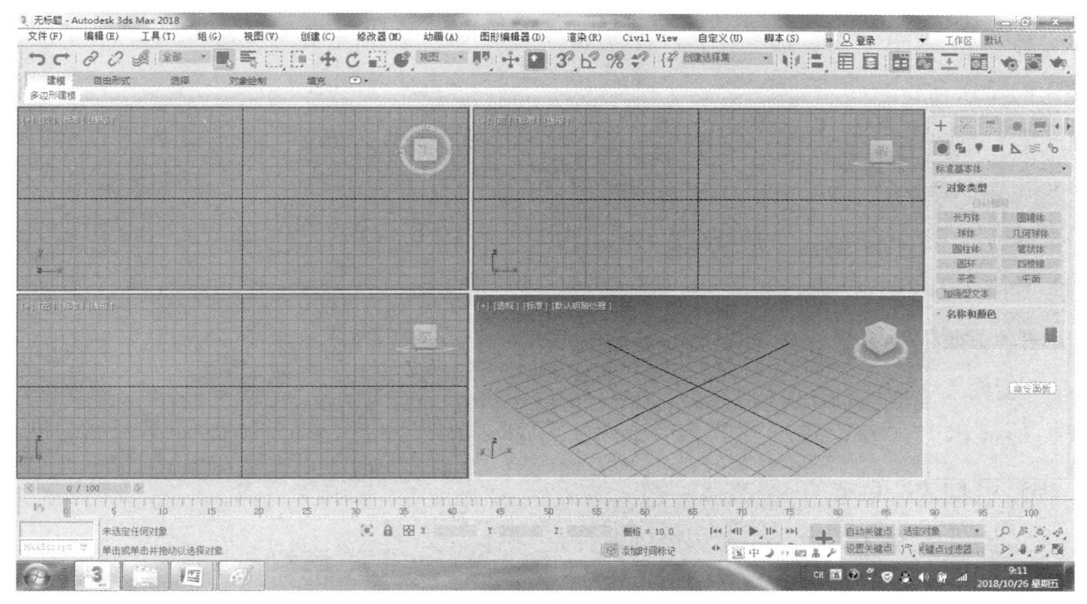

图 1-5　3ds Max 2018 的操作界面

1.2.1　标题栏

标题栏位于界面的顶部，它主要包含当前编辑的软件图标、文件名称、软件名称和版本信息，以及右侧的 3 个按钮：最小化、向下还原和关闭，如图 1-6 所示。

无标题 - Autodesk 3ds Max 2018

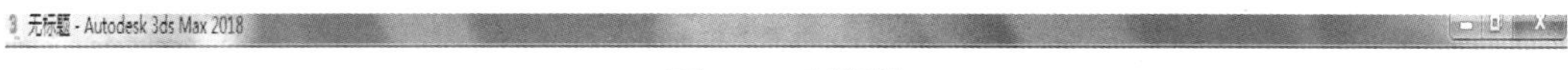

图 1-6　标题栏

1.2.2　菜单栏

菜单栏位于标题栏的下方，包含“文件”“编辑”“工具”“组”“视图”“创建”“修改器”“动画”“图形编辑器”“渲染”“Civil View”“自定义”和“脚本”13 个主菜单，如图 1-7 所示。3ds Max 的绝大部分命令都可以在菜单栏中找到并执行。

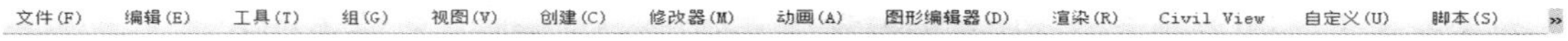

文件(F)　编辑(E)　工具(T)　组(G)　视图(V)　创建(C)　修改器(M)　动画(A)　图形编辑器(D)　渲染(R)　Civil View　自定义(U)　脚本(S)

图 1-7　菜单栏

1. “文件”菜单

“文件”菜单包括对文件的常用操作，如打开、保存、导入、导出等常用命令。

2. “编辑”菜单

“编辑”菜单包括编辑对象的常用命令，这些命令基本都配有快捷键。

3. “工具”菜单

“工具”菜单主要包括对物体进行基本操作的常用命令。

4. “组”菜单

“组”菜单中的命令可以将场景中的一个或多个对象编成一组，同样也可以将成组的物体拆分为单个物体。

5. “视图”菜单

“视图”菜单中的命令主要用来控制视图的显示方式及设置视图的相关参数。

6. “创建”菜单

“创建”菜单中的命令主要用来创建几何体、二维图形、灯光和粒子等对象。

7. “修改器”菜单

“修改器”菜单中的命令集合了所有的修改器。

8. “动画”菜单

“动画”菜单主要用来制作动画，包括正向动力学、反向动力学及创建和修改骨骼的命令。

9. “图形编辑器”菜单

“图形编辑器”菜单是场景元素之间用图形化视图方式来表达关系的菜单，包括“轨迹视图-曲线编辑器”“轨迹视图-摄影表”等。

10. “渲染”菜单

“渲染”菜单主要用于设置渲染参数，包括“渲染”“环境”和“效果”等命令。

11. “Civil View”菜单

“Civil View”菜单只包括一个“初始化 Civil View”命令，即主要对 Civil 项目中的测量单位进行选择和设置。

12. “自定义”菜单

“自定义”菜单主要用来更改用户界面及设置 3ds Max 的首选项。通过该菜单可以定制自己的界面，同时还可以对 3ds Max 系统进行设置，如设置场景单位和自动备份等。

13. “脚本”菜单

MAXScript（MAX 脚本）是 3ds Max 的内置脚本语言，MAXScript 菜单下包含创建、打开和运行脚本的命令。

1.2.3 主工具栏

在默认情况下，3ds Max 只显示主工具栏。主工具栏中集合了最常用的一些编辑工具，如图 1-8 所示。主工具栏比较长，当前屏幕不能够完全显示，如果想观察或应用看不到的部分，则只需将鼠标放在主工具栏的任意空白处，按住鼠标左键左右拖动，即可观看到完整的主工具栏。某些工具的右下角有一个三角形图标，单击该图标就会弹出下拉工具列表。

图 1-8 主工具栏

在主工具栏中，从左到右用竖向分隔线将不同功能类的工具分隔开来，操作时可快速定位与选择。这些工具从左到右主要包括：撤销与重做、链接类工具、选择类工具、选择与操作类工具、捕捉类工具、镜像与对齐工具、切换类工具、材质编辑器，以及渲染类工具等。

1.2.4　命令面板

3ds Max 的核心部分就是它的命令面板。在命令面板中，可以进行 3ds Max 中的大部分操作，如创建、修改、动画等。在命令面板顶部有 6 个图标，分别是创建、修改、层次、运动、显示和实用程序，在默认状态下显示的是创建面板，如图 1-9 所示。

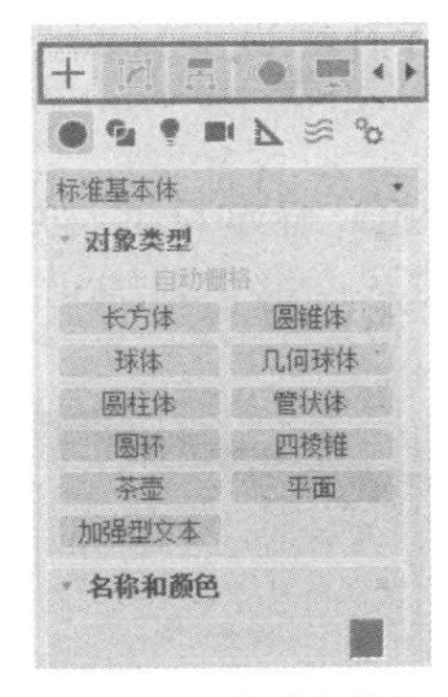

图 1-9　命令面板

1. 创建面板

创建面板是非常重要的面板之一，在该面板中可以创建 7 种类型的对象，分别是几何体、图形、灯光、摄影机、辅助对象、空间扭曲和系统，如图 1-10 所示。

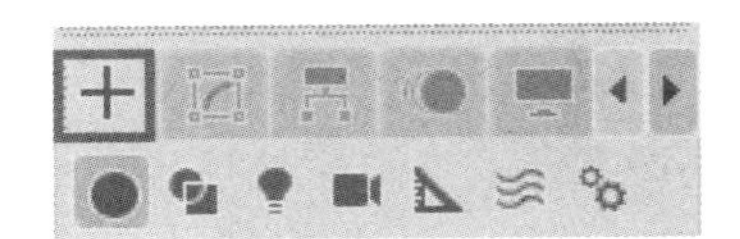

图 1-10　创建面板

2. 修改面板

修改面板也是非常重要的面板之一，该面板主要用来调整场景的参数，以及给对象施加编辑修改器，如图 1-11 所示。

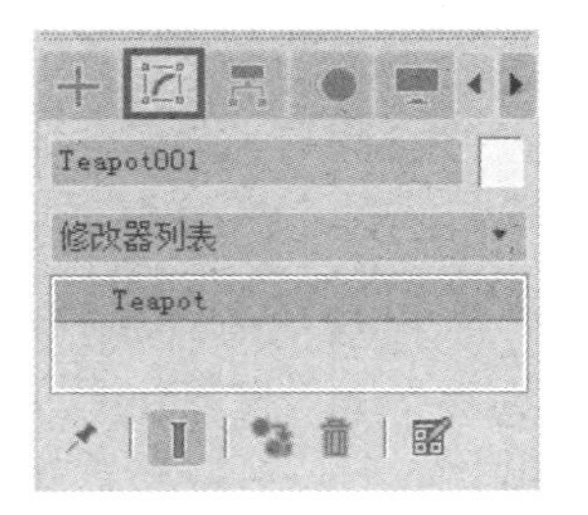

图 1-11　修改面板

3. 层次面板

在层次面板中可以访问调整对象间的层次链接信息，通过将一个对象与另一个对象相链接，可以创建对象之间的父子关系，如图 1-12 所示。

图 1-12　层次面板

4. 运动面板

运动面板中的工具与参数主要用来调整选定对象的运动属性，如图 1-13 所示。

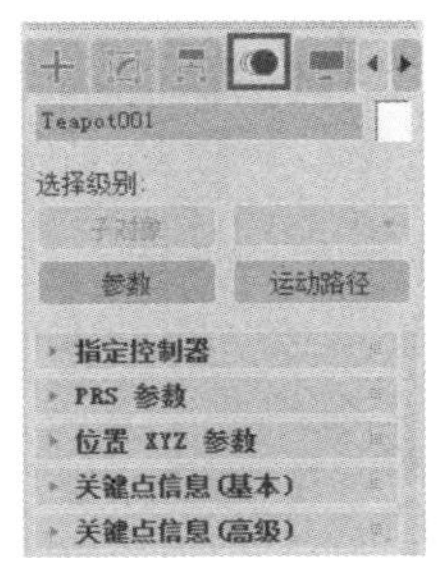

图 1-13　运动面板

5. 显示面板

显示面板中的参数主要用来设置场景中控制对象的显示方式，如图 1-14 所示。

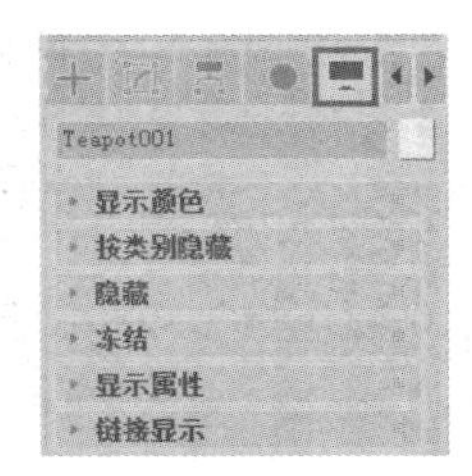

图 1-14　显示面板

6. 实用程序面板

在实用程序面板中可以访问各种工具程序，包含用于管理和调用的卷展栏，如图 1-15 所示。

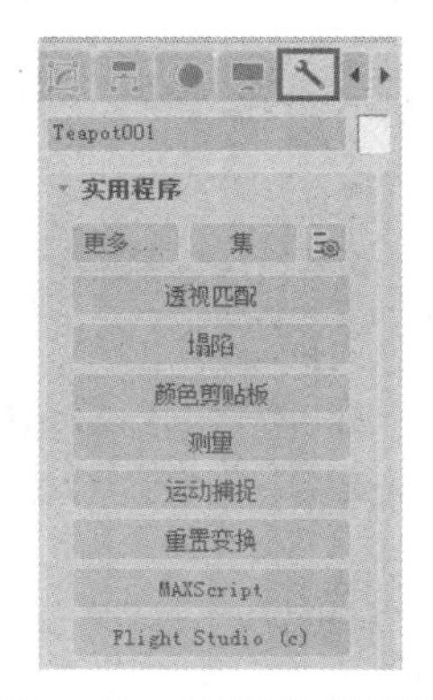

图 1-15　实用程序面板

1.2.5　视图区

视图区是操作界面中最大的区域，也是 3ds Max 中用于实际工作的区域，在默认状态下为四视图显示，包括顶视图、左视图、前视图和透视图 4 个视图。在这些视图中，可以从不同的角度对场景中的对象进行观察和编辑。

每个视图的左上角都会显示视图的名称及模型的显示方式，右上角有一个导航器，如图 1-16 所示。

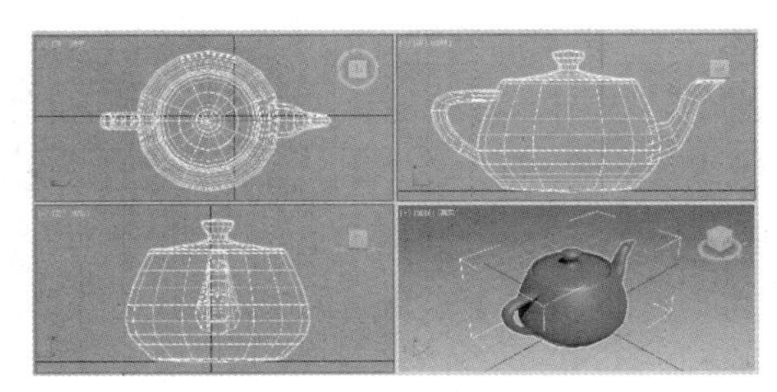

图 1-16　视图区

1.2.6　视图导航控制按钮

视图导航控制按钮位于界面的右下角，主要用来控制视图的显示和导航。使用这些按钮可以缩放、平移和旋转活动的视图。它包含 8 个按钮，如图 1-17 所示，有些按钮的右下角有一个小三角，按住该按钮，还会出现按钮选择列表。

图 1-17　视图导航控制按钮

1. 缩放

使用该工具可以在视图中通过拖曳光标来调整对象的显示比例。

2. 缩放所有视图

使用该工具可以同时调整透视图和所有正交视图中对象的显示比例。

3. 最大化显示

该按钮包含两个选项，一个是“最大化显示”，其作用是将当前激活视图中的所有对象居中显示出来；另一个是“最大化显示选定对象”，其作用是将当前激活视图中的选定对象居中显示出来。

4. 所有视图最大化显示

该按钮包含两个选项，一个是“所有视图最大化显示”，其作用是将场景中的对象在所有视图中居中显示出来；另一个是“所有视图最大化显示选定对象”，其作用是将所有可见的选定对象或对象集在所有视图中以居中最大化的方式显示出来。

5. 视野

该按钮包含两个选项，一个是“视野”，使用该工具可以调整视图中可见对象的数量和透视张角量。视野的效果与摄影机的镜头相关，视野越大，观察到的对象就越多，而透视会扭曲；视野越小，观察到的对象就越少，而透视会展平。另一个是“缩放区域”，使用该工具可以放大选定的矩形区域。该工具适用于正交视图、透视图和三向投影视图，但不能用于摄影机视图。

6. 平移视图

该按钮包含 3 个选项，分别是“平移视图”、“2D 平移缩放模式”和“穿行”。“平移视图”工具可以将选定的视图平移到任何位置；“2D 平移缩放模式”工具在平移的同时还可以进行 2D 缩放；“穿行”工具主要用于摄影机视图。

7. 环绕

该按钮包含 4 个选项，分别是“环绕”、“选定的环绕”、“环绕子对象”和“动态观察关注点”。

“环绕”：使用该工具可以让视图范围内的所有对象同时进行旋转。

“选定的环绕”：使用该工具可以让视图围绕选定的对象进行旋转，同时选定的对象会保留在视口中相同的位置。

“环绕子对象”：使用该工具可以让视图围绕选定的子对象或对象进行旋转的同时，使选定的子对象或对象保留在视口中相同的位置。

“动态观察关注点”：使用光标位置（关注点）作为旋转中心。当视图围绕其中心旋转时，关注点将保持在视口中的同一位置。

8. 最大化视口切换

使用该按钮可以将活动视口在正常大小和全屏大小之间进行切换，其快捷键为“Alt+W”。

1.2.7　状态栏

状态栏位于轨迹栏的下方，它提供了选定对象的数目、类型、变换值和栅格数目等信息，并且状态栏可以基于当前光标位置和当前活动程序来提供动态反馈信息，如图 1-18 所示。

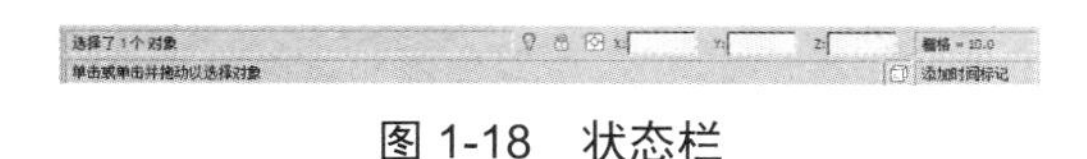

图 1-18　状态栏

1.2.8　动画控件

动画控件位于操作界面的底部，包含时间尺和时间控制按钮两大部分，主要用于预览动画、创建动画关键帧与配置动画时间等。

1.2.9　其他部分

除上述主要部分外，3ds Max 2018 的操作界面上还有“视口布局选项卡”“建模工具选项卡”等内容，这些可根据需要打开或关闭。

1.3　3ds Max 2018 的基本设置

1.3.1　自定义用户界面

用户可以自定义用户界面，并将定义好的界面以文件的形式进行保存，以便于在不同的情况下调用不同的界面布局。

打开主菜单中的“自定义”菜单，单击“自定义用户界面”，会弹出“自定义用户界面”对话框，在该对话框中即可对用户界面进行自定义。该对话框包括 6 个选项卡，即“键盘”“鼠标”“工具栏”“四元菜单”“菜单”和“颜色”，用户可根据实际需要对这 6 大部分分别进行自定义，如图 1-19 所示。

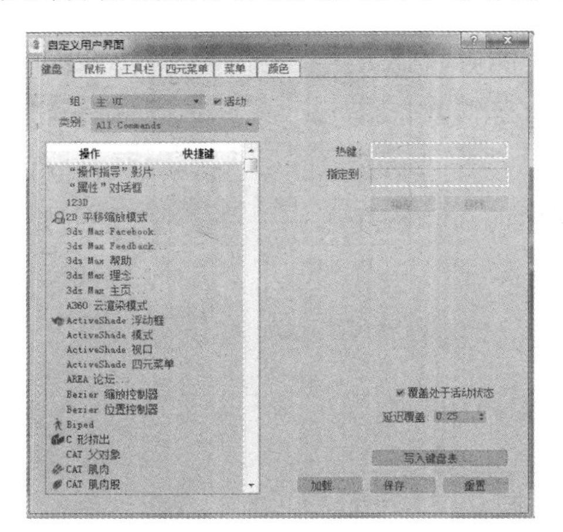

图 1-19　“自定义用户界面”对话框

1.3.2　加载自定义用户界面

执行“加载自定义用户界面方案…”命令可以打开“加载自定义用户界面方案”对话框，如图 1-20 所示，在该对话框中可以选择想要加载的用户界面方案。

例如，在默认情况下，3ds Max 的界面颜色为黑色，看起来比较吃力，这时就可利用该命令来更改界面颜色。如图 1-20 所示，选择文件夹中的“ame-light”界面方案，单击“打开”按钮即可。本书所示即为该界面方案。

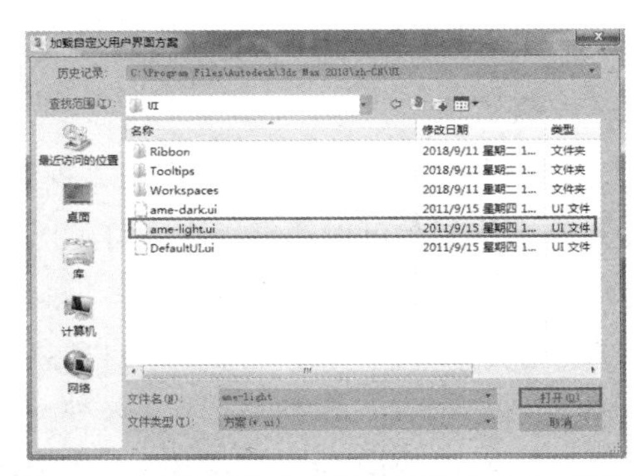

图 1-20　“加载自定义用户界面方案”对话框

1.3.3　单位设置

单位设置是自定义菜单下的重要命令之一，由于不同建模情况下所需要的图形单位不同，因此常常需要对单位进行设置。

打开主菜单中的“自定义”菜单，单击“单位设置”，会弹出“单位设置”对话框，在该对话框中即可对建模单位进行设置，一般设置为毫米，如图 1-21 所示。

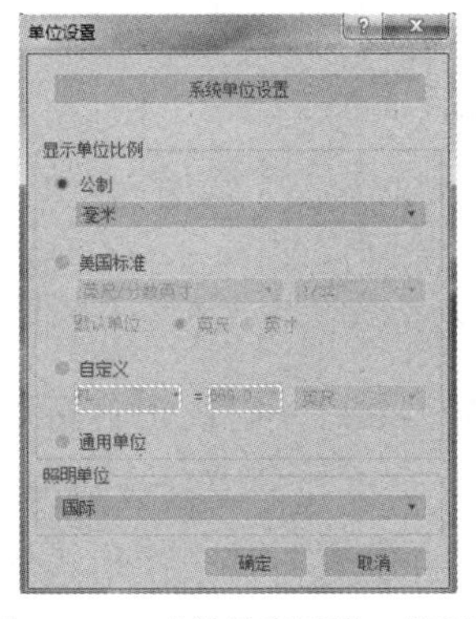

图 1-21　“单位设置”对话框

第2章

创建内置基本体

利用 3ds Max 软件进行效果图制作时，一般都遵循由“建模—材质—灯光—渲染”这 4 个基本步骤组成的流程。建模是效果图制作的基础，没有模型，材质和灯光就是无稽之谈。

3ds Max 软件中的建模方法有很多种，大致可以分为内置几何体建模、复合对象建模、二维图形建模、网格建模、多边形建模、面片建模和 NURBS 建模 7 种。确切地说，它们不应该有固定的分类，因为它们之间可以交互使用。

内置几何体模型是 3ds Max 软件中自带的一些模型，用户可以直接调用这些模型。如图 2-1 所示，在创建命令面板下的几何体类型中，系统提供了标准基本体、扩展基本体、门、窗、AEC 扩展、楼梯等 17 类几何体，本章将介绍建模中最为常用的标准基本体和扩展基本体。

这些形体的创建方法非常简单，用户只需单击创建命令按钮，然后在场景视图内单击并拖动鼠标，即可直接生成相应的三维形体。

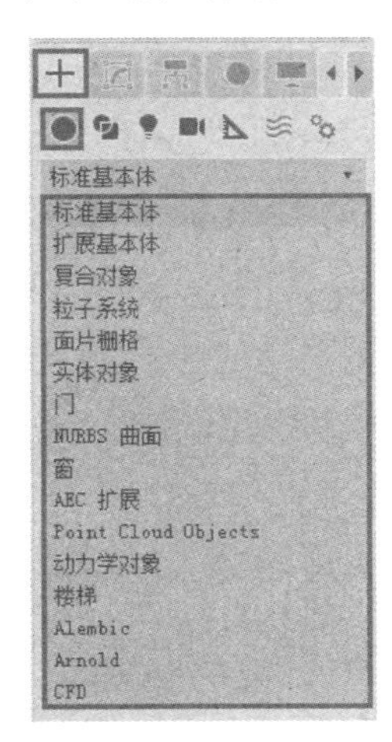

图 2-1　3ds Max 2018 中的几何体

2.1 标准基本体的创建

在 3ds Max 软件中，用户可以使用多个基本体的组合来创建模型，还可以将基本体组合到更复杂的对象中，并使用修改器进一步细化操作。

在创建命令面板中单击“几何体”按钮，在该面板顶部的下拉列表中选择“标准基本体”选项，即可打开标准基本体的创建命令面板。该面板包含 11 种标准基本体，分别是长方体、圆锥体、球体、几何球体、圆柱体、管状体、圆环、四棱锥、茶壶、平面和加强型文本，如图 2-2 所示。

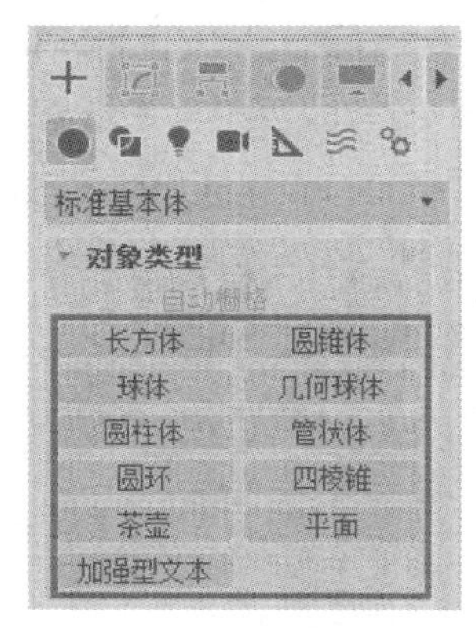

图 2-2　标准基本体创建命令面板

2.1.1 长方体

长方体是建模中最常用的几何体，在现实生活中与长方体接近的物体很多。我们可以直接使用长方体创建出很多模型，如方桌、墙体等，同时还可以将长方体用作多边形建模的基础物体。长方体模型及参数设置面板如图 2-3 所示。

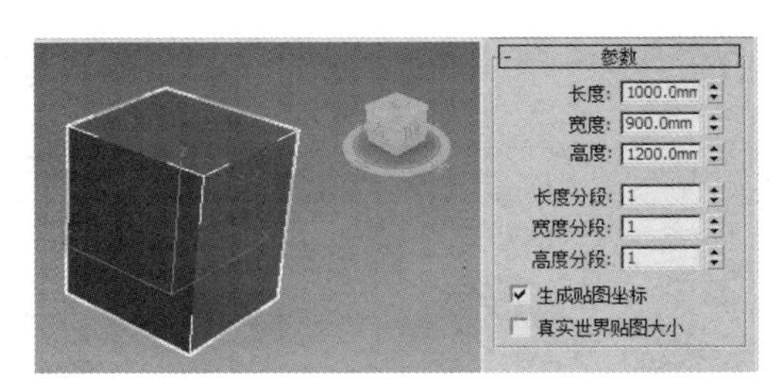

图 2-3　长方体模型及参数设置面板

1. 长方体创建步骤

（1）执行“创建—几何体—标准基本体—长方体”命令。

（2）在顶视图中按住鼠标左键并拖动，在窗口中生成一个矩形框，松开鼠标后就完成了长方体底面的创建。

（3）向上或向下移动鼠标，移至合适的高度后单击，一个长方体就创建好了，如图 2-3 所示。

2. 长方体重要参数介绍

（1）长度/宽度/高度：这 3 个参数决定了长方体的外形，分别用来设置长方体的长度、宽度和高度。

（2）长度分段/宽度分段/高度分段：这 3 个参数用来设置沿着对象每个轴的分段数量。

2.1.2 圆锥体

我们在现实生活中经常会见到圆锥体，如冰激凌的外壳、吊坠等，其模型及参数设置面板如图 2-4 所示。

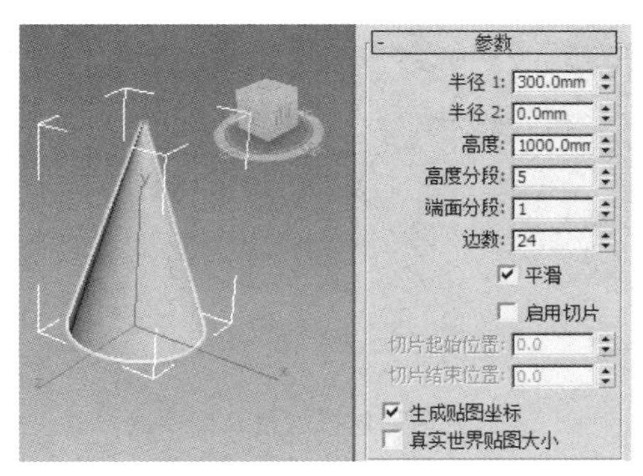

图 2-4　圆锥体模型及参数设置面板

1. 圆锥体创建步骤

（1）执行“创建—几何体—标准基本体—圆锥体”命令。

（2）在顶视图中按住鼠标左键并拖动，在窗口中生成圆锥体的底面圆。

（3）向上或向下移动鼠标，移至合适的高度后单击，圆锥体的高度就确定了；然后移动鼠标，将圆锥体的另一个底面圆收缩为一个点，即完成了圆锥体的创建，如图 2-4 所示。

2. 圆锥体重要参数介绍

（1）半径 1/半径 2：设置圆锥体的第 1 个和第 2 个半径，两个半径的最小值都是 0。

（2）高度：设置沿着中心轴的高度。负值将在构造平面下面创建圆锥体。

（3）高度分段：设置沿着圆锥体主轴的分段数。

（4）端面分段：设置围绕圆锥体顶部和底部的中心的同心分段数。

（5）边数：设置圆锥体周围边数。

（6）平滑：混合圆锥体的面，从而在渲染视图中创建平滑的外观。

（7）启用切片：控制是否开启“切片”功能。

（8）切片起始/结束位置：设置从局部 X 轴的零点开始围绕局部 Z 轴的度数。

2.1.3　球体

球体也是现实生活中常见的几何体。在 3ds Max 软件中，可以创建完整的球体，也可以创建半球体或球体的其他部分。球体表面的细分网格是由一组组平行的经纬线垂直相交组成的，与我们平常见到的地球仪表面一样。球体模型及参数设置面板如图 2-5 所示。

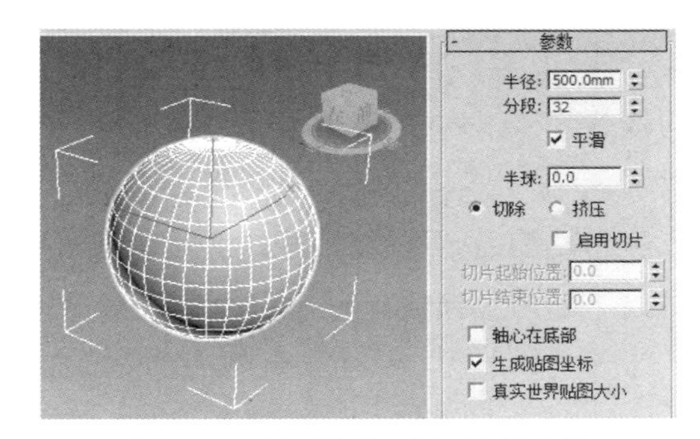

图 2-5　球体模型及参数设置面板

1. 球体创建步骤

（1）执行“创建—几何体—标准基本体—球体”命令。

（2）在透视图中确定一个点，按住鼠标左键并向外拖动，拉出一个逐渐增大的球体，增大至适当体积时松开鼠标，即可完成一个球体的创建，如图 2-5 所示。

2. 球体重要参数介绍

（1）半径：指定球体的半径。

（2）分段：设置球体多边形分段的数目。分段越多，球体越圆滑；反之则越粗糙。

（3）平滑：混合球体的面，从而在渲染视图中创建平滑的外观。

（4）半球：设置该值以创建部分球体，取值范围为 0～1。值为 0 时可以生成完整的球体；值为 0.5 时可以生成半球，如图 2-6 所示；值为 1 时会使球体消失。

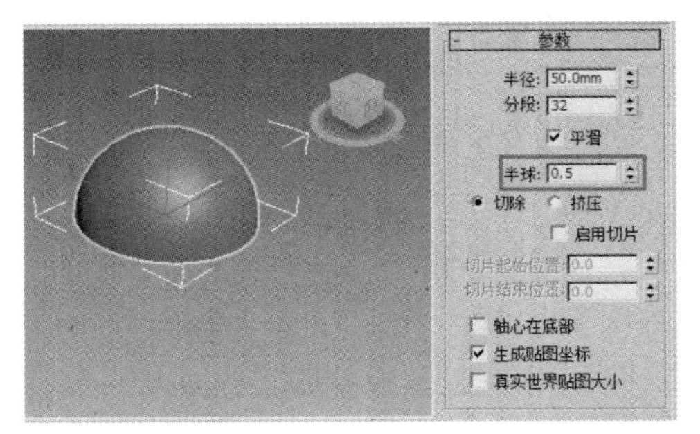

图 2-6　半球模型及参数设置面板

（5）切除：通过在半球断开时将球体中的顶点数和面数进行“切除”来减少它们的数量。

（6）挤压：保持原始球体中的顶点数和面数，将一部分球体挤压进去，使得剩余的半球分段数不变，从而导致网格密度增加。

（7）轴心在底部：启用该复选框后，球体坐标系的中心会从球体的生成中心调整到球体的底部。

2.1.4　几何球体

几何球体是 3ds Max 软件提供的另一种球体模型，它的表面细分网格是由众多的小三角面拼接而成的，形状如同日常生活中见到的篮球、足球等球体表面一样。几何球体的设置参数较少，但是在相同节点数的前提下，几何球体产生变形效果比球体更容易，生成的模型更光滑。因此，用户在利用球体变形时，最好使用几何球体模型。几何球体模型及参数设置面板如图 2-7 所示。

图 2-7　几何球体模型及参数设置面板

1. 几何球体创建步骤

（1）执行“创建—几何体—标准基本体—几何球体”命令。

（2）在透视图中确定一个点，按住鼠标左键并向外拖动，拉出一个逐渐增大的球体，增大至适当体积时松开鼠标，即可完成一个几何球体的创建，如图 2-7 所示。

2. 几何球体重要参数介绍

（1）基点面类型：该选项组可用来设定几何球体表面基本组成单位的类型是四面体、八面体，还是二十面体。

（2）平滑：在默认情况下，该复选框为启用状态，所创建的球体表面是光滑的。如果取消勾选该复选框，效果则反之。

（3）半球：启用该复选框，几何球体将变成标准的半球体。

2.1.5　圆柱体

圆柱体在现实生活中很常见，如玻璃杯和桌体等。它的形状由“半径”和“高度”两个参数来确定，细分网格由“高度分段”“端面分段”和“边数”来确定。圆柱体模型及参数设置面板如图 2-8 所示。

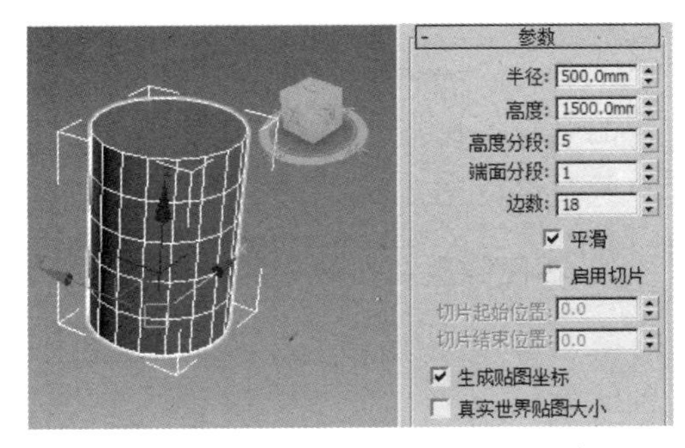

图 2-8　圆柱体模型及参数设置面板

1. 圆柱体创建步骤

（1）执行“创建—几何体—标准基本体—圆柱体”命令。

（2）在顶视图中按住鼠标左键并拖动，拉出一个圆形后松开鼠标，即完成了圆柱体的底面创建。

（3）向上移动鼠标，参照透视图观察圆柱体的高度变化，移至合适的高度后单击，一个圆柱体就创建好了，如图 2-8 所示。

在上述操作步骤中，创建的圆柱体是在选择“创建方法”卷展栏中的“中心”单选按钮时生成的，即将起始拖拉点作为圆柱体底面中心点。该卷展栏中的“边”单选按钮是将起始拖拉点作为圆柱体底面边缘上的一点。

2. 圆柱体重要参数介绍

圆柱体创建参数中的半径、高度、高度分段、端面分段和边数，其含义与 2.1.2 节“圆锥体”中的含义完全一致，在此不再赘述。

2.1.6　管状体

管状体的外形与圆柱体相似，只不过管状体是空心的，因此管状体有两个半径，即外径（半径 1）和内径（半径 2）。管状体模型及参数设置面板如图 2-9 所示。

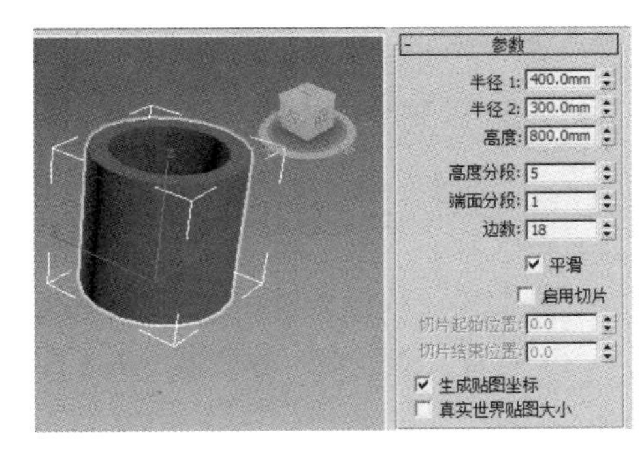

图 2-9　管状体模型及参数设置面板

管状体的创建步骤与圆柱体十分类似，只不过比圆柱体多了一个半径，其创建参数的含义也与圆柱体完全一致，因此不再赘述。

2.1.7　圆环

圆环可用于创建环形或具有圆形横截面的环状物体，其模型及参数设置面板如图 2-10 所示。

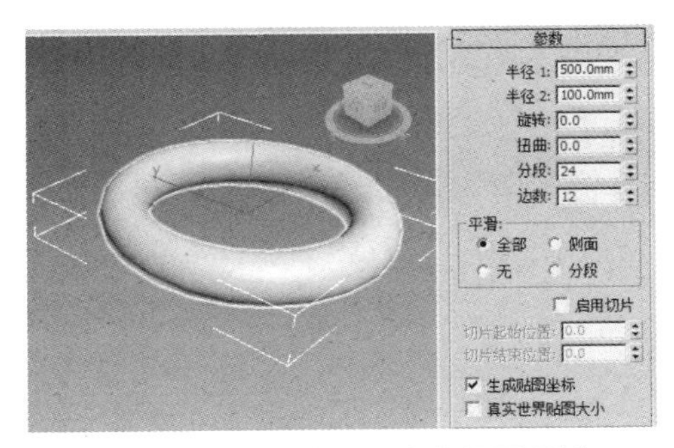

图 2-10　圆环模型及参数设置面板

1. 圆环创建步骤

（1）执行“创建—几何体—标准基本体—圆环”命令。

（2）在任意视图中按住鼠标左键并拖动，拉出一个圆形后松开鼠标，即确定了圆环的半径 1 尺寸。

（3）移动鼠标至合适大小，即确定了圆环的半径 2 尺寸，圆环创建完成。

2. 圆环重要参数介绍

（1）半径 1：设置从环形的中心到横截面圆形的中心的距离。这是环形环的半径。

（2）半径 2：设置横截面圆形的半径。

（3）旋转：设置旋转的度数，顶点将围绕通过环形环中心的圆形非均匀旋转。

（4）扭曲：设置扭曲的度数，横截面将围绕通过环形中心的圆形逐渐旋转。

（5）分段：设置围绕环形的分段数目。

（6）边数：设置环形横截面圆形的边数。

2.1.8 四棱锥

四棱锥的底面是正方形或矩形，侧面是三角形，其模型及参数设置面板如图 2-11 所示。

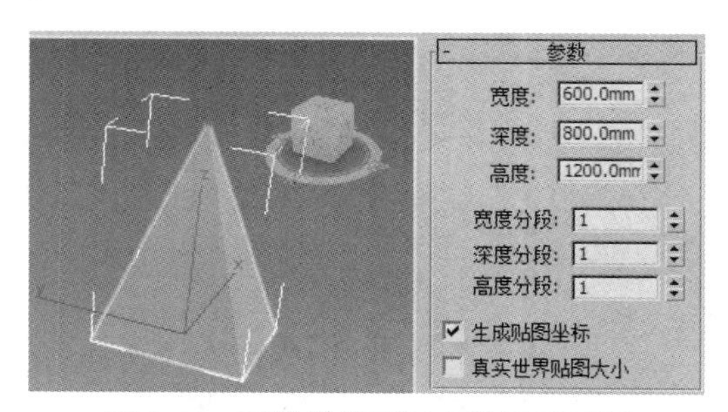

图 2-11 四棱锥模型及参数设置面板

1. 四棱锥创建步骤

（1）执行“创建—几何体—标准基本体—四棱锥”命令。

（2）在顶视图中按住鼠标左键并拖动，拉出一个矩形后松开鼠标，即完成了四棱锥的底面创建。

（3）向上移动鼠标，参照透视图观察四棱锥的高度变化，移至合适的高度后单击，一个四棱锥就创建好了，如图 2-11 所示。

2. 四棱锥重要参数介绍

（1）宽度/深度/高度：设置四棱锥对应面的维度尺寸。

（2）宽度分段/深度分段/高度分段：设置四棱锥对应面的分段数。

2.1.9 茶壶

茶壶是室内场景中经常使用到的一个物体，使用“茶壶”工具可以方便、快捷地创建出一个精度较低的茶壶，其模型及参数设置面板如图 2-12 所示。

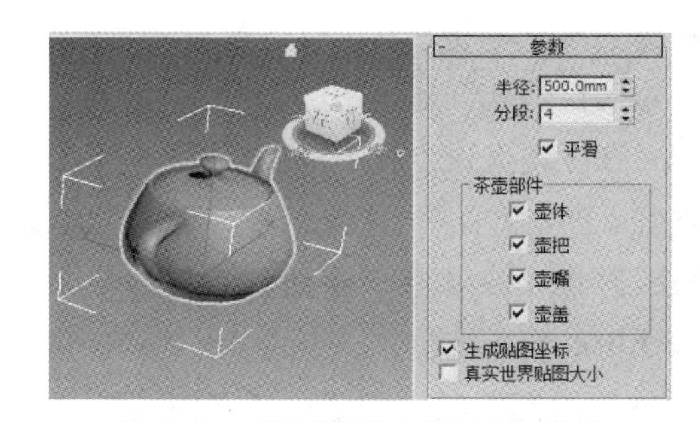

图 2-12 茶壶模型及参数设置面板

茶壶的创建非常简单，按住鼠标左键，在视图中直接拖动鼠标，确定茶壶大小后松开鼠标，即可创建一个茶壶。

茶壶的创建参数也与前述模型类似，这里不再赘述。

2.1.10 平面

平面在建模过程中使用的频率非常高，如墙面和地面等，其模型及参数设置面板如图 2-13 所示。

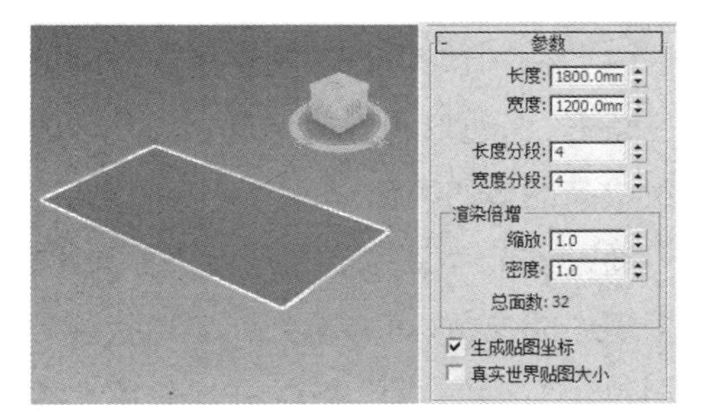

图 2-13　平面模型及参数设置面板

平面的创建非常简单，按住鼠标左键直接在视图中拖动，确定平面大小后松开鼠标，即可创建一个平面。

平面的创建参数也与前述模型类似，此处不再赘述。

2.1.11　加强型文本

加强型文本是文本命令的升级，利用它不仅可以创建二维文本，还可以通过命令卷展栏中的挤出、倒角、倒角剖面等命令直接生成三维文本，如图 2-14 所示。

执行“加强型文本”命令后，在“参数”卷展栏中的文本框中直接输入想创建的文本内容，用鼠标在视图中单击即可创建加强型文本。

图 2-14　加强型文本模型及参数设置面板

2.2　扩展基本体的创建

扩展基本体是基于标准基本体的一种扩展物体，共有 13 种，分别是异面体、环形结、切角长方体、切角圆柱体、油罐、胶囊、纺锤、L-Ext、球棱柱、C-Ext、环形波、软管和棱柱，如图 2-15 所示。

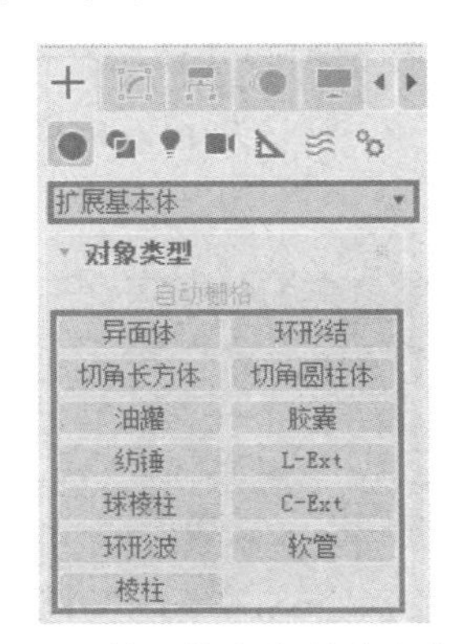

图 2-15　扩展基本体创建命令面板

利用这些扩展基本体，可以快速创建出一些简单的模型，如使用“软管”工具制作冷饮吸管、使用“油罐”工具制作货车油罐、使用“胶囊”工具制作胶囊药物等。图 2-16 所示为所有的扩展基本体。

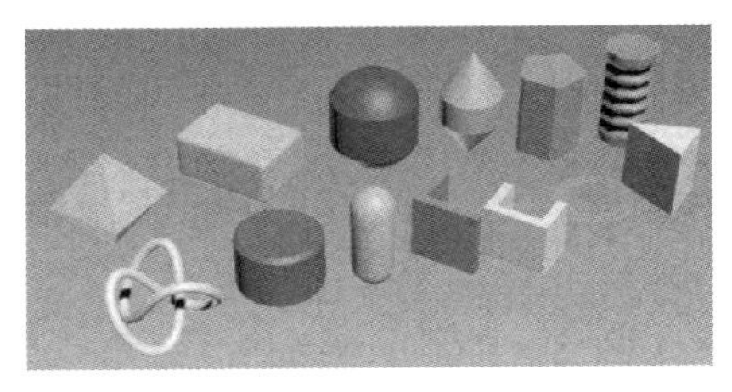

图 2-16　13 种扩展基本体

在实际建模中，并非所有的扩展基本体都很常用，因此下面仅介绍几种较为常用的扩展基本体。

2.2.1 异面体

异面体是一种非常典型的扩展基本体，可以用它来创建四面体、立方体和星形等。

1. 异面体创建步骤

（1）执行“创建—几何体—扩展基本体—异面体”命令。

（2）在透视图中按住鼠标左键并拖动，逐渐拉大异面体，当增大至所需体积时松开鼠标，一个异面体就创建好了，如图 2-17 所示。

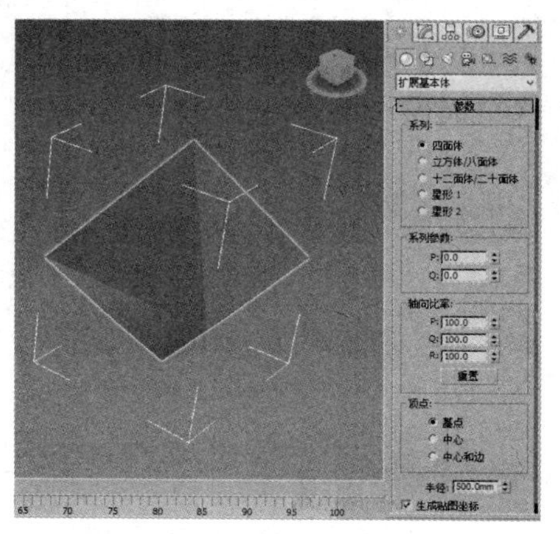

图 2-17 异面体模型及参数设置面板

2. 异面体重要参数介绍

（1）系列：在这个选项组中可以选择异面体的类型，系统提供了 5 种系列类型，依次为四面体、立方体/八面体、十二面体/二十面体、星形 1 和星形 2，如图 2-18 所示。

图 2-18 异面体的 5 种类型

（2）系列参数：在该选项组中通过设置 P 和 Q 的参数可以控制异面体顶点和面之间的形状转换，其数值范围为 0～1。

（3）轴向比率：该选项组用于控制如何由三角形、四边形和五边形这 3 种基本的平面组成多面体的表面。

通过调节“系列参数”和“轴向比率”选项组中的参数，可以得到许多形状各异的多面体，读者可自行调节，并注意留意参数调节给三维形体带来的变化。

（4）顶点：该选项组用来确定异面体内部顶点的创建方法，可决定多面体每个面的内部几何体，包括“基点”“中心”“中心和边”3 个单选按钮。

（5）半径：设置任何多面体的半径。

2.2.2 切角长方体

切角长方体是长方体的扩展物体，可以快速创建出带圆角效果的长方体。其大小和形状由“长度”“宽度”“高度”和“圆角”4 个参数决定。

1. 切角长方体创建步骤

（1）执行“创建—几何体—扩展基本体—切角长方体”命令。

（2）在顶视图中按住鼠标左键并拖动，向上移动鼠标指针，确定形体的底面和高度，然后向其坐标轴轴心处移动鼠标，定义切角长方体的倒角，则切角长方体创建完成，如图 2-19 所示。

图 2-19 切角长方体模型及参数设置面板

2. 切角长方体重要参数介绍

（1）长度/宽度/高度：用来设置切角长方体的长度、宽度和高度尺寸。

（2）圆角：切开切角长方体的边，以创建圆角效果，该参数用来设置切角长方体的圆角尺寸。

（3）长度分段/宽度分段/高度分段：设置沿着相应轴的分段数量。

（4）圆角分段：设置切角长方体圆角边时的分段数。

2.2.3　切角圆柱体

切角圆柱体是圆柱体的扩展物体，可以快速创建出带圆角效果的圆柱体。

1. 切角圆柱体创建步骤

（1）执行“创建—几何体—扩展基本体—切角圆柱体”命令。

（2）先创建一个圆柱体，然后向上移动鼠标指针，确定切角量，即可完成切角圆柱体的创建，如图 2-20 所示。

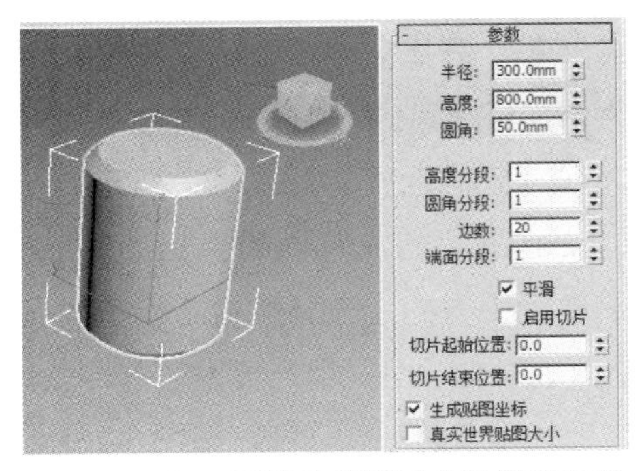

图 2-20　切角圆柱体模型及参数设置面板

2. 切角圆柱体重要参数介绍

切角圆柱体的大部分参数与圆柱体完全相同，唯一不同的就是切角参数。

（1）圆角：斜切切角圆柱体的顶部和底部封口边，该参数用来设置切角圆柱体的圆角尺寸。

（2）圆角分段：设置切角圆柱体圆角边时的分段数。

2.2.4　L-Ext/C-Ext

使用“L-Ext”工具可以创建并挤出 L 形的对象，其模型及参数设置面板如图 2-21 所示；使用“C-Ext”工具可以创建并挤出 C 形的对象，其模型及参数设置面板如图 2-22 所示。L-Ext 和 C-Ext 经常用在建筑和室内设计的墙体建模中。

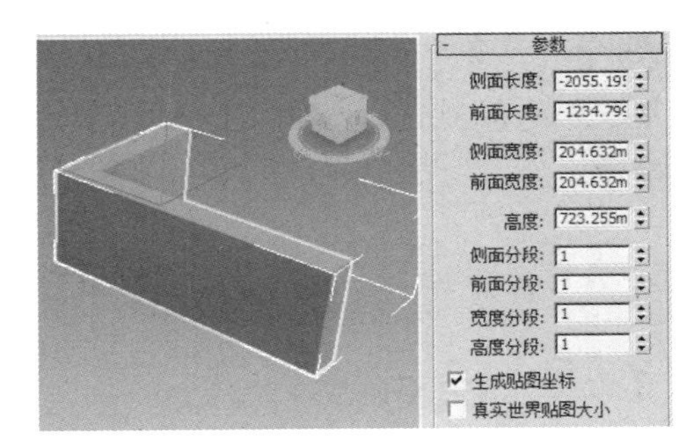

图 2-21　L-Ext 模型及参数设置面板

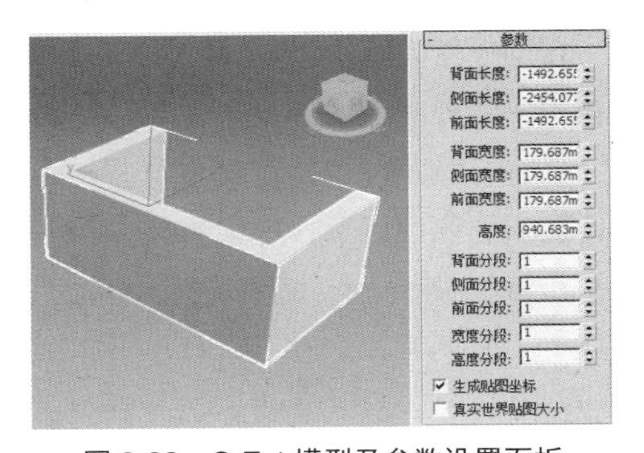

图 2-22　C-Ext 模型及参数设置面板

以上仅介绍了较为常用的 5 种扩展基本体，至于其他 8 种，读者可参考前面所讲述的内容进行自学并加以掌握。

第3章

3ds Max的基本操作

在实际建模过程中，常常需要对模型的位置、大小、数量及模型之间的相对位置进行修改和调整，这些都属于3ds Max中的基本操作。

3ds Max中的基本操作主要包括对象的选择、变换、复制、阵列、对齐、成组等操作。本章将重点介绍建模过程中这些最常用的基本操作。

3.1 选择对象

在进行任何操作之前，首先必须要选择被操作影响的对象。3ds Max采用了所谓的“名词—动词”选择策略，即先选择一个对象，然后选取作用于该对象的操作。

在3ds Max中，对象选择命令的执行方式主要有两种：一种是执行主菜单中的相应命令；另一种是单击主工具栏中的相应工具。

（1）执行主菜单中的相应命令：打开“编辑”主菜单，会发现该菜单下方有8个命令都是与对象选择有关的，其中“选择方式”和“选择区域”命令还有下一级的子菜单，用户可通过直接执行这些菜单命令进行对象的选择，如图3-1所示。

（2）单击主工具栏中的相应工具：在3ds Max界面上方的主工具栏中，有5个与对象选择有关的工具，用户可通过单击这几个工具进行相应的对象选择，如图3-2所示。

在3ds Max中，选择对象的方式很多，用户可根据实际情况灵活应用适当的选择方式。现将常用的选择方式和方法介绍如下。

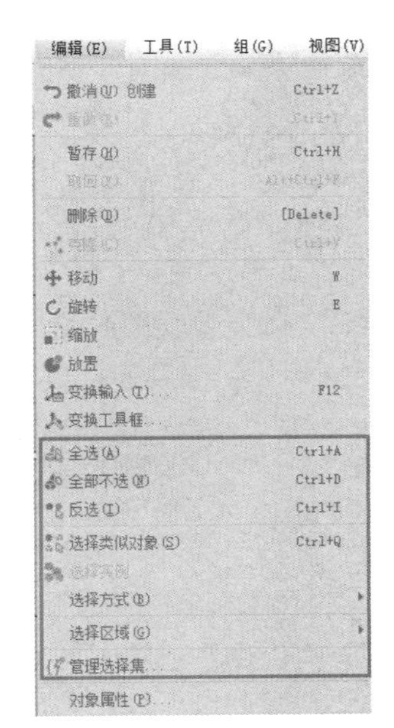

图 3-1　与对象选择相关的菜单命令

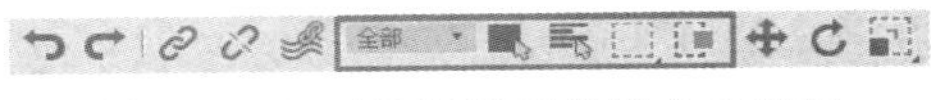

图 3-2　与对象选择相关的命令按钮

3.1.1　基本选择

“选择对象”工具是很重要的工具之一，主要用来选择对象。对于想选择而又不想移动的对象来说，这个工具是最佳选择。系统默认已在主工具栏中打开“选择对象”命令，因此用户可在场景中通过单击直接进行对象的选择，选中的对象会被白色线框包围。

以下是几种常用的操作情况。

（1）选择一个对象：利用鼠标单击，可以对场景中的对象进行选择或取消选择。

（2）选择多个对象：配合键盘上的“Ctrl”键，同时单击鼠标则可选择多个对象。

（3）取消选择：配合键盘上的“Alt”键，则可取消不想选择的对象。当单击任一视图的空白区域时，将取消所有物体的选择。

图 3-3 所示表示在众多模型中选择了茶壶和圆柱体。

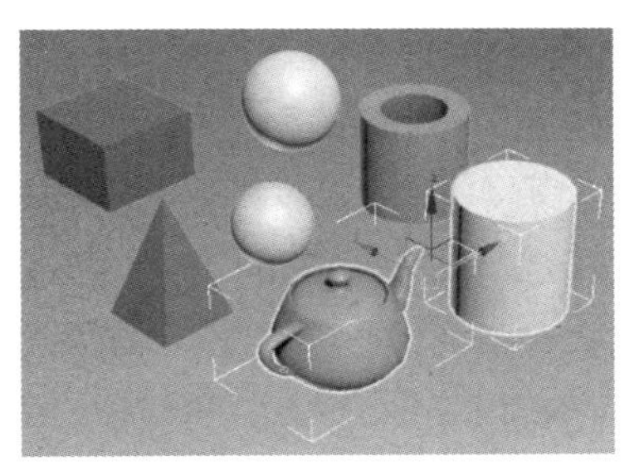

图 3-3　选择对象

3.1.2　按名称选择

按名称选择对象是一种很有用的选择方法。3ds Max 中的每个物体都要取名。如果取名得当，易于识别，那么在复杂的场景中就可以迅速、准确地根据物体的名称来进行选择。通过菜单或主工具栏执行“按名称选择”命令后，可打开一个“从场景选择”对话框，在该对话框中即可按对象名称进行选择，如图 3-4 所示。

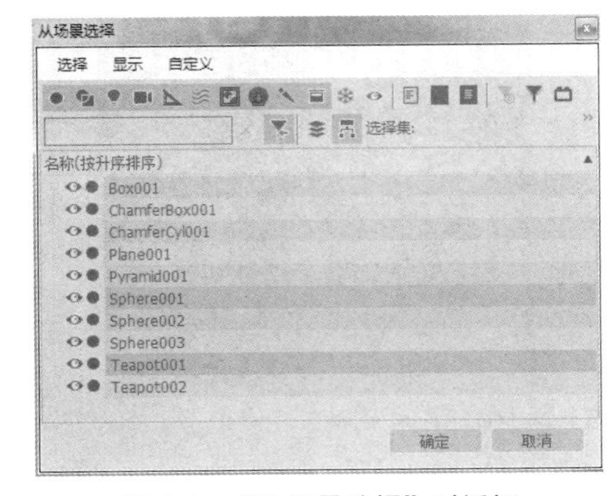

图 3-4　“从场景选择”对话框

3.1.3　区域选择

用户可通过在视图窗口中用鼠标拖曳出一个选择区域进行对象的选择，如图 3-5 所示。此时对象的选择结果根据“窗口/交叉”

模式的打开情况而定，当“交叉”模式打开时，场景中所有包含在选择区域之内及与选择区域相交的对象都会被选中，如图 3-6 所示；当“窗口”模式打开时，场景中只有完全包含在选择区域之内的对象才会被选中，而与选择区域相交的对象则不会被选中，如图 3-7 所示。

在进行区域选择时，鼠标所框出的区域框线可以有 5 种不同的外形，分别是矩形、圆形、围栏、套索和绘制选择区域，系统默认的区域外形为矩形，用户可根据实际情况进行选择区域的设定，如图 3-8 所示。

图 3-5　区域选择

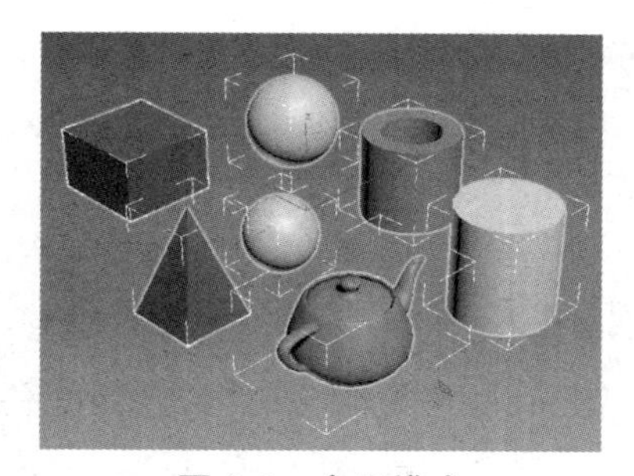

图 3-6　交叉模式

图 3-7　窗口模式

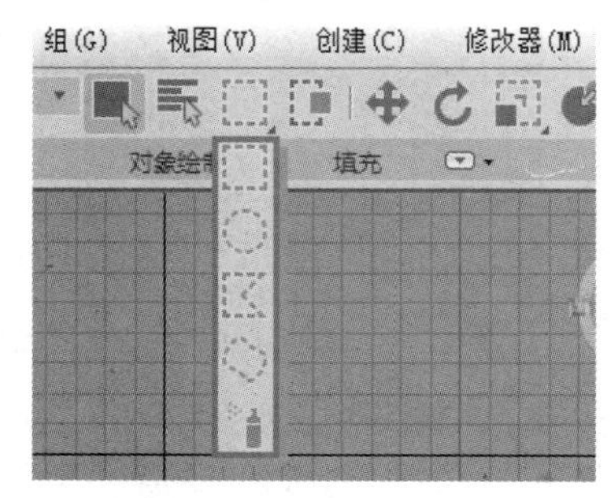

图 3-8　选择区域类型

3.1.4　其他选择方式

除上述几种常用的选择方式外，系统还提供了“全选”“全部不选”“反选”“选择类似对象”“选择实例”“按层选择”“按颜色选择”“选择过滤器”等多种选择方式，并提供了“管理选择集”命令对选择集进行管理。

3.2　变换对象

在场景中创建对象后，一般情况下还需要通过一些控制命令对它们进行变换操作，最终将其转换为不同的状态。在 3ds Max 中，比较常用的变换类型有 3 种，即移动变换、旋转变换和缩放变换，分别对应主工具栏中的“选择并移动”“选择并旋转”“选择并缩放”工具。

3.2.1　选择并移动

“选择并移动”工具是很重要的工具之一，主要用来选择并移动对象，使用它可以将选中的对象移动到任意位置。

单击主工具栏中的“选择并移动”按钮，所选择的对象就会处于选择并移动状态，这时可以将选择的对象沿着坐标轴移动到一个新的位置。

当鼠标指针放在要移动的物体上并单击时，在物体的中心处会显示一个三维坐标架，即 Gizmo（小精灵）。在不同的变换或修改中，Gizmo 的形式各不相同。

（1）当鼠标指针放在 Gizmo 的坐标轴上时，拖动鼠标只能将物体沿该轴进行移动。

（2）当鼠标指针放在 Gizmo 的坐标面上时，拖动鼠标只能将物体在该坐标面内进行移动。

（3）当鼠标指针放在 Gizmo 的坐标原点上时，拖动鼠标可以将物体在三维空间中任意移动，如图 3-9 所示。

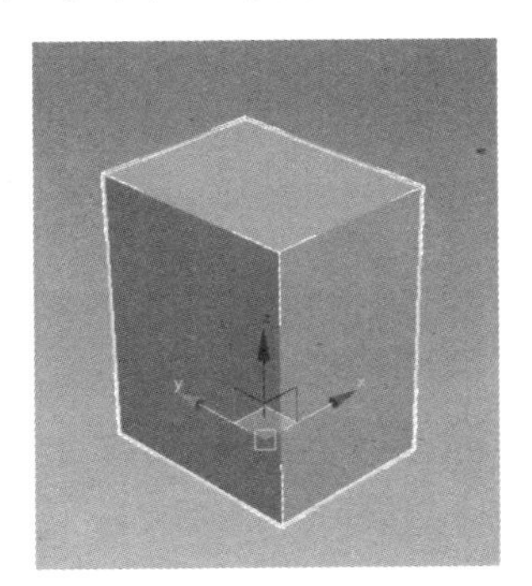

图 3-9　选择并移动

以上操作只能对对象进行随意移动，如果想精确控制对象移动的距离，则可以通过数值来控制，具体操作为：将鼠标指针放在“选择并移动”工具上，单击鼠标右键，打开“移动变换输入”对话框，在该对话框右侧“偏移：世界”下的文本框中直接输入相应的数值，即可进行精确控制，如图 3-10 所示。

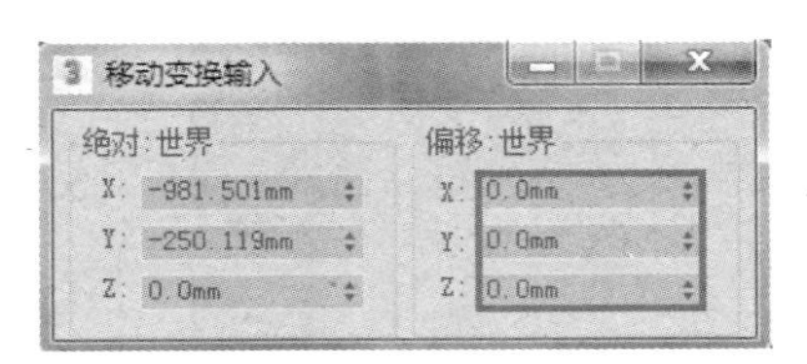

图 3-10　“移动变换输入”对话框

3.2.2　选择并旋转

“选择并旋转”工具是很重要的工具之一，主要用来选择并旋转对象。

单击主工具栏中的“选择并旋转”按钮，所选择的对象就会处于选择并旋转状态，这时可以将选择的对象在不同平面内进行旋转。

当鼠标指针放在要旋转的物体上时，出现旋转的 Gizmo 是由 4 个圆组成的，它们分别表示不同的旋转方向。

（1）当鼠标指针放在 Gizmo 的水平圆上时，拖动鼠标可以绕 *Z* 轴旋转物体。

（2）当鼠标指针放在 Gizmo 的侧平圆上时，拖动鼠标可以绕 *X* 轴旋转物体。

（3）当鼠标指针放在 Gizmo 的正平圆上时，拖动鼠标可以绕 *Y* 轴旋转物体。

（4）当鼠标指针放在 Gizmo 的透视平面圆上时，拖动鼠标可以在透视图的平面上旋转物体，如图 3-11 所示。

以上操作只能对对象进行随意旋转，如果想精确控制对象旋转的角度，则可以通过数值来控制，具体操作为：将鼠标指针放在“选择并旋转”工具上，单击鼠标右键，打开“旋转变换输入”对话框，在该对话框右侧“偏移：世界”下的文本框中直接输入相应的数值，即可进行精确控制，如图 3-12 所示。

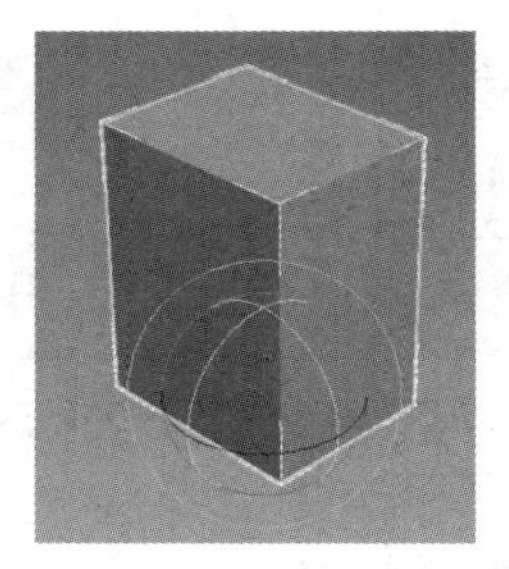

图 3-11　选择并旋转

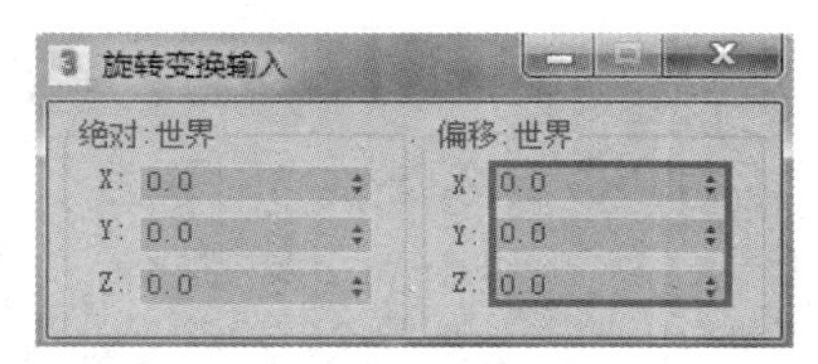

图 3-12　“旋转变换输入”对话框

3.2.3　选择并缩放

“选择并缩放”工具是很重要的工具之一，主要用来选择并缩放对象。“选择并缩放”工具包含 3 种类型，即“选择并均匀缩放”“选择并非均匀缩放”和“选择并挤压”。

使用“选择并均匀缩放”工具可以沿 3 个轴以相同量缩放对象，同时保持对象的原始比例。使用“选择并非均匀缩放”工具可以根据活动轴约束以非均匀方式缩放对象。使用“选择并挤压”工具可以创建“挤压和拉伸”效果。

当鼠标指针放在要缩放的物体上并单击时，会出现比例缩放 Gizmo，它包括轴向控制手柄和平面控制手柄。而在调节这些手柄时，其自身会产生相应的比例变化。

使用平面控制手柄，可以在不改变主工具栏中的工具的情况下实现等比例和非等比例的缩放。

（1）在 Gizmo 的中心拖动鼠标，可以实现等比例缩放。

（2）在 Gizmo 的单一轴上控制手柄，可以实现该轴向的比例缩放。

（3）在 Gizmo 的单一平面上控制手柄，可以实现该平面的比例缩放，如图 3-13 所示。

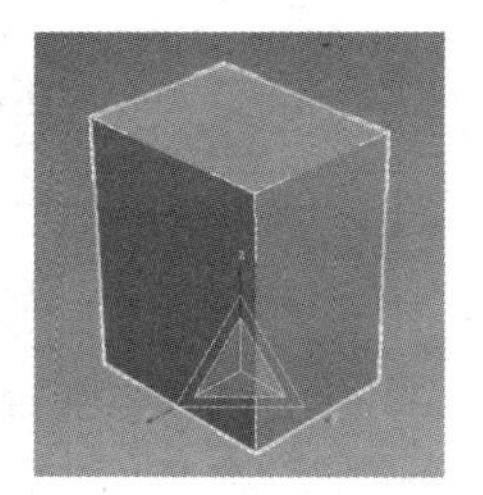

图 3-13　选择并缩放

以上操作只能对对象进行随意缩放，如果想精确控制对象缩放的比例，则可以通过数值来控制，具体操作为：将鼠标指针放在“选择并均匀缩放”或“选择并非均匀缩放”工具上，单击鼠标右键，打开“缩放变换输入”对话框，在该对话框右侧“偏移：世界”下的文本框中直接输入相应的数值，即可进行精确控制，如图 3-14、图 3-15 所示。

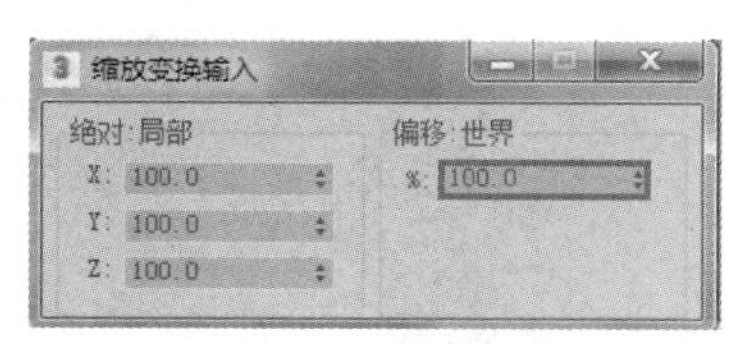

图 3-14　“缩放变换输入”对话框（选择并均匀缩放）

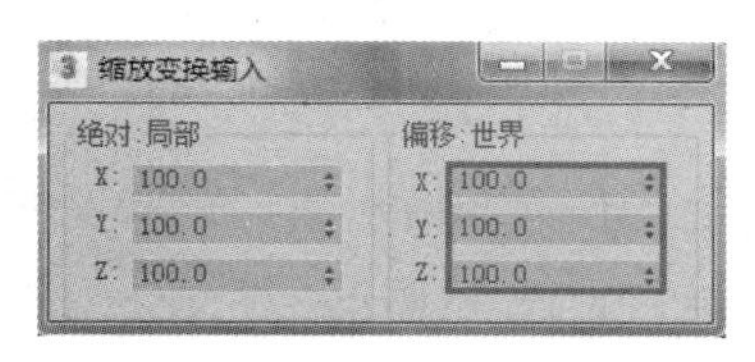

图 3-15　“缩放变换输入”对话框（选择并非均匀缩放）

3.3　复制对象

在三维场景中，有时候需要用到许多相同的物体，这就要使用对象的复制功能。所谓复制，即创建对象的副本。在制作场景时，通过使用复制命令可以代替重复进行相同的操作，这样不但简单，而且省时、省力。如果在副本上稍加改动，那么还能够制作出不同的模型。

3.3.1　复制关系

执行复制操作时，所创建的副本与原模型之间可以产生 3 种关系，即复制、实例和参考，如图 3-16 所示。

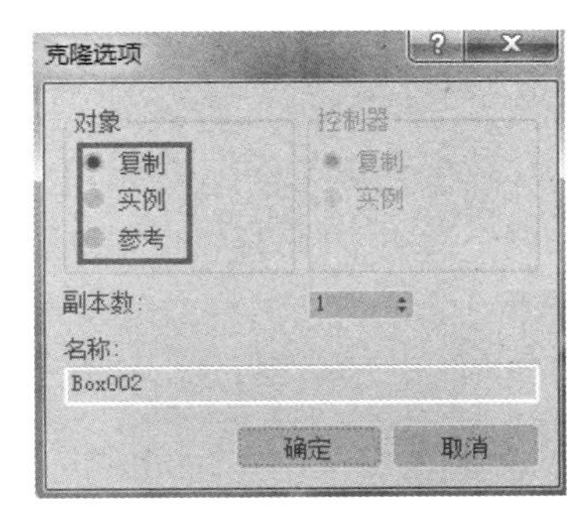

图 3-16　“克隆选项”对话框

1. 复制

复制完成的副本与原始模型为两个完全独立的个体，它们除名称不同外，具有完全相同的属性，但在单独修改时互不影响。如图 3-17 所示，两组图中的左侧物体是原物体，右侧为复制的物体，两者变形互不影响。

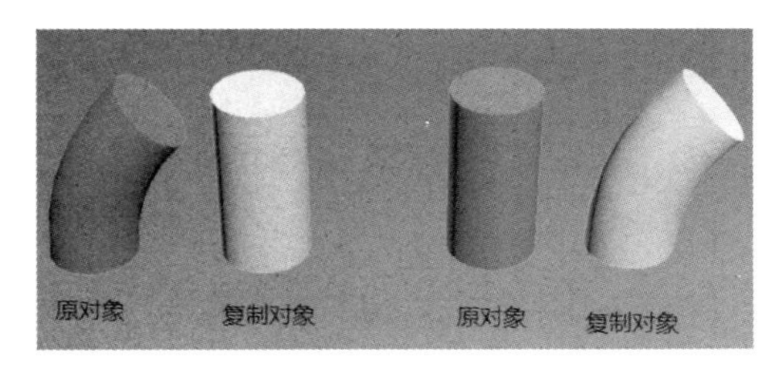

图 3-17　“复制”方式

2. 实例

实例复制产生另一个版本的原物体，存在于场景的不同位置。修改二者任一，另一个也随之发生变化。如图 3-18 所示，两组图中的左侧物体是原物体，右侧为实例复制的物体，两者中任一个变形时，另一个也随之改变。

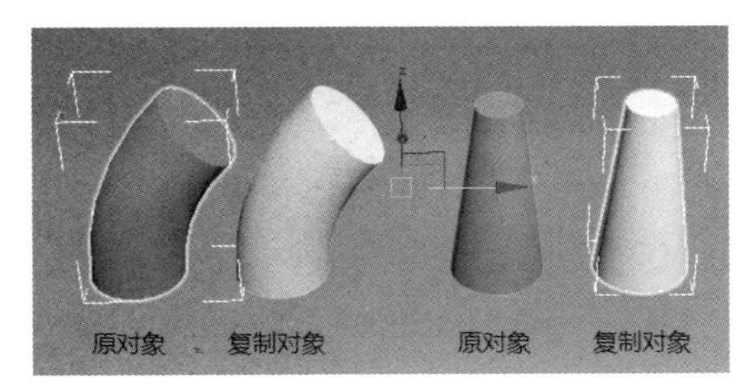

图 3-18　“实例”方式

3. 参考

参考复制是一种单向的物体关联复制法。当对原物体进行修改时，将影响参考复制的物体；反之，原物体不发生变化。如图 3-19 所示，两组图中的左侧物体是原物体，右侧为参考复制的物体，当对原物体进行弯曲变形时，参考复制的物体也随之变形；但反之并不成立。

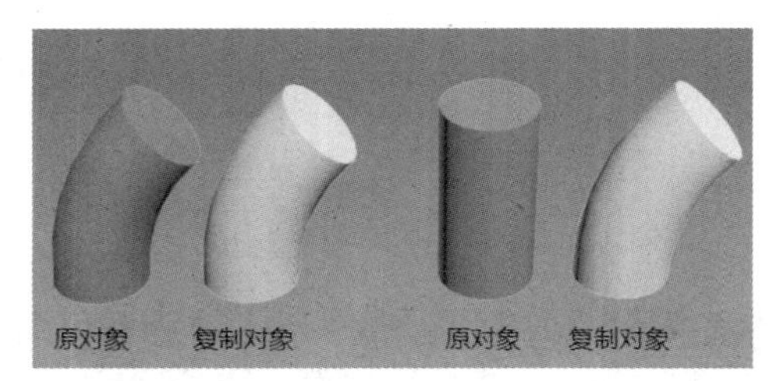

图 3-19 “参考”方式

3.3.2 克隆复制

选择对象，执行“编辑”主菜单中的“克隆”命令，如图 3-20 所示。系统会弹出一个“克隆选项”对话框，如图 3-16 所示，选择对象的复制类型后，即可在场景中复制出一个对象。此时克隆出的对象与原对象是重合在一起的，需要使用移动变换命令将其移开。

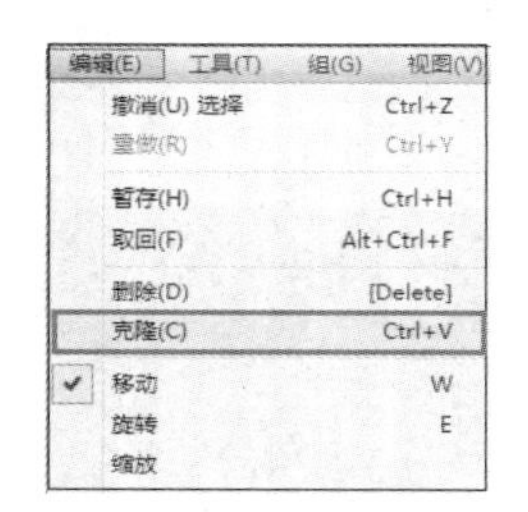

图 3-20 “克隆”命令

3.3.3 变换复制

将键盘上的“Shift”键与主工具栏中的对象变换按钮（选择并移动、选择并旋转、选择并缩放）结合起来使用，即可实现边变换边复制，如图 3-21～图 3-23 所示。

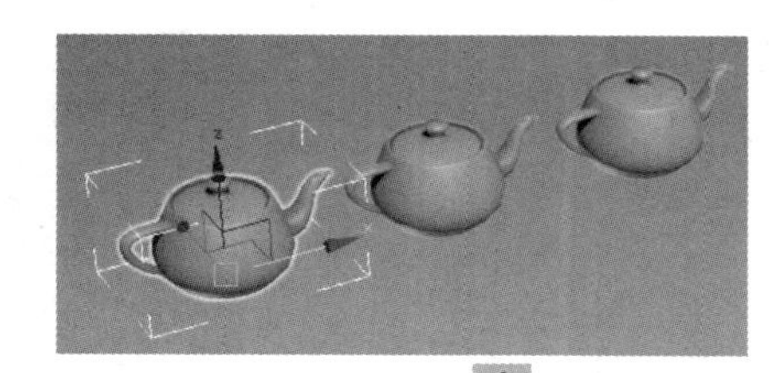

图 3-21 “Shift+”复制

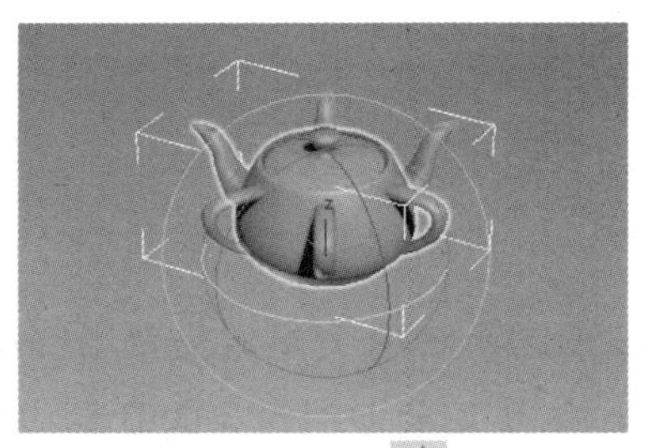

图 3-22 “Shift+”复制

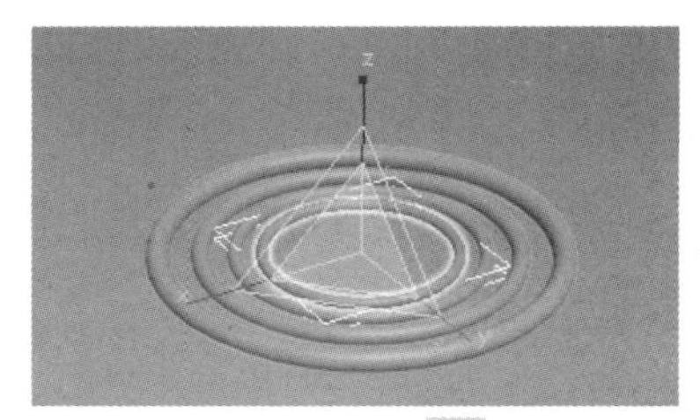

图 3-23 “Shift+”复制

3.3.4 镜像复制

镜像复制是利用“镜像”工具把所选择的对象用镜像的方式复制出来。

单击主工具栏中的“镜像”图标，或执行“工具”主菜单中的“镜像”命令，均可打开“镜像：世界 坐标”对话框，如图 3-24 所示，在该对话框中即可进行镜像参数设置。

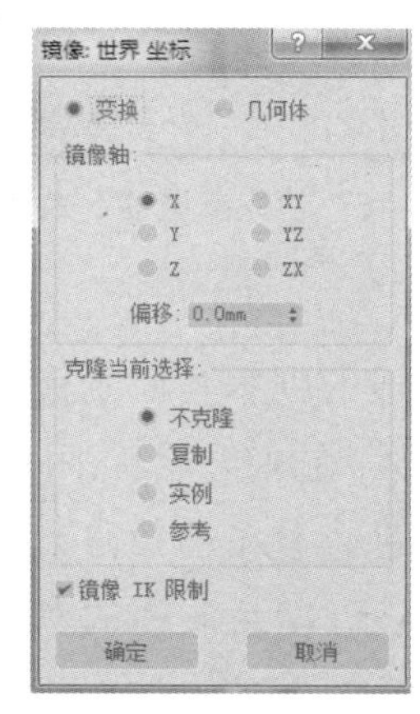

图 3-24 “镜像：世界 坐标”对话框

该对话框包括“镜像轴”和“克隆当前选择”两个组合框。

1. “镜像轴”组合框

该组合框包括 6 个单选按钮，用于镜像轴的设定。选中哪个单选按钮，物体就会以选中的选项为轴心进行镜像。系统默认是“X”。

“偏移”微调框用于控制镜像出的新模型偏移原始位置的距离。

2. “克隆当前选择”组合框

该组合框包括选择是否进行复制及复制的关系。系统默认是“不克隆”，此时只会将选择的对象沿着选择的镜像轴进行翻转，不进行复制。

图 3-25 所示为镜像复制参数设置及结果。

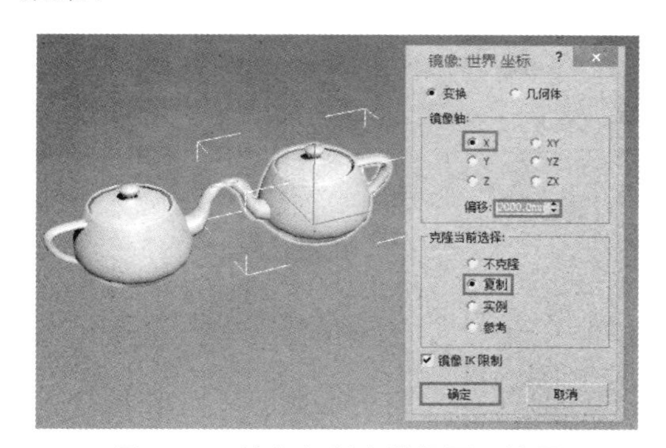

图 3-25　镜像复制参数设置及结果

3.3.5　阵列复制

阵列是一种高级复制，它是通过对物体的多次重复变换复制来实现的。它既可以创建出当前选择物体的一连串复制物体，也可以控制产生一维、二维、三维的阵列复制，并且可以对复制出来的物体进行精确定位。

选择对象后，执行“工具”主菜单中的“阵列”命令，即可打开 “阵列”对话框，如图 3-26 所示。

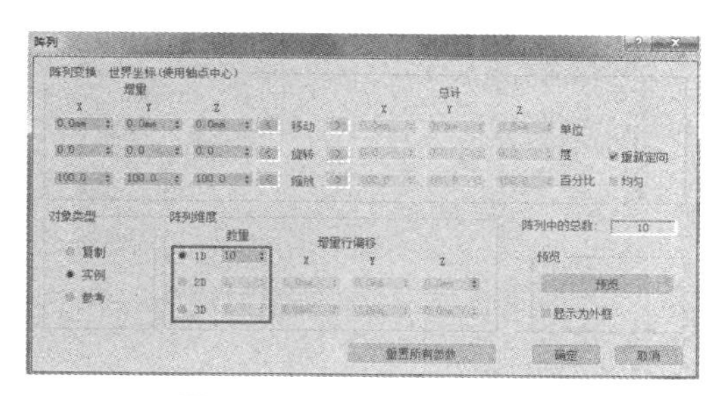

图 3-26　“阵列”对话框

“阵列”对话框中的“阵列维度”组合框是由 3 个维度的阵列设置组成的，后两个维度依次对前一个维度发生作用。“1D”单选按钮用于设置第一次阵列产生的模型总数；“2D”单选按钮和“3D”单选按钮分别用于设置第二次阵列和第三次阵列所产生的模型总数，在其右侧的微调框中可以设置新的偏移值。

1. 一维阵列复制

在视图中创建一个茶壶，执行“阵列”命令，在弹出的“阵列”对话框的“阵列维度”组合框中选择“1D”，数量设定为 4；在“阵列变换：世界坐标”组合框的“移动”行中，设置“X”的增量为 100，如图 3-27 所示。此时茶壶就完成了一维阵列，结果如图 3-28 所示。

该功能与移动复制类似，但移动复制不能准确地设置每两个复制出来的物体之间的距离。

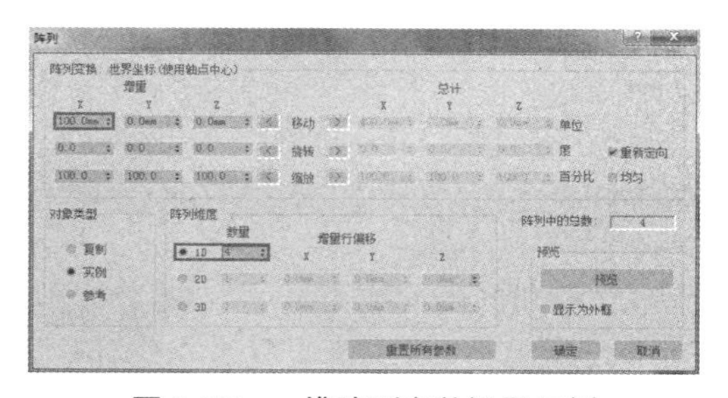

图 3-27　一维阵列参数设置示例

图 3-28　一维阵列复制效果

2. 二维阵列复制

在视图中创建一个茶壶，执行“阵列”命令，在弹出的“阵列”对话框的“阵列维度”组合框中选择“2D”，数量设定为 3，然后将“增量行偏移”区域中“Y”的数值设定为 100，其余的设置与一维阵列相同，如图 3-29 所示。单击“确定”按钮后即可完成二维阵列，阵列结果如图 3-30 所示。

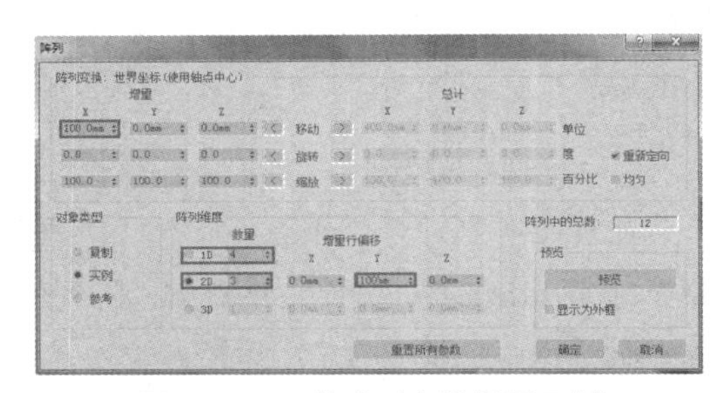

图 3-29　二维阵列参数设置示例

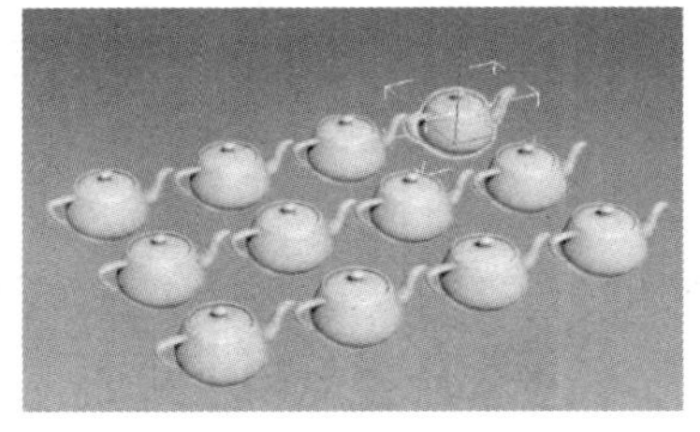

图 3-30　二维阵列复制效果

3. 三维阵列复制

在视图中创建一个茶壶，执行“阵列”命令，在弹出的“阵列”对话框的“阵列维度”组合框中选择“3D”（三维阵列复制方式将会在一维、二维阵列复制的基础上再进行阵列复制），将数量设定为 2，然后将“增量行偏移”区域中“Z”的数值设定为 100，如图 3-31 所示。单击“确定”按钮后即可完成三维阵列，阵列结果如图 3-32 所示。

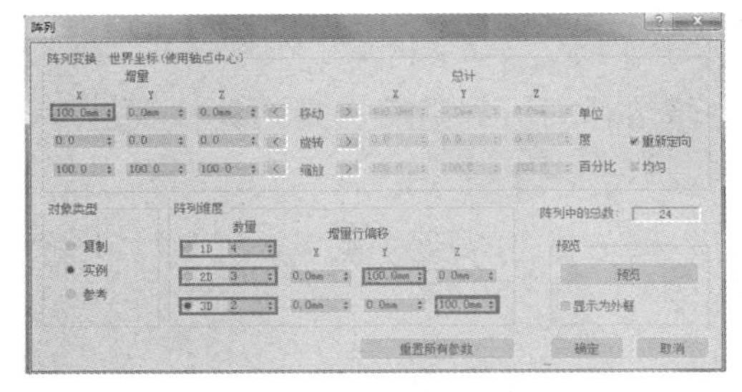

图 3-31　三维阵列参数设置示例

图 3-32　三维阵列复制效果

3.4　捕捉与对齐对象

捕捉与对齐工具在建模过程中使用得比较频繁，利用这两种工具可以按照不同的方式将物体精确地调整到需要的位置。

3.4.1　捕捉工具

3ds Max 中的捕捉工具主要包括主工具栏中的 4 个工具，分别是“捕捉开关”、“角度捕捉切换”、“百分比捕捉切换”和“微调器捕捉切换”。在以上按钮中单击某一个按钮时，捕捉功能才能够产生作用。

其中最常用的是捕捉开关，它其实指的是位置捕捉；角度捕捉经常用于旋转工具；百分比捕捉经常用于缩放工具。位置捕捉工具主要有 3 种，分别是“2 维捕捉”“2.5 维捕捉”和“3 维捕捉”，如图 3-33 所示。

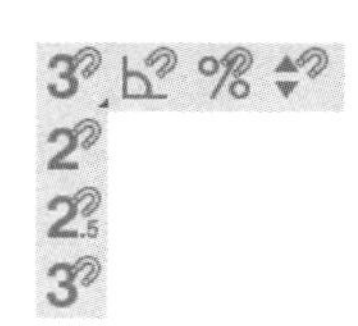

图 3-33　捕捉工具

1. “2 维捕捉”工具

该工具只适用于在启动的网格上进行对象的捕捉，一般忽略其在高度方向上的捕捉。在日常操作中，该工具经常用于平面图形的捕捉。

2. “2. 5 维捕捉”工具

该工具是一个介于二维与三维之间的捕捉工具。利用该工具不但可以捕捉到当前平面上的点与线，而且还可以捕捉到各个顶点与边界在某一个平面上的投影，适用于勾勒三维对象的轮廓。

3. “3 维捕捉”工具

该工具为系统默认的捕捉工具，利用该工具可以在三维空间中捕捉到相应类型的对象。

在捕捉工具按钮上单击鼠标右键，则可弹出“栅格和捕捉设置”对话框，如图 3-34 所示。在“捕捉”选项卡中，共有 12 种捕捉方式，用户可根据需要进行选择。

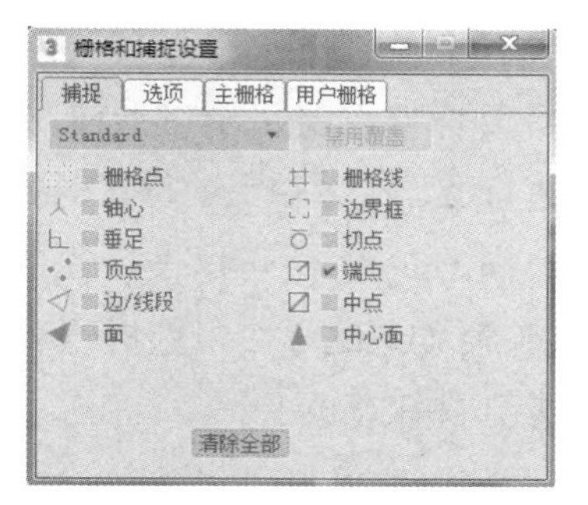

图 3-34　“栅格和捕捉设置”对话框

3.4.2　对齐工具

对齐包括当前对象与目标对象两个方面，当前对象是先选择的对象，而目标对象则是在单击“对齐”按钮后选择的对象。

在主工具栏中的“对齐”按钮上长按鼠标左键，会弹出“对齐”工具条，共有 6 个对齐按钮，其中第一个是最常用的，即系统默认的“对齐”命令，以下主要介绍该对齐命令。

首先在视图中创建一个茶壶和一个长方体，然后选择茶壶对象，单击“对齐”按钮，再选择长方体对象，系统即弹出“对齐当前选择”对话框，如图 3-35 所示。该对话框中各个选项的含义如下。

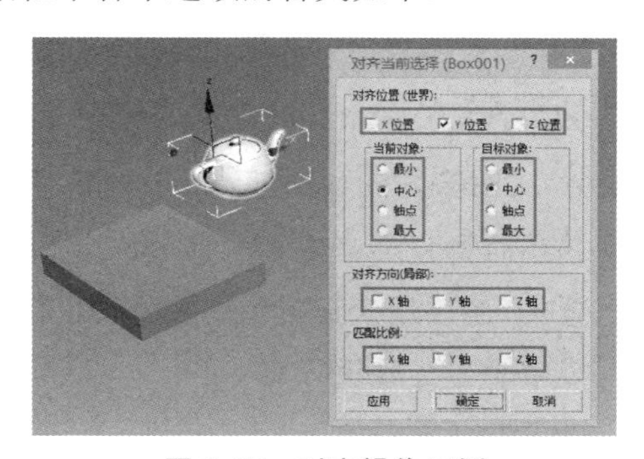

图 3-35　对齐操作示例

1. “对齐位置（世界）”组合框

该组合框中包含 3 个复选框和 2 个组合框。

1）3 个复选框

3 个复选框主要用于将当前对象与目标对象进行 *X*、*Y*、*Z* 轴上的位置对齐，可以进行单方向的对齐，也可以进行多方向的同时对齐。同时勾选这 3 个复选框可以将当前对象重叠到目标对象上。

2）“当前对象”与“目标对象”组合框

这两个组合框中的单选按钮分别用于设置当前对象与目标对象对齐的位置。

（1）“最小”单选按钮。选中该单选按钮，可以使当前对象以最靠近目标对象选择点的方式进行对齐。

（2）“中心”单选按钮。选中该单选按钮，可以使当前对象的中心点与目标对象的选择点进行对齐。

（3）“轴点”单选按钮。选中该单选按钮，可以使当前对象的重心与目标对象的选择点进行对齐。

（4）“最大”单选按钮。选中该单选按钮，可以使当前对象表面以最远离目标对象选择点的方式进行对齐。

“最大”“最小”单选按钮经常用于物体的相切对齐。

2. “对齐方向（局部）”组合框

该组合框包括“X 轴”“Y 轴”“Z 轴”3 个选项，主要用来设置当前对象与目标对象是以哪个坐标轴进行对齐的。

3. “匹配比例”组合框

该组合框主要用于匹配百分比，它包括“X 轴”“Y 轴”“Z 轴”3 个选项，可以匹配两个选定对象之间的缩放轴的值，该操作仅对变换输入中显示的缩放值进行匹配。

4. 实例练习：茶壶对齐长方体

下面以图 3-35 为例介绍对齐命令的应用。在本实例中，拟将图中的茶壶对齐到长方体上表面的正中央，主要操作步骤如下。

（1）在“对齐当前选择”对话框中同时勾选“X 位置”“Y 位置”复选框，在“当前对象”和“目标对象”组合框中均选择“中心”单选按钮，并单击“应用”按钮，则茶壶将在 *X* 轴和 *Y* 轴两个方向与长方体的中心位置对齐，如图 3-36 所示。

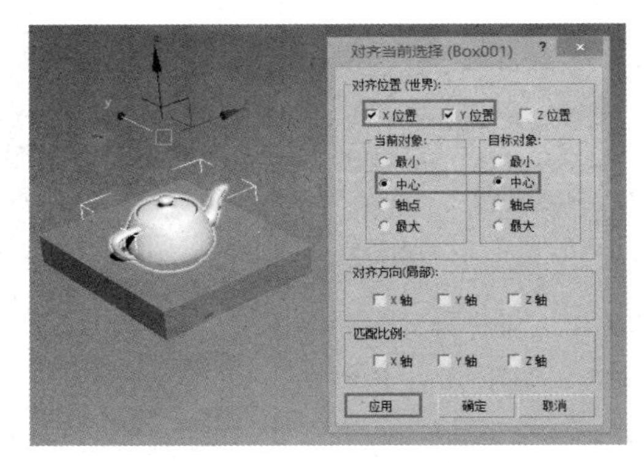

图 3-36　对齐实例步骤一

（2）在“对齐当前选择”对话框中勾选“Z 位置”复选框，在“当前对象”组合框中选择“最小”按钮，在“目标对象”组合框中选择“最大”按钮，并单击“确定”按钮，则茶壶将在 *Z* 轴方向与长方体相切对齐，如图 3-37 所示。

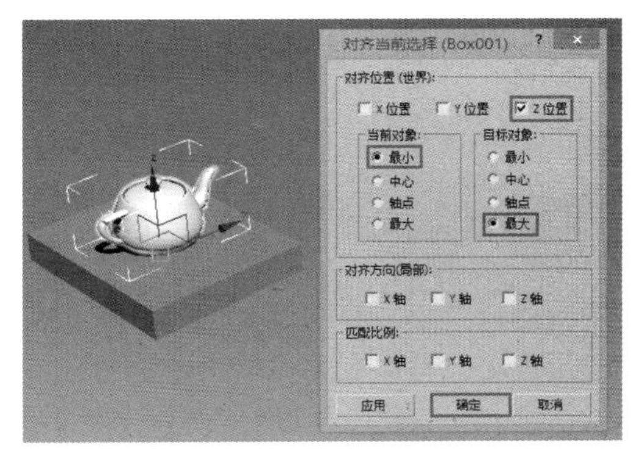

图 3-37　对齐实例步骤二

经过以上操作，茶壶将按照预想的位置对齐到长方体上表面的正中央。

对齐命令是 3ds Max 软件基本操作中的重点，也是难点。其要点在于根据物体自带的三维坐标系统，运用相应的几何知识，判断当前对象与目标对象之间的相对位置关系，再运用相应命令进行操作。

3.5　对象的组

对于一个复杂的场景而言，可以将组成场景的对象按照类别组合在一起创建不同的组，再通过组进行模型的整合管理。组成组后的对象将成为一个新整体，选择其中的任何一个对象都将选中整个组，因此对其中的任何一个对象进行操作也将作用于整个组。

在创建模型的时候，为了操作方便，一般会将同一个类型的物体组成一个组，在适当的时候又将组分解。

在 3ds Max 的菜单栏中单击“组”菜单，可以看到此菜单中包括 9 个菜单项，即组、解组、打开、按递归方式打开、关闭、附加、分离、炸开及集合。其中，“集合”菜单项还有下一级的子菜单，如图 3-38 所示。

下面介绍“组”菜单中各主要菜单项的功能。

（1）组：将两个以上的物体创建为一个组。

（2）解组：将当前的组拆开，分解成创建组之前的物体及组。该命令是把多层组的最外层拆开，与“炸开”命令有一定的区别。

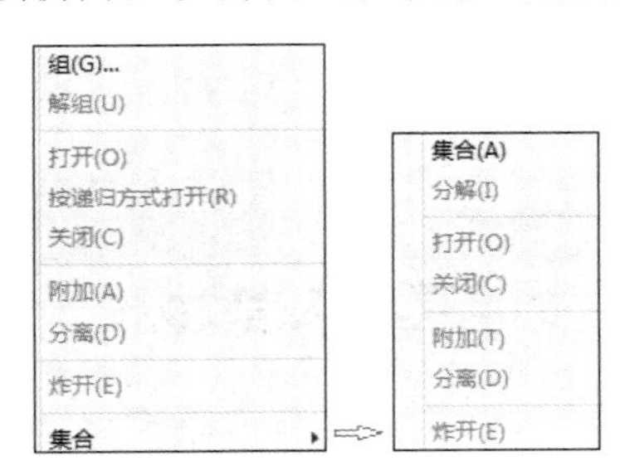

图 3-38　“组”菜单

（3）打开：临时打开一个想要修改的组，并在组内修改物体。使用该命令可以在组内变换和修改物体而不影响组外的物体。在想要保留创建的组的情况下，使用此命令可以保留原来的组。

（4）关闭：在对创建的组执行“打开”命令后，再利用此命令可以使其重新恢复执行“打开”命令之前闭合的组。

（5）附加：将选定的物体变为现有组的一部分。选择想要加入组的物体或其他的组，执行“附加”命令，然后单击需要增加物体的组即可。

（6）分离：将选定的物体从它所在的组中分离出来。只有在执行“打开”命令时该命令才可以使用。

（7）炸开：炸开一个组的所有物体而不考虑嵌入组的数量，即将所有层的组都拆开。

（8）集合：它是组的另一种形式，拥有与组相同的功能。它的作用是，当使用“炸开”命令时能够炸开所有的组，但不影响集合。

3.6 实例演练

通过第1～3章的学习，读者应该已掌握了内置基本体的创建及建模过程中的基本操作，下面通过实例演练让读者进一步掌握建模的相关理论知识和操作技巧。

依据由浅入深、循序渐进的原则，本节实例的安排次序是标准基本体、扩展基本体和基本操作。

3.6.1 标准基本体建模实例一：书桌

如图3-39所示，该书桌模型全部由长方体创建而成，同时在建模过程中运用了复制、对齐等操作。由于图3-39中的3张书桌基本类似，因此下面以中间的书桌为例介绍其创建过程。

图3-39 书桌模型

1. 创建一个长方体

使用“长方体”工具在场景中创建一个长方体，然后在“参数”卷展栏中设置“长度”为700mm，“宽度”为40mm，“高度”为1160mm，具体参数设置及模型位置如图3-40所示。

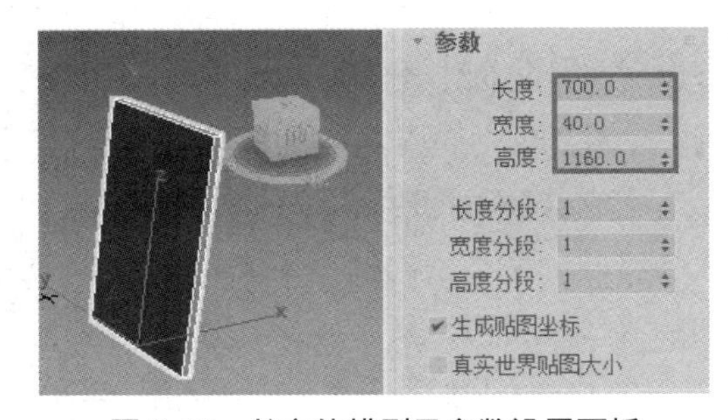

图3-40 长方体模型及参数设置面板

2. 复制两个长方体

使用“选择并移动”工具，选择上一步创建的长方体，然后按住“Shift”键在前视图中移动复制两个长方体到图3-41所示的位置。

3. 再创建一个长方体

继续使用“长方体”工具在顶视图中创建一个长方体，然后在“参数”卷展栏中设置“长度”为 700mm，“宽度”为 1500mm，“高度”为 40mm，并将其与上面的 3 个长方体的上部对齐，具体参数设置及模型位置如图 3-42 所示。

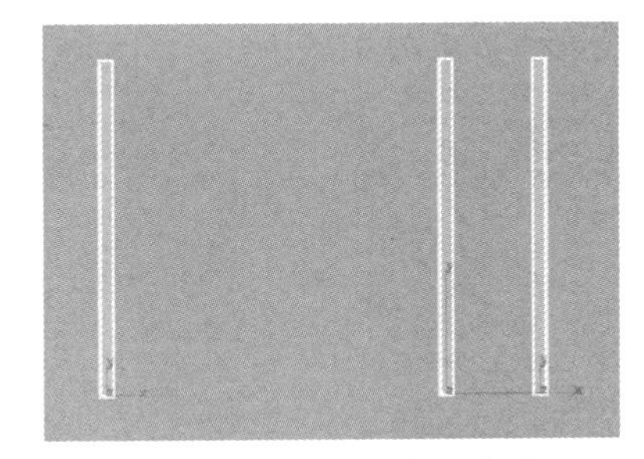

图 3-41　复制两个长方体

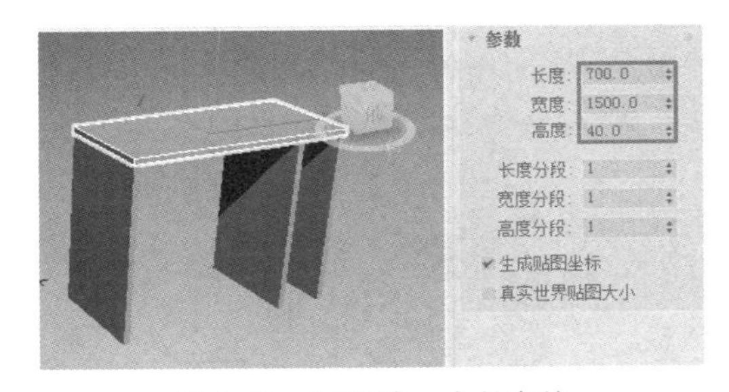

图 3-42　再创建一个长方体

4. 复制一个长方体

使用“选择并移动”工具，选择上一步创建的长方体，然后按住“Shift”键在前视图中向下移动复制一个长方体到图 3-43 所示的位置。

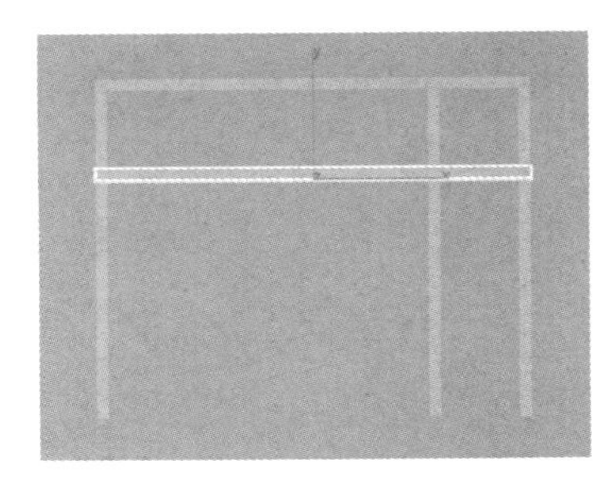

图 3-43　复制一个长方体

至此，一张书桌创建完成，另外两张书桌的创建步骤也是一样的。

3.6.2　标准基本体建模实例二：创意灯饰

如图 3-44 所示，该创意灯饰模型全部由圆柱体和球体构成，同时在建模过程中运用了复制、组和基本变换等基本操作。其创建步骤如下。

图 3-44　创意灯饰模型

1. 创建一个圆柱体

使用“圆柱体”工具在场景中创建一个圆柱体，然后在“参数”卷展栏中设置“半径”为 150mm，“高度”为 15mm，“边数”为 30，具体参数设置及模型效果如图 3-45 所示。

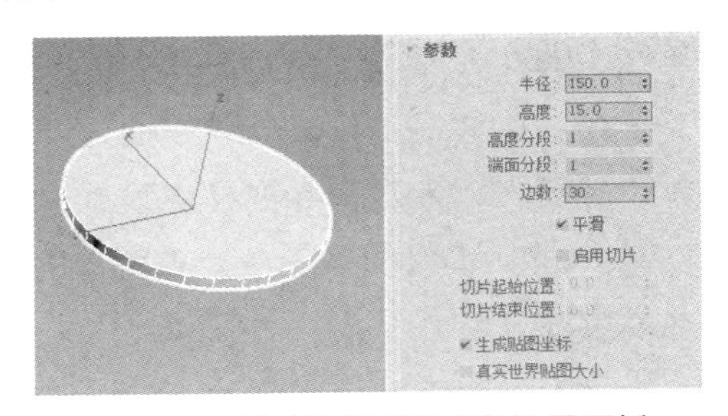

图 3-45　圆柱体模型及参数设置面板

2. 再创建一个圆柱体

继续使用“圆柱体”工具在场景中创建一个圆柱体，然后在“参数”卷展栏中设置“半径”为 4mm，“高度”为 800mm，“边数”

为 20，具体参数设置及模型效果如图 3-46 所示。

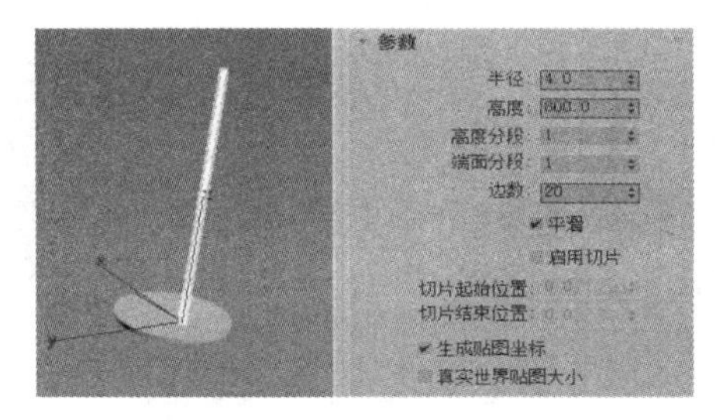

图 3-46　再创建一个圆柱体

3. 复制一个圆柱体

使用“选择并移动”工具，选择上一步创建的圆柱体，然后按住“Shift”键在前视图中向右移动复制一个圆柱体到图 3-47 所示的位置。

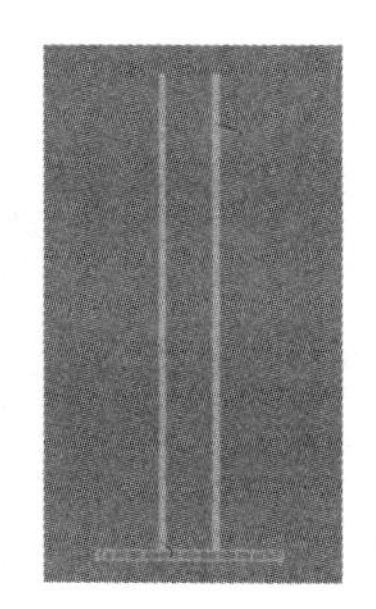

图 3-47　复制一个圆柱体

4. 创建一个球体

使用“球体”工具在场景中创建一个球体，然后在“参数”卷展栏中设置“半径”为 28mm，具体参数设置及模型效果如图 3-48 所示。

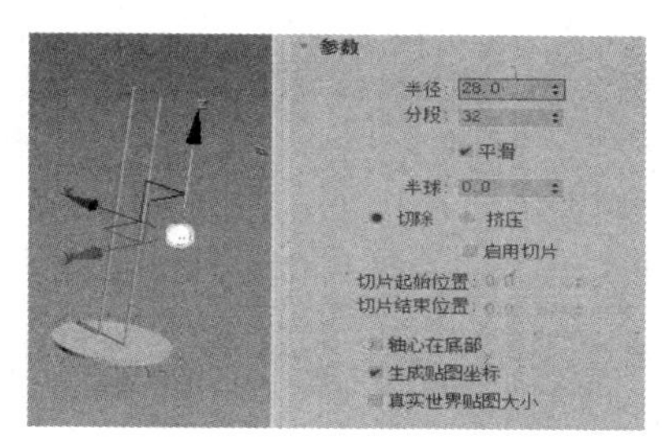

图 3-48　创建一个球体

5. 复制 5 个球体

使用“选择并移动”工具，选择上一步创建的球体，然后按住“Shift”键移动复制 5 个球体，如图 3-49 所示。最后将球体调整成堆叠效果，如图 3-50 所示。

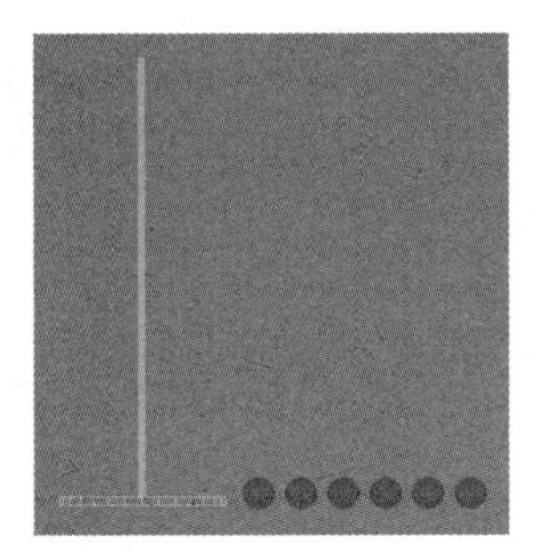

图 3-49　复制 5 个球体

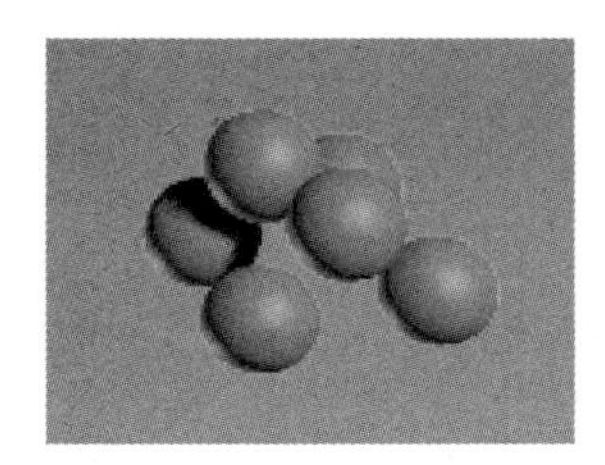

图 3-50　调整球体效果

6. 将 6 个球体组成组

选择场景中的所有球体，然后执行“组—组”菜单命令，在弹出的“组”对话框中单击“确定”按钮，如图 3-51 所示。

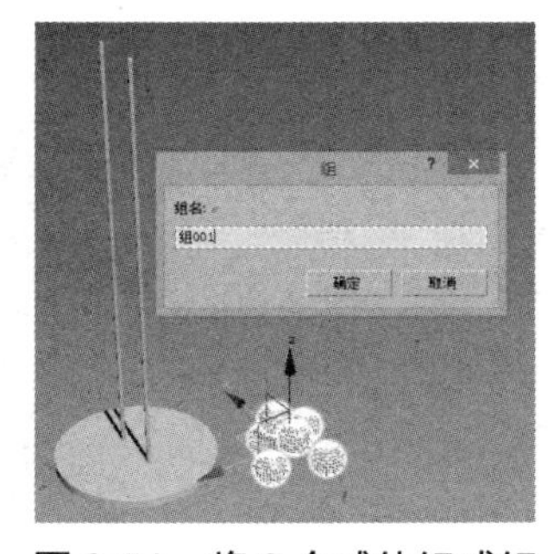

图 3-51　将 6 个球体组成组

7. 复制 7 组球体

选择“组 001”，然后按住“Shift”键使用“选择并移动”工具移动复制 7 组球体，如图 3-52 所示。

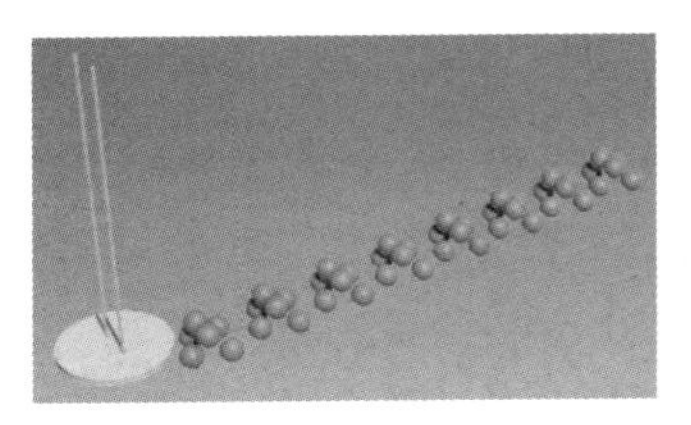

图 3-52　复制 7 组球体

8. 调整模型

使用“选择并移动”和“选择并旋转”工具调整每组球体的位置和角度，最终效果如图 3-53 所示。

图 3-53　调整模型效果

3.6.3　扩展基本体建模实例一：餐桌椅

如图 3-54 所示，本套餐桌椅由一桌四椅组成，四把椅子完全一样，因此只需创建一张桌子和一把椅子，复制其他 3 把椅子即可完成模型的创建。

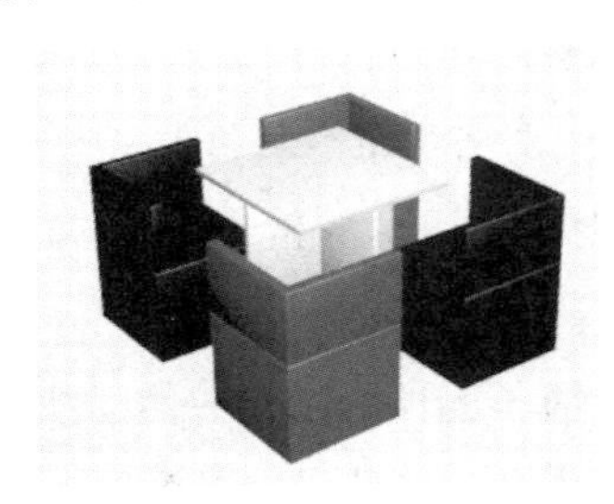

图 3-54　餐桌椅模型

建模主要运用了“切角长方体”命令，同时运用了基本操作中的“复制”“对齐”“组”等命令。建模主要步骤如下。

1. 创建桌子模型

1）创建一个切角长方体

执行“切角长方体”命令，在场景中创建一个切角长方体，在“参数”卷展栏中设置“长度”为 1200mm，“宽度”为 40mm，“高度”为 1200mm，“圆角”为 0.4mm，“圆角分段”为 3，具体参数设置及模型效果如图 3-55 所示。

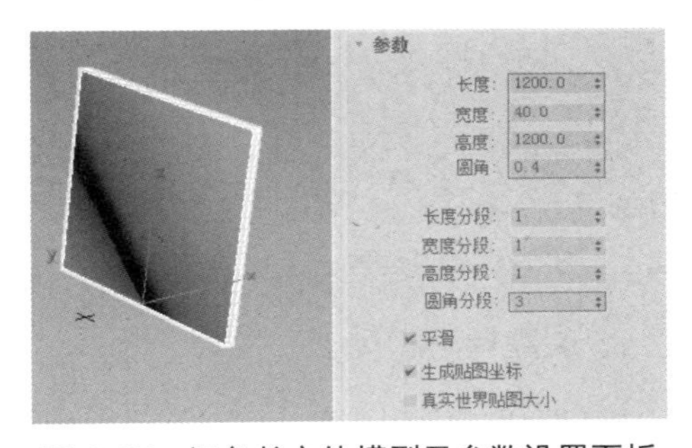

图 3-55　切角长方体模型及参数设置面板

2）复制一个切角长方体

在主工具栏中打开“选择并旋转”工具，按住“Shift”键在透视图中将上一步创建的切角长方体在水平面内旋转 90 度，在弹出的“克隆选项”对话框中设置“对象”为“实例”，最后单击“确定”按钮，如图 3-56 所示。

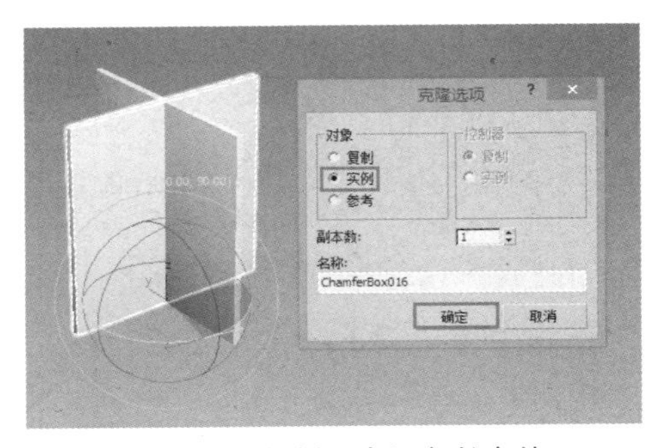

图 3-56　复制一个切角长方体

3）再创建一个切角长方体

执行“切角长方体”命令，在顶视图中创建一个切角长方体，在“参数”卷展栏中设置“长度”为 1200mm，“宽度”为 1200mm，“高度”为 40mm，“圆角”为 0.4mm，“圆角分段”为 3，并将其与前面创建的切角长方体的上部对齐，具体参数设置及模型效果如图 3-57 所示。

图 3-57　再创建一个切角长方体

2. 创建椅子模型

1）创建一个切角长方体

执行“切角长方体”命令，创建一个切角长方体，设置其“长度”为 850mm，“宽度”为 850mm，“高度”为 700mm，“圆角”为 10mm，“圆角分段”为 3，具体参数设置及模型效果如图 3-58 所示。

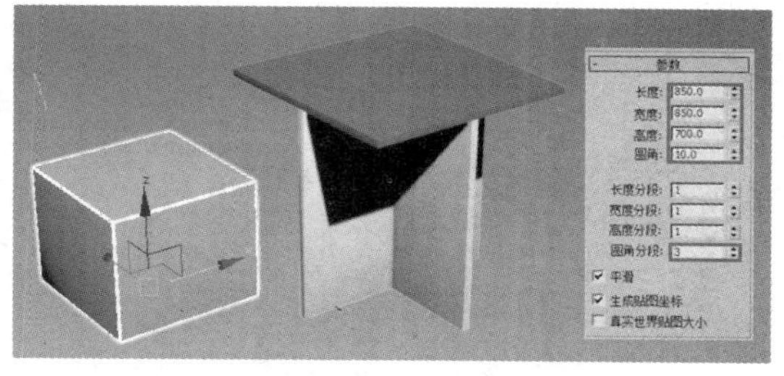

图 3-58　创建一个切角长方体

2）再创建一个切角长方体

执行“切角长方体”命令，创建一个切角长方体，设置其“长度”为 80mm，“宽度”为 850mm，“高度”为 500mm，“圆角”为 8mm，“圆角分段”为 2，并将其与上一步创建的切角长方体进行对齐，具体参数设置及模型效果如图 3-59 所示。

图 3-59　再创建一个切角长方体

3）复制一个切角长方体

在主工具栏中打开“选择并旋转”工具，选择上一步创建的切角长方体，然后按住“Shift”键在透视图中绕 Z 轴旋转 90 度，在弹出的“克隆选项”对话框中设置“对象”为“复制”，最后单击“确定”按钮，如图 3-60 所示。

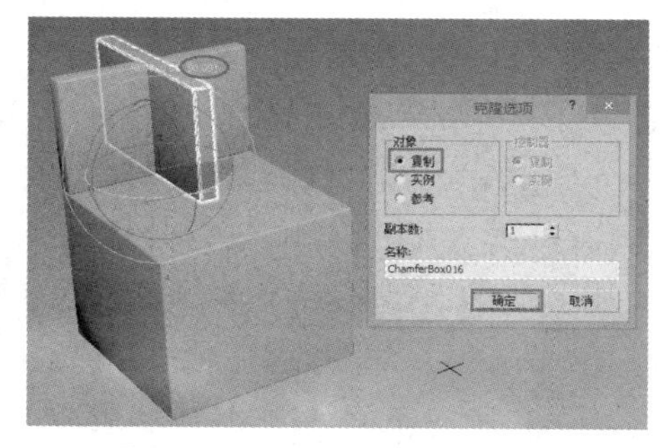

图 3-60　复制一个切角长方体

4）对齐

执行“对齐”命令将复制的切角长方体调整至图 3-61 所示的位置。

5）椅子成组

选择椅子的所有部件，然后执行“组—组”菜单命令，在弹出的“组”对话框中单击“确定”按钮，如图 3-62 所示。

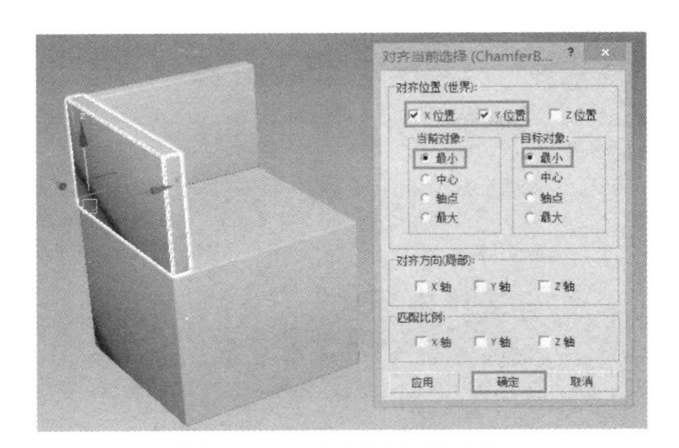

图 3-61　对齐切角长方体

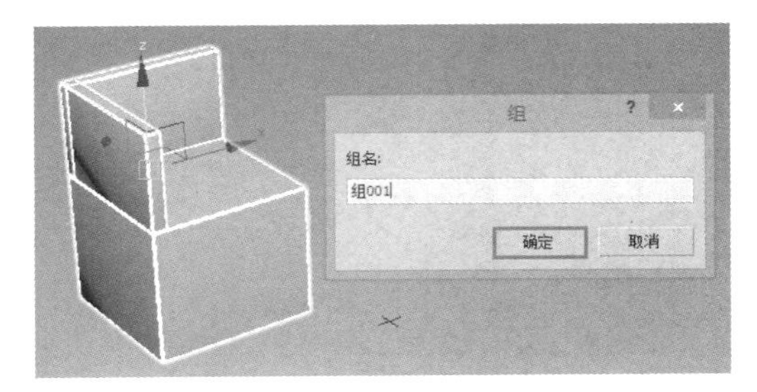

图 3-62　椅子成组

6）复制 3 组椅子

选择“组 001”，按住“Shift”键使用“选择并移动”工具移动复制 3 组椅子，如图 3-63 所示。

图 3-63　复制 3 组椅子

3. 调整桌子与椅子的位置

使用“选择并移动”和“选择并旋转”工具调整好桌子和椅子的位置，最终效果如图 3-54 所示。

3.6.4　扩展基本体建模实例二：简约茶几

如图 3-64 所示，本模型主要由切角圆柱体、切角长方体和管状体组成。同时，在建模过程中运用了基本操作中的对齐、复制等命令。建模主要步骤如下。

图 3-64　简约茶几模型

1. 创建一个切角圆柱体

创建一个切角圆柱体，设置其“半径”为 50mm，“高度”为 20 mm，“圆角”为 1mm，“高度分段”为 1，“圆角分段”为 4，“边数”为 24，“端面分段”为 1，具体参数设置及模型效果如图 3-65 所示。

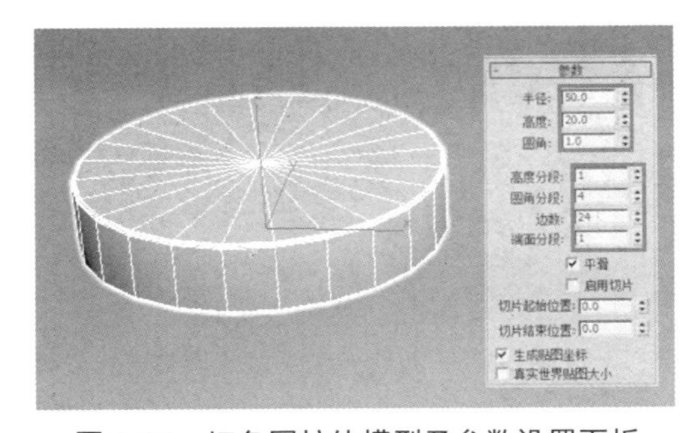

图 3-65　切角圆柱体模型及参数设置面板

2. 创建一个管状体

执行“标准基本体”中的“管状体”命令，在茶几面上边缘创建一个管状体，设置其“半径 1”为 50.5mm，“半径 2”为 48mm，“高度”为 1.6mm，“高度分段”为 1，“端面分段”为 1，“边数”为 36；勾选“启用切片”复选框，设置“切片起始位置”为-200，“切片结束位置”为 53，具体参数设置及模型效果如图 3-66 所示。

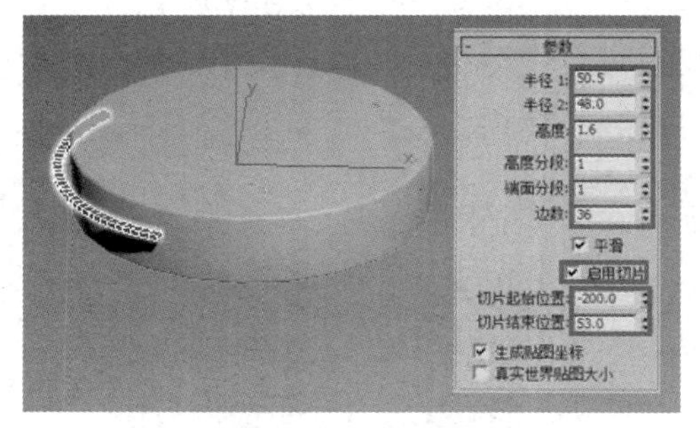

图 3-66　创建一个管状体

3. 创建一个切角长方体

使用“切角长方体”工具在管状体末端创建一个切角长方体，设置其“长度”为 2mm，“宽度”为 2mm，“高度”为 30mm，“圆角”为 0.2mm，“圆角分段”为 3，具体参数设置及模型位置如图 3-67 所示。

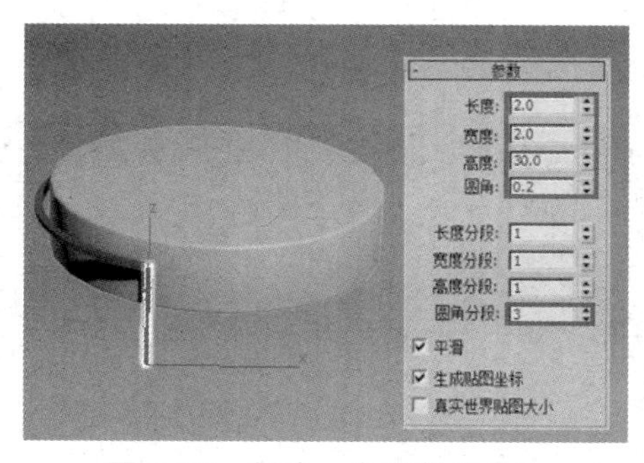

图 3-67　创建一个切角长方体

4. 复制一个切角长方体

使用“选择并移动”工具选择上一步创建的切角长方体，然后按住“Shift”键移动复制一个切角长方体到图 3-68 所示的位置。

5. 复制一个管状体

使用“选择并移动”工具选择之前创建的管状体，然后按住“Shift”键向下移动复制一个管状体到图 3-69 所示的位置。

图 3-68　复制一个切角长方体

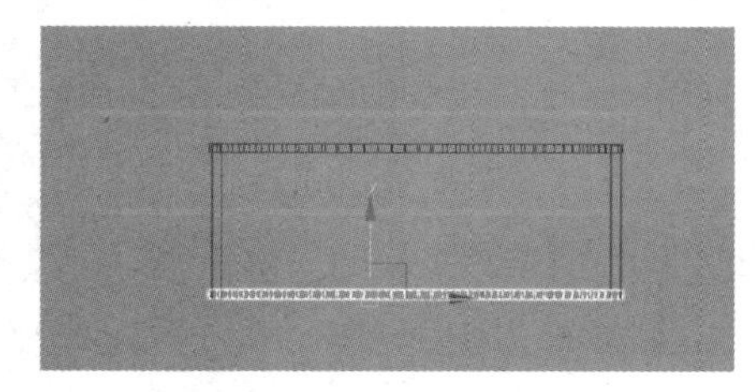

图 3-69　复制一个管状体

6. 修改管状体参数

选择复制的管状体，在“参数”卷展栏中将“切片起始位置”修改为 56，“切片结束位置”修改为-202，具体参数设置及模型效果如图 3-70 所示。

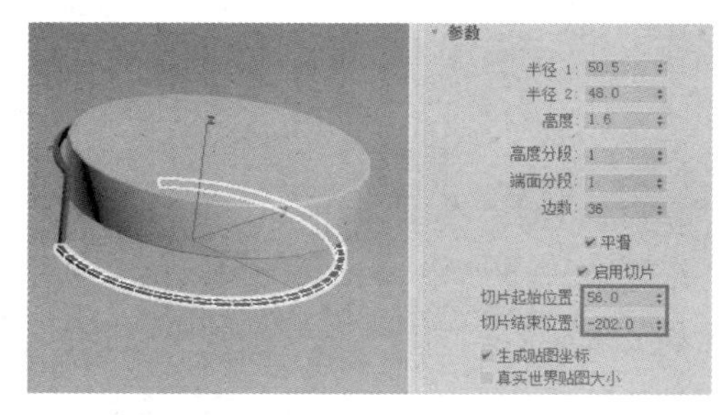

图 3-70　修改管状体参数

7. 完成模型

至此，简约茶几模型创建完成，渲染后的效果如图 3-64 所示。

3.6.5　基本操作建模实例：围棋棋盘

围棋棋盘模型（见图 3-71）是一个综合

实例，在建模过程中综合运用了标准基本体和各种基本操作。其中，标准基本体主要运用了长方体、圆柱体、球体；而基本操作则全面覆盖了我们所学的命令，如对象的选择、变换（包括移动、旋转、缩放）、复制、阵列、对齐、组等。

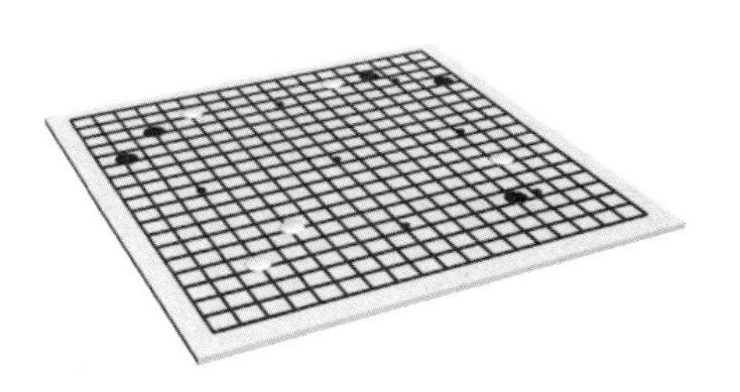

图 3-71　围棋棋盘模型

建模主要步骤如下。

1. 创建棋盘

在顶视图中创建一个长方体，设置其“长度”为 2000mm，“宽度”为 2000mm，“高度”为 30mm，具体参数设置及模型效果如图 3-72 所示。

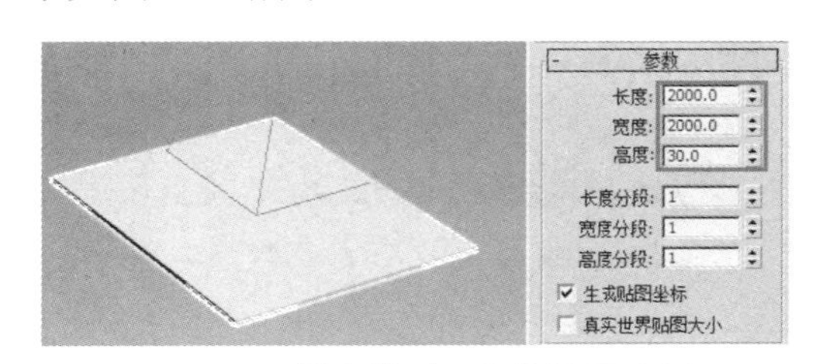

图 3-72　棋盘模型及参数设置面板

2. 创建棋格

1）创建一个棋格

在左视图中创建一个长方体作为棋格，设置其“长度”为 10mm，“宽度”为 10mm，“高度”为 1800mm，在顶视图中移动棋格模型，使其与棋盘分开，具体参数设置及模型效果如图 3-73 所示。

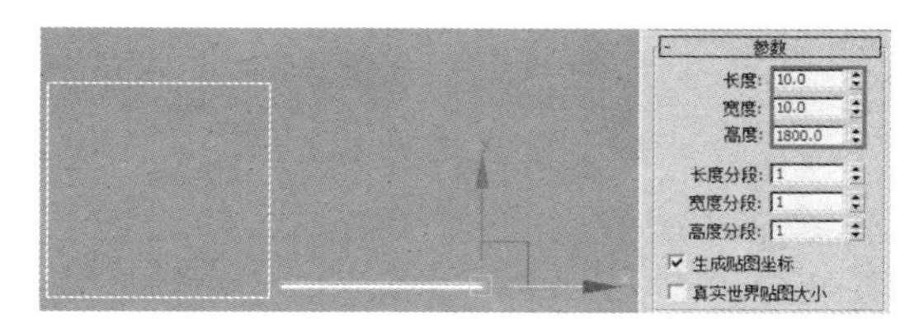

图 3-73 棋格模型及参数设置面板

2）阵列棋格

在顶视图中选择棋格模型，执行“工具”主菜单下的“阵列”命令，则会打开“阵列”对话框。在该对话框中设置“1D”阵列“数量”为 19，“Y”方向的增量为 100，如图 3-74 所示。阵列效果如图 3-75 所示。

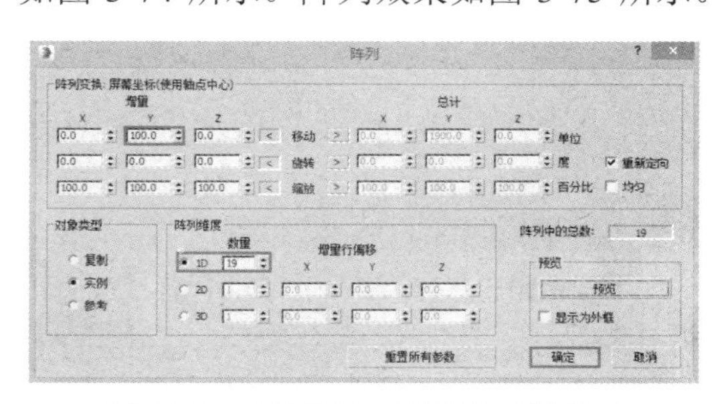

图 3-74　“阵列”对话框参数设置 1

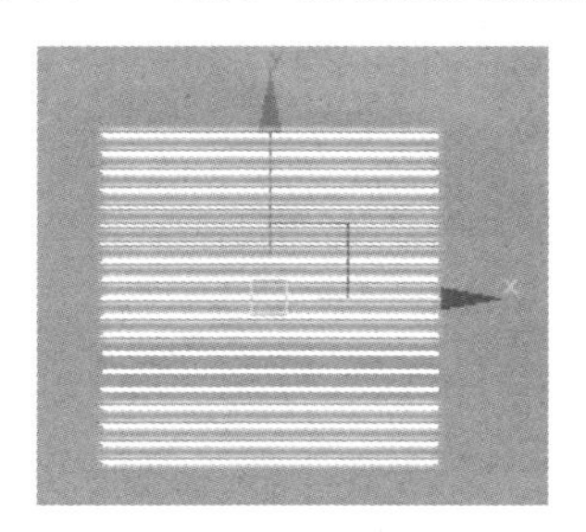

图 3-75　棋格阵列效果 1

选择任意一个棋格模型，移动复制一个，并将其旋转 90 度，效果如图 3-76 所示。

图 3-76　复制一个棋格

将复制的棋格与原有任意一个棋格对齐，参数设置及效果如图 3-77 所示。

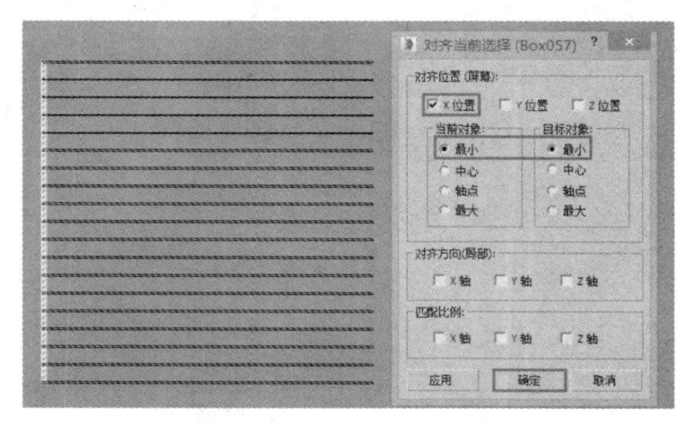

图 3-77　对齐棋格

选择复制的棋格模型，执行“阵列”命令，在打开的“阵列”对话框中设置“1D”阵列“数量”为 19，“X”方向的增量为 100，如图 3-78 所示。阵列效果如图 3-79 所示。

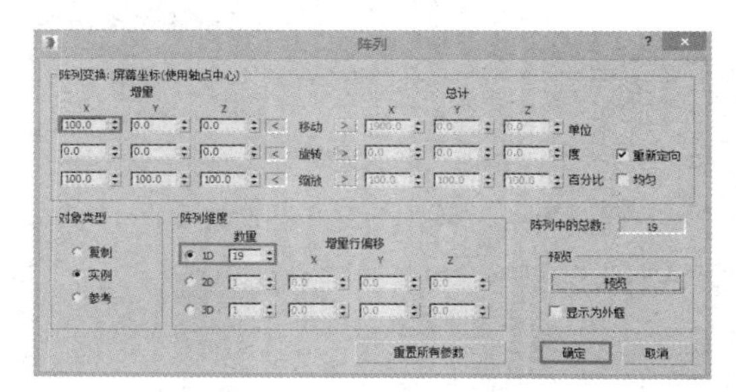

图 3-78　“阵列”对话框参数设置 2

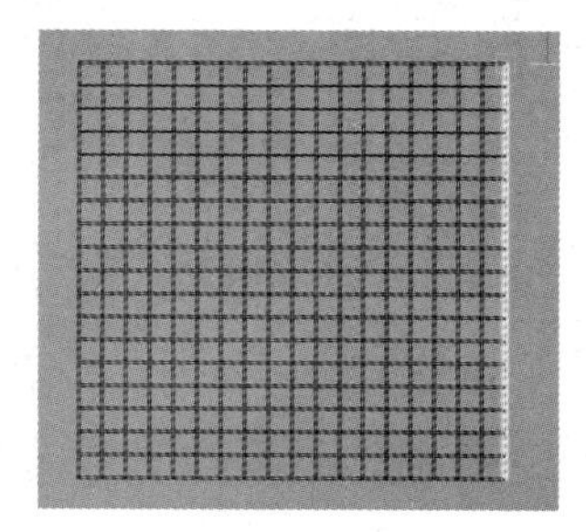

图 3-79　棋格阵列效果 2

3）棋格成组

将以上创建的所有棋格全部选中，执行“组”菜单下的“组”命令，在弹出的“组”对话框中单击“确定”按钮，如图 3-80 所示。

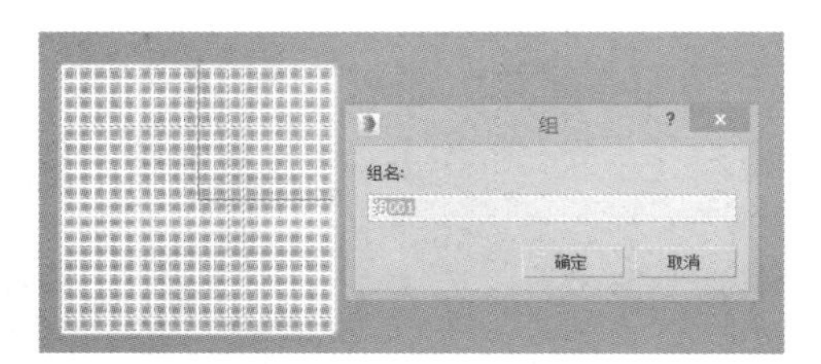

图 3-80　棋格成组

4）棋格对齐棋盘

在顶视图中选择“组 001”，单击主工具栏中的“对齐”按钮，然后选择棋盘，在弹出的“对齐当前选择”对话框中勾选“X 位置”“Y 位置”复选框，在“当前对象”与“目标对象”组合框中均选中“中心”单选按钮，则可将棋格与棋盘在 *X* 轴和 *Y* 轴方向上中心对齐，具体参数设置与最终效果如图 3-81 所示。

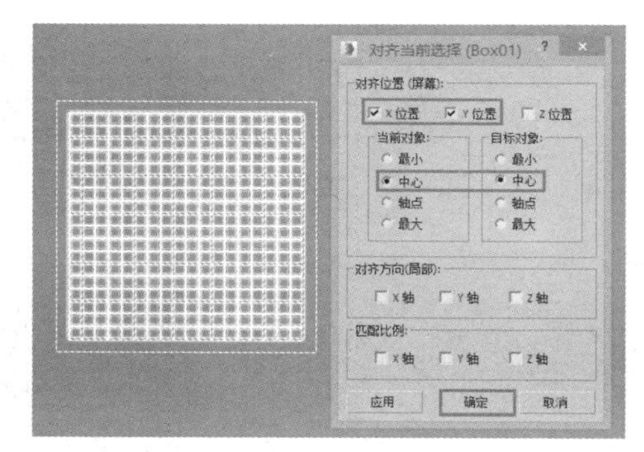

图 3-81　棋格对齐棋盘步骤一

同样，在透视图中，将“组 001”与棋盘在 *Z* 轴方向上进行对齐，具体参数设置与最终效果如图 3-82 所示。

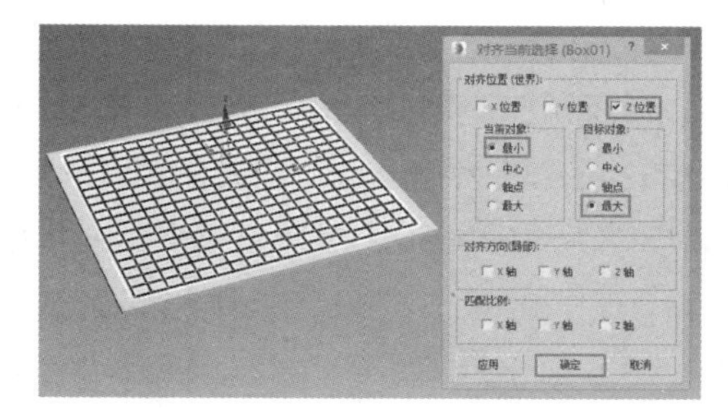

图 3-82　棋格对齐棋盘步骤二

3. 创建星位

1）创建星位并对齐

在顶视图中创建一个圆柱体，设置其“半径”为 20mm，“高度”为 10mm。选择圆柱体，执行“对齐”命令后，单击“组 001”，在弹出的“对齐当前选择”对话框中勾选“X 位置”和“Y 位置”复选框，在“当前对象”组合框中选中“中心”单选按钮，在“目标对象”组合框中选中“最小”单选按钮，最后单击“确定”按钮，具体参数设置及对齐效果如图 3-83 所示。

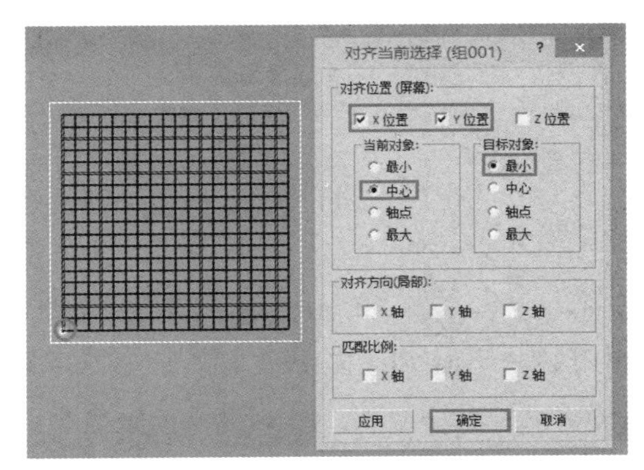

图 3-83　星位对齐步骤一

在透视图中选择星位模型，单击主工具栏中的“对齐”按钮，然后在视图中单击“组 001”，在弹出的“对齐当前选择”对话框中勾选“Z 位置”复选框，在“当前对象”组合框中选中“最小”单选按钮，在“目标对象”组合框中选中“最大”单选按钮，最后单击“确定”按钮，即完成了在 Z 轴方向上的对齐，具体参数设置如图 3-84 所示。对齐效果如图 3-85 所示。

图 3-84　星位对齐步骤二

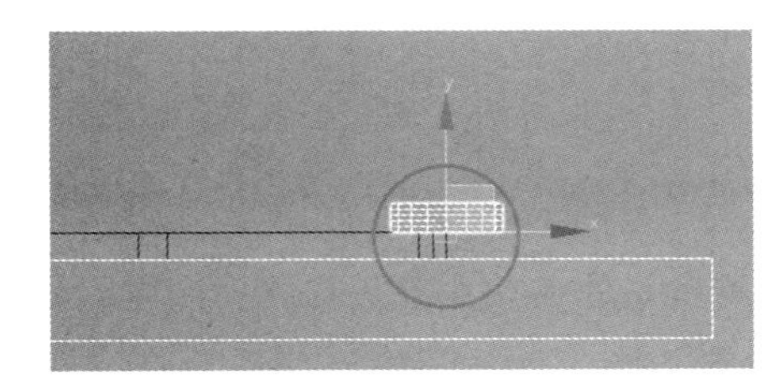

图 3-85　星位对齐效果

2）移动星位

在顶视图中选择星位，执行“选择并移动”命令，在弹出的“移动变换输入”对话框中设置“偏移：屏幕”下方的“X”为“300”，如图 3-86 所示；接着设置“偏移：屏幕”下方的“Y”为“300”，如图 3-87 所示。移动效果如图 3-88 所示。

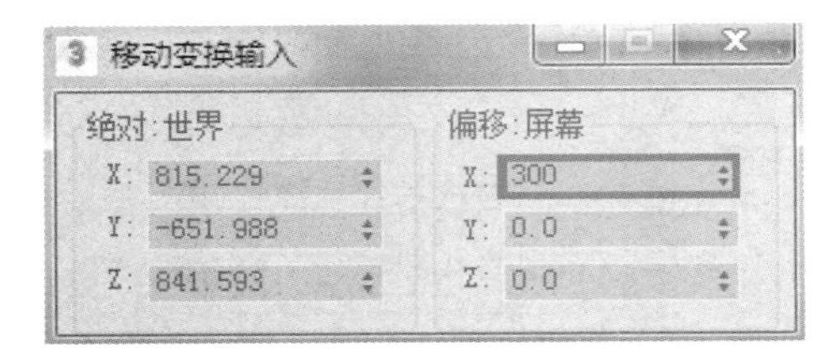

图 3-86　移动星位步骤一

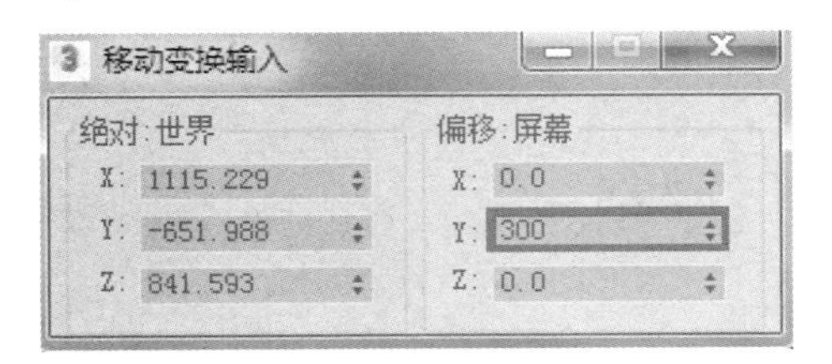

图 3-87　移动星位步骤二

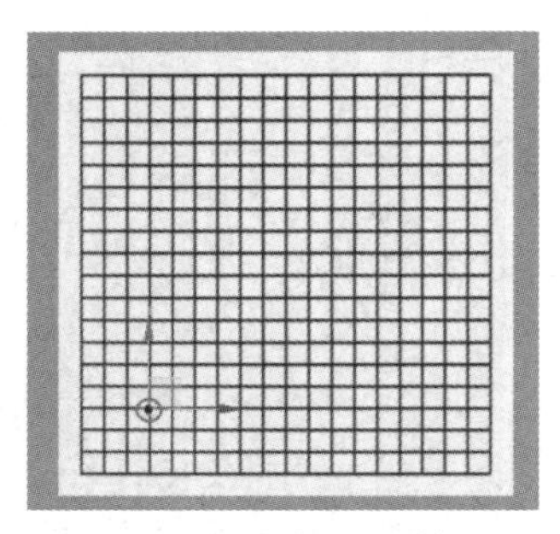

图 3-88　星位移动效果

3）阵列星位

在顶视图中选择星位，执行“阵列”命令，在弹出的“阵列”对话框中设置“1D”阵列“数量”为 3，“2D”阵列“数量”为 3，“X”方向的增量为 600，“Y”方向的增量为 600，具体参数设置如图 3-89 所示。阵列效果如图 3-90 所示。

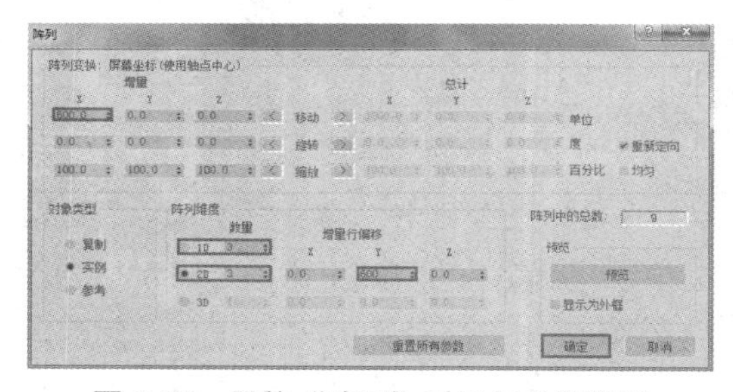

图 3-89　星位“阵列”对话框参数设置

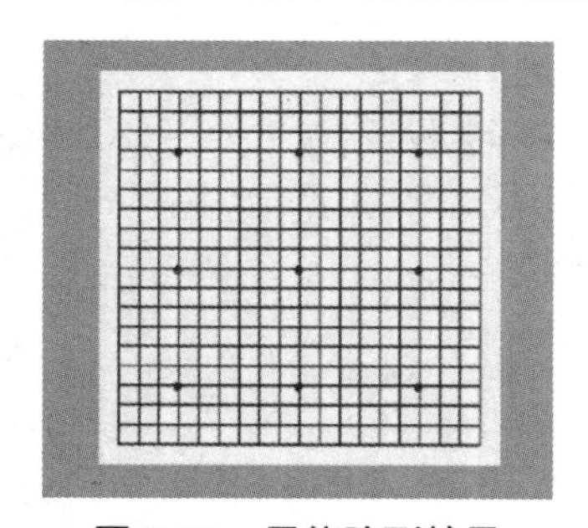

图 3-90　星位阵列效果

4. 创建棋子

1）创建球体并缩放

在透视图中创建一个球体，设置其“半径”为 50mm。在主工具栏中执行“选择并非均匀缩放”命令，在弹出的“缩放变换输入”对话框中设置“Z”方向的缩放比例为“20”，如图 3-91 所示。

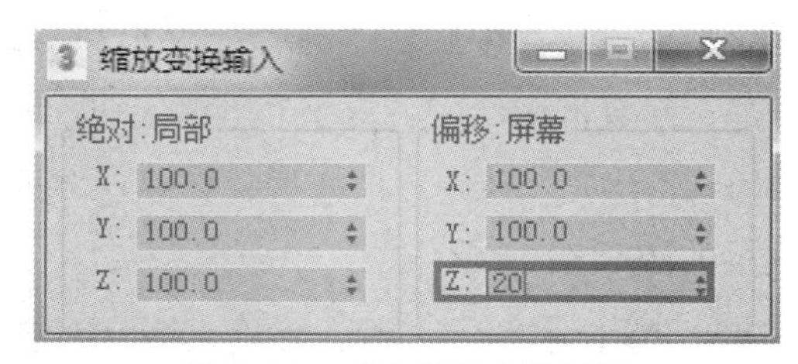

图 3-91　球体缩放参数设置

2）复制棋子并调整位置

复制数个棋子，将一部分棋子的颜色修改为白色，剩下的部分修改为黑色，并逐个调整棋子的位置，使其散布在整个棋盘上，最终效果如图 3-92 所示。

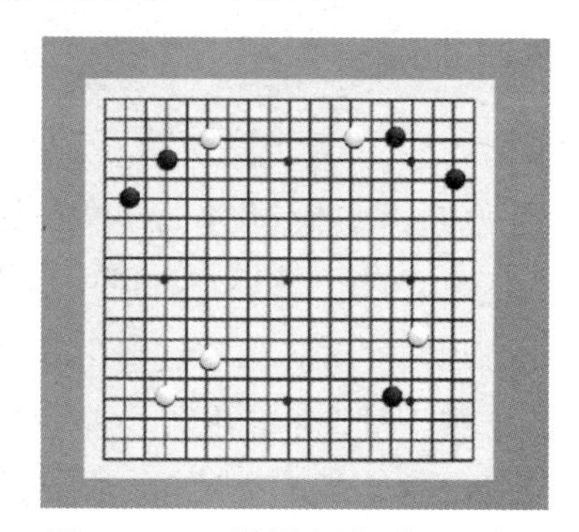

图 3-92　围棋棋盘模型最终效果

第4章

编辑修改器

如果想用 3ds Max 软件创建较为复杂的模型，那么仅靠系统提供的基本体是远远不够的。为此，3ds Max 软件提供了多种编辑修改器，利用它们可以对基本体进行编辑、修改，以创建更加丰富多样的三维模型。

在 3ds Max 中，“修改”命令面板是对模型进行编辑、修改的地方，其功能非常强大。通常在完成模型的创建后，可以使用修改器将其转变为复杂的对象，并且能够进入模型的子物体级别，从而对内部的结构进行操作。

4.1 修改器的基础知识

4.1.1 “修改”命令面板详解

在视图中创建一个长方体，然后进入“修改”命令面板，如图 4-1 所示。

由图 4-1 可知，“修改”命令面板从上到下可分为以下 5 个区域。

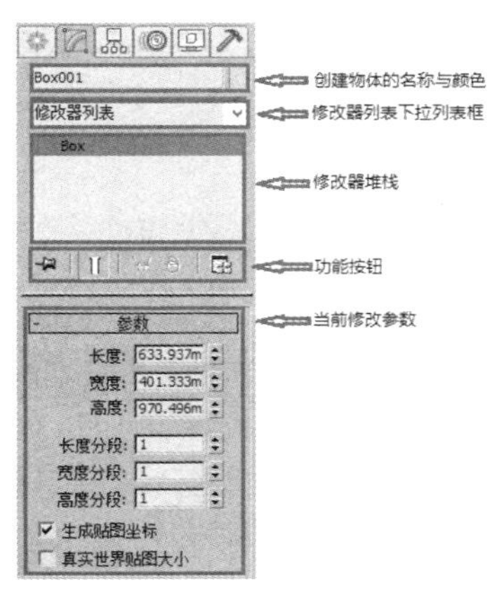

图 4-1 “修改”命令面板

1. 创建物体的名称与颜色

在创建模型时，系统会自动为每个对象命名并指定一种颜色。用户可以在命令面板左侧的文本框中修改当前模型的名称；单击文本框右侧的颜色框，会弹出“对象颜色”对话框，在该对话框中可以指定模型的颜色。

2. 修改器列表下拉列表框

此处提供软件中全部修改器的列表单。在修改模型时，单击列表框右侧的下拉箭头，即可在弹出的下拉列表中选择相应的修改器，如图 4-2 所示。

图 4-2　修改器列表

3. 修改器堆栈

在修改器堆栈中，以从下到上的方式记录了对象创建及修改的全部过程，是“修改”命令面板的核心部分。在 3ds Max 中，创建的每个对象都有自己的修改器堆栈。

4. 功能按钮

（1）“锁定堆栈”按钮：单击该按钮可以将修改器堆栈锁定在当前选择的模型上。即使在场景中选择其他对象，修改器仍只作用于锁定模型。

（2）“显示最终结果开/关切换”按钮：单击该按钮即可显示模型修改的最终结果。当修改器堆栈中存在多个修改器时，单击该按钮将只显示当前及其下方的修改器对模型产生的作用，再次单击该按钮才会显示最终的结果。

（3）“使唯一”按钮：用于取消当前模型与其他模型的关联关系，将修改器独立出来。

（4）“从堆栈中移除修改器”按钮：用于将选择的修改器从堆栈列表中删除，此时场景中的模型将恢复到未使用修改器时的状态。

（5）“配置修改器集”按钮：单击该按钮将弹出一个修改器的设定菜单，可以在此设置是否显示修改器按钮及改变按钮组的配置。

5. 当前修改参数

在该卷展栏中可以对创建的物体参数进行一定的修改。

4.1.2　为对象加载修改器

为对象加载修改器的方法非常简单，选择一个对象后，进入“修改”命令面板，然后单击“修改器列表”右侧的下拉箭头，在弹出的下拉列表中即可选择相应的修改器，如图 4-3 所示。

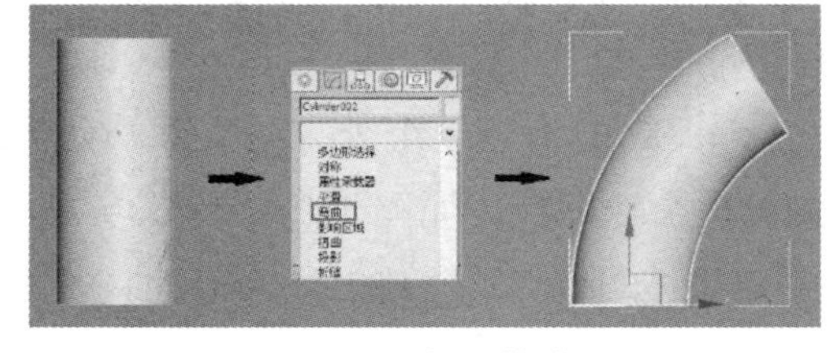

图 4-3　为对象加载修改器

4.1.3　修改器的种类

修改器有很多种，按照类型的不同被划

分在几个修改器集合中。3ds Max 软件将这些修改器默认分为“选择修改器”“世界空间修改器”和“对象空间修改器”3 类。

1. 选择修改器

“选择修改器”集合中包括“网格选择”“面片选择”“多边形选择”和“体积选择”4 种修改器，如图 4-4 所示。

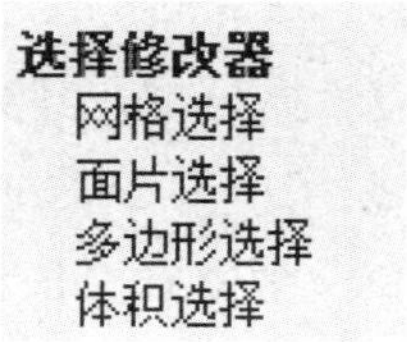

选择修改器
网格选择
面片选择
多边形选择
体积选择

图 4-4　选择修改器

- 网格选择：可以选择网格子对象。
- 面片选择：选择面片子对象，之后可以对面片子对象应用其他修改器。
- 多边形选择：选择多边形子对象，之后可以对其应用其他修改器。
- 体积选择：可以选择一个对象或多个对象选定体积内的所有子对象。

2. 世界空间修改器

“世界空间修改器”集合如图 4-5 所示，它基于世界空间坐标系，而不是基于单个对象的局部坐标系。当应用一个世界空间修改器之后，无论物体是否发生移动，它都不会受到任何影响。

世界空间修改器
Hair 和 Fur (WSM)
摄影机贴图 (WSM)
曲面变形 (WSM)
曲面贴图 (WSM)
点缓存 (WSM)
粒子流碰撞图形 (WSM)
细分 (WSM)
置换网格 (WSM)
贴图缩放器 (WSM)
路径变形 (WSM)
面片变形 (WSM)

图 4-5　世界空间修改器

3. 对象空间修改器

“对象空间修改器”集合中的修改器非常多，主要应用于单独对象，使用的是对象的局部坐标系，因此当移动对象时，修改器也会跟着移动。

“对象空间修改器”集合非常重要，本章将其作为重点内容进行讲解。

4.2　锥化、弯曲和扭曲修改器

4.2.1　锥化修改器

锥化修改器（Taper）的功能是通过缩放对象的两端而产生锥形轮廓来修改物体，同时可以加入光滑的曲线轮廓，允许控制锥化的倾斜度、曲线轮廓的曲度，可以限制局部的锥化效果，并且可以实现物体局部锥化的效果。

图 4-6 所示即为给一个长方体施加锥化修改器后的效果及锥化修改器的参数设置面板。参数设置面板由 3 个组合框组成，分别是“锥化”“锥化轴”和“限制”组合框。

1. “锥化”组合框

（1）“数量”微调框：用于设定锥化倾斜的角度。正值向外倾斜，负值向内倾斜。

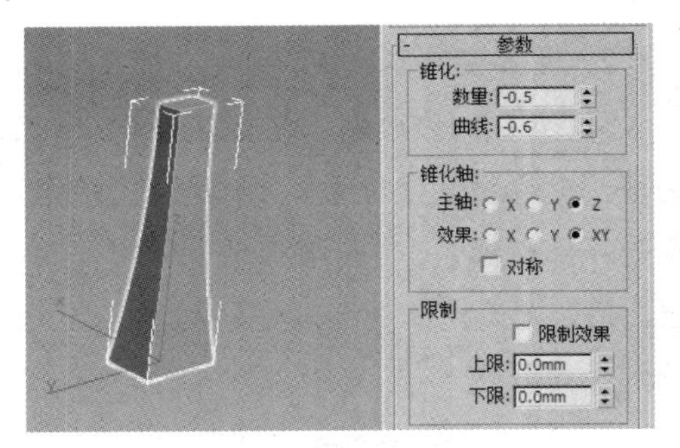

图 4-6 锥化修改器效果及参数设置面板

（2）“曲线”微调框：用于设定锥化轮廓的弯曲程度。正值向外弯曲，负值向内弯曲。

2. “锥化轴”组合框

该组合框可以指定锥化所在的轴向。

3. “限制”组合框

勾选“限制效果”复选框后，通过设置上限和下限的数量，对物体实现局部锥化。

（1）“上限”微调框：将锥化限制在中心轴以上，在限制区域以外不会受到锥化的影响。

（2）“下限”微调框：将锥化限制在中心轴以下，在限制区域以外不会受到锥化的影响。

4.2.2 弯曲修改器

使用弯曲修改器（Bend）可以对选择的物体进行无限度数的弯曲变形操作，并且可以控制物体弯曲的角度与方向。

图 4-7 所示即为对圆柱体施加弯曲修改器后得到的变形效果及弯曲修改器的参数设置面板。该面板的参数与锥化修改器的参数十分类似，也是由 3 个组合框组成的。

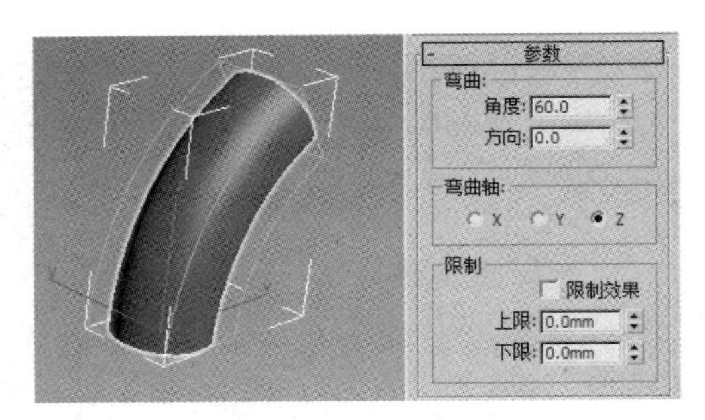

图 4-7 弯曲修改器效果及参数设置面板

1. “弯曲”组合框

（1）“角度”微调框：其数值决定物体弯曲的角度，常用值为 0～360。

（2）“方向”微调框：其数值决定物体沿自身 Z 轴方向的旋转角度，常用值为 0～360。

2. “弯曲轴”组合框

该组合框可以指定弯曲所在的轴向。

3. “限制”组合框

该组合框用于将弯曲效果限定在中心轴以上或以下的某一部分，通过这种控制可以产生物体局部弯曲的效果。勾选“限制效果”复选框后，通过设置上限和下限的数量，对物体实现局部弯曲。

（1）“上限”微调框：将弯曲限制在中心轴以上，在限制区域以外不会受到弯曲的影响，常用值为 0～360。

（2）“下限”微调框：将弯曲限制在中心轴以下，在限制区域以外不会受到弯曲的影响，常用值为 0～360。

4.2.3 扭曲修改器

扭曲修改器（Twist）依据指定的轴向和扭曲角度为物体施加扭曲变形。图 4-8 所示即为对长方体施加扭曲修改器后得到的变形效果及扭曲修改器的参数设置面板。参数设置面板的结构与弯曲修改器类同，只是“扭曲”组合框中的参数有所不同，“角度”数值决定物体扭曲的角度。

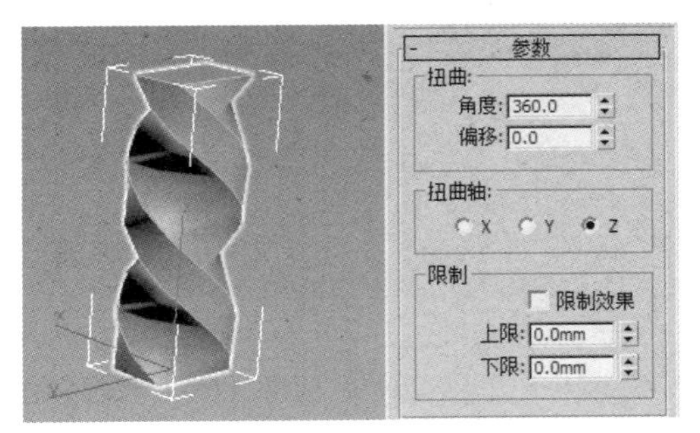

图 4-8　扭曲修改器效果及参数设置面板

4.2.4　实例演练：桌子

如图 4-9 所示，该桌子模型由桌面和四条桌腿组成。桌面是一个圆柱体，桌腿原型也是圆柱体，只是在圆柱体的基础上增加了两次锥化效果。因此，只需创建一个桌面和一条桌腿，再复制出另外三条桌腿并编辑修改桌腿即可。建模步骤如下。

图 4-9　桌子模型

1. 创建桌面

在透视图中创建一个圆柱体，设置其“半径”为 150mm，“高度”为 10mm，其余参数默认，模型效果及具体参数设置如图 4-10 所示。

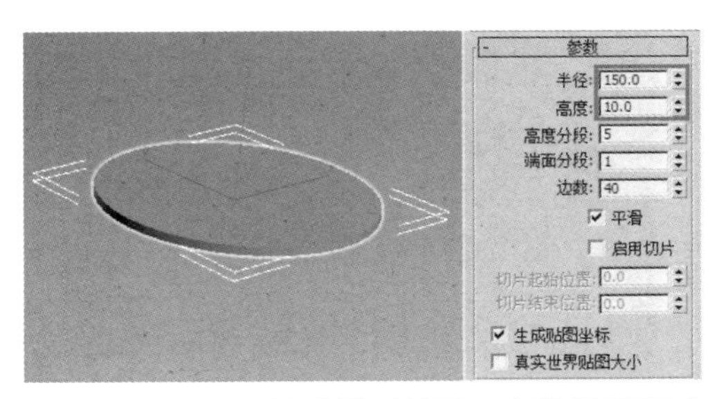

图 4-10　桌面圆柱体模型效果及参数设置面板

2. 创建桌腿

在透视图中创建一个圆柱体，设置其“半径”为 12mm，“高度”为 160mm，“高度分段”为 14，“端面分段”为 1，“边数”为 20，并将其与上一步创建的桌面按照空间位置关系进行对齐，模型效果及具体参数设置如图 4-11 所示。

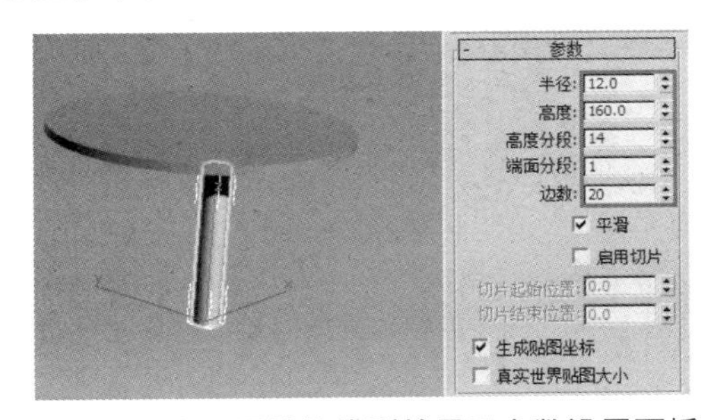

图 4-11　桌腿圆柱体模型效果及参数设置面板

3. 复制其他桌腿

在顶视图中选择桌腿，单击主工具栏中的“选择并移动”按钮，同时按住键盘上的“Shift”键，移动复制一条桌腿；然后选择两条桌腿，运用同样的方法移动复制出另外两条桌腿，复制过程如图 4-12 所示。模型效果如图 4-13 所示。

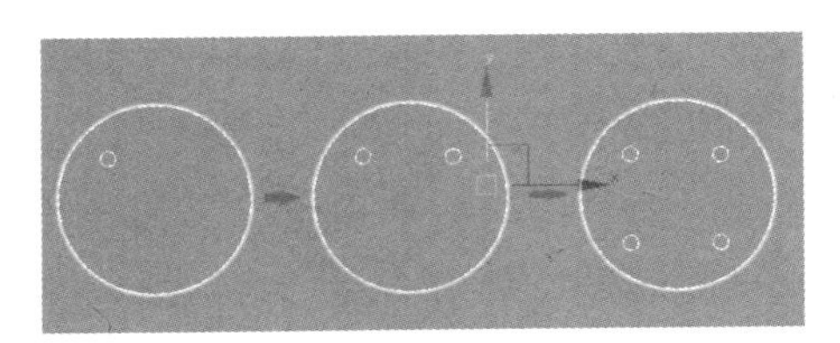

图 4-12　复制另外三条桌腿

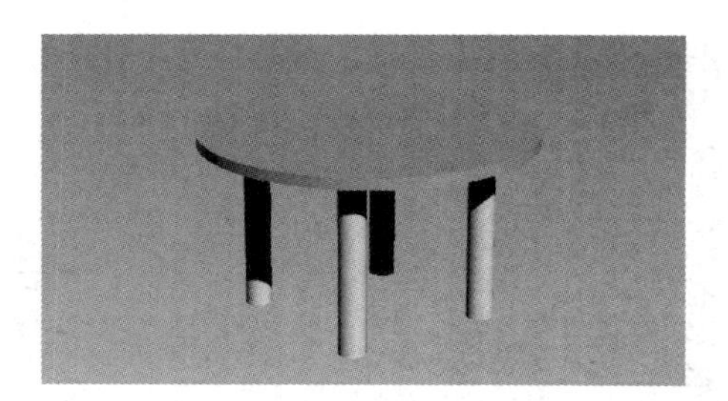

图 4-13　桌腿复制效果

4. 锥化一条桌腿

选择一条桌腿，对其施加锥化修改器，锥化参数如下：“数量”为 0.3，“曲线”为 −2.5，效果如图 4-14 所示。

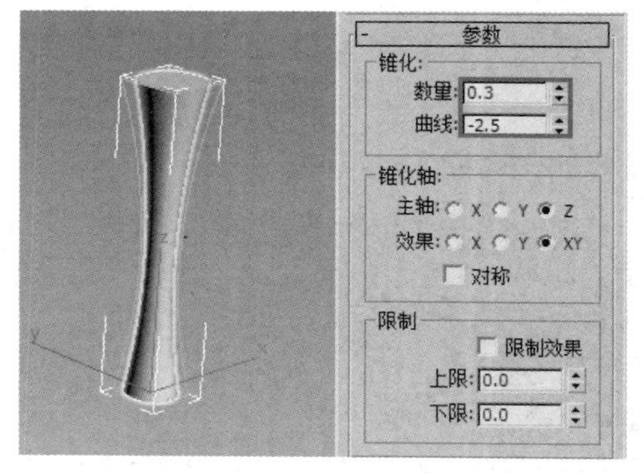

图 4-14　一条桌腿锥化效果及参数设置面板

5. 锥化四条桌腿

同时选择四条桌腿，对四条桌腿施加锥化修改器，锥化参数如下：“数量”为 0.15，“曲线”为−0.85，效果如图 4-15 所示。

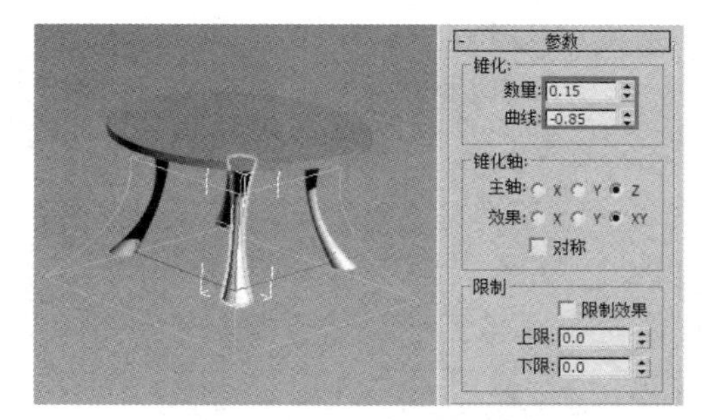

图 4-15　四条桌腿锥化效果及参数设置面板

6. 成组

将桌面与四条桌腿全部选中，执行主菜单“组”中的“组”命令，将其组合为一个组。

7. 渲染

执行渲染产品命令，渲染出产品图片，效果如图 4-9 所示。

4.3　平滑类修改器

平滑修改器、网格平滑修改器和涡轮平滑修改器都可以用来平滑几何体，但在效果和可调性上有所差别。

简单地说，对于相同的物体，平滑修改器的参数比其他两种修改器要简单一些，但是平滑的强度不强；网格平滑修改器与涡轮平滑修改器的使用方法相似，但后者能够更快并更有效率地利用内存，不过涡轮平滑修改器在运算时容易发生错误。因此，在实际工作中，网格平滑修改器是最常用的。下面针对网格平滑修改器进行讲解。

网格平滑修改器可以通过多种方法来平滑场景中的几何体，它允许细分几何体，同时可以使角和边变得平滑。其参数设置面板（局部）如图 4-16 所示。

网格平滑修改器的重要参数介绍如下。

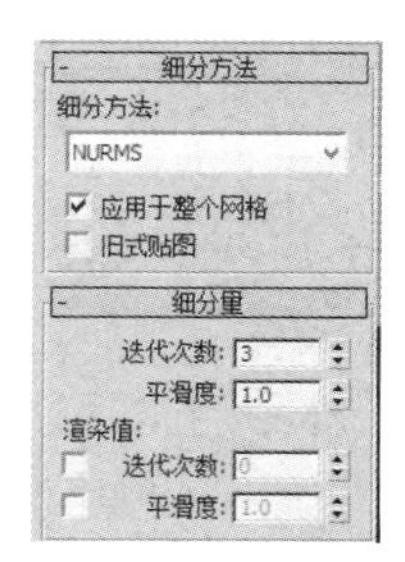

图 4-16　网格平滑修改器参数设置面板（局部）

1. 细分方法

细分方法有 3 种，分别是“经典”“四边形输出”和“NURMS”。“经典”方法可以生成三面和四面的多面体；“四边形输出”方法仅生成四面多面体；“NURMS”方法生成的对象与可以为每个控制顶点设置不同权重的 NURMS 对象相似，该方法为默认设置。3 种方法的平滑效果比较如图 4-17 所示。

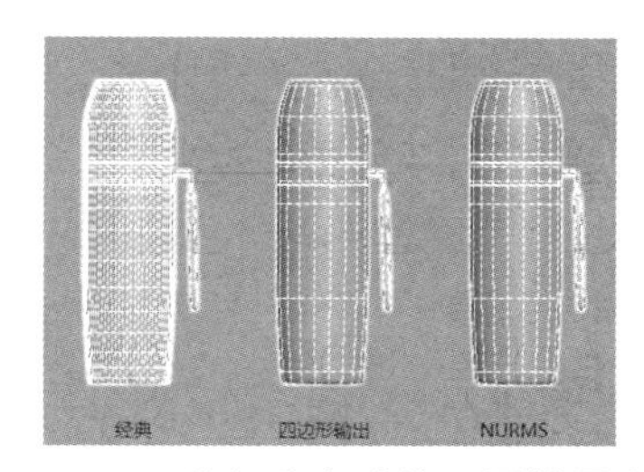

图 4-17　3 种细分方法的平滑效果比较

2. 应用于整个网格

勾选该复选框后，平滑效果将应用于整个对象。

3. 迭代次数

该参数用来设置网格细分的次数，这是最常用的一个参数，其数值的大小直接决定了平滑的效果，取值范围为 0～10。增加该值时，每次新的迭代会通过在迭代之前对顶点、边和曲面创建平滑差补顶点来细分网格。图 4-18 所示是“迭代次数”分别为 1、2、3 时的平滑效果对比。

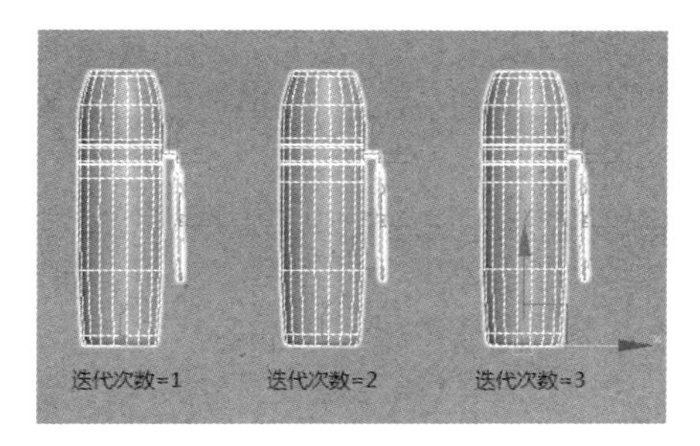

图 4-18　不同迭代次数平滑效果对比

4.4　编辑网格修改器

编辑网格修改器是一个修改功能非常强大的修改器，其最适合制作表面复杂而又无须精确建模的造型。它是 3ds Max 中对物体子层级进行修改常用的修改器之一，提供“顶点”“边”“面”“多边形”和“元素”5 种子层级修改方式，这样更便于对物体进行修改。

4.4.1　编辑网格修改器的应用步骤

编辑网格修改器的应用步骤如图 4-19 所示。

（1）创建基本体。

（2）设定视图的显示模式为实体和面的结构。

（3）在修改器列表中选择“编辑网格”修改器。

（4）进行编辑修改。

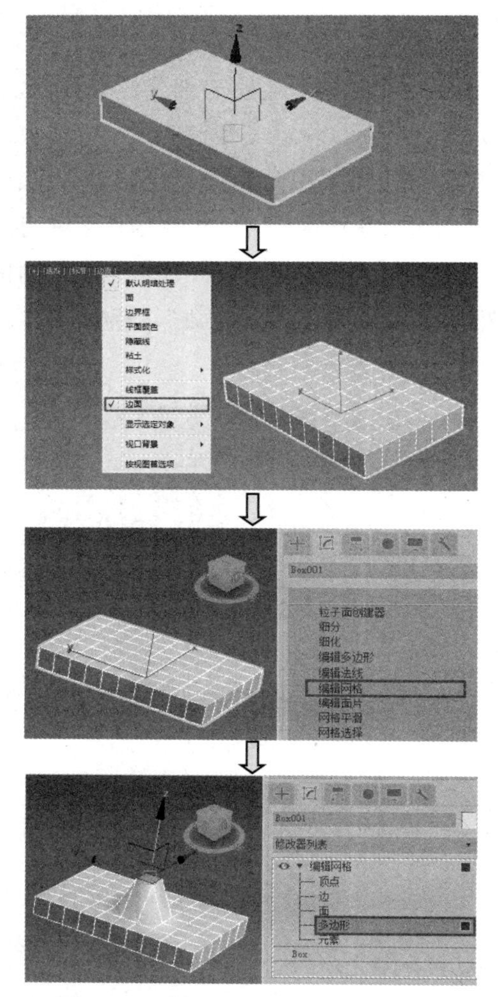

图 4-19　编辑网格修改器的应用步骤

4.4.2　网格对象的子层级

对物体施加编辑网格修改器或将对象转换为可编辑网格对象后，就可以对可编辑网格对象的“顶点”“边”“面”“多边形”和“元素”这 5 个子层级分别进行编辑了，如图 4-20 所示。

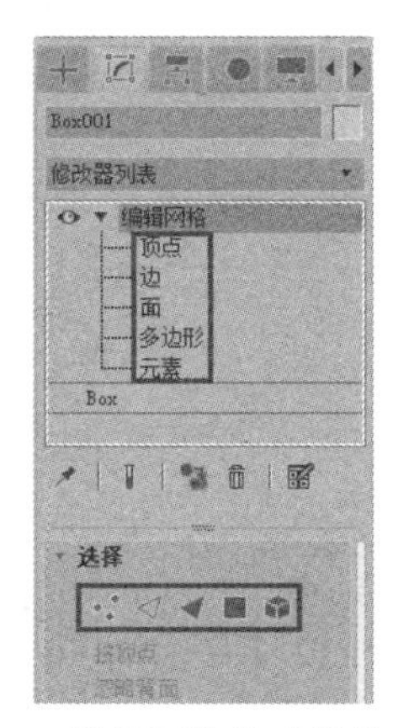

图 4-20　编辑网格修改器的子层级

1. “顶点”子层级

在该子层级中，可以完成单顶点或多顶点的调整与修改。图 4-21 所示为对所选择的顶点进行移动操作后的效果；同理，还可对所选顶点进行旋转和缩放等操作。

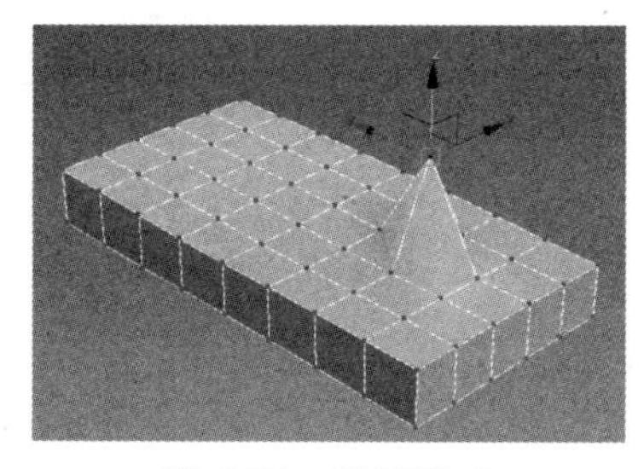

图 4-21　移动顶点

2. “边”子层级

在该子层级中，可以以物体的边作为修改和编辑的操作基础。图 4-22 所示为对所选择的边进行移动操作后的效果。

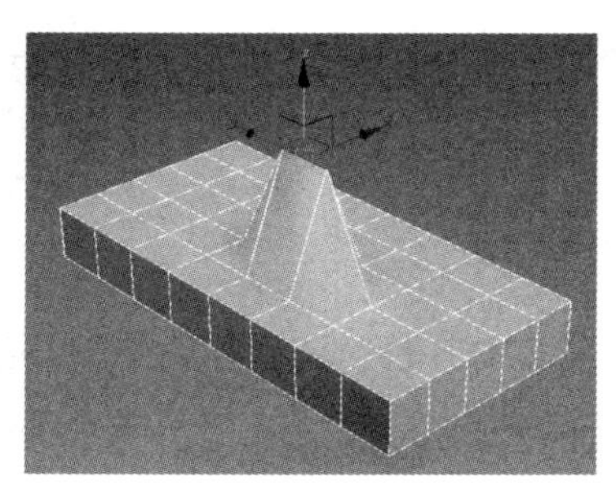

图 4-22　移动边

3. “面”子层级

在该子层级中，可以以物体的三角面作为修改和编辑的操作基础。图 4-23 所示为对所选择的面进行移动操作后的效果。

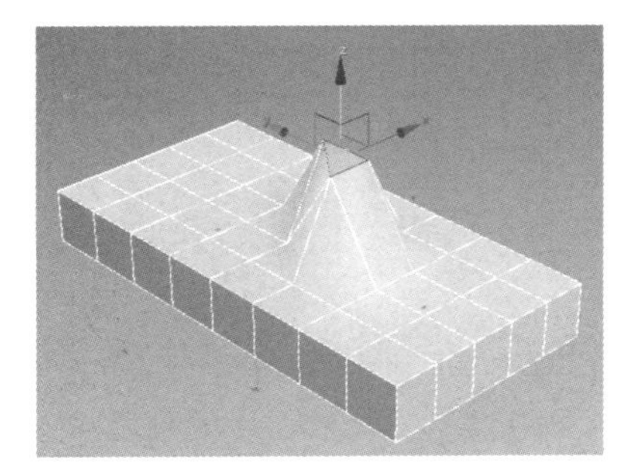

图 4-23　移动面

4. “多边形”子层级

在该子层级中，可以以物体的方形面作为修改和编辑的操作基础。图 4-24 所示为对所选择的多边形进行移动操作后的效果。

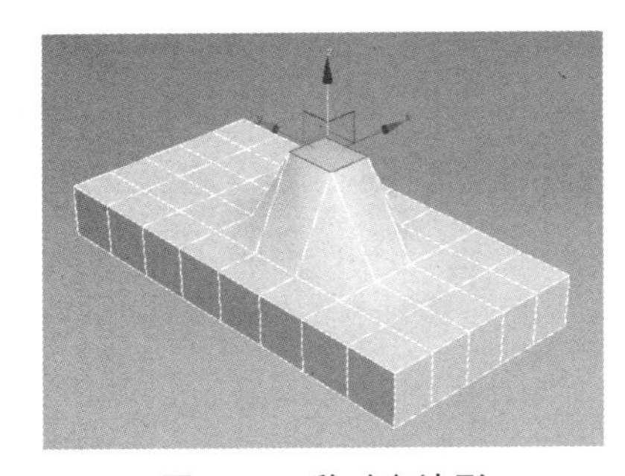

图 4-24　移动多边形

5. “元素”子层级

在该子层级中，可以组成整个物体的子网格物体，可以对整个的独立体进行修改和编辑操作。如图 4-25 所示，进入“元素”子层级，单击长方体模型的任意位置，整个物体都会被选中。

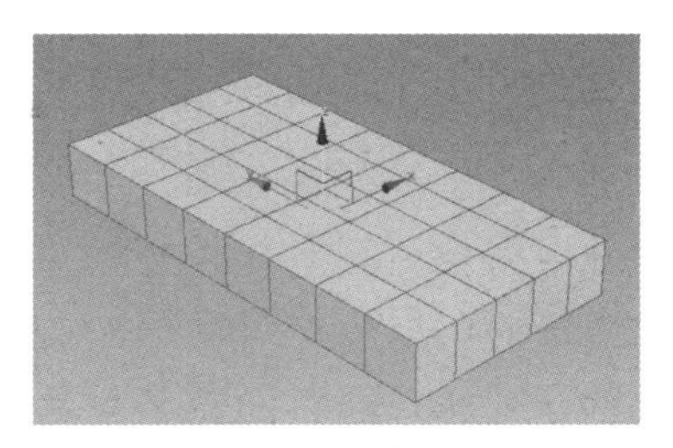

图 4-25　选择元素

4.4.3　编辑网格修改器的主要命令

编辑网格修改器的参数设置面板中包括 4 个卷展栏，分别是“选择”“软选择”“编辑几何体”和“曲面属性”，如图 4-26 所示。

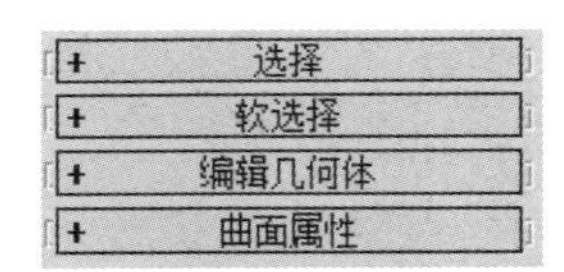

图 4-26　编辑网格修改器参数设置面板中的 4 个卷展栏

下面将对卷展栏中的常用命令进行讲解。

1. “选择”卷展栏

“选择”卷展栏中的工具与选项主要用来访问网格子对象级别及快速选择子对象，如图 4-27 所示。

图 4-27　“选择”卷展栏

最上面的 5 个按钮分别对应 5 种子层级修改方式，即“顶点”“边”“面”“多边形”和“元素”。

忽略背面：启用该复选框后，只能选择正面的子对象，而背面的子对象则不会被选择。

2. “软选择”卷展栏

“软选择”是以选中的子对象为中心向四周扩散，以放射状方式来选择对象。在对选择的部分子对象进行变换时，可以让子对象以平滑的方式进行过渡。另外，可以通过控制“衰减”“收缩”和“膨胀”的数值来控制所选子对象区域的大小及对子对象控制力的强弱，如图 4-28 所示。

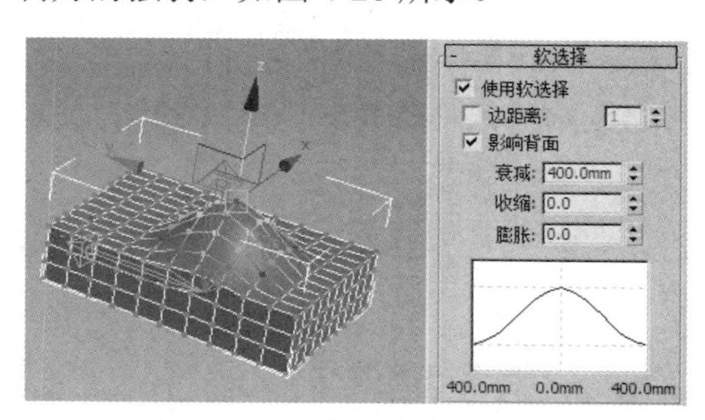

图 4-28　“软选择”卷展栏

- 使用软选择：控制是否开启“软选择”功能。
- 衰减：用于定义影响区域的距离，数值越高，软选择的范围就越大。
- 收缩：设置区域的相对“突出度”。
- 膨胀：设置区域的相对“丰满度”。

3. “编辑几何体”卷展栏

“编辑几何体”卷展栏中的工具适用于所有子对象级别，大多数的编辑网格对象的功能都是在“编辑几何体”卷展栏中完成的。根据所选定的子层级的不同，在卷展栏中显示出来的功能按钮也各不相同。图 4-29 所示为“多边形”子层级所对应的“编辑几何体”卷展栏。

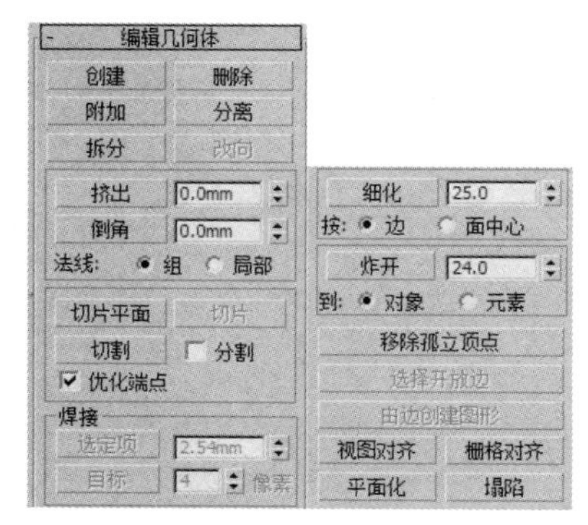

图 4-29　“编辑几何体”卷展栏

- 附加：该按钮可以应用于所有的子层级。各种对象都可以附加到可编辑网格对象中，在附加时非网格对象将自动转换为网格对象。如图 4-30 所示，左侧为两个相互独立的长方体和圆柱体。选择长方体，施加编辑网格修改器后，单击“编辑几何体”卷展栏中的“附加”按钮，再选择圆柱体，则圆柱体就被附加到长方体网格对象中，效果如图 4-30 右侧图片所示。

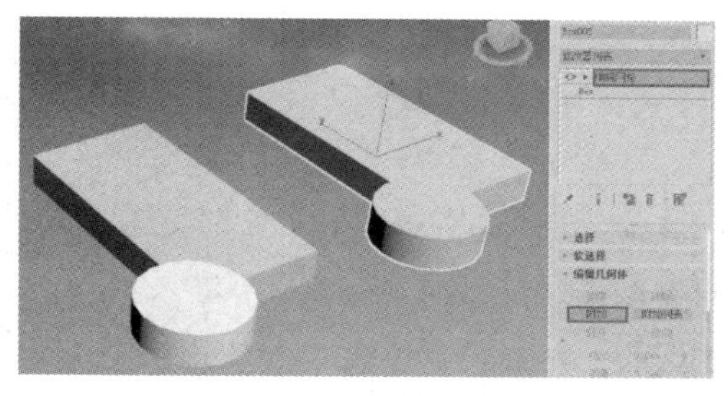

图 4-30　“附加”操作

- 分离：单击该按钮可以将选定子对象作为单独的对象或元素进行分离，同时也会分离所有附加到子对象的面。

当选择除“边”子对象外的其他子对象时，单击“分离”按钮，可弹出如图 4-31 所示的“分离”对话框。在该对话框中有两个复选框，具体如下。

- 分离到元素：启用该复选框后，选择的子对象与原网格对象分离，但仍然属于网格对象的子对象。
- 作为克隆对象分离：启用该复选框后，原网格对象不变，被选的子对象被复制成为一个独立的网格对象，该对象不属于原网格对象。

在图 4-31 中，在“元素”子层级，选择圆柱体元素，单击“分离”按钮，则该元素即可按照所勾选的类型从网格对象中分离出来。

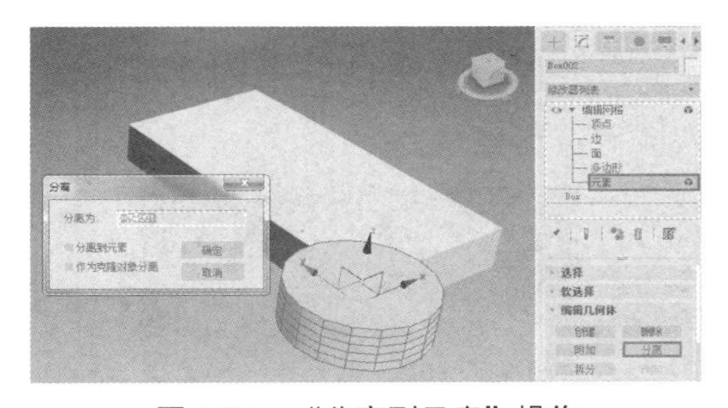

图 4-31　“分离到元素”操作

- 挤出：可对边、面、多边形子对象按照指定的高度进行挤出。
- 倒角：除可对面、多边形、元素子对象按照指定的高度进行挤出外，还可形成上大下小或上小下大的锥状倒角。

图 4-32 所示分别演示了挤出和倒角效果。

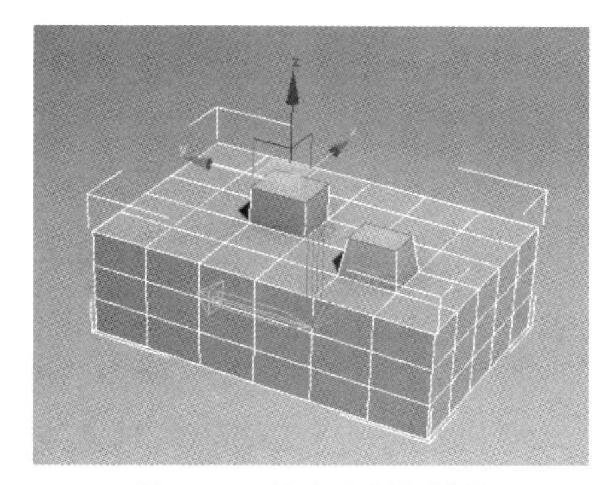

图 4-32　挤出和倒角效果

- 炸开：单击该按钮可以将所有选定的面或多边形分离成单独的对象或元素。如图 4-33 所示，在“多边形”子层级选择圆柱体的上表面多边形，单击“炸开”按钮，会弹出一个“炸开”对话框，在该对话框中可对炸开以后的对象进行命名。单击“确定”按钮，圆柱体上表面即被炸开为一个独立的对象，如图 4-34 所示。

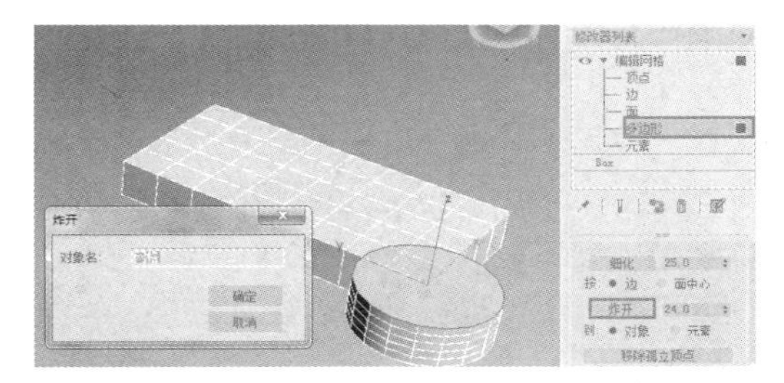

图 4-33　“炸开”操作

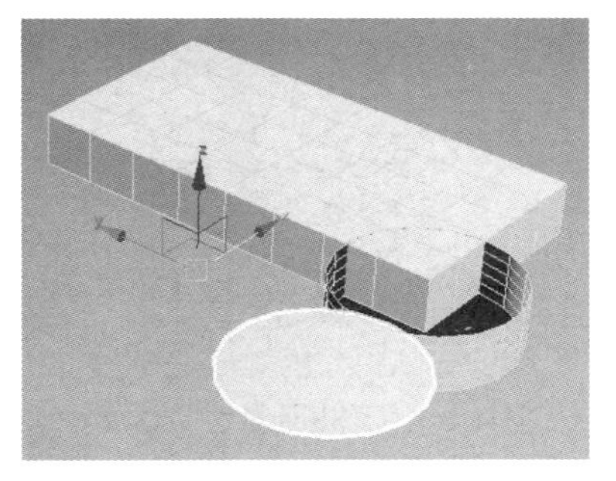

图 4-34　“炸开”结果

- 塌陷：单击该按钮可以将几个选定的子对象塌陷成一个子对象。这个子对象位于选择集的平均位置，它可以用于消除网格间的裂缝。如图 4-35 所示，选择圆柱体网格最上面一层的顶点，在“顶点”子层级中单击“塌陷”按钮，则所选的所有顶点被塌陷为一个顶点。

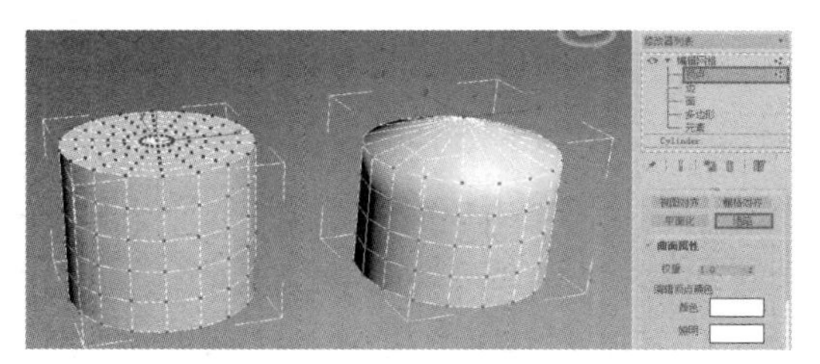

图 4-35 “塌陷”操作

4. “曲面属性”卷展栏

不同的子层级有不同的“曲面属性”卷展栏。图 4-36 所示为“多边形”子层级对应的“曲面属性”卷展栏。

图 4-36 “曲面属性”卷展栏

- 翻转：单击该按钮可以使当前选择集的法线翻转。如图 4-37 所示，选中长方体网格对象的上表面多边形，在“曲面属性”卷展栏中单击“翻转”按钮，则该多边形的法线即被翻转。

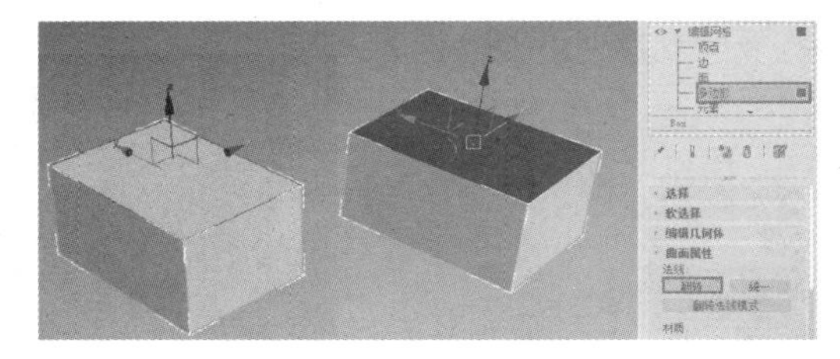

图 4-37 翻转法线

- 统一：单击该按钮可以使当前选择集中所有的法线朝向一个方向。
- 设置 ID：该参数主要用于后续在“多维/子对象”材质中设置材质 ID 号。

4.4.4 实例演练一：沙发

在本实例中，我们需要创建的沙发模型如图 4-38 所示。

图 4-38 沙发模型

1. 创建一个长方体

在透视图中创建一个长方体，设置其“长度”为 80mm，“宽度”为 200mm，“高度”为 15mm，“长度分段”为 6，“宽度分段”为 12，“高度分段”为 1，具体参数设置及模型效果如图 4-39 所示。

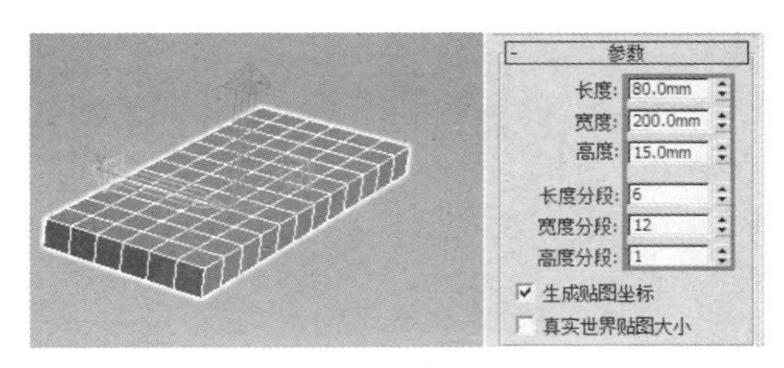

图 4-39　长方体模型效果及参数设置面板

2. 施加编辑网格修改器

选择长方体，在“修改”命令面板的“修改器列表”下拉列表中找到“编辑网格”修改器，单击“确定”按钮，即为长方体施加了编辑网格修改器，如图 4-40 所示。

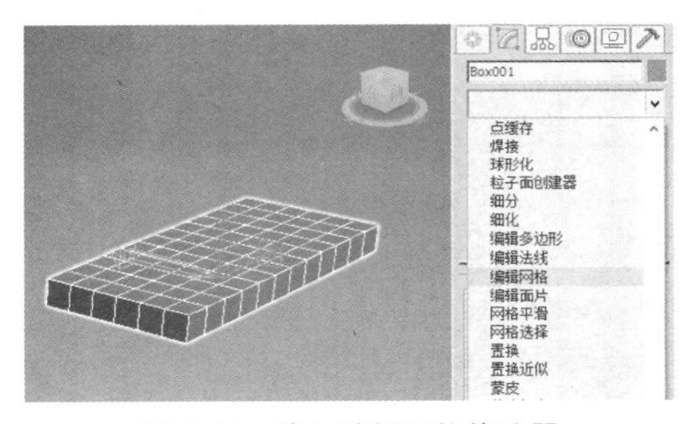

图 4-40　施加编辑网格修改器

1）选择长方形上表面部分多边形

在“修改”命令面板中打开“编辑网格”修改器，进入“多边形”子对象层级，同时在“选择”卷展栏中勾选“忽略背面”复选框，选择长方体上表面部分多边形，即图 4-41 中的红色部分。

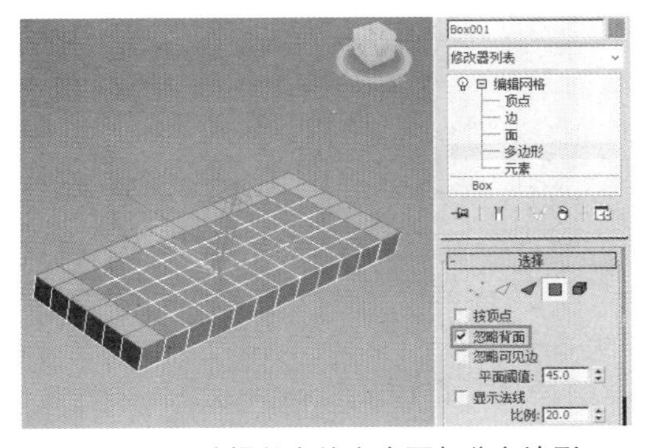

图 4-41　选择长方体上表面部分多边形

2）挤出所选多边形

打开“编辑几何体”卷展栏，在“挤出”按钮右侧的文本框中输入“15mm”，单击“挤出”按钮；再输入一次“15mm”，再单击“挤出”按钮，结果如图 4-42 所示。

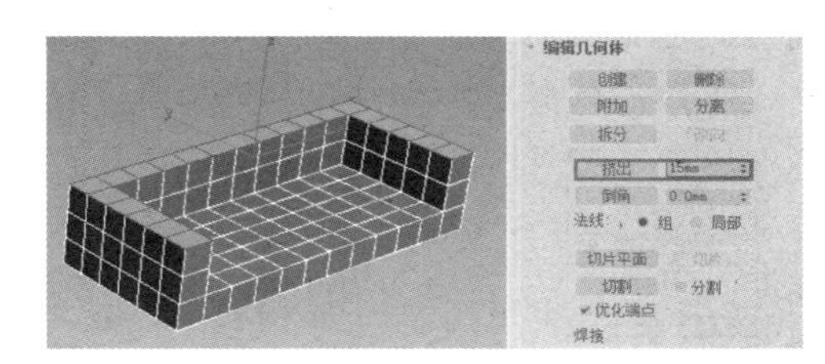

图 4-42　挤出所选多边形

3）挤出后背多边形

选择后背一排的多边形，在“编辑几何体”卷展栏中的“挤出”按钮右侧的文本框中输入“15mm”，单击“挤出”按钮，共挤出 3 次，结果如图 4-43 所示。

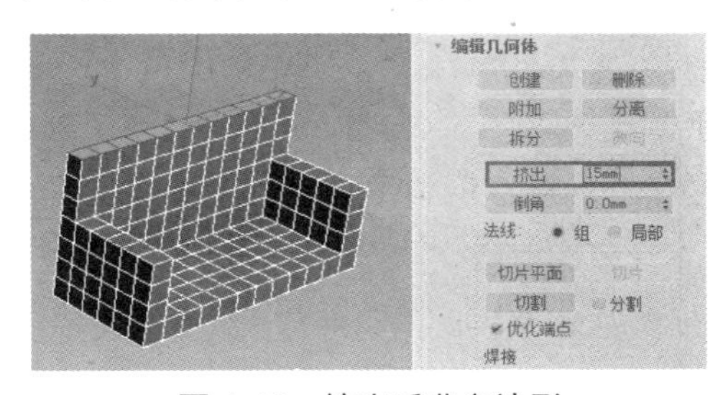

图 4-43　挤出后背多边形

4）挤出靠枕部分

选择图 4-44 中红色部分所示的多边形，挤出 2 次，每次高度为“10mm”；再倒角 1 次，数值为“-4mm”，结果如图 4-45 所示。

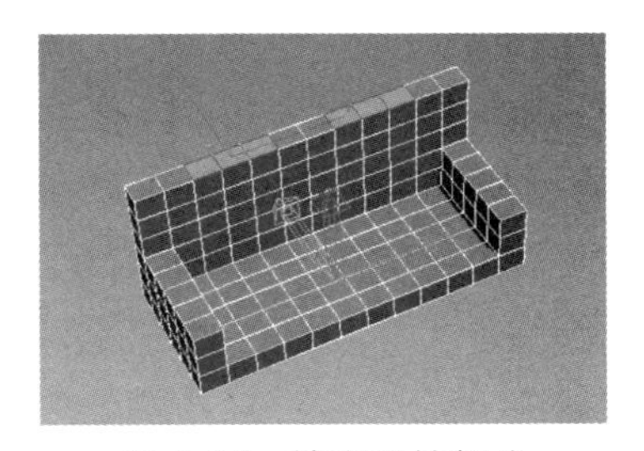

图 4-44　挤出靠枕部分

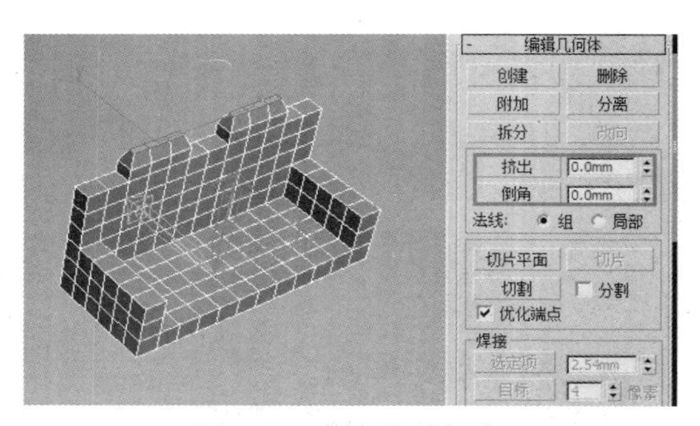

图 4-45　倒角靠枕部分

5）挤出扶手部分

选择扶手两侧的多边形，挤出 1 次，高度为“10mm”，效果如图 4-46 所示。

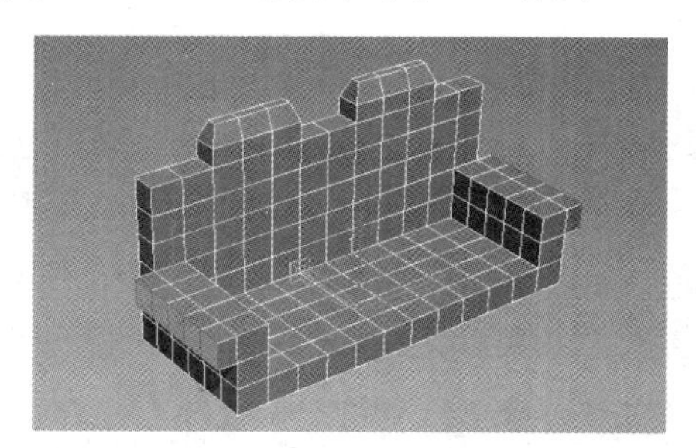

图 4-46　挤出扶手部分

6）挤出靠垫和坐垫

选择图 4-47 中红色部分所示的多边形，挤出 1 次，高度为“5mm”。

图 4-47　挤出靠垫和坐垫

7）挤出沙发腿

选择沙发底部四角的 4 个多边形，挤出 2 次，每次高度为“10mm”，效果如图 4-48 所示。

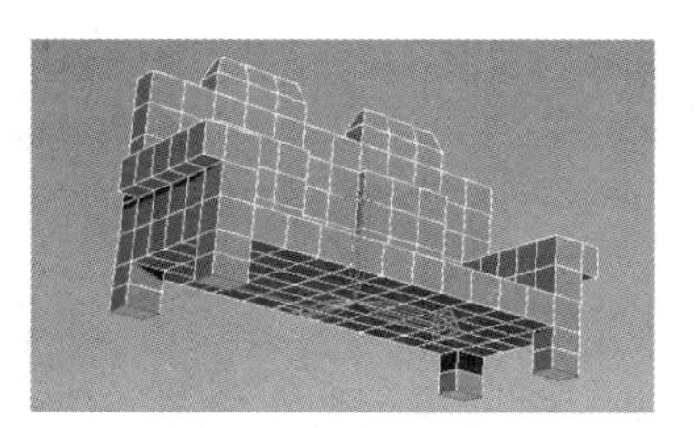

图 4-48　挤出沙发腿

3. 施加网格平滑修改器

完成以上步骤后，沙发模型已基本成形，因此退出编辑网格修改器，在“修改器列表”下拉列表中找到“网格平滑”修改器，在“细分量”卷展栏中将“迭代次数”参数设为“2”，平滑效果如图 4-49 所示。

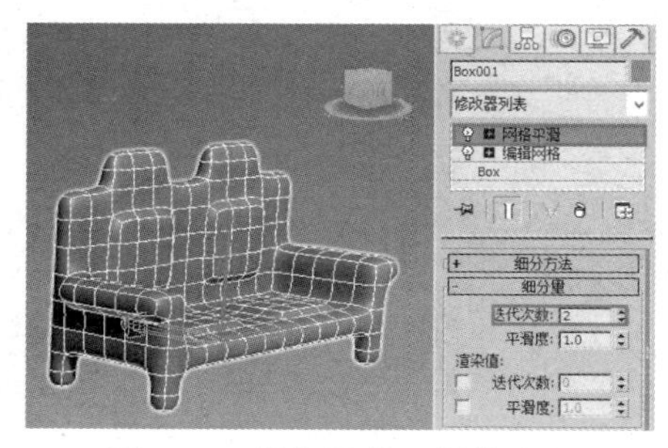

图 4-49　施加网格平滑修改器

4. 施加弯曲修改器

在“修改器列表”下拉列表中找到弯曲修改器（Bend），确定后设置弯曲参数，“角度”为 30 度，方向为-90 度，弯曲效果如图 4-50 所示。

图 4-50　施加弯曲修改器

5. 渲染产品

对产品进行渲染，最终效果如图 4-38 所示。

4.4.5　实例演练二：卡通挂表

在本实例中，我们需要创建的卡通挂表模型如图 4-51 所示。

图 4-51　卡通挂表模型

1. 创建表盘

1）创建一个圆柱体

在前视图中创建一个圆柱体，设置其“半径”为 50mm，“高度”为 5mm，“高度分段”为 1，“端面分段”为 1，“边数”为 12，具体参数设置及模型效果如图 4-52 所示。

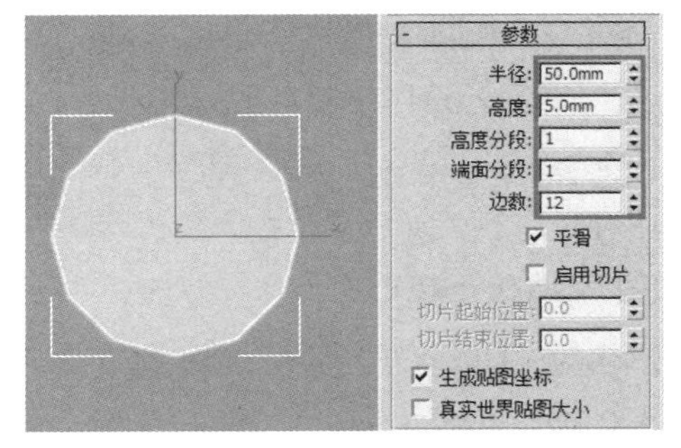

图 4-52　圆柱体模型效果及参数设置面板

2）施加编辑网格修改器

选择圆柱体，在“修改”命令面板的“修改器列表”下拉列表中选择“编辑网格”修改器，并进入“多边形”子对象层级，然后在透视图中选择圆柱体侧面的多边形，每隔一个选择一个，共选择 6 个子对象，如图 4-53 所示。

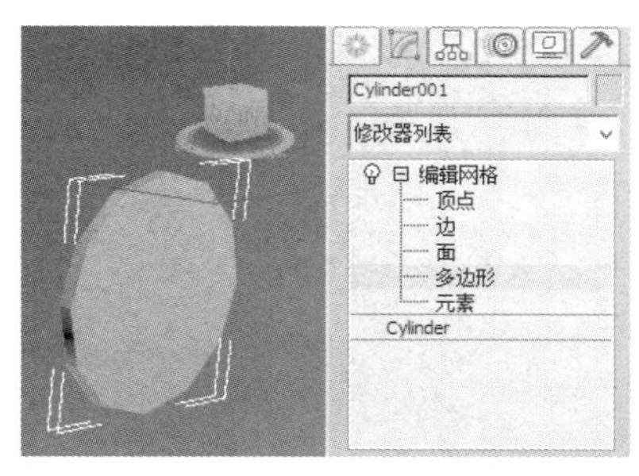

图 4-53　施加编辑网格修改器

3）挤出多边形

在“编辑几何体”卷展栏中“挤出”按钮右侧的文本框中输入“100mm”，单击“挤出”按钮，效果如图 4-54 所示。

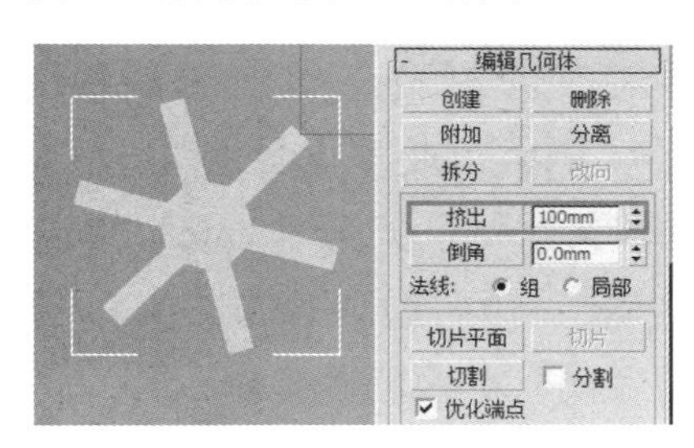

图 4-54　挤出多边形

4）继续挤出多边形

使用同样的操作方法挤出另外 6 个多边形子对象，效果如图 4-55 所示。

图 4-55　继续挤出多边形

5）倒角多边形

选择侧面的 12 个多边形子对象，在“编辑几何体”卷展栏中“倒角”按钮右侧的文本框中输入“-1mm”，单击“倒角”按钮，使刻度的边缘产生倒角效果，如图4-56所示。

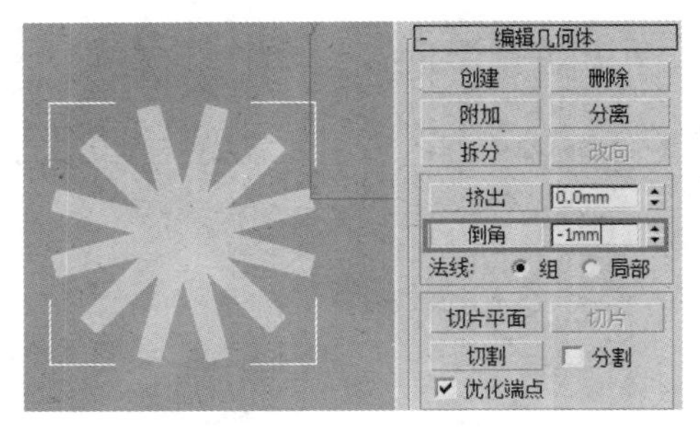

图4-56　倒角多边形

再次单击“多边形”按钮，退出子对象编辑状态，表盘创建结束。

2. 创建时针

1）创建一个长方体

隐藏已创建的表盘对象，在前视图中创建一个长方体，设置其“长度”“宽度”“高度”参数分别为15mm、75mm、3mm，“长度分段”“宽度分段”“高度分段”参数均为1，具体参数设置及模型效果如图4-57所示。

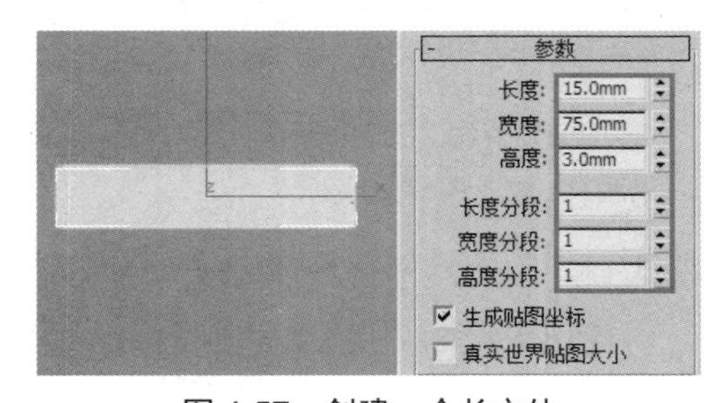

图4-57　创建一个长方体

2）施加编辑网格修改器

选择长方体，在“修改”命令面板的“修改器列表”下拉列表中选择“编辑网格”修改器，并进入“顶点”子对象层级，在前视图中选择右侧的两组顶点子对象，然后沿 *Y* 轴方向适当缩放，如图4-58所示。

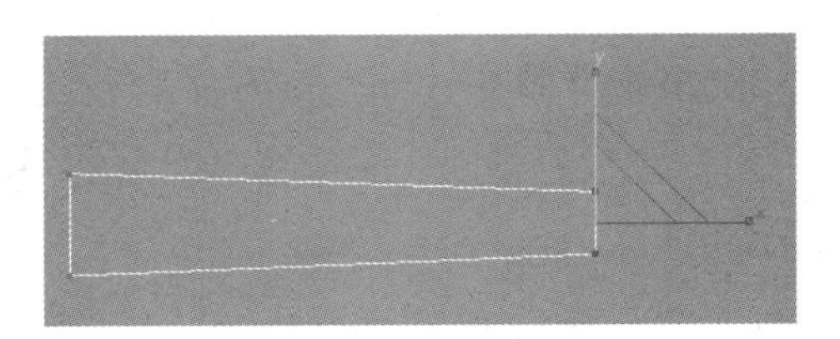

图4-58　施加编辑网格修改器

再次单击“顶点”按钮，退出子对象编辑状态，时针创建结束。

3. 创建分针

1）创建一个长方体

隐藏已创建的时针对象，在前视图中创建一个长方体，设置其“长度”“宽度”“高度”参数分别为15mm、75mm、3mm，“宽度分段”参数为2，“长度分段”和“高度分段”参数为1，具体参数设置及模型效果如图4-59所示。

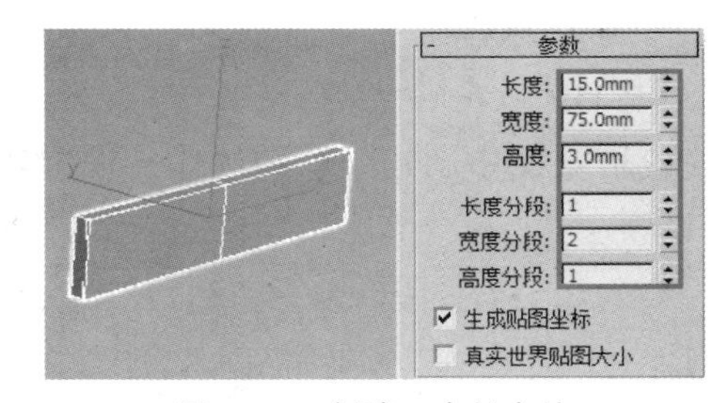

图4-59　创建一个长方体

2）施加编辑网格修改器

选择长方体，在“修改”命令面板的“修改器列表”下拉列表中选择“编辑网格”修改器，并进入“顶点”子对象层级，在前视图中沿 *X* 轴的负方向移动中间的一排顶点子对象到图4-60所示的位置。

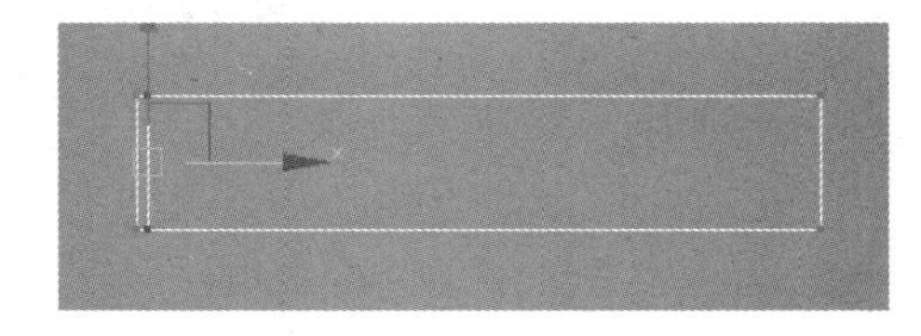

图4-60　施加编辑网格修改器

3）缩放顶点

在前视图中框选左侧的 4 组顶点子对象，沿 Y 轴方向缩放其到图 4-61 所示的位置。

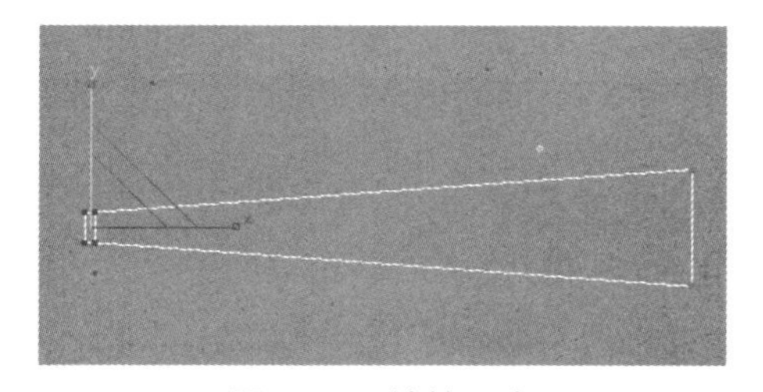

图 4-61　缩放顶点

4）挤出多边形

切换到“多边形”子对象层级，在透视图中选择左侧上、下两个多边形子对象，然后在“编辑几何体”卷展栏中“挤出”按钮右侧的文本框中输入“8mm”，单击“挤出”按钮，模型效果如图 4-62 所示。

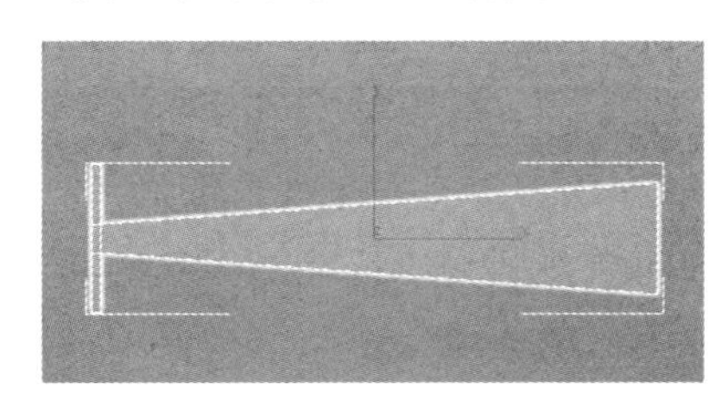

图 4-62　挤出多边形

5）移动多边形

确定以上多边形子对象仍处于选择状态，在前视图中沿着 X 轴的负方向移动子对象至图 4-63 所示的位置。

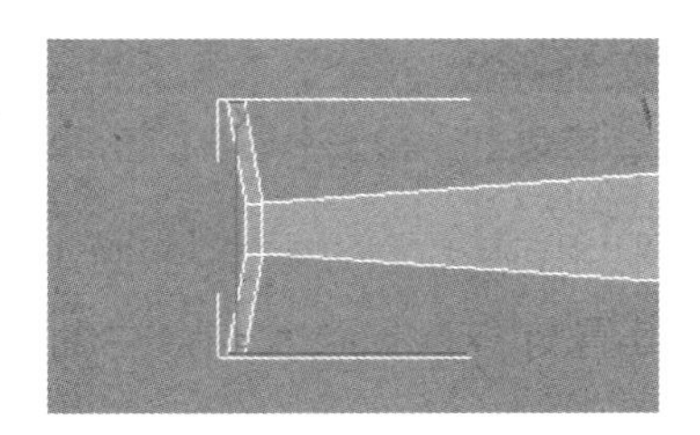

图 4-63　移动多边形

6）挤出多边形 2 次

将以上多边形子对象再挤出 2 次，并分别对子对象的位置进行调整，最终效果如图 4-64 所示。

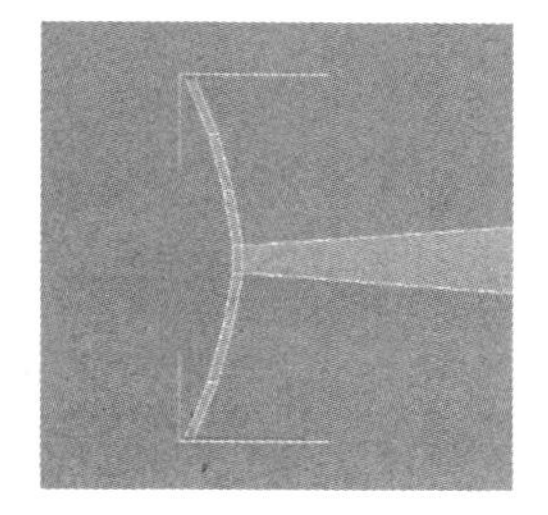

图 4-64　挤出多边形 2 次

7）挤出多边形

在“选择”卷展栏中勾选“忽略可见边”复选框，在左视图中通过单击进行选择，这时左侧所有多边形子对象将处于选择状态，如图 4-65 所示；接着在“编辑几何体”卷展栏中“挤出”按钮右侧的文本框中输入“35mm”，单击“挤出”按钮，模型效果如图 4-66 所示。

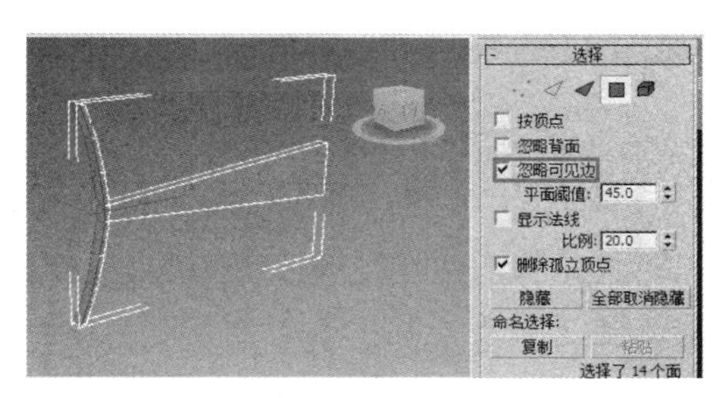

图 4-65　选择左侧所有多边形子对象

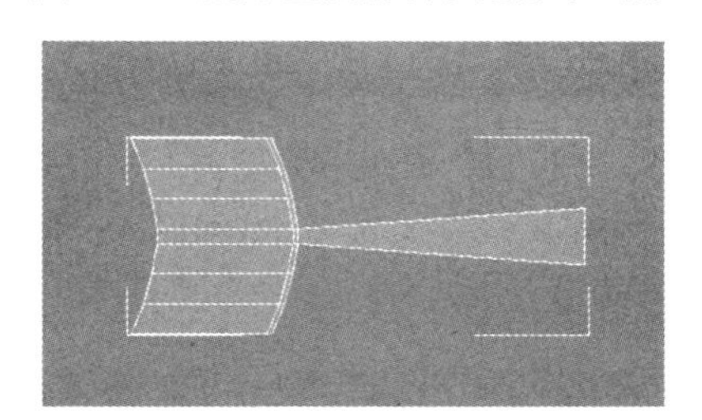

图 4-66　挤出多边形效果

8）塌陷多边形

确定子对象仍处于选择状态，然后单击“编辑几何体”卷展栏中的“塌陷”按钮，此时所选子对象将被塌陷为一个点，如图 4-67 所示。

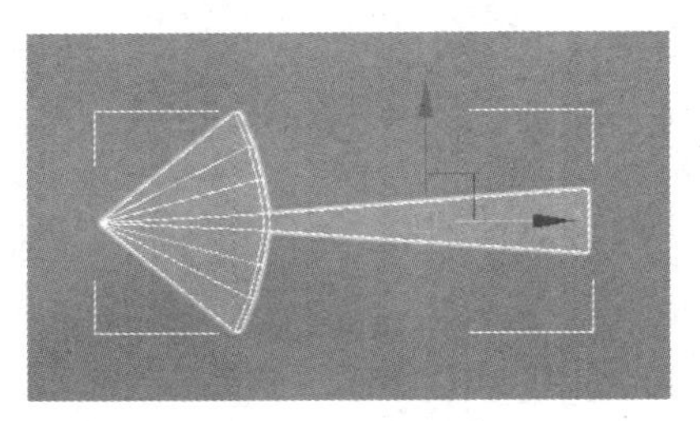

图 4-67　塌陷多边形

再次单击“多边形”按钮，退出子对象编辑状态，分针创建结束。

4. 创建螺钉

1）创建一个几何球体

在视图中创建一个几何球体，设置其“半径”为 2mm，“分段”为 2，勾选“半球”复选框，如图 4-68 所示。

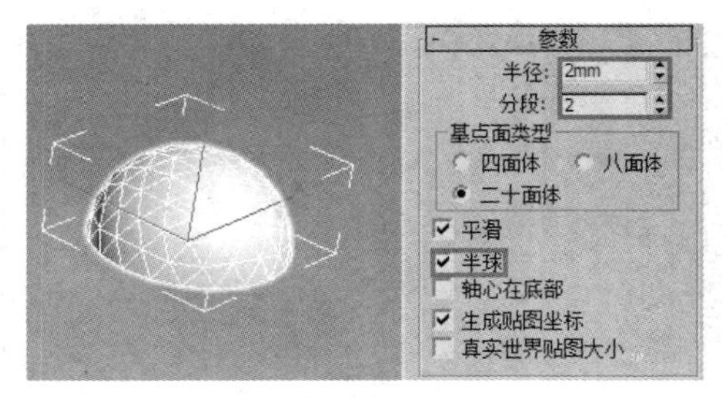

图 4-68　创建一个几何球体

2）挤出多边形

为几何球体施加编辑网格修改器，进入“多边形”子对象层级，在透视图中选择几何球体下部的多边形，如图 4-69 中左图所示；然后在“编辑几何体”卷展栏中“挤出”按钮右侧的文本框中输入“7mm”，单击“挤出”按钮，模型效果如图 4-69 中右图所示。

图 4-69　挤出多边形

再次单击“多边形”按钮，退出子对象编辑状态，螺钉创建结束。

5. 调整模型

1）全部取消隐藏

将鼠标光标放在任意视图的空白处，单击鼠标右键，在弹出的快捷菜单中选择“全部取消隐藏”选项，即可将所有创建的模型都显示出来，如图 4-70 所示。

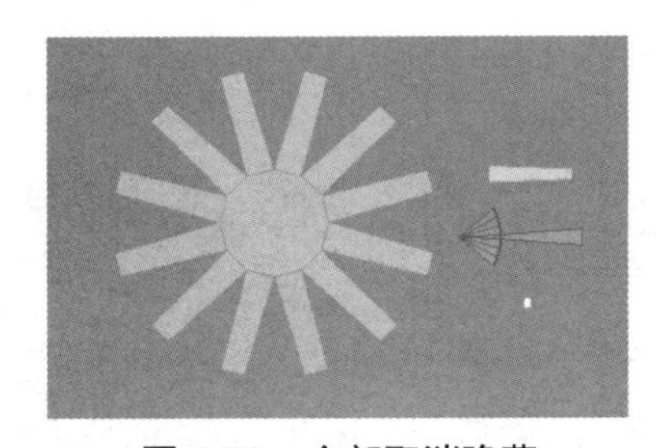

图 4-70　全部取消隐藏

2）调整模型

综合应用移动、旋转、对齐等基本操作命令，将时针、分针、螺钉调整到表盘的相应位置，最终模型效果如图 4-71 所示。渲染效果如图 4-51 所示。

图 4-71　调整模型

4.5　编辑多边形修改器

多边形建模作为一种重要的建模方式，已被广泛应用于各种模型制作中。多边形建模方法在编辑上更加灵活，对硬件的要求也较低，其建模思路与网格建模很接近，不同点在于网格建模只能编辑三角面，而多边形建模以多边形定义面。

多边形建模是通过给模型施加编辑多边形修改器或将模型转换为可编辑多边形来进行操作的，下面对其进行介绍。

4.5.1　基本操作步骤

（1）创建基本体。

（2）在“修改器列表”下拉列表中选择“编辑多边形”，或将物体转换为可编辑多边形。

（3）设置参数，进行编辑、修改。

4.5.2　编辑多边形对象

对物体施加编辑多边形修改器或将对象转换为可编辑多边形对象后，就可以对可编辑多边形对象的“顶点”“边”“边界”“多边形”和“元素”分别进行编辑了。可编辑多边形的参数设置面板中针对不同的子对象层级分别对应 5～8 个不同的卷展栏。图 4-72 所示为“多边形”子对象层级对应的卷展栏，包括“编辑多边形模式”“选择”“软选择”“编辑多边形”“编辑几何体”“多边形：材质 ID”“多边形：平滑组”和“绘制变形”。

在下面的内容中，我们将着重对建模过程中常用的一些命令进行讲解，其他卷展栏中的参数不常用，读者只需了解其大致功能即可。

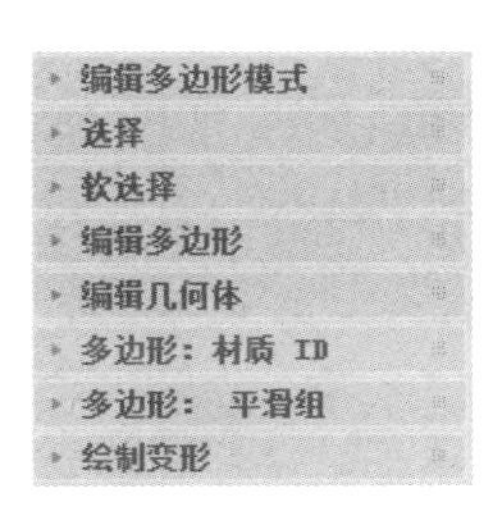

图 4-72　“多边形”子对象层级对应的卷展栏

1. “选择”卷展栏

“选择”卷展栏中的工具与选项主要用来访问多边形子对象级别及快速选择子对象，如图 4-73 所示。

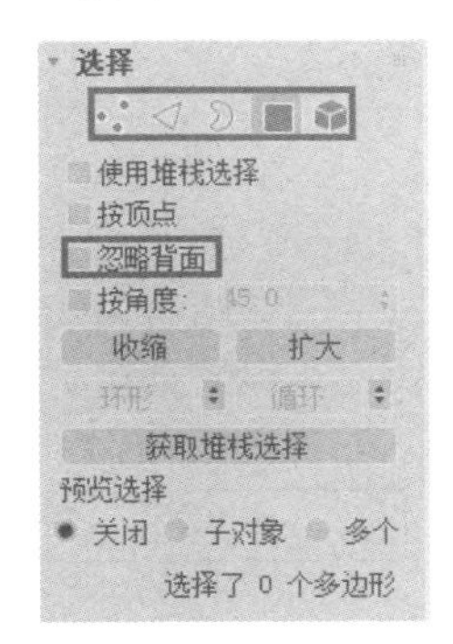

图 4-73　“选择”卷展栏

该卷展栏与编辑网格修改器参数设置面板中的“选择”卷展栏类似，最上面的 5 个按钮分别对应“顶点”“边”“边界”“多边形”和“元素”5 种子层级修改方式。

忽略背面：启用该复选框后，只能选择正面的子对象，而背面的子对象则不会被选择。

2. “软选择”卷展栏

“软选择”以选中的子对象为中心向四周扩散，以放射状方式来选择对象。在对选择的部分子对象进行变换时，可以让子对象以平滑的方式进行过渡。另外，可以通过控制“衰减”“收缩”和“膨胀”的数值来控制所选子对象区域的大小及对子对象控制力的强弱。并且，“软选择”卷展栏中还包含绘制软选择的工具，借助该选项组内的命令，可通过手工绘制的方法设定选择区域，大大提高了选择子对象的灵活性。

“软选择”卷展栏如图 4-74 所示，参数含义参见编辑网格修改器的命令介绍。

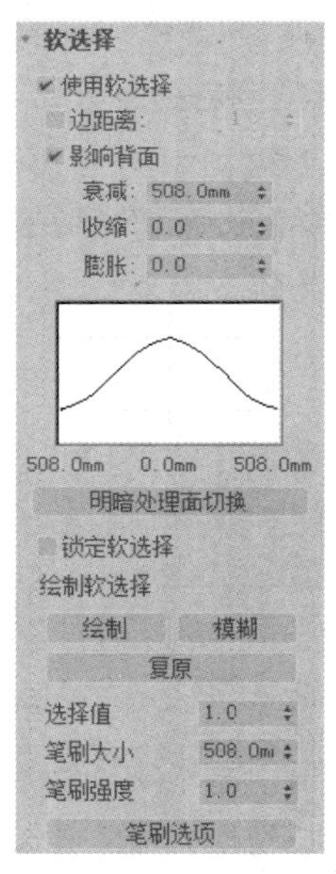

图 4-74 “软选择”卷展栏

3. “编辑顶点”卷展栏

在多边形对象中，顶点是非常重要的，其可定义组成多边形的其他子对象的结构。当移动或编辑顶点时，它们形成的几何体也会受到影响。顶点也可以独立存在，这些孤立顶点可以用来构建其他几何体，但在渲染时，它们是不可见的。

选择一个多边形对象后，进入“修改”命令面板，在“修改器列表”下拉列表中展开可编辑多边形，然后选择“顶点”选项，或在“选择”卷展栏中单击“顶点”按钮，即可进入“顶点”子对象层级，如图 4-75 所示。

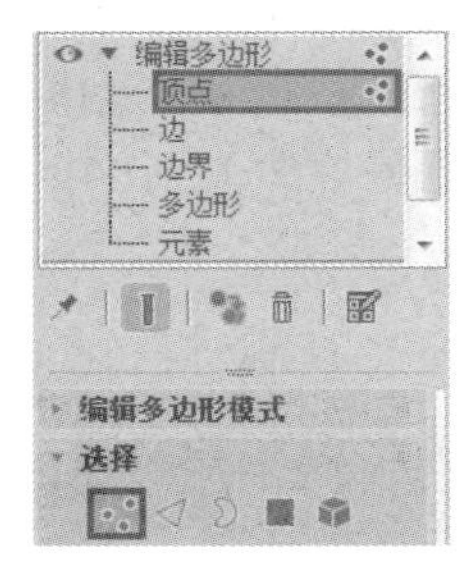

图 4-75 进入“顶点”子对象层级

在“编辑顶点”卷展栏中包含了用于编辑顶点的一些命令，如图 4-76 所示。

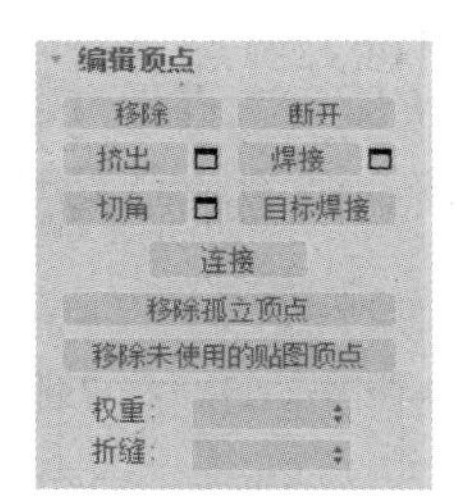

图 4-76 “编辑顶点”卷展栏

- 移除：选中一个或多个顶点后，单击该按钮可以将其移除，然后组合使用这些顶点的多边形。移除顶点和删除顶点是不同的，删除顶点后，与顶点相邻的边界和面会消失，在顶点位置会形成“空洞”；而移除顶点操作仅使顶点消失，不会破坏对象表面的完整性，被移除的顶点周围的点会重新进行结合。图 4-77 所示为移除顶点和删除顶点后的效果。
- 断开：选中顶点后，单击该按钮可以

在与选定顶点相连的每个多边形上都创建一个新顶点，使它们不再相连于原来的顶点上，如图 4-78 所示。如果顶点是孤立的或者只有一个多边形使用，则顶点不会受影响。

图 4-77　移除顶点与删除顶点效果对比

图 4-78　断开顶点

- 挤出：激活该按钮后，可以在视图中通过手动方式对选择的顶点进行挤出操作。将鼠标移至某个顶点，当鼠标光标变为挤出图标后，垂直拖动鼠标，可以指定挤出的范围；水平拖动鼠标，可以设置基本多边形的大小，如图 4-79 所示。

如果需要精确地控制挤出效果，则单击其右侧的"设置"图标▣，在弹出的对话框中进行设置。

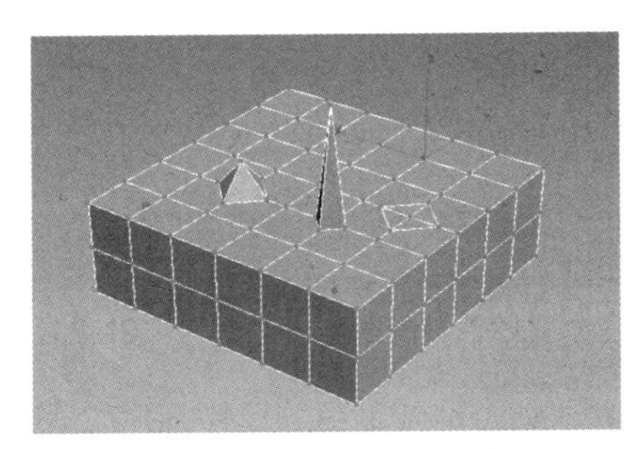

图 4-79　挤出多个顶点

- 焊接：用于顶点之间的焊接操作。在视图中选择需要焊接的顶点后，单击该按钮，在阈值范围内的顶点将焊接到一起。如果没有焊接到一起，则单击按钮右侧的"设置"图标▣，在弹出的对话框中对"焊接阈值"进行设置。图 4-80 所示为焊接顶点前后的效果对比。

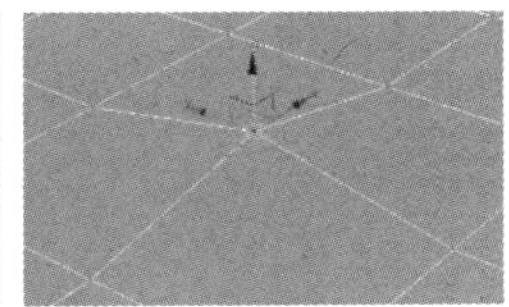

图 4-80　焊接顶点前后效果对比

- 切角：选中顶点以后，使用该工具在视图中拖曳光标，可以手动为顶点切角，如图 4-81 所示。若要精确切角，则单击其右侧的"设置"图标▣，在弹出的对话框中进行切角设置。

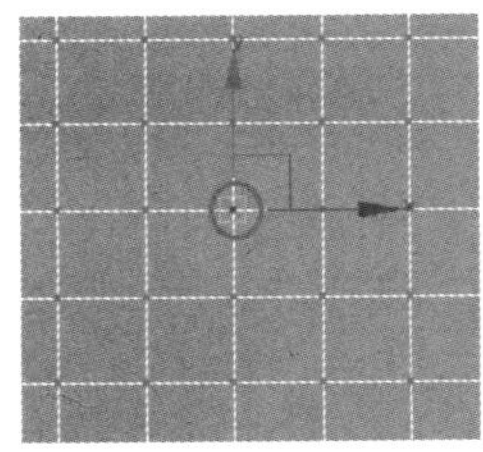
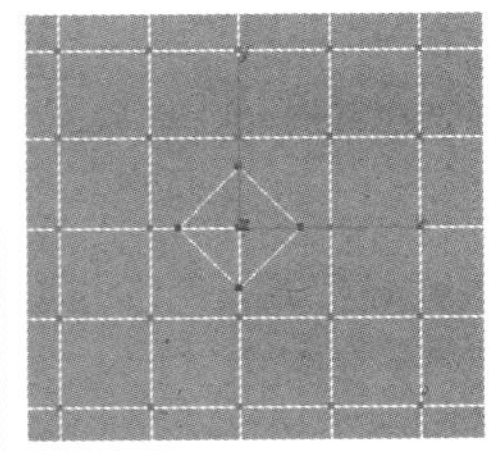

图 4-81　对顶点进行切角操作

- 连接：在选中的对角顶点之间创建新的边。选择一对顶点，单击"连接"按钮，顶点间会出现新的边，如图 4-82 所示。

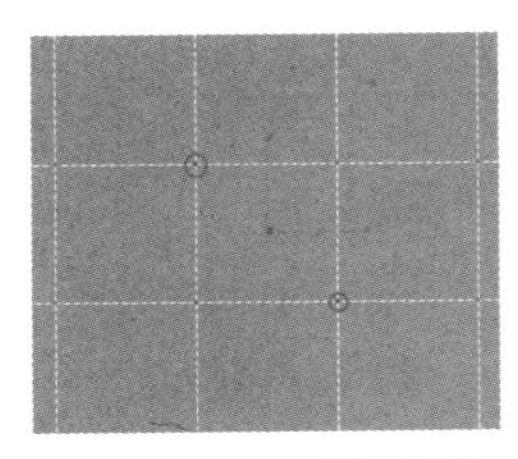
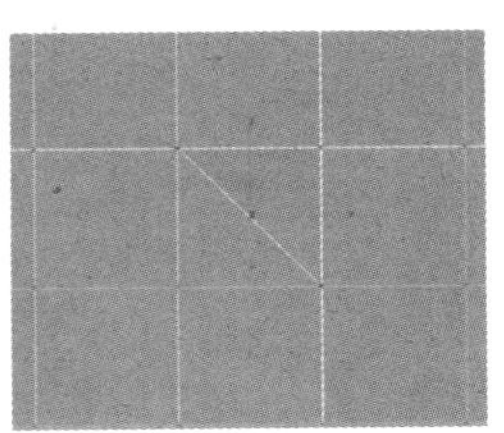

图 4-82　连接顶点

4. “编辑边”卷展栏

边是连接两个顶点的直线，它可以形成多边形的边。边不能由两个以上多边形共享。选择一个多边形对象，进入“修改”命令面板，在“修改器列表”下拉列表中展开可编辑多边形，然后选择“边”选项，或在“选择”卷展栏中单击“边”按钮，即可进入“边”子对象层级，如图 4-83 所示。

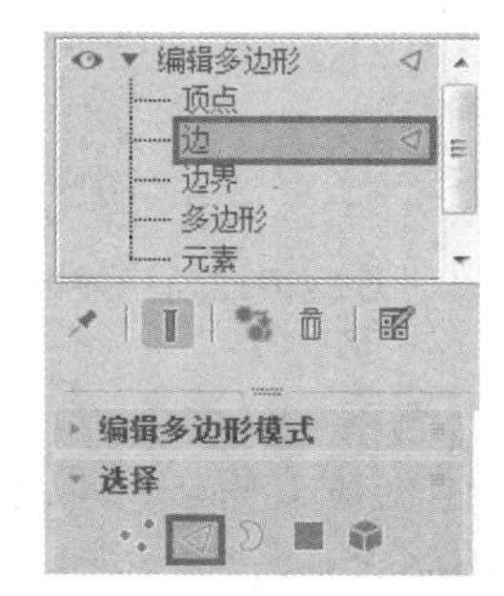

图 4-83　进入“边”子对象层级

当进入“边”子对象层级后，命令面板中会出现如图 4-84 所示的“编辑边”卷展栏，在该卷展栏中包含了用于编辑边的命令。

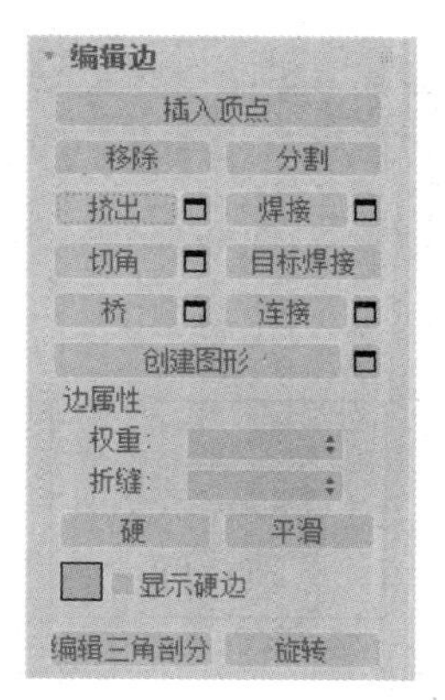

图 4-84　“编辑边”卷展栏

“边”子对象层级的一些命令功能与“顶点”子对象层级的一些命令功能相同，在此不再重复介绍。

- 挤出：直接使用这个工具可以手动在视图中挤出边，如图 4-85 所示。若要精确挤出，则单击其右侧的“设置”图标进行设置。

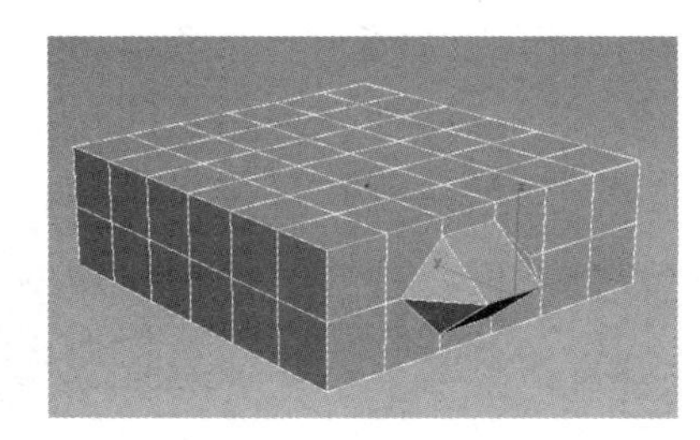

图 4-85　挤出边

- 切角：这是多边形建模中使用频率很高的工具之一，可以为选定的边进行切角（圆角）处理，从而生成平滑的棱角，如图 4-86 所示。

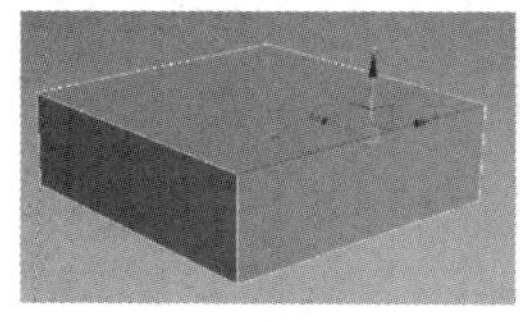
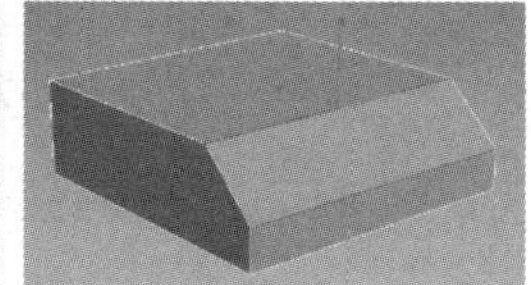

图 4-86　对边进行切角

- 连接：在选定的两条边之间创建新边，只能连接同一多边形上的边，连接不会让新的边交叉，如图 4-87 所示。

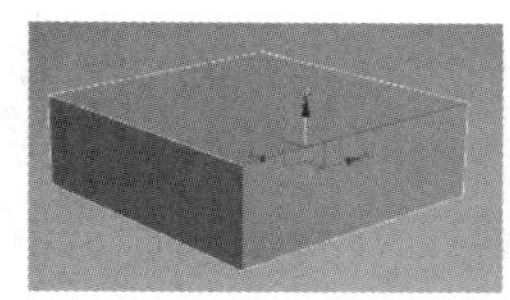
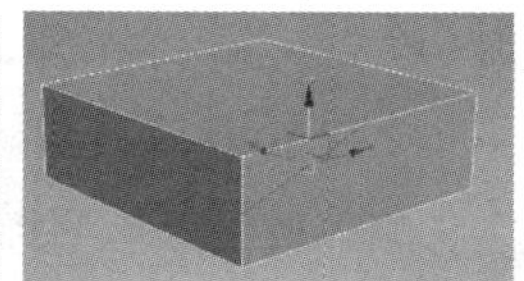

图 4-87　连接边

- 创建图形：这是多边形建模中使用频率很高的工具之一，可以将选定的边创建为样条线图形。

5. “编辑多边形”卷展栏

选择一个多边形对象，进入“修改”命令面板，在“修改器列表”下拉列表中展开可编辑多边形，然后选择“多边形”选项，或在“选择”卷展栏中单击“多边形”按钮，即可进入“多边形”子对象层级，如图 4-88 所示。

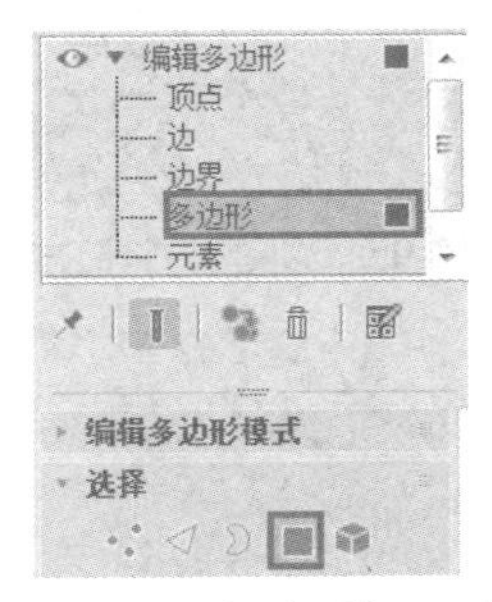

图 4-88　进入“多边形”子对象层级

当进入“多边形”子对象层级后，命令面板中会出现如图 4-89 所示的“编辑多边形”卷展栏，在该卷展栏中包含了用于编辑多边形的命令。

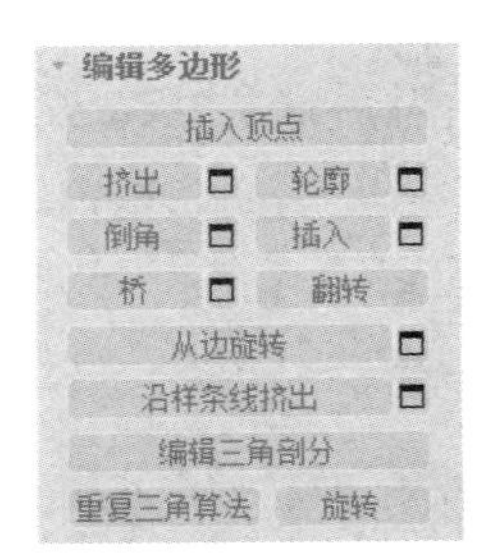

图 4-89　“编辑多边形”卷展栏

- 挤出：这是多边形建模中使用频率很高的工具之一，单击该按钮后，将鼠标光标移至需要挤出的多边形，按住鼠标左键拖动鼠标，即可对多边形执行挤出操作，如图 4-90 所示。若要精确挤出，则单击其右侧的“设置”图标，在弹出的对话框中进行设置。

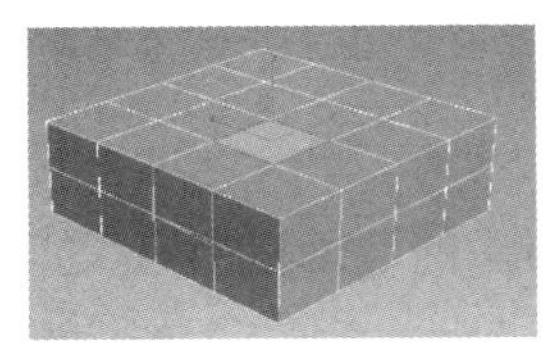

图 4-90　挤出多边形

- 倒角：这是多边形建模中使用频率很高的工具之一，可以挤出多边形，同时为多边形进行倒角，如图 4-91 所示。

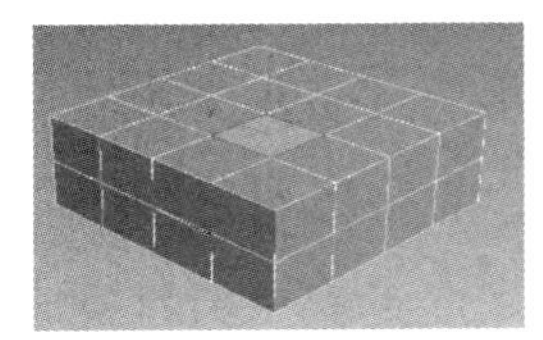
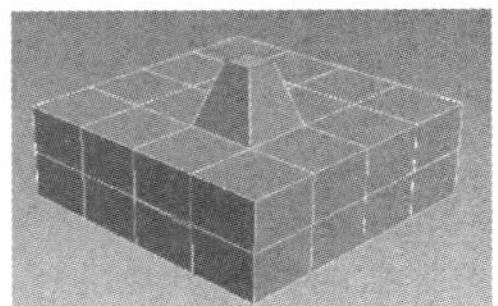

图 4-91　倒角多边形

6. “编辑几何体”卷展栏

在任意一个子对象层级下，命令面板中都会出现“编辑几何体”卷展栏。该卷展栏中包含可以在大多数子对象层级和对象层级使用的功能，也有一些命令参数是针对不同层级而使用的，如图 4-92 所示。

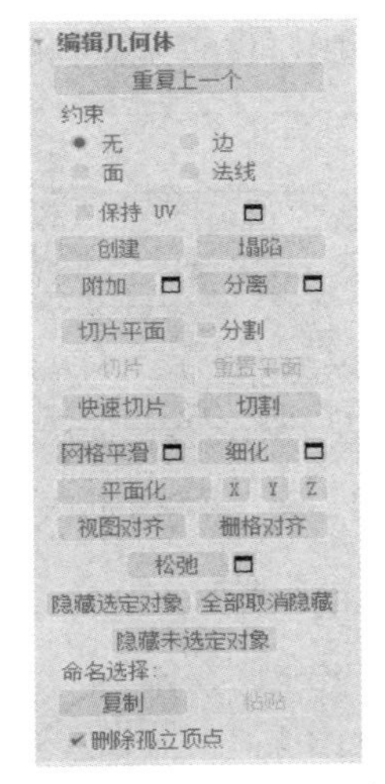

图 4-92　“编辑几何体”卷展栏

- 重复上一个：重复最近使用的命令。
- 创建：可建立新的单个顶点、边、多边形和元素。
- 塌陷：将选择的顶点、边、边界和多边形删除，留下一个顶点与四周的面连接，产生新的表面。将长方体的顶面塌陷后的效果如图 4-93 所示。

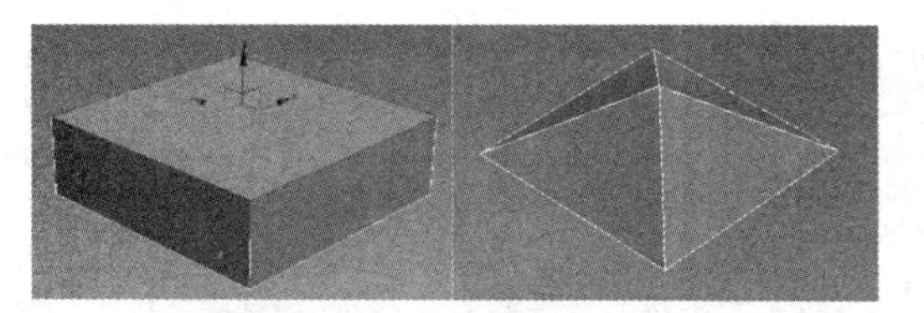

图 4-93　长方体的顶面塌陷后的效果

- 附加：使用该工具可以将场景中的其他对象附加到选定的可编辑多边形中。可以附加任何类型的对象，包括可编辑网格、样条线、面片对象和 NURBS 对象。
- 分离：将选定的子对象作为单独的对象或元素分离出来。

4.5.3　建模实例：苹果手机

在本实例中，我们需要创建的苹果手机模型如图 4-94 所示。

图 4-94　苹果手机模型

1. 创建主体模型

1）创建一个长方体

在透视图中创建一个长方体，设置其“长度”为 115mm，“宽度”为 61mm，“高度”为 5mm，“长度分段”为 6，“宽度分段”为 4，“高度分段”为 1，具体参数设置及模型效果如图 4-95 所示。

2）调整顶点

给长方体施加编辑多边形修改器，进入“顶点”级别，然后在顶视图中将顶点调整成如图 4-96 所示的效果。

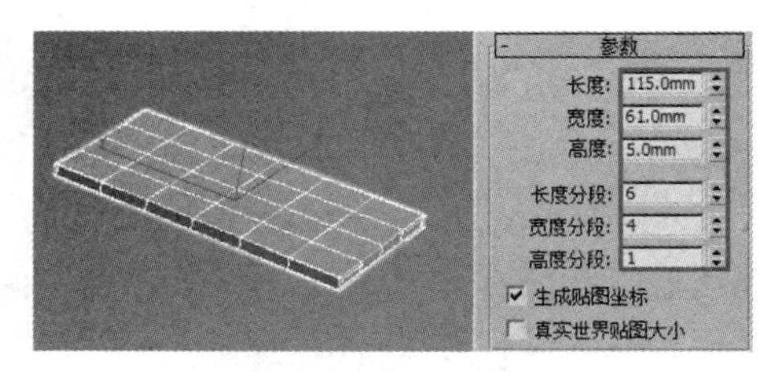

图 4-95　创建一个长方体

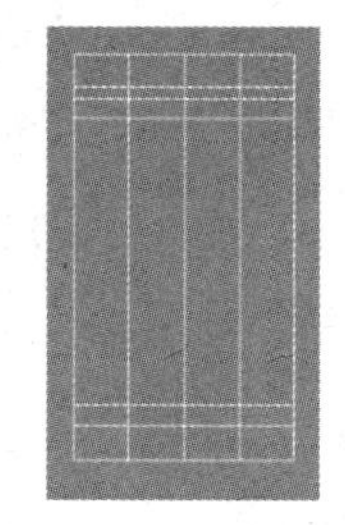

图 4-96　调整顶点

3）对 4 条竖边进行切角

进入“边”级别，选择如图 4-97 所示的 4 条竖边，然后在“编辑边”卷展栏中单击“切角”按钮右侧的“设置”图标，设置“边切角量”为 7mm，“连接边分段”为 2，最后单击“确定”按钮，如图 4-98 所示。

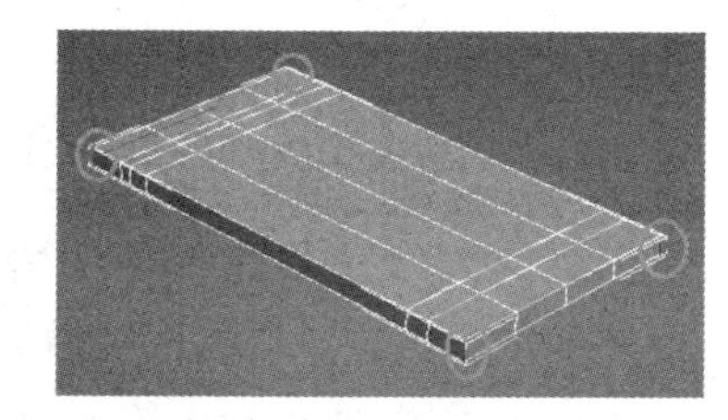

图 4-97　选择 4 条竖边

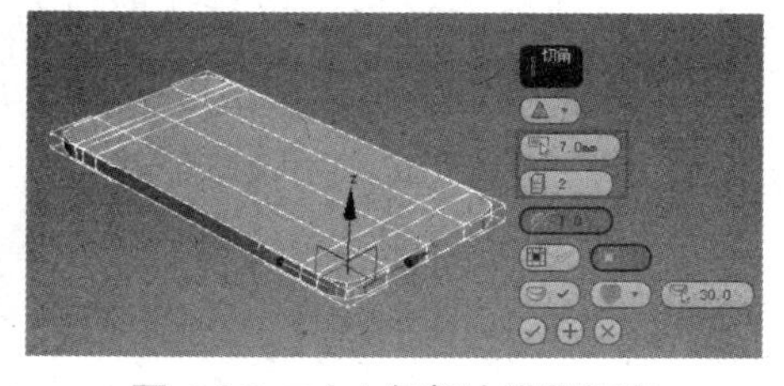

图 4-98　对 4 条竖边进行切角

4）对上表面的边进行切角

选择如图 4-99 所示的边，在“编辑边”卷展栏中单击“切角”按钮右侧的“设置”

图标，设置“边切角量”为 2mm，“连接边分段”为 2，最后单击“确定”按钮，如图 4-100 所示。

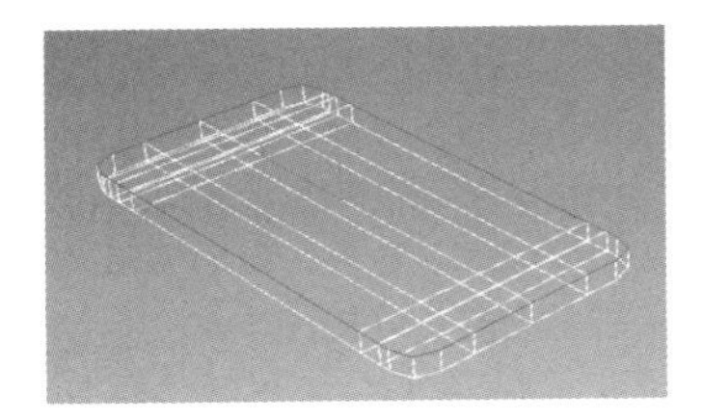

图 4-99　选择上表面的边

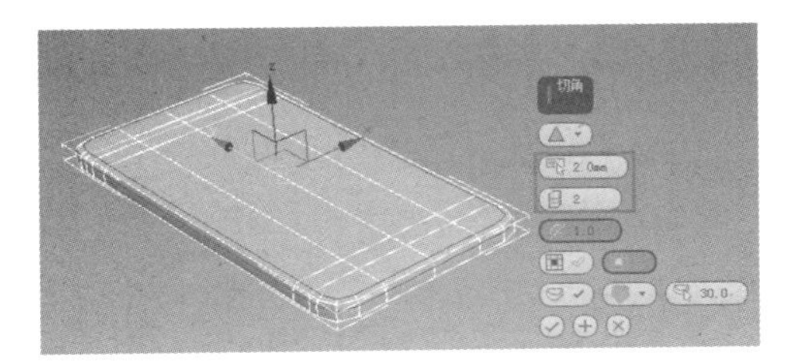

图 4-100　对上表面的边进行切角

5）对下表面的边进行切角

选择如图 4-101 所示的边，在“编辑边”卷展栏中单击“切角”按钮右侧的“设置”图标，设置“边切角量”为 0.1 mm，“连接边分段”为 1，最后单击“确定”按钮，如图 4-102 所示。

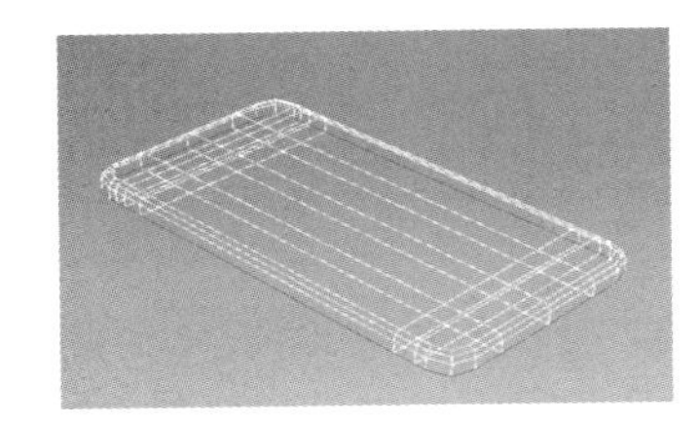

图 4-101　选择下表面的边

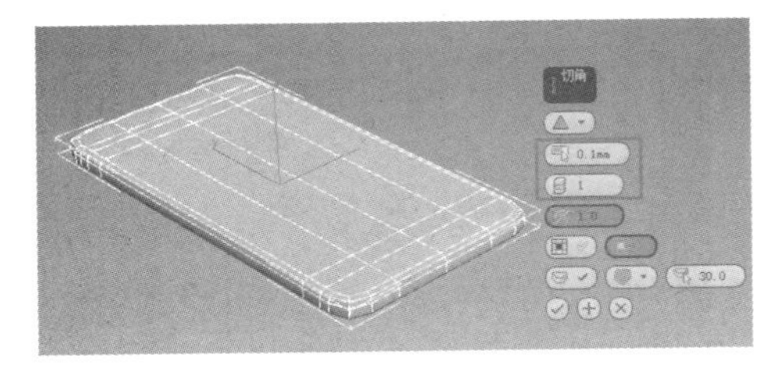

图 4-102　对下表面的边进行切角

6）对顶点进行切角

进入“顶点”级别，选择如图 4-103 所示的顶点，在“编辑顶点”卷展栏中单击“切角”按钮右侧的“设置”图标，设置“顶点切角量”为 6.5mm，最后单击“确定”按钮，如图 4-104 所示。

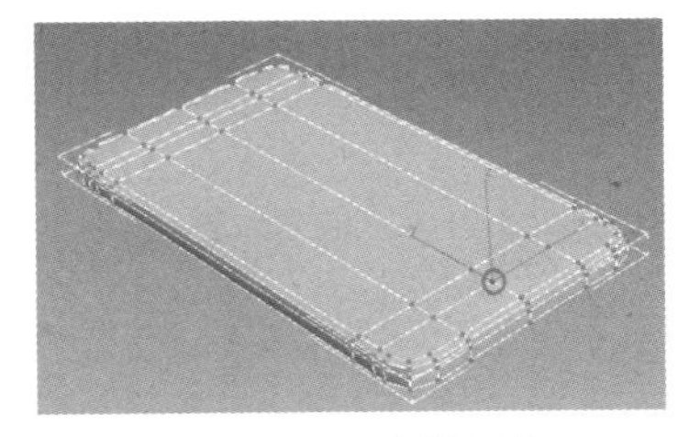

图 4-103　选择顶点

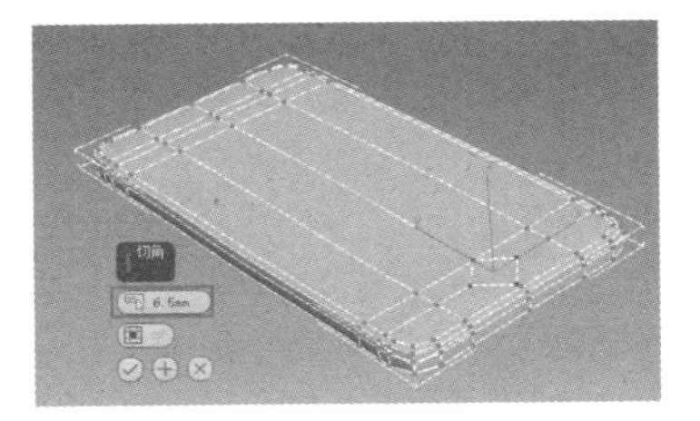

图 4-104　对顶点进行切角

7）对多边形进行倒角

进入“多边形”级别，选择如图 4-105 所示的多边形，在“编辑多边形”卷展栏中单击“倒角”按钮右侧的“设置”图标，设置“倒角高度”为-0.6 mm，“倒角轮廓”为-1.2 mm，单击“应用并继续”按钮（应用两次倒角），最后单击“确定”按钮，效果如图 4-106 所示。

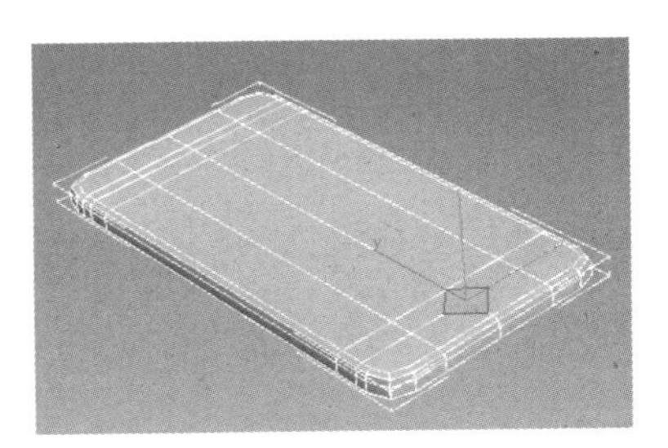

图 4-105　选择多边形

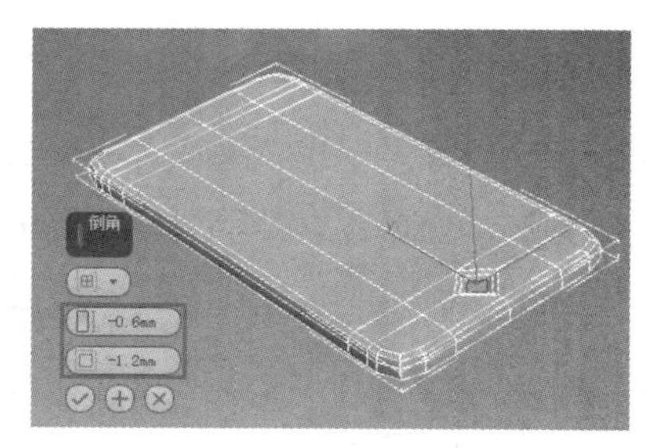

图 4-106　对多边形进行倒角

8）对边进行切角

进入“边”级别，选择如图 4-107 所示的边，在“编辑边”卷展栏中单击“切角”按钮右侧的“设置”图标，设置“边切角量”为 0.1 mm，“连接边分段”为 1，最后单击“确定”按钮。

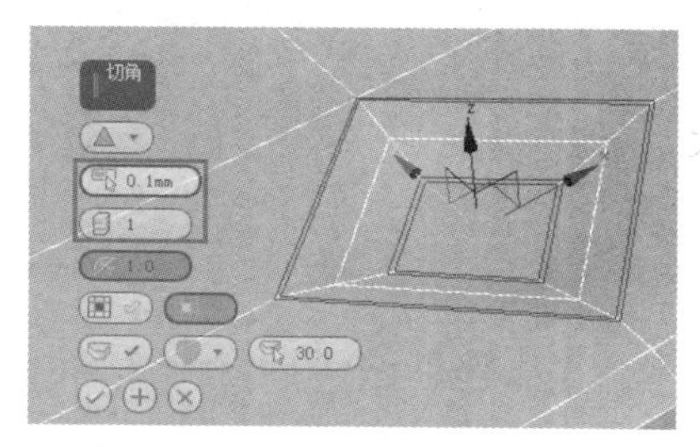

图 4-107　对所选边进行切角

9）对多边形进行倒角

进入“多边形”级别，选择如图 4-108 所示的多边形，在“编辑多边形”卷展栏中单击“倒角”按钮右侧的“设置”图标，设置“倒角高度”为-1.0 mm，“倒角轮廓”为-0.8 mm，如图 4-109 所示。

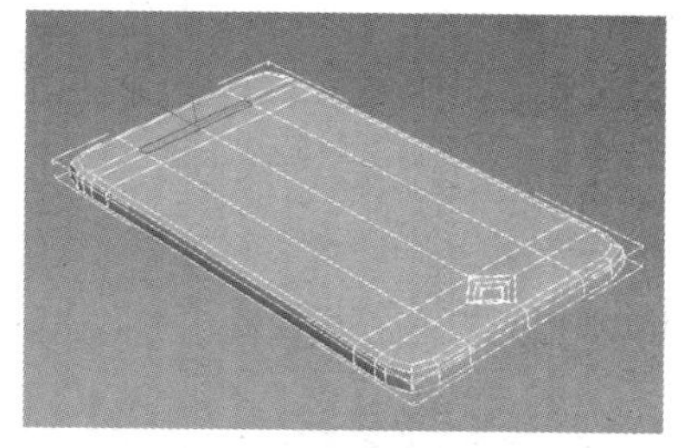

图 4-108　选择多边形

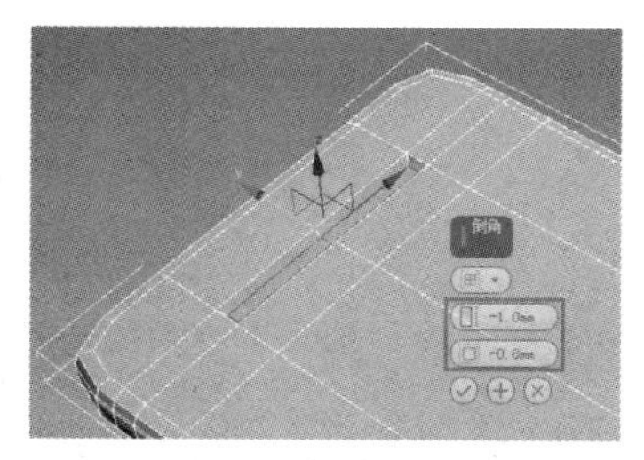

图 4-109　对多边形进行倒角

10）对边进行切角

进入“边”级别，选择如图 4-110 所示的边，在“编辑边”卷展栏中单击“切角”按钮右侧的“设置”图标，设置“边切角量”为 0.1 mm，“连接边分段”为 1，最后单击“确定”按钮。

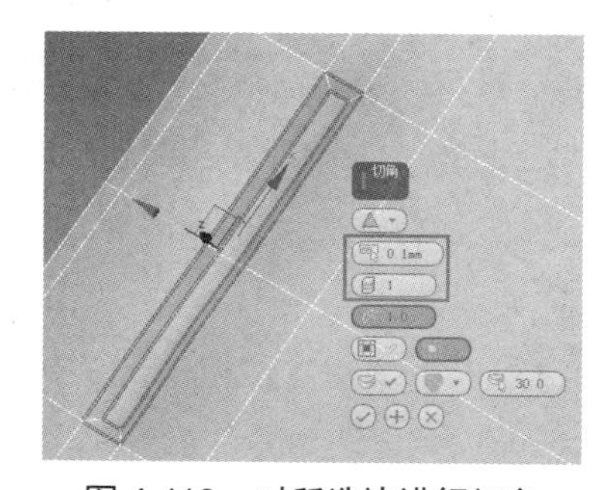

图 4-110　对所选边进行切角

11）分离多边形

进入“多边形”级别，选择如图 4-111 所示的多边形，在“编辑几何体”卷展栏中单击“分离”按钮右侧的“设置”图标，在弹出的“分离”对话框中勾选“分离为克隆”复选框，最后单击“确定”按钮。

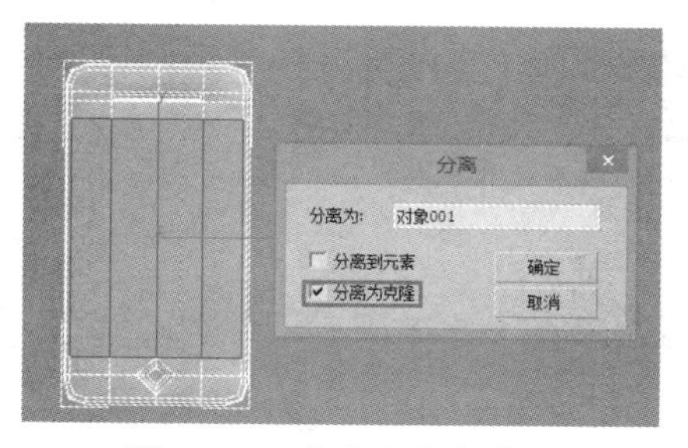

图 4-111　分离所选多边形

12）为对象加载一个“壳”修改器

选择“对象 001”，为其加载一个“壳”修改器，并在“参数”卷展栏中设置“外部量”为 0.8mm，如图 4-112 所示。

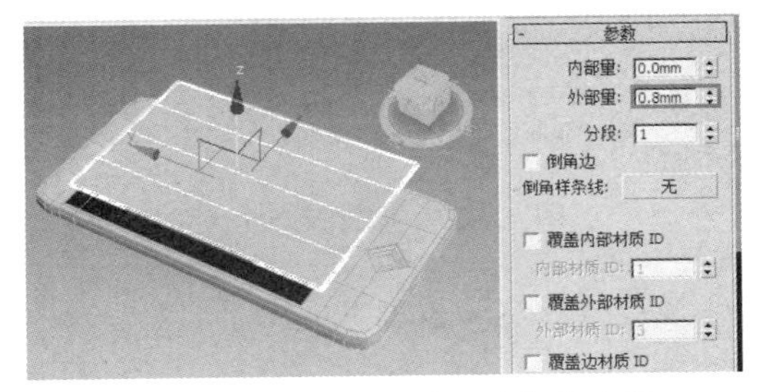

图 4-112　为对象加载“壳”修改器

13）对“对象 001”的上、下周边进行切角

隐藏手机模型，将“对象 001”转换为可编辑多边形，进入“边”级别，然后选择如图 4-113 所示的边，在“编辑边”卷展栏中单击“切角”按钮右侧的“设置”图标▢，设置“边切角量”为 0.1 mm，“连接边分段”为 1，最后单击“确定”按钮，效果如图 4-114 所示。

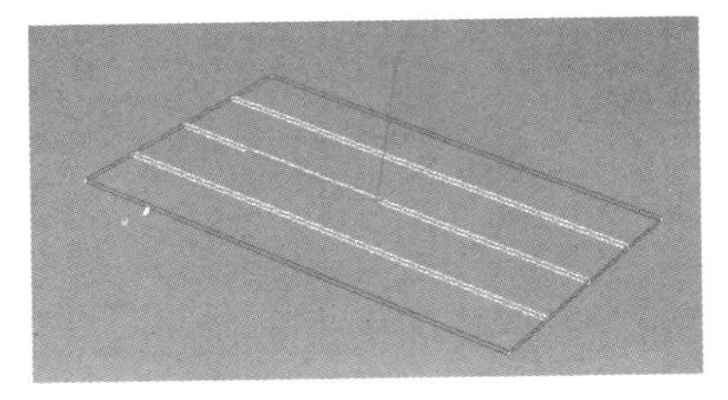

图 4-113　选择边

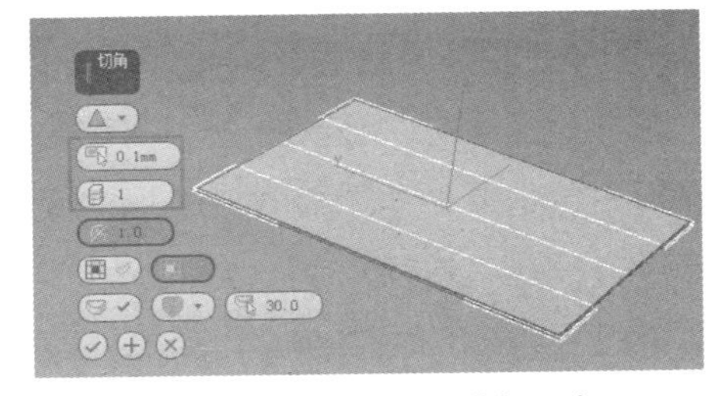

图 4-114　对所选边进行切角

14）插入多边形

将手机模型取消隐藏，隐藏“对象 001”。选择手机模型，进入“多边形”级别，选择如图 4-115 所示的多边形，在“编辑几何体”卷展栏中单击“插入”按钮右侧的“设置”图标▢，设置“数量”为 1.2mm，最后单击“确定”按钮。

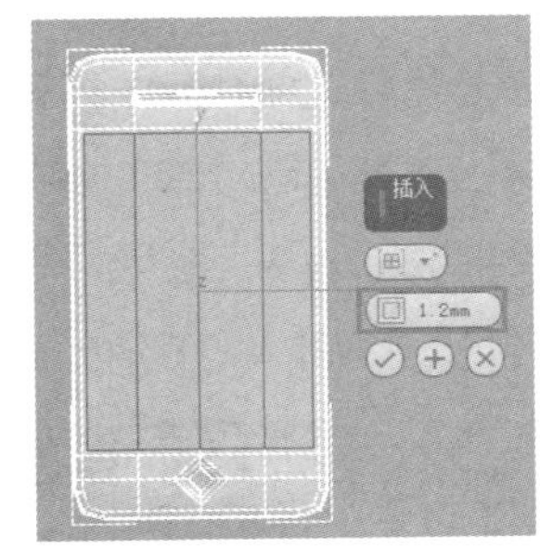

图 4-115　插入多边形

15）挤出多边形

保持对多边形的选择，在“编辑多边形”卷展栏中单击“挤出”按钮右侧的“设置”图标▢，设置“高度”为-1.5mm，最后单击“确定”按钮，效果如图 4-116 所示。

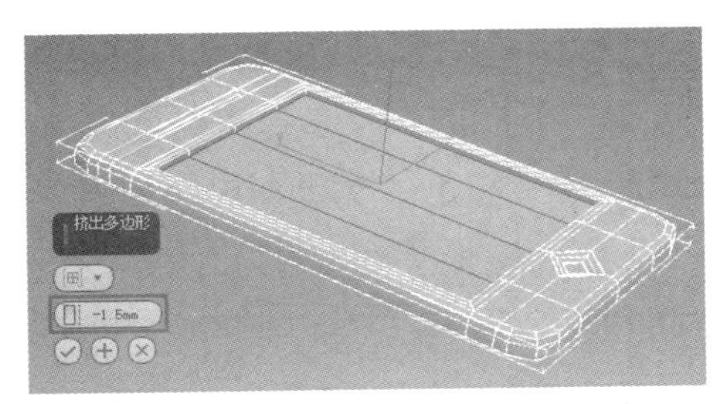

图 4-116　挤出多边形

16）对边进行切角

进入“边”级别，选择如图 4-117 所示的边，在“编辑边”卷展栏中单击“切角”按钮右侧的“设置”图标▢，设置“边切角量”为 0.1mm，“连接边分段”为 1，最后单击“确定”按钮。

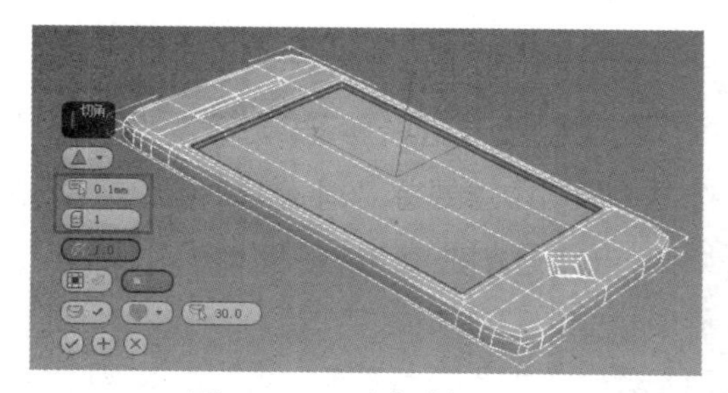

图 4-117　对边进行切角

17）施加网格平滑修改器

全部取消隐藏，为手机主体模型施加一个网格平滑修改器，在“细分量”卷展栏中设置“迭代次数”为 3；将屏幕模型与手机主体模型对齐，如图 4-118 所示。

图 4-118　施加网格平滑修改器

2. 创建壳模型

1）创建一个长方体

创建一个长方体，设置其“长度”为 115mm，“宽度”为 61mm，“高度”为 7 mm，“长度分段”为 5，“宽度分段”为 6，“高度分段”为 4，具体参数设置及模型效果如图 4-119 所示。

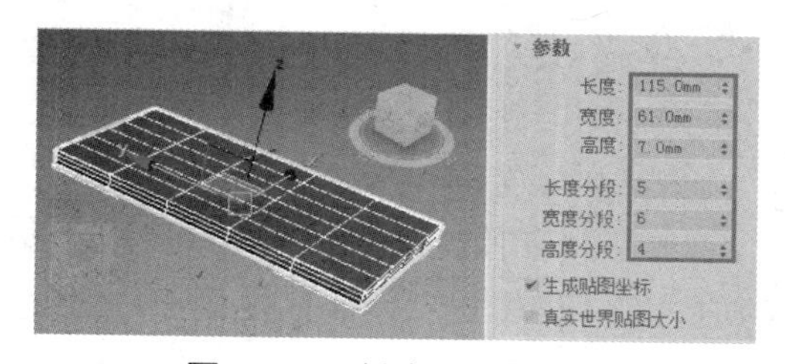

图 4-119　创建一个长方体

2）调整顶点位置

给长方体施加编辑多边形修改器，进入“顶点”级别，将顶点调整成如图 4-120 所示的效果。

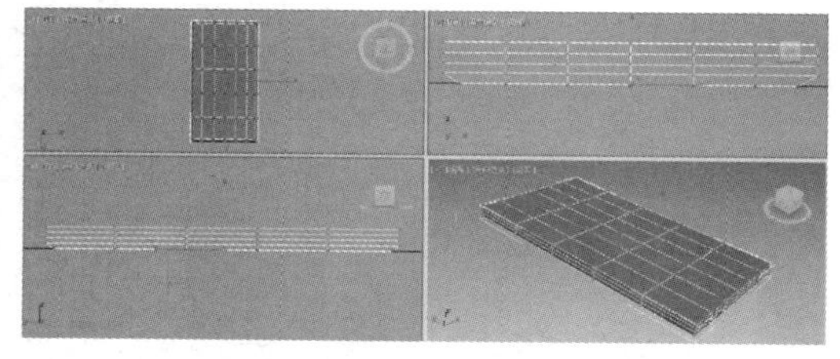

图 4-120　调整顶点位置

3）对 4 条竖边进行切角

进入“边”级别，选择如图 4-121 所示的 4 条边，在“编辑边”卷展栏中单击“切角”按钮右侧的“设置”图标，设置“边切角量”为 7mm，“连接边分段”为 2，如图 4-122 所示。

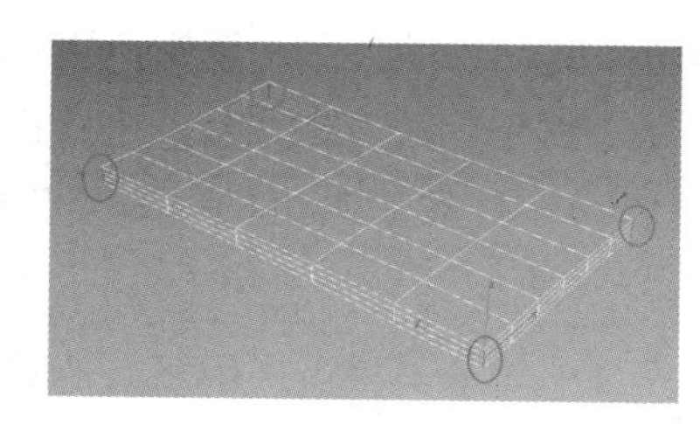

图 4-121　选择图示的 4 条竖边

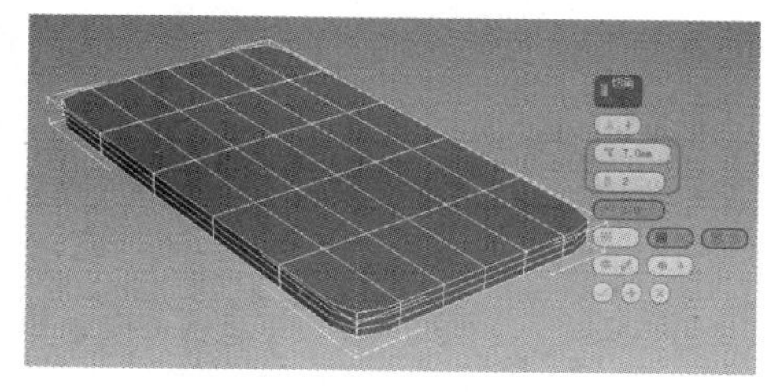

图 4-122　对 4 条竖边进行切角

4）对下表面周边进行切角

选择如图 4-123 所示的边，在“编辑边”卷展栏中单击“切角”按钮右侧的“设置”图标，设置“边切角量”为 1.2mm，“连接边分段”为 1，如图 4-124 所示。

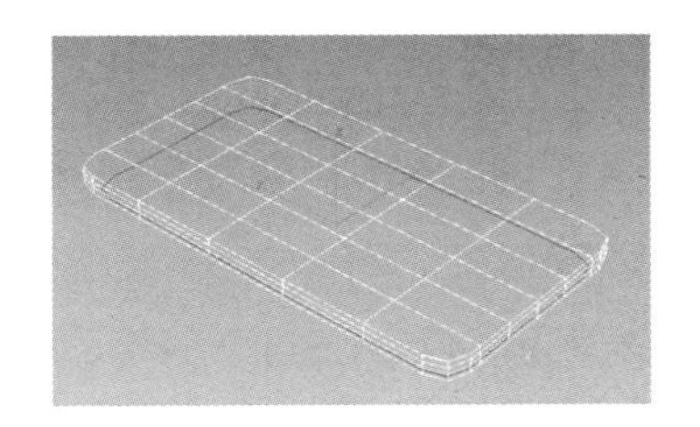

图 4-123　选择下表面周边

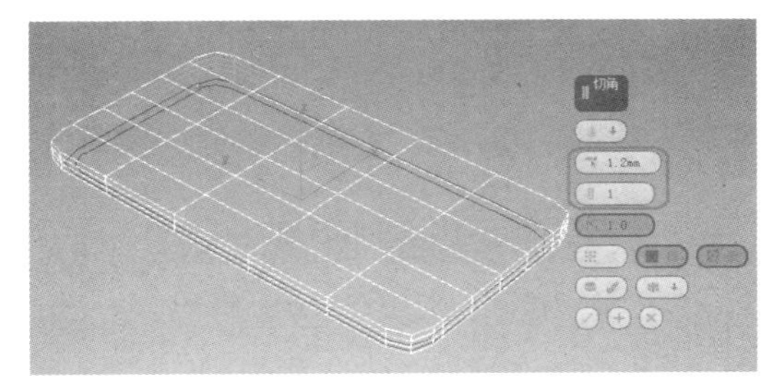

图 4-124　对下表面周边进行切角

5）对上表面周边进行切角

选择如图 4-125 所示的边，在“编辑边”卷展栏中单击“切角”按钮右侧的“设置”图标，设置“边切角量”为 0.5mm，“连接边分段”为 1，如图 4-126 所示。

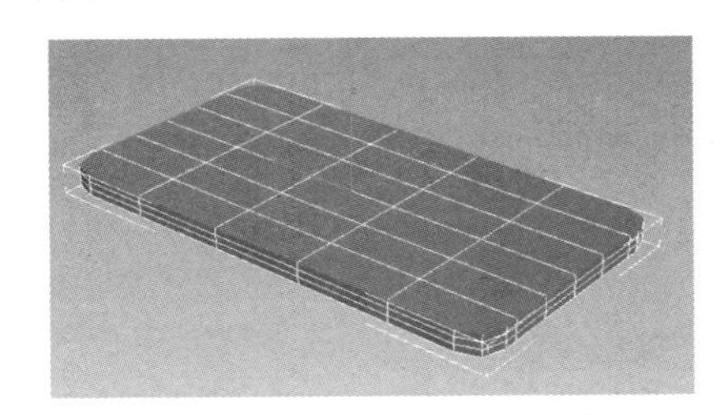

图 4-125　选择上表面周边

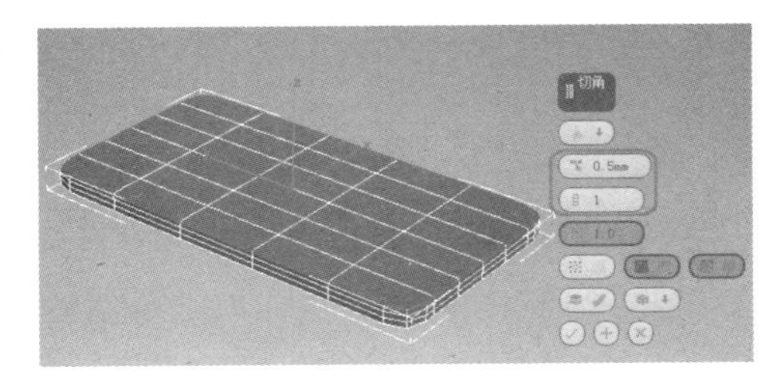

图 4-126　对上表面周边进行切角

6）对多边形进行倒角

进入“多边形”级别，选择如图 4-127 所示的多边形（顶部对应的多边形也要选择），在“编辑多边形”卷展栏中单击“倒角”按钮右侧的“设置”图标，设置“高度”为-1mm，“轮廓”为-0.5mm，如图 4-128 所示。

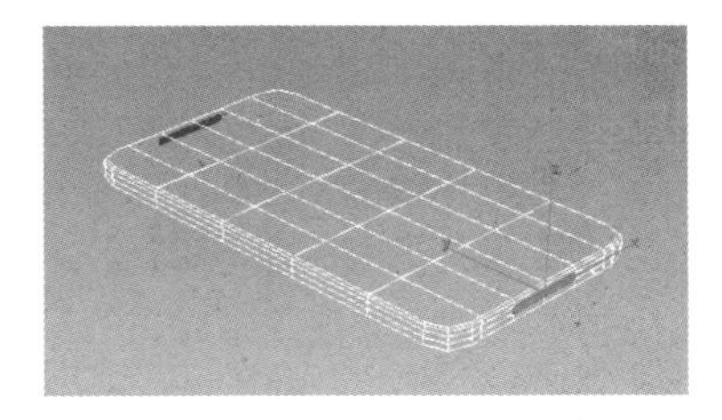

图 4-127　选择图示的多边形

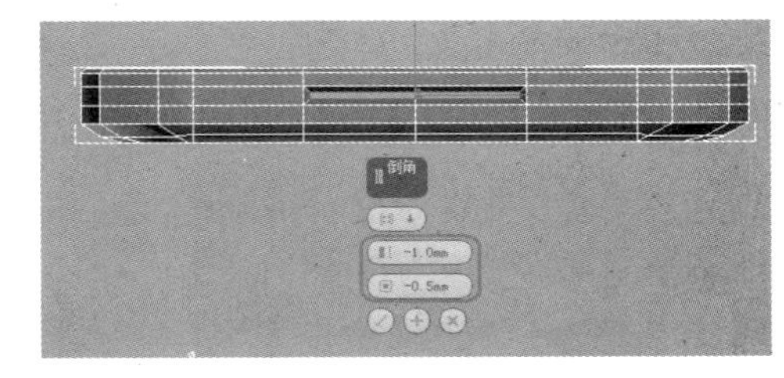

图 4-128　对多边形进行倒角

7）挤出多边形

保持对多边形的选择，在“编辑多边形”卷展栏中单击“挤出”按钮右侧的“设置”图标，设置“高度”为 1mm，如图 4-129 所示。

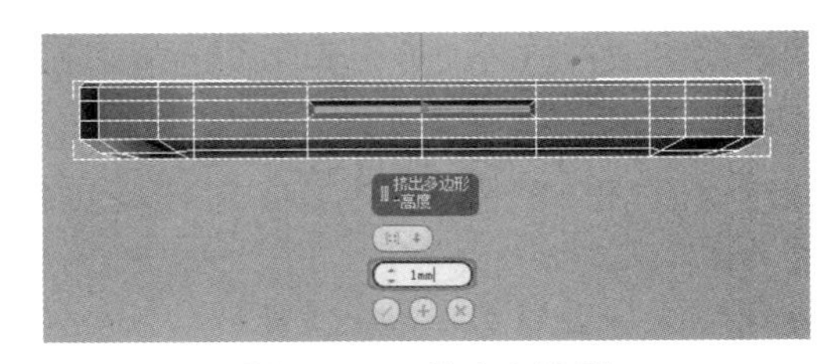

图 4-129　挤出多边形

8）对边进行切角

进入“边”级别，选择如图 4-130 所示的边（顶部对应的边也要选择），在“编辑边”卷展栏中单击“切角”按钮右侧的“设置”图标，设置“边切角量”为 0.1mm，“连接边分段”为 1，如图 4-131 所示。

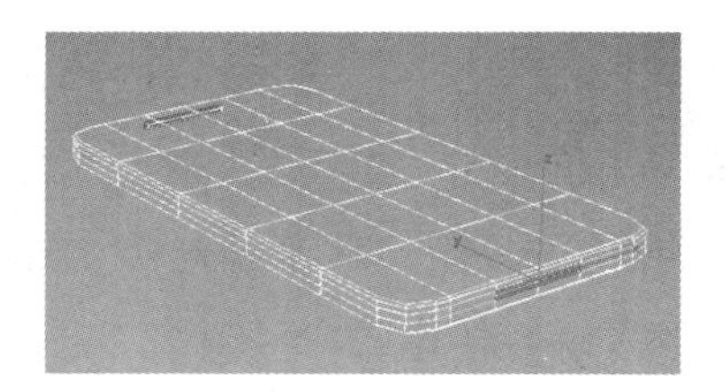

图 4-130　选择图示的边

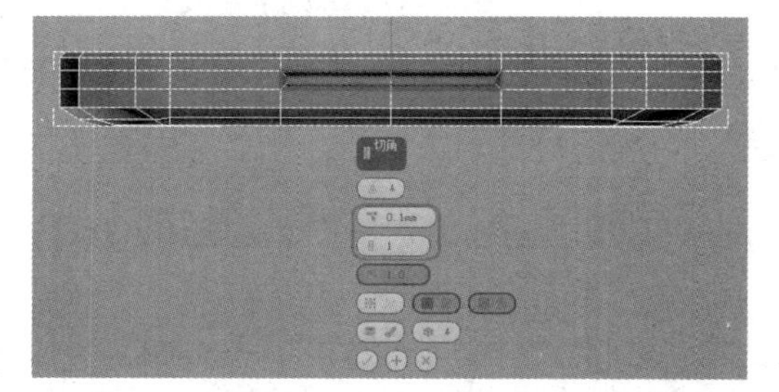

图 4-131　对边进行切角

9）对顶点进行切角

进入“顶点”级别，选择如图 4-132 所示的一个顶点，在“编辑顶点”卷展栏中单击“切角”按钮右侧的“设置”图标，设置“顶点切角量”为 1.5mm，如图 4-133 所示。

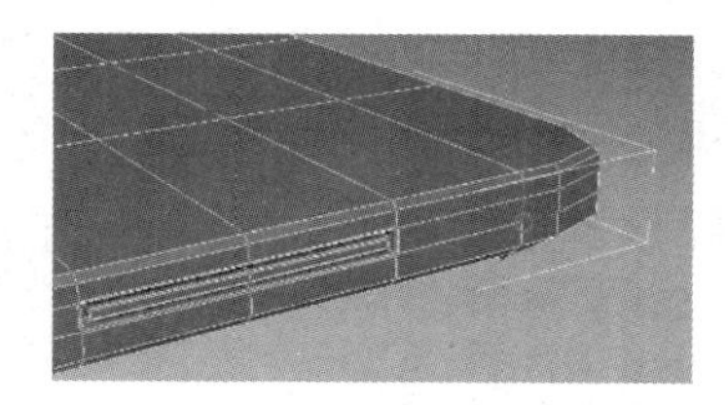

图 4-132　选择图示的顶点

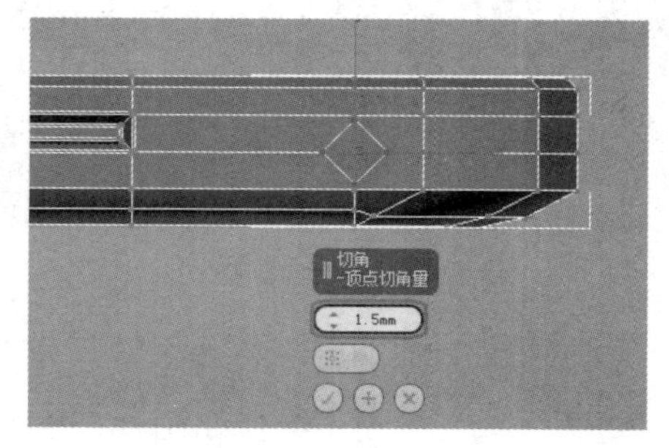

图 4-133　对顶点进行切角

10）对多边形进行倒角

进入“多边形”级别，选择如图 4-134 所示的多边形，在“编辑多边形”卷展栏中单击“倒角”按钮右侧的“设置”图标，设置“高度”为-1mm，“轮廓”为-0.2 mm，最后单击“确定”按钮。

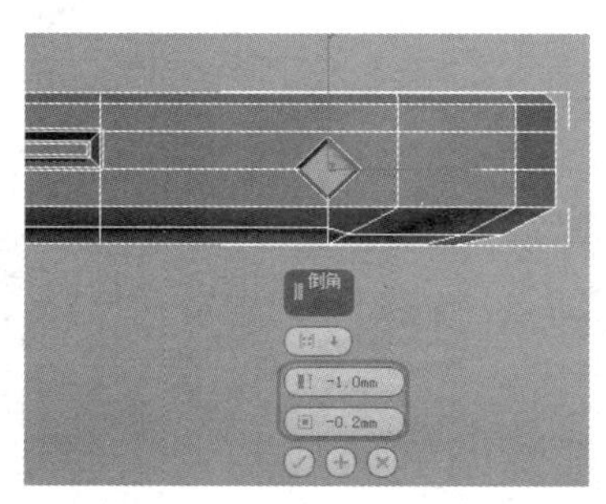

图 4-134　对多边形进行倒角

11）对边进行切角

进入“边”级别，选择如图 4-135 所示的边，在“编辑边”卷展栏中单击“切角”按钮右侧的“设置”图标，设置“边切角量”为 0.1mm，“连接边分段”为 1，最后单击“确定”按钮。

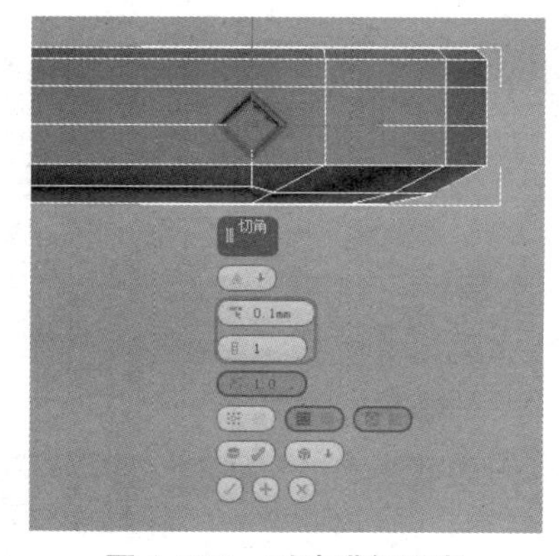

图 4-135　对边进行切角

12）调整顶点位置

进入“顶点”级别，在顶视图中调整好顶点的位置，如图 4-136 所示。

13）插入多边形

在左视图中进入“多边形”级别，然后选择如图 4-137 所示的多边形，在“编辑多边形”卷展栏中单击“插入”按钮右侧的“设置”图标，设置“数量”为 0.5mm，如图 4-138 所示。

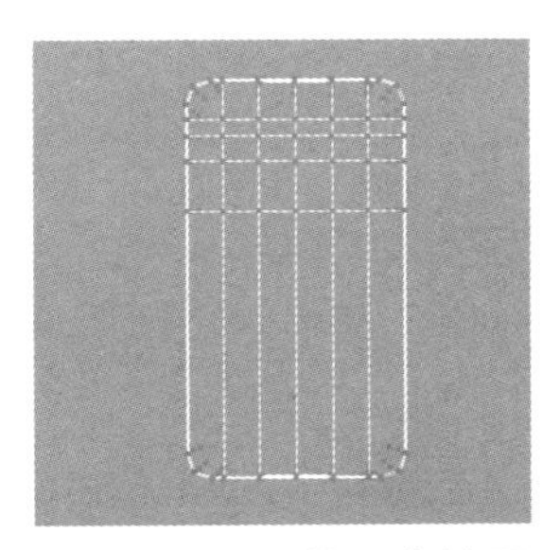

图 4-136　调整顶点位置

图 4-137　选择图示的多边形

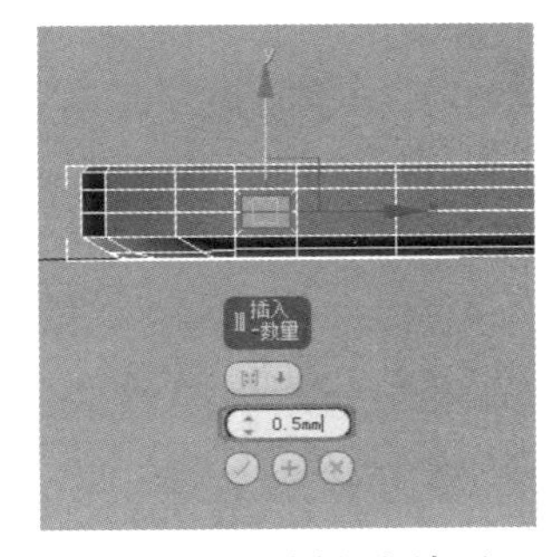

图 4-138　插入多边形

14）对多边形进行倒角

保持对多边形的选择，在“编辑多边形”卷展栏中单击“倒角”按钮右侧的“设置”图标，设置“高度”为-1.0mm，“轮廓”为-0.2 mm，如图 4-139 所示。

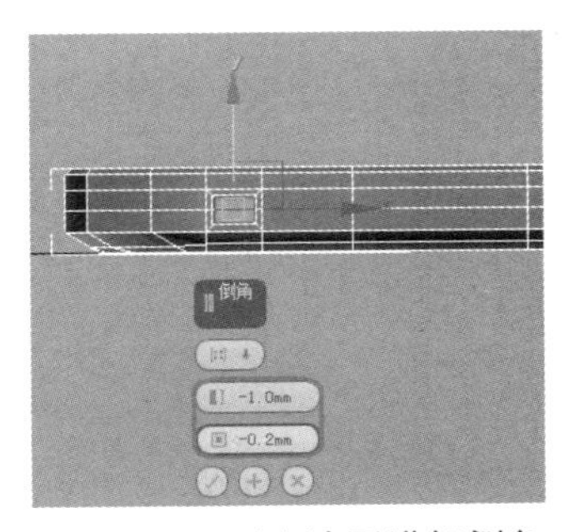

图 4-139　对多边形进行倒角

15）挤出多边形

保持对多边形的选择，在“编辑多边形”卷展栏中单击“挤出”按钮右侧的“设置”图标，设置“高度”为 1.0 mm，如图 4-140 所示。

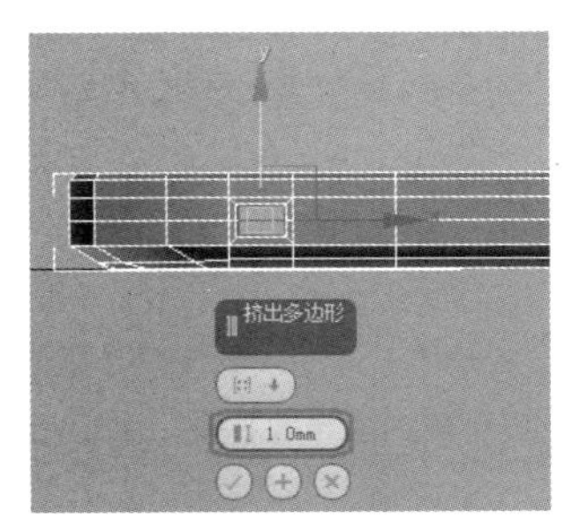

图 4-140　挤出多边形

16）对边进行切角

进入“边”级别，选择如图 4-141 所示的边，在“编辑边”卷展栏中单击“切角”按钮右侧的“设置”图标，设置“边切角量”为 0.1 mm，“连接边分段”为 1，最后单击“确定”按钮。

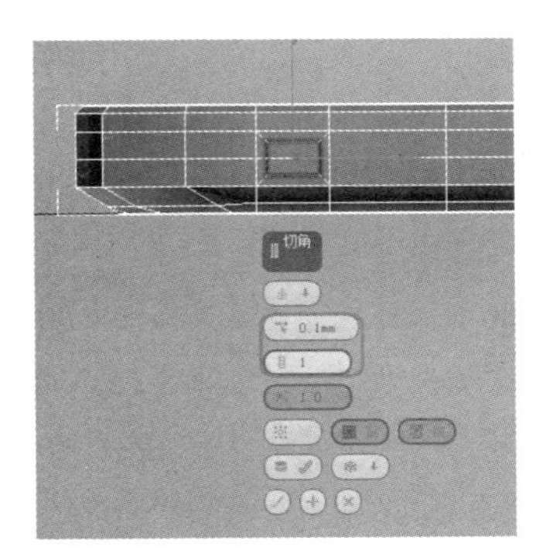

图 4-141　对边进行切角

17）对多边形进行倒角

进入“多边形”级别，选择如图 4-142 所示的多边形，在“编辑多边形”卷展栏中单击“倒角”按钮右侧的“设置”图标，设置“高度”为-1.0 mm，“轮廓”为-0.2 mm，最后单击“确定”按钮。

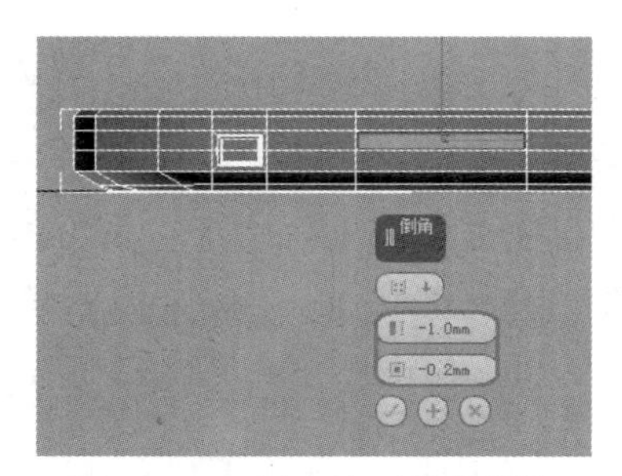

图 4-142　对多边形进行倒角

18）挤出多边形

保持对多边形的选择，在“编辑多边形”卷展栏中单击“挤出”按钮右侧的“设置”图标，设置“高度”为 1.0 mm，如图 4-143 所示。

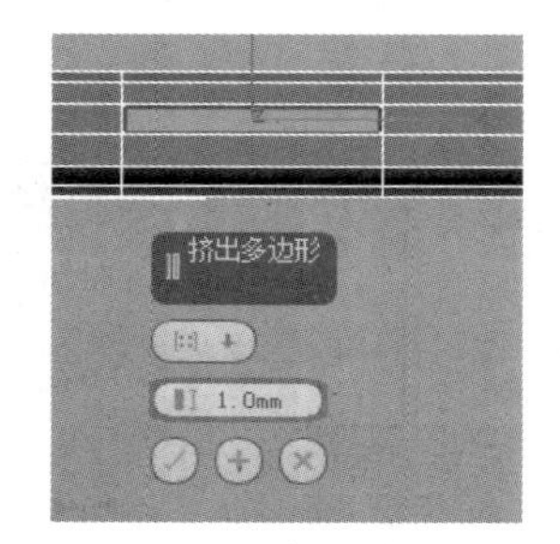

图 4-143　挤出多边形

19）对边进行切角

进入“边”级别，选择如图 4-144 所示的边，在“编辑边”卷展栏中单击“切角”按钮右侧的“设置”图标，设置“边切角量”为 0.1mm，“连接边分段”为 1，最后单击“确定”按钮。

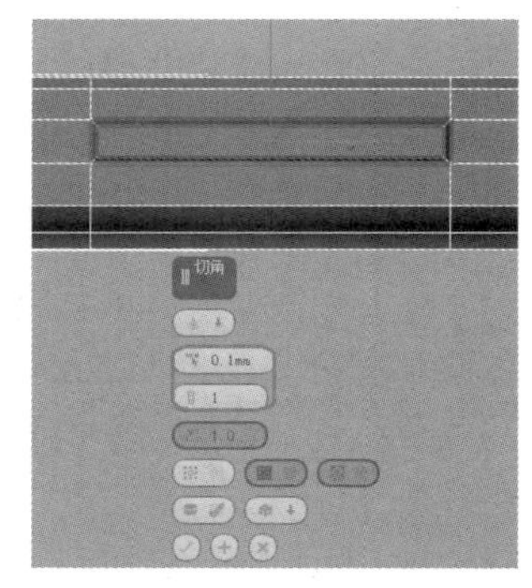

图 4-144　对边进行切角

20）施加网格平滑修改器

为壳模型施加一个网格平滑修改器，然后在“细分量”卷展栏中设置“迭代次数”为 3，具体参数设置及模型效果如图 4-145 所示。手机模型整体效果如图 4-146 所示。

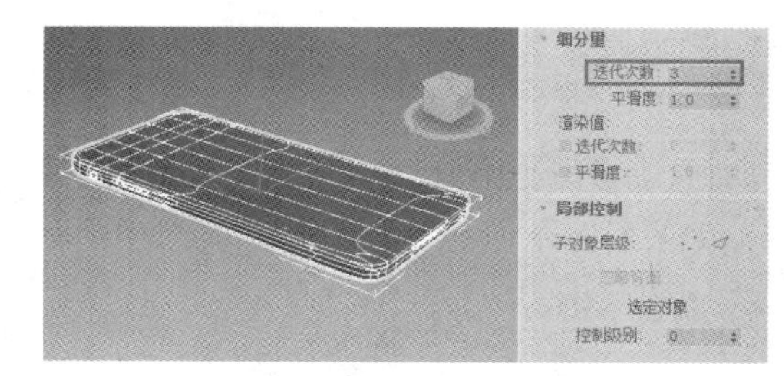

图 4-145　施加网格平滑修改器

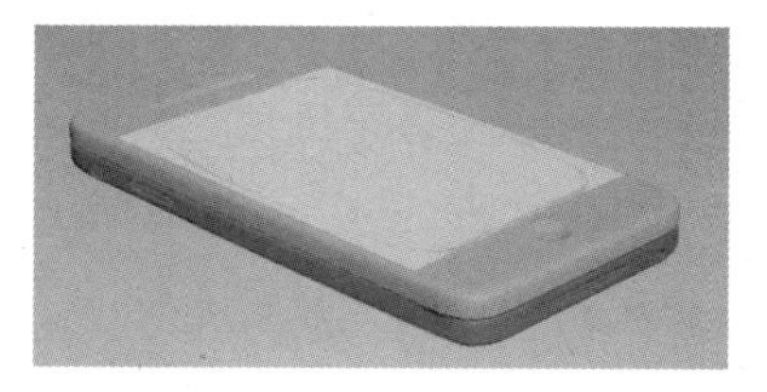

图 4-146　手机模型整体效果

第5章

样条线建模

5.1 样条线创建

二维图形是由一条或多条样条线组成的，而样条线又是由顶点和线段组成的，所以只要调整顶点及线段的参数，就可以生成复杂的二维图形，利用这些二维图形又可以生成三维模型。

在“创建”面板中单击“图形”按钮，设置图形类型为“样条线”。系统提供了12种类型的样条线，分别是线、矩形、圆、椭圆、弧、圆环、多边形、星形、文本、螺旋线、卵形和截面，如图5-1所示。

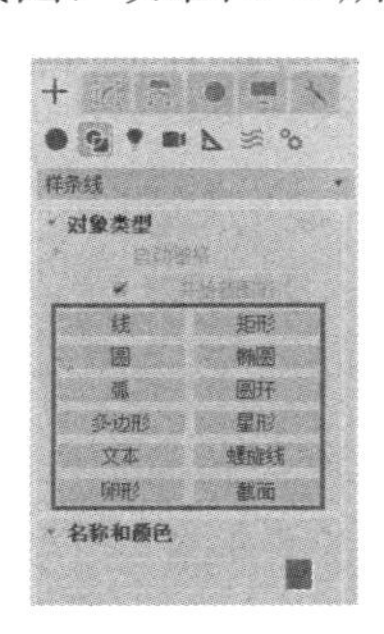

图5-1 “样条线”创建命令面板

下面重点介绍几种常用的样条线。

5.1.1 线

线是建模中最常用的一种工具，其使用方法非常灵活，形状也不受约束，可以封闭，也可以不封闭，拐角处可尖锐，也可圆滑。线的顶点有3种类型，分别是“角点”“平滑”和“Bezier”。

线的参数包括5个卷展栏，分别是“名称和颜色”“渲染”“插值”“创建方法”和“键盘输入”，如图5-2所示。

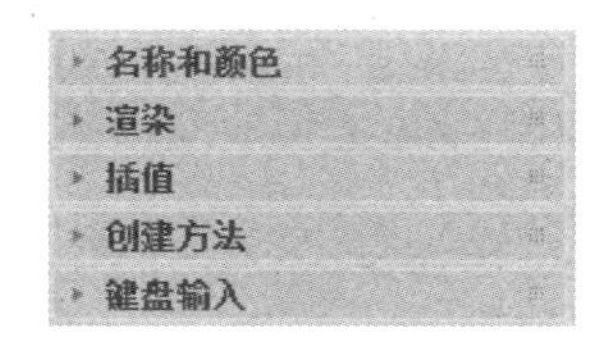

图5-2 “线”命令参数卷展栏

1. “名称和颜色”卷展栏

在该卷展栏中，可以修改当前所选线的名称和颜色，如图 5-3 所示。

图 5-3 “名称和颜色”卷展栏

2. “渲染”卷展栏

“渲染”卷展栏如图 5-4 所示，其常用参数介绍如下。

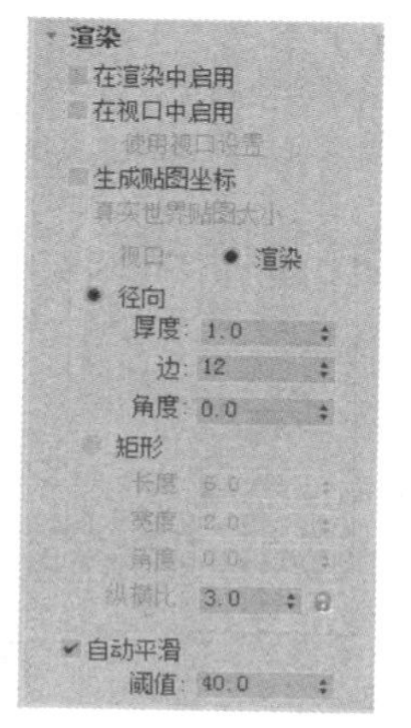

图 5-4 “渲染”卷展栏

- 在渲染中启用：勾选该复选框才能渲染出样条线，否则将不能渲染出样条线。

在视图中绘制两条如图 5-5 左图所示的线，左侧的线在“渲染”卷展栏中未勾选“在渲染中启用”复选框，则渲染之后将看不到任何图形对象；反之，右侧的线勾选了“在渲染中启用”复选框，则渲染之后看到的将是图 5-5 右图所示的具有粗细属性的实体线。

- 在视口中启用：勾选该复选框后，样条线会以实体的形式显示在视图中。

图 5-6 所示演示了未勾选和勾选“在视口中启用”复选框的图形效果。

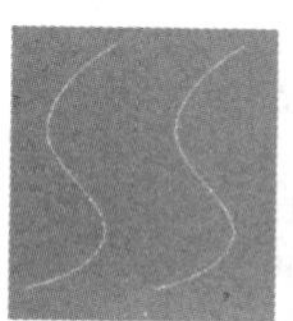
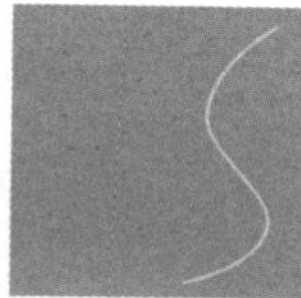

图 5-5 未勾选和勾选“在渲染中启用”复选框的效果对比

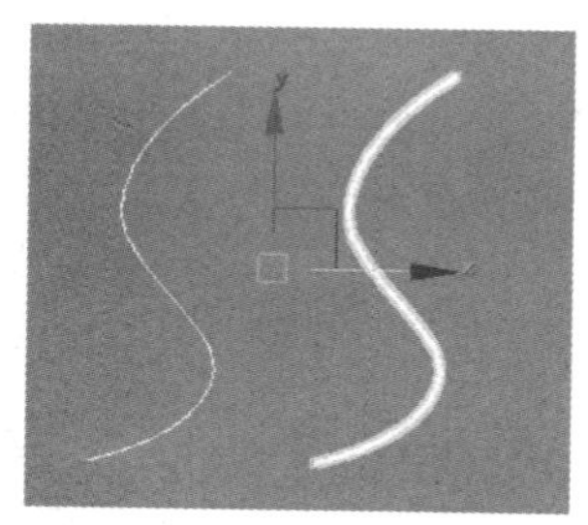

图 5-6 未勾选和勾选“在视口中启用”复选框的效果对比

- 径向：将 3D 网格显示为圆柱形对象，其参数包含“厚度”“边”和“角度”。“厚度”选项用于指定视图或渲染样条线网格的直径，其默认值为 1，范围为 0～100；“边”选项用于在视图或渲染器中为样条线网格设置边数或面数；“角度”选项用于调整视图或渲染器中的横截面的旋转位置。
- 矩形：将 3D 网格显示为矩形对象，其参数包含“长度”“宽度”“角度”和“纵横比”。“长度”选项用于设置沿局部 *Y* 轴的横截面大小；“宽度”选项用于设置沿局部 *X* 轴的横截面大小；“角度”选项用于调整视图或渲染器中的横截面的旋转位置；“纵横比”选项用于设置矩形横截面的纵横比。

图 5-7 所示演示了“径向”和“矩形”的截面效果。

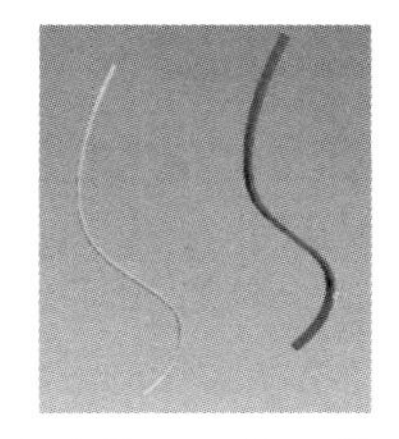

图 5-7　“径向”和“矩形”的截面效果

3. “插值”卷展栏

该卷展栏中的参数可以控制样条线的生成方式。所有样条线曲线划分为近似真实曲线的较小直线，样条线上每两个顶点之间的划分数量称为步长，使用的步长越多，显示的曲线越平滑。但过多的步长会使渲染时间加长，因此步长数不能太多，但也不能太少。图 5-8 所示为“插值”卷展栏。

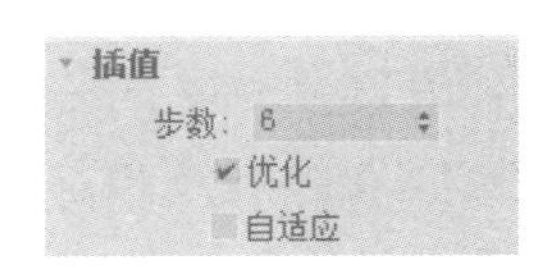

图 5-8　“插值”卷展栏

步数：设置两顶点之间由多少个直线片段构成曲线。参数的取值范围是 0～100，系统默认值是 6。值越大，曲线越平滑；值越小，则曲线越趋近于折线和直线。图 5-9 所示为“步数”为 1 和“步数”为 10 的样条线平滑程度对比。

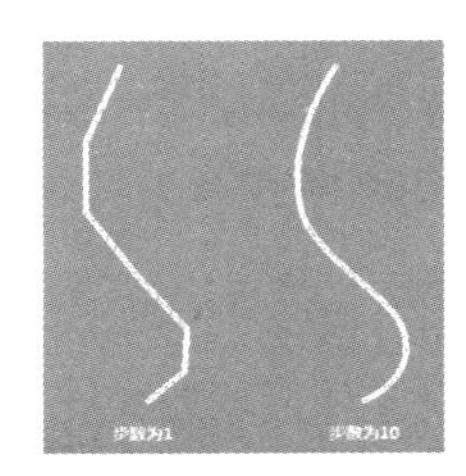

图 5-9　不同步数的样条线平滑程度对比

4. “创建方法”卷展栏

“创建方法”卷展栏如图 5-10 所示，其参数含义如下。

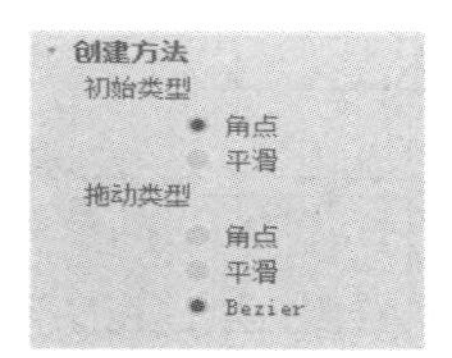

图 5-10　“创建方法”卷展栏

- “初始类型”组合框：设置单击鼠标后牵引出的曲线类型，包括“角点”和“平滑”两种，可以分别绘制出直线和曲线。图 5-11 所示为两种曲线类型的效果对比。

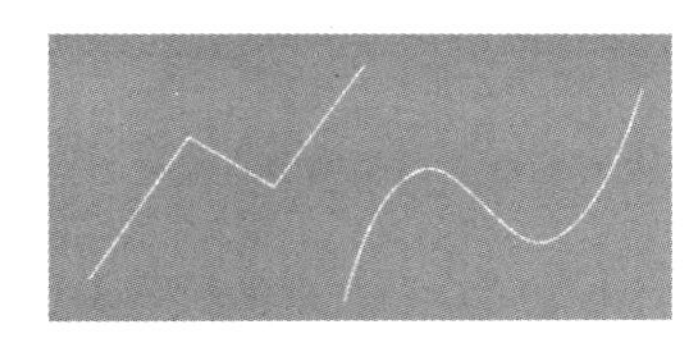

图 5-11　两种曲线类型的效果对比

- “拖动类型”组合框：设置单击并拖动鼠标时引出的曲线类型，包括“角点”“平滑”和“Bezier”3 种。图 5-12 所示为 3 种拖动类型的效果对比。

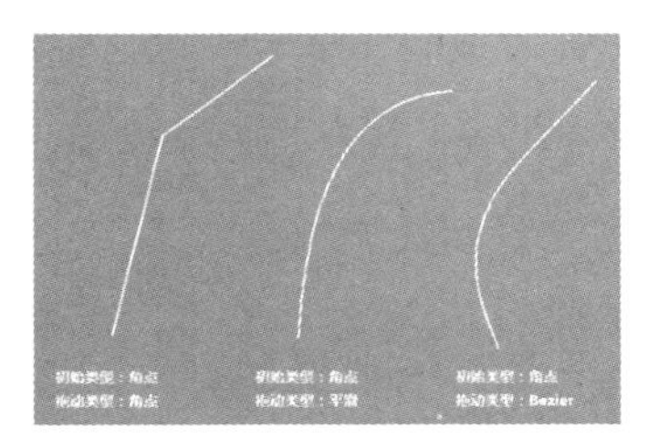

图 5-12　3 种拖动类型的效果对比

5. “键盘输入”卷展栏

大多数的样条线都可以通过使用键盘输入的方式来创建，通过该方法可以精确创建二维图形。“键盘输入”卷展栏如图 5-13 所示。

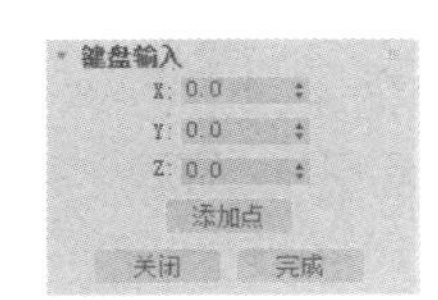

图 5-13　“键盘输入”卷展栏

5.1.2 文本

使用文本样条线可以很方便地在视图中创建出文字模型，并且可以更改字体类型和字体大小，以及编辑文字格式。文本模型如图 5-14 所示，其创建命令面板如图 5-15 所示。

图 5-14 文本模型

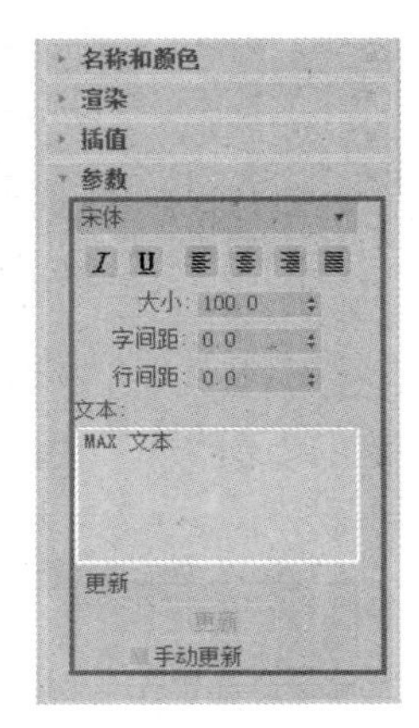

图 5-15 “文本”创建命令面板

文本主要参数如下。

- 大小：设置文本高度，其默认值为 100mm。
- 文本：在此文本框中可以输入文本。若要输入多行文本，则可按回车键切换到下一行。

5.1.3 螺旋线

使用螺旋线工具可以创建开口平面或立体螺旋线，常用于弹簧、盘香等造型的创建。螺旋线模型如图 5-16 所示，其创建命令面板如图 5-17 所示。

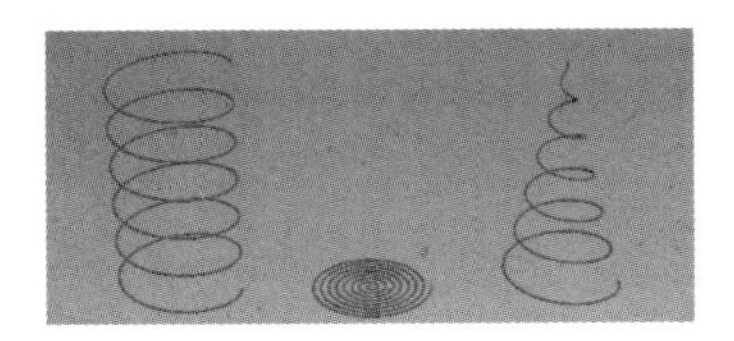

图 5-16 不同类型的螺旋线模型

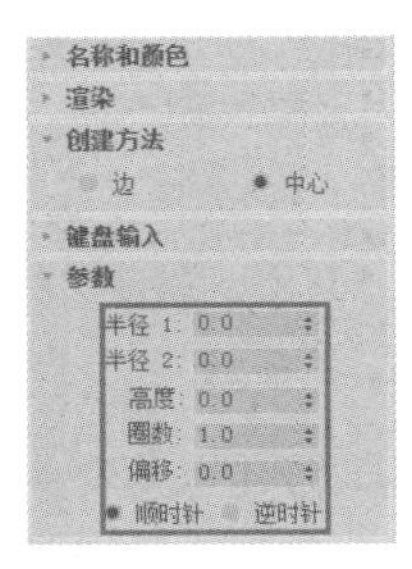

图 5-17 “螺旋线”创建命令面板

螺旋线重要参数介绍如下。

- 半径 1/半径 2：设置螺旋线的起点和终点半径。
- 高度：设置螺旋线的高度。
- 圈数：设置螺旋线起点和终点之间的圈数。
- 偏移：强制在螺旋线的一端累积圈数。当高度为 0 时，偏移的影响不可见。
- 顺时针/逆时针：设置螺旋线的旋转是顺时针还是逆时针。

5.1.4 其他样条线

除以上 3 种样条线外，还有 9 种样条线，分别是矩形、圆、椭圆、弧、圆环、多边形、星形、卵形和截面，如图 5-18 所示。这 9 种样条线都很简单，其参数也很容易理解，因此不再赘述。

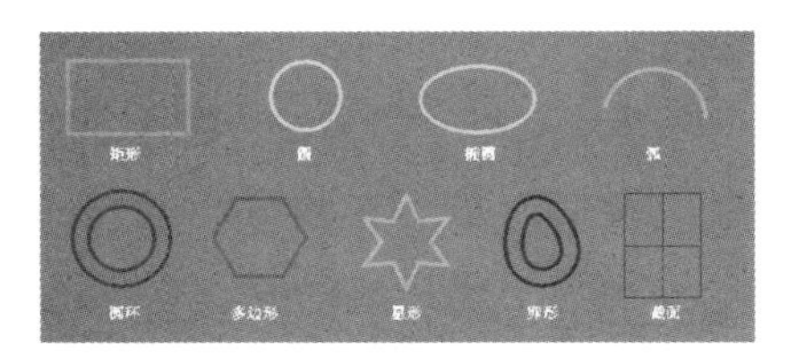

图 5-18 其他样条线

5.2 样条线编辑

虽然 3ds Max 提供了很多种现成的二维图形，但是也不能完全满足创建复杂模型的需求，因此就需要对样条线的形状进行修改。而样条线的修改是通过修改其参数来完成的，所以就需要先将样条线转换为可编辑样条线，然后才可对其进行编辑。

5.2.1 转换为可编辑样条线

将样条线转换为可编辑样条线的方法有以下两种。

第 1 种：选择样条线，单击鼠标右键，在弹出的快捷菜单中选择“转换为—转换为可编辑样条线”命令，如图 5-19 所示。

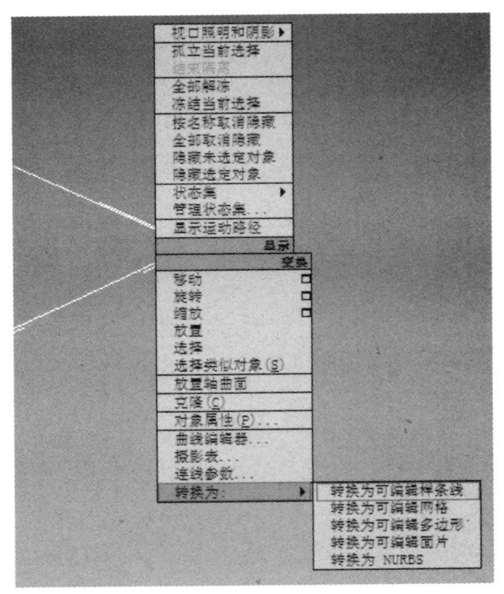

图 5-19 “转换为可编辑样条线”命令

第 2 种：选择样条线，在“修改器列表”中为其加载一个“编辑样条线”修改器，如图 5-20 所示。

图 5-20 加载“编辑样条线”修改器

5.2.2 编辑可编辑样条线

二维图形对象不仅可以进行整体的编辑，还可以将其转换为可编辑样条线后进行编辑。编辑可编辑样条线主要包括在“可编辑样条线”主层级和“顶点”“线段”及“样条线”3 个子对象层级分别进行编辑。

二维图形对象转换为可编辑样条线后的命令面板如图 5-21 所示。

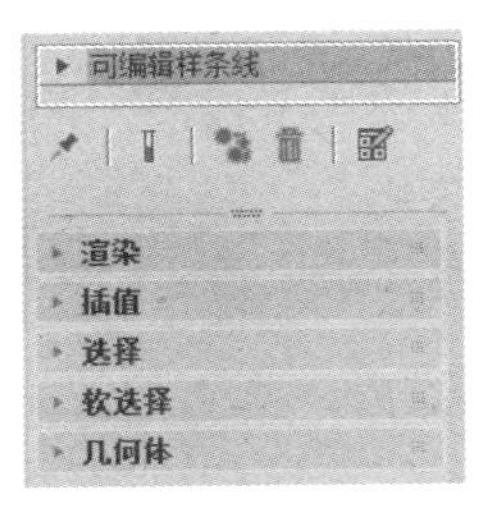

图 5-21 “可编辑样条线”命令面板

“可编辑样条线”命令面板中包括 5 个卷展栏，即“渲染”“插值”“选择”“软选择”和“几何体”。其中，“渲染”“插值”“选择”和“软选择”卷展栏中的参数与前面章节中所介绍的基本一致，因此主要命令集中于“几何体”卷展栏中。

“可编辑样条线”主层级下的主要命令如图 5-22 所示，介绍如下。

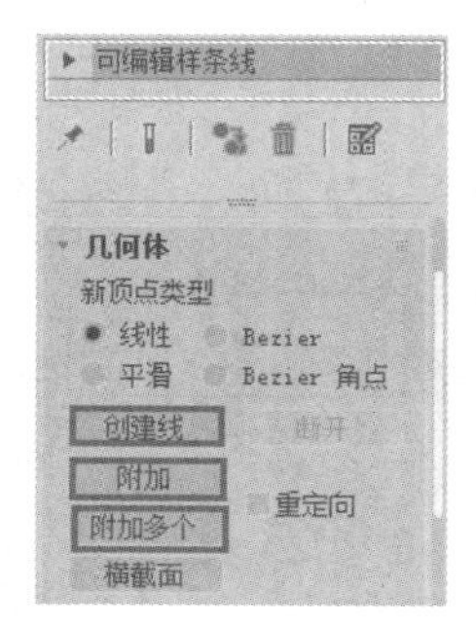

图 5-22 “可编辑样条线”主层级下的主要命令

- 创建线：单击该按钮，可在视图窗口中绘制新的曲线并把它加入当前曲线中，如图 5-23 所示。

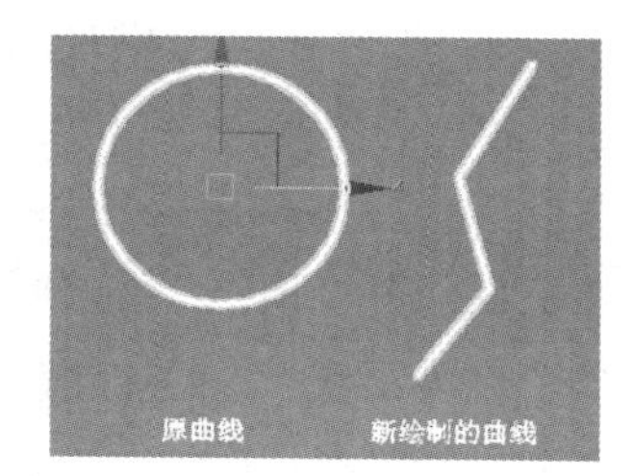

图 5-23 创建线

- 附加：将场景中的另一个样条线附加到所选样条线。单击该按钮，然后在场景中单击选择要附加的样条线，即可完成附加操作。若勾选了“重定向”复选框，则新加入的样条线会移动到原样条线的位置处，如图 5-24 所示。

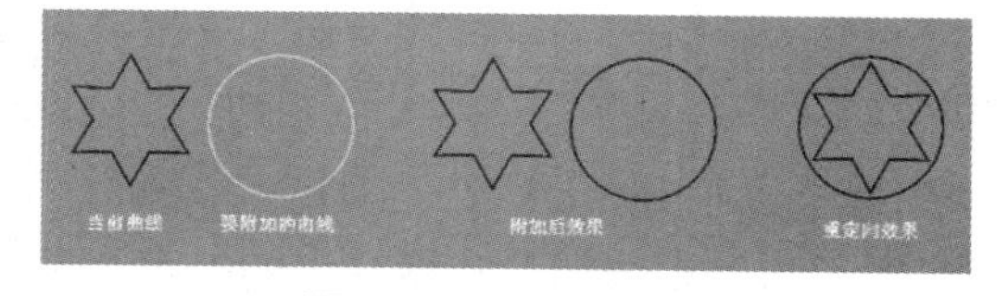

图 5-24 附加样条线

- 附加多个：单击该按钮后，将会打开“附加多个”对话框，如图 5-25 所示。该对话框中包含场景中所有可被结合的曲线，选择要结合到当前可编辑样条线的曲线，单击“附加”按钮即可完成“附加多个”操作，如图 5-26 所示。

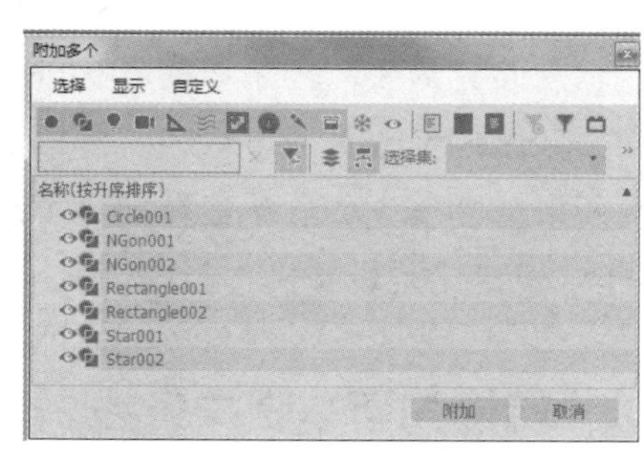

图 5-25 “附加多个”对话框

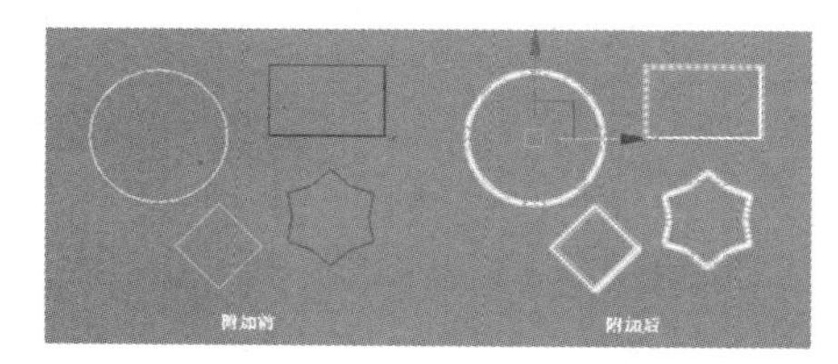

图 5-26 附加多个样条线

1. “顶点”子对象层级

“顶点”子对象是二维图形最基本的子对象类型，也是构成其他子对象的基础，点与点相连就构成了线段，线段与线段相连就构成了样条曲线。

在 3ds Max 中，顶点有 4 种类型，分别为“角点”“平滑”“Bezier”和“Bezier 角点”。图 5-27 中所选顶点从左到右依次为这 4 种类型。

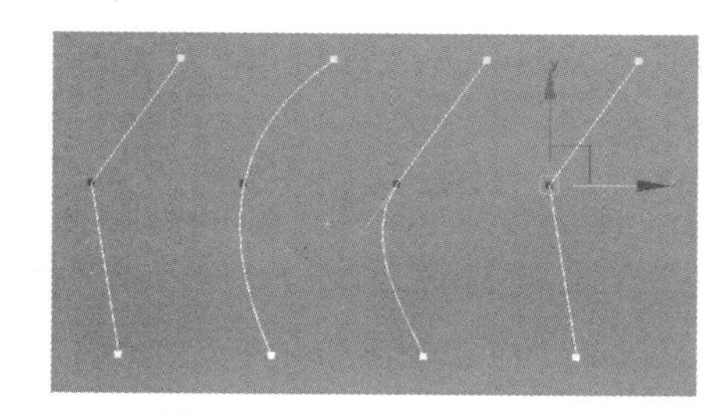

图 5-27 顶点的 4 种类型

- 角点：将顶点的两侧曲率设为直线段，使其产生一个锐角转角。
- 平滑：创建平滑连续曲线，平滑顶点处的曲率是由相邻顶点的间距决定的。
- Bezier：在顶点两边产生带有控制柄的曲线，对切线方向和曲率所做的调整均匀地应用于顶点的两边。
- Bezier 角点：在顶点的两边产生可以调整的曲线，每一边的方向和曲率均可自由调整，不受另一边的影响。

当将一个二维图形对象转换为可编辑样条线对象后，在“修改”命令面板中选择堆栈栏中样条线对象的“顶点”选项，或者在“选择”卷展栏中单击“顶点”按钮，就可以进入该对象的“顶点”子对象层级，如图 5-28 所示。

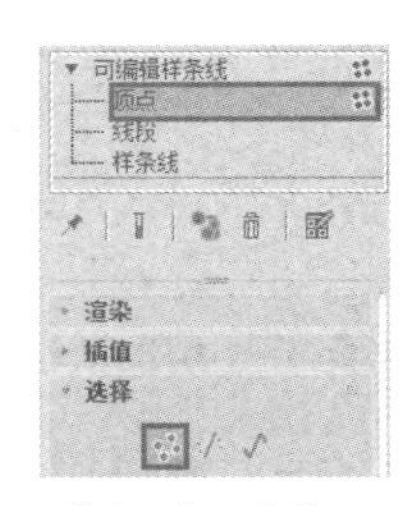

图 5-28　进入“顶点”子对象层级

“顶点”子对象层级包含 5 个卷展栏，分别是“渲染”“插值”“选择”“软选择”和“几何体”，如图 5-29 所示。

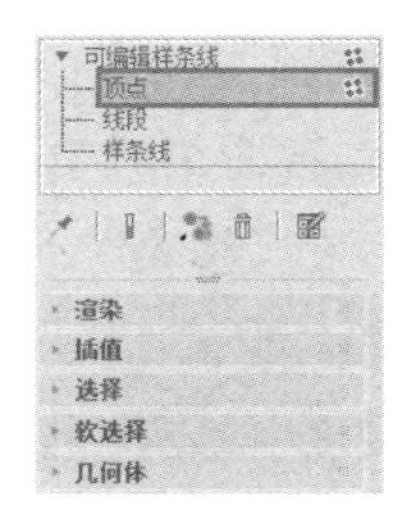

图 5-29　“顶点”子对象层级对应的卷展栏

下面将介绍这些卷展栏中常用的一些顶点编辑命令。

- “显示顶点编号”复选框：该命令位于“选择”卷展栏中，如图 5-30 所示。启用该复选框后，软件将在所选样条线的顶点旁边显示顶点编号，如图 5-31 所示。

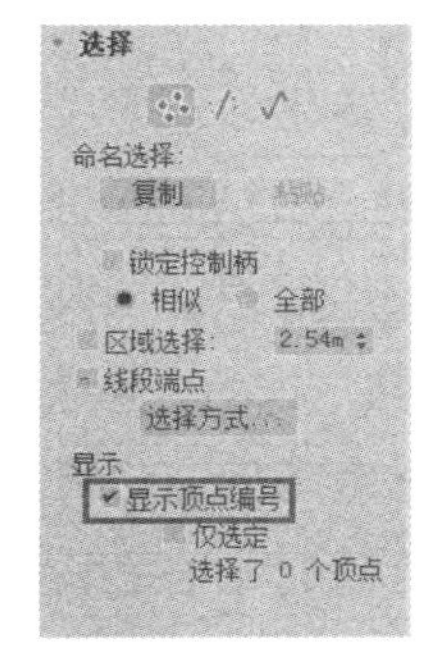

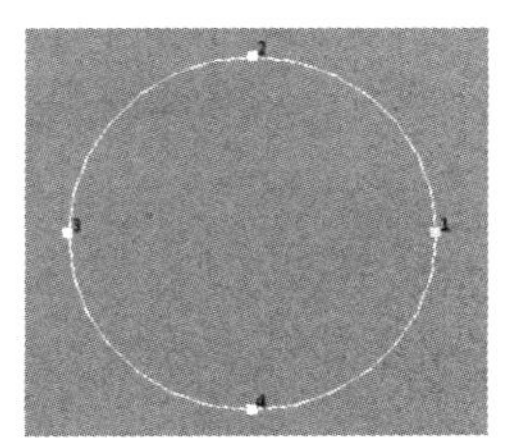

图 5-30　“选择”卷展栏　　图 5-31　显示顶点编号

在“几何体”卷展栏中提供了编辑样条线对象和子对象的许多命令，该卷展栏很长，图 5-32 所示为其中一部分。“几何体”卷展栏中的许多命令在所有子对象层级均可使用，个别命令会根据层级不同而有所变化。

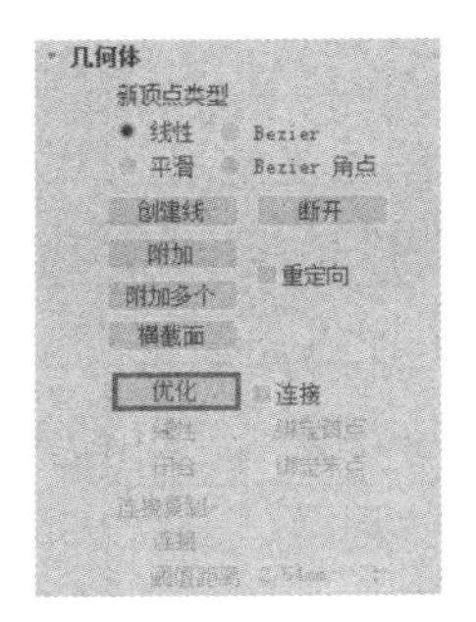

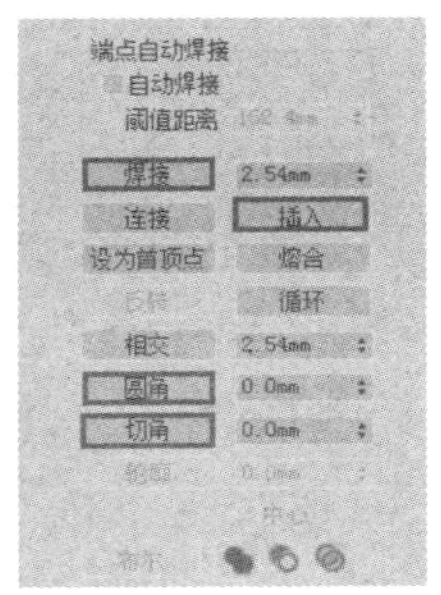

图 5-32　“几何体”卷展栏（局部）

- 优化：可以通过单击的方法为样条线添加顶点，而不更改样条线的曲率值。单击“优化”按钮，然后在样条曲线的任意位置单击，该位置就会出现一个新的顶点，如图 5-33 所示。单击鼠标右键可退出“优化”命令。

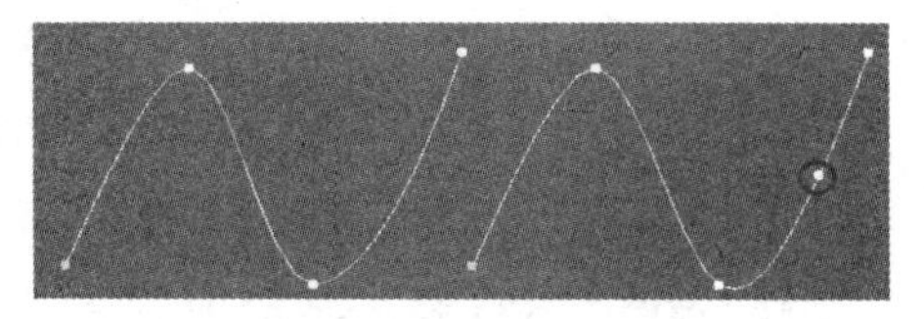

图 5-33　“优化”顶点

- 焊接：可将两个顶点或同一样条线中的两个相邻顶点转化为一个顶点。在“焊接”按钮右侧的数值框中对焊接阈值进行设置，然后选择要焊接的顶点，单击“焊接”按钮，如果这两个顶点在焊接阈值范围内，那么将转化为一个顶点；如果不在焊接阈值范围内，则可通过移动将两个顶点靠近，或适当增大阈值范围，如图 5-34 所示。

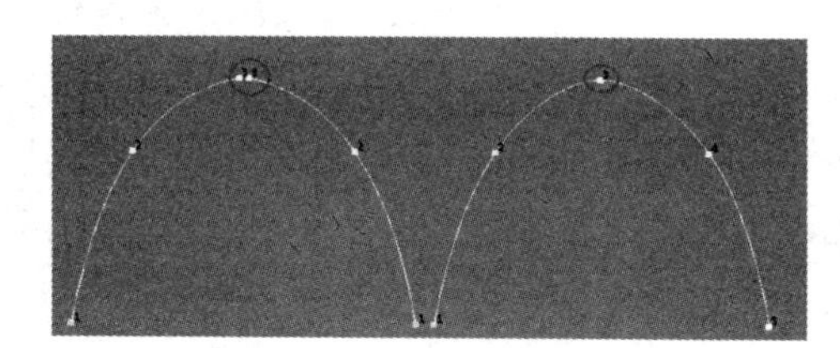

图 5-34　焊接顶点

- 插入：插入一个或多个顶点，以创建其他线段。单击样条线中的任意位置即可插入一个顶点，而拖动则可以创建一个 Bezier 顶点，如图 5-35 所示。

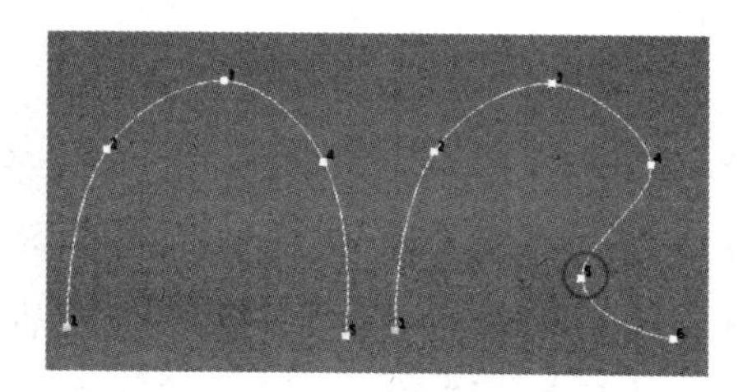

图 5-35　插入顶点

- 圆角：可以在线段会合处设置圆角，添加新的控制点，如图 5-36 所示。用户在单击“圆角”按钮后，可通过在想要设置圆角的顶点处拖曳鼠标应用圆角效果；也可通过选择顶点，在“圆角”按钮右侧的数值框内输入数值应用圆角效果。

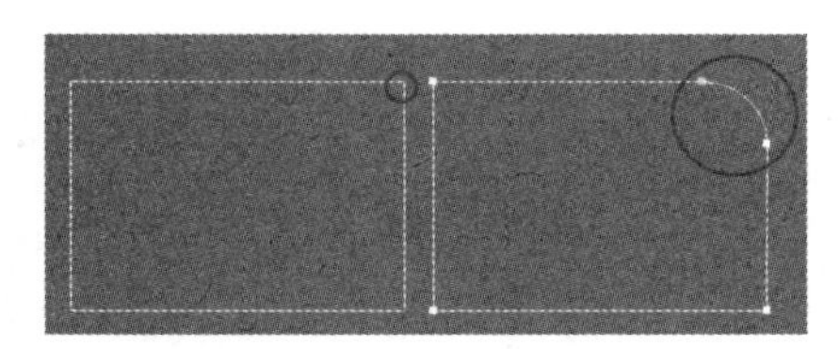

图 5-36　圆角效果

- 切角：可设置形状角部的倒角，如图 5-37 所示。与“圆角”命令类似，可通过拖曳鼠标或在“切角”按钮右侧的数值框内输入数值应用切角效果。

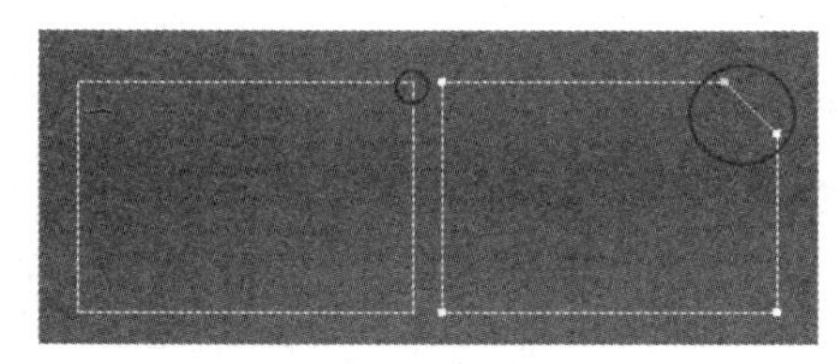

图 5-37　切角效果

2. “线段”子对象层级

“线段”子对象是组成样条曲线的线段，即样条曲线上的两个顶点中间的部分。在“线段”子对象层级，用户可以对“线段”子对象进行移动、缩放、旋转或复制操作，并可以使用针对“线段”子对象的编辑命令。

当将一个二维图形对象转换为可编辑样条线对象后，在“修改”命令面板中选择堆栈栏中样条线对象的“线段”选项，或者在“选择”卷展栏中单击“线段”按钮，就可以进入该对象的“线段”子对象层级，如图 5-38 所示。

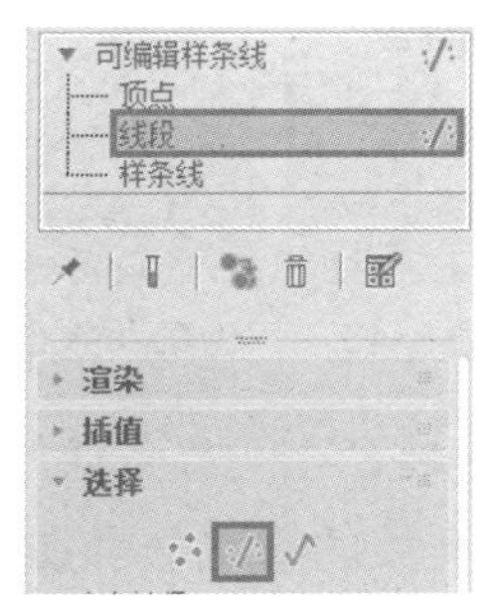

图 5-38　进入“线段”子对象层级

下面将对“线段”子对象层级的常用编辑命令进行介绍，这些命令主要位于“几何体”卷展栏中，如图 5-39 所示。

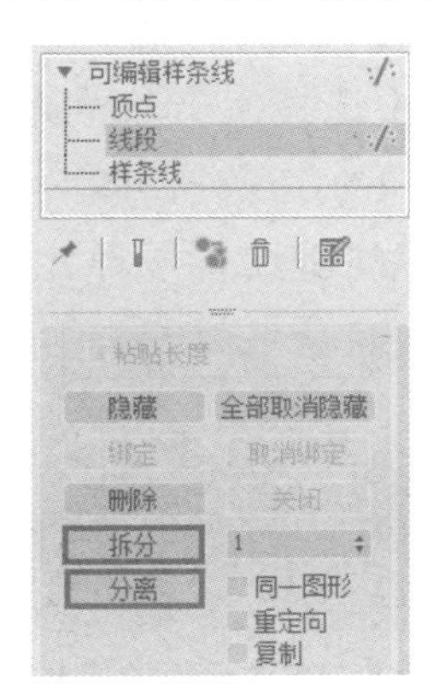

图 5-39　“几何体”卷展栏（局部）

- 拆分：通过添加顶点数来细分所选线段。选择一个或多个线段，在“拆分”按钮右侧的数值框中设置拆分顶点数目，然后单击“拆分”按钮，则每个所选线段将被指定的顶点数拆分，如图 5-40 所示。

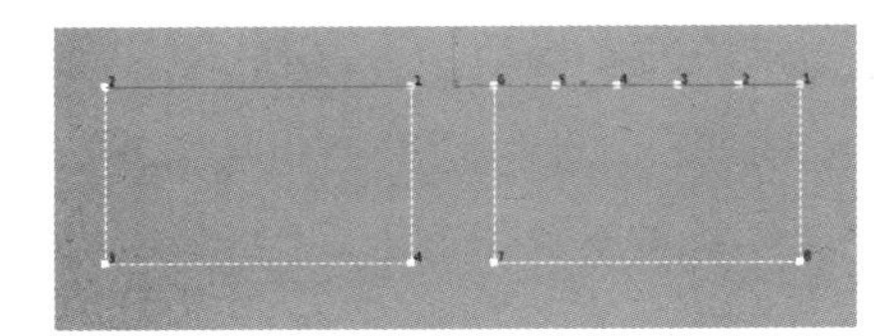

图 5-40　拆分线段

- 分离：将选择的线段拆分（或复制），以构成一个新图形，如图 5-41 所示。

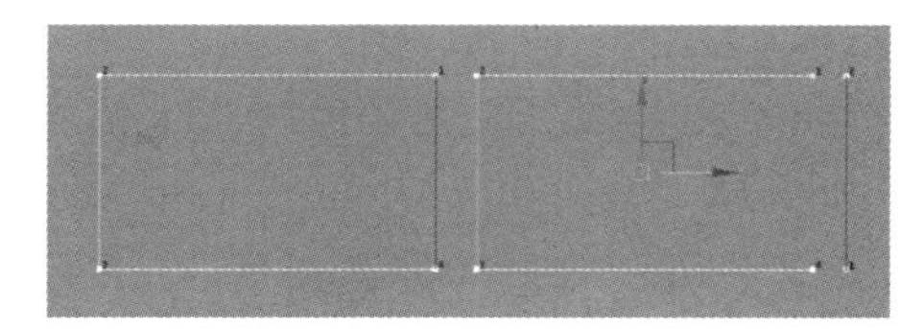

图 5-41　分离线段

对应“分离”命令按钮，还有 3 个复选框，即“同一图形”“重定向”和“复制”。

- “同一图形”复选框：启用该复选框后，再进行线段分离操作时，将使分离的线段保留为图形的一部分，而不是生成一个新图形。
- “重定向”复选框：启用该复选框后，分离的线段会生成一个新的线段图形，并且会复制源对象的局部坐标系，在坐标原点位置放置新图形。
- “复制”复选框：启用该复选框后，对将要分离的线段进行复制。

3. “样条线”子对象层级

“样条线”子对象为二维图形中独立的样条曲线对象。在“样条线”子对象层级，用户可对“样条线”子对象进行移动、缩放、旋转或复制操作，并可以使用针对“样条线”子对象的编辑命令。

当将一个二维图形对象转换为可编辑样条线对象后，在“修改”命令面板中选择堆栈栏中样条线对象的“样条线”选项，或者在“选择”卷展栏中单击“样条线”按钮 √，就可以进入该对象的“样条线”子对象层级，如图 5-42 所示。

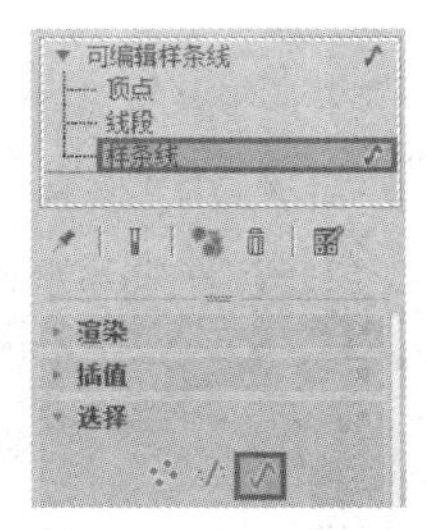

图 5-42　进入“样条线”子对象层级

下面将对“样条线”子对象层级的常用编辑命令进行介绍，这些命令主要位于“几何体”卷展栏中，如图 5-43 所示。

图 5-43　“几何体”卷展栏（部分）

- 反转：反转所选样条线的方向，也就是顶点序号的顺序，如图 5-44 所示。

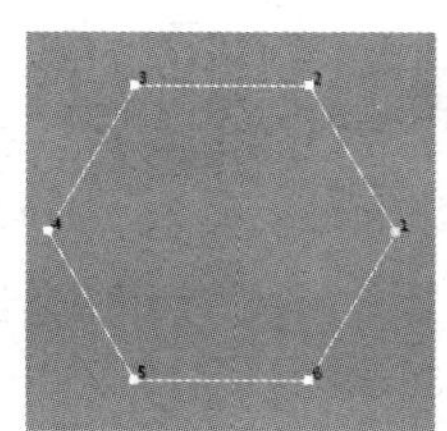
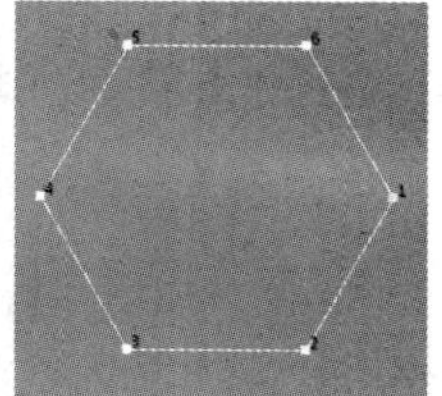

图 5-44　“反转”效果

- 轮廓：制作样条线的副本，所有侧边上的距离偏移量由该按钮右侧的微调器指定。选择一个或多个样条线，然后使用微调器动态地调整轮廓位置，或单击“轮廓”按钮后在视图中拖动样条线，如图 5-45 所示。

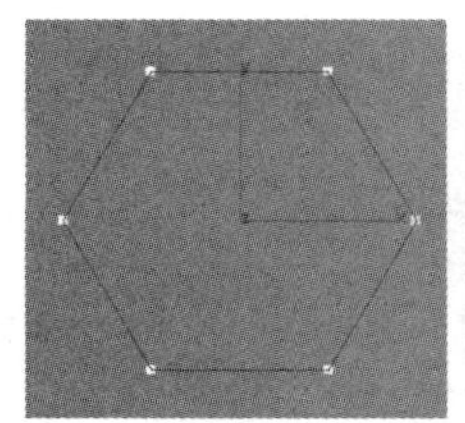
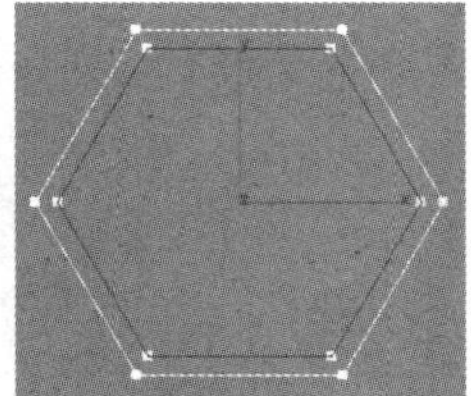

图 5-45　“轮廓”效果

- 布尔：将两个源样条曲线以并集、差集或交集的形式结合在一起。对样条线进行布尔运算的操作步骤如下：在视图中选择一个样条线图形，单击“并集”图标、“差集”图标或“交集”图标，选择一种布尔运算方式，然后单击“布尔”按钮，在视图中选择另一个样条线图形，即可完成布尔操作。图 5-46 所示为样条线布尔运算的 3 种方式。

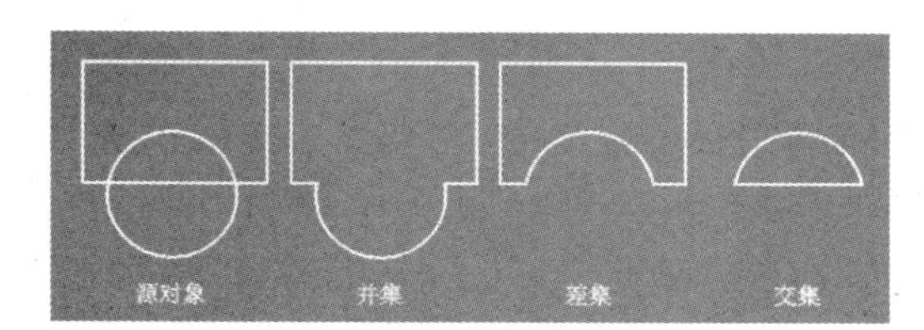

图 5-46　布尔运算的 3 种方式

- 镜像：沿水平、垂直或对角方向镜像样条线。其操作步骤如下：在视图中选择要镜像的样条线，然后单击“水平镜像”图标、“垂直镜像”图标或“双向镜像”图标，选择一种镜像方式，单击“镜像”按钮，即可将选择的样条线进行镜像。图 5-47 所示为 3 种镜像样条线。
- 修剪：清理形状中的重叠部分，使端点接合在一个点上。“修剪”命令只能对样条线相交的部分进行修剪，如图 5-48 所示。

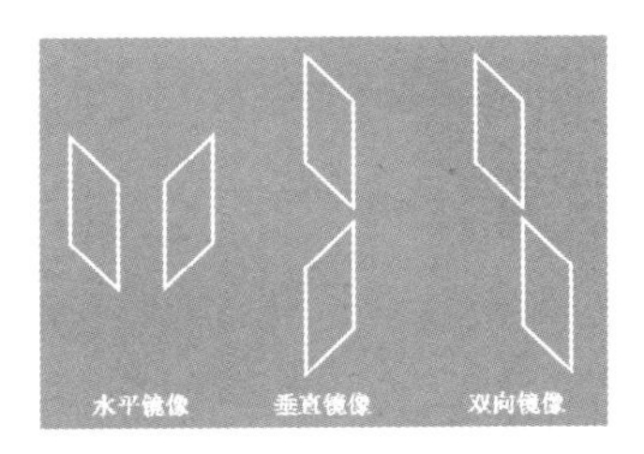

图 5-47　镜像样条线

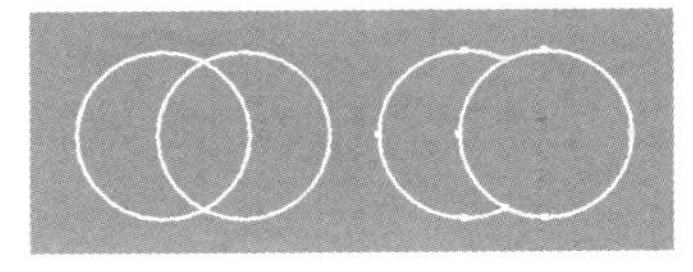

图 5-48　修剪样条线

- 延伸：清理形状中的开口部分，使端点接合在一个点上。“延伸”命令只能对开口样条线进行延伸操作，如图 5-49 所示。

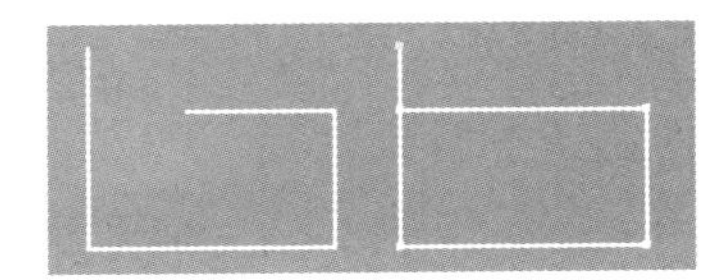

图 5-49　延伸样条线

5.2.3　实例一：扳手

在本实例中，我们要创建的扳手模型如图 5-50 所示。首先我们要创建并编辑好扳手的二维图形（见图 5-51），然后挤出高度，即可完成扳手的三维模型创建。

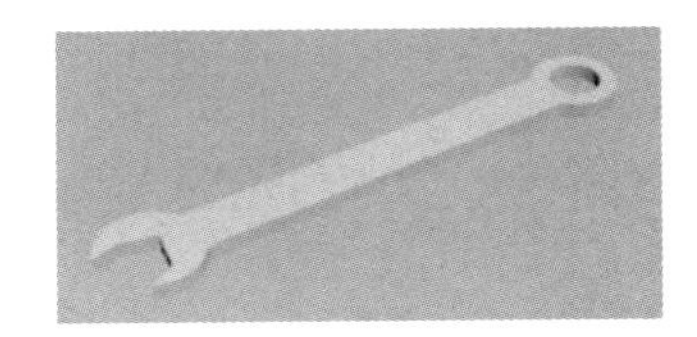

图 5-50　扳手模型

图 5-51　扳手二维图形

1. 创建图形

利用“样条线”命令创建如图 5-52 所示的二维图形，图形尺寸如图 5-51 所示。

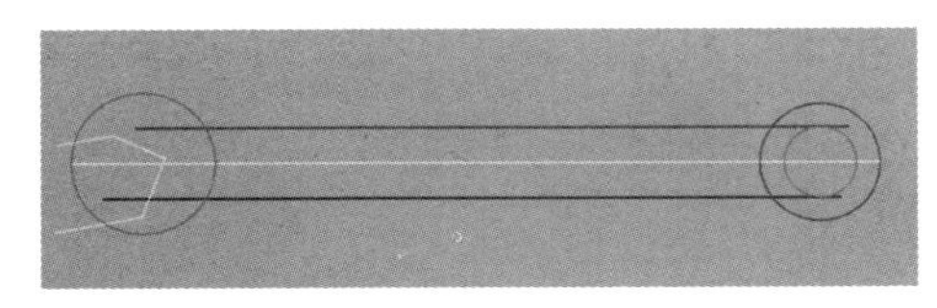

图 5-52　创建图形

2. 编辑图形

1）将全部图形附加为一个图形

选择 R3.0 的圆，用前面所介绍的方法将其转换为可编辑样条线，然后在“几何体”卷展栏中单击“附加多个”按钮，即可打开如图 5-53 所示的“附加多个”对话框。将对话框中的模型全部选中，单击“附加”按钮，即可将全部图形附加为一个图形。

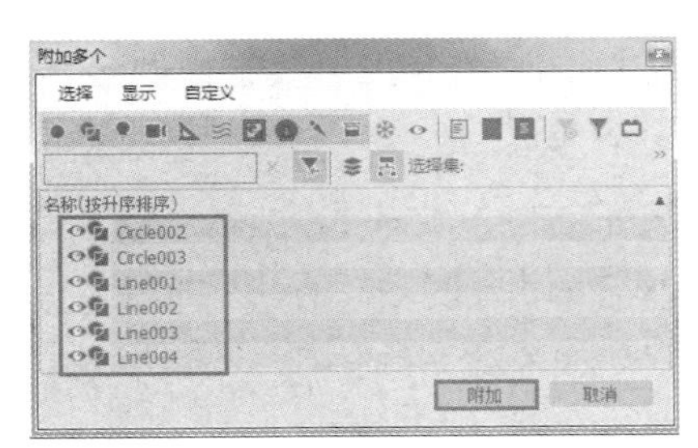

图 5-53　“附加多个”对话框

2）修剪样条线

选择上述图形，在“修改”命令面板中进入“样条线”子对象层级，然后在“几何体”卷展栏中单击“修剪”命令，剪去图中多余的线条，并删除中心线，结果如图 5-54 所示。

图 5-54　修剪样条线

3）样条线布尔运算

在“样条线”子对象层级选择外轮廓样条线，单击“几何体”卷展栏中“布尔”按钮右侧的“差集”图标，在图中选择 R1.5 的小圆后单击“布尔”按钮，即可完成样条线的布尔运算。

4）焊接顶点

在“修改”命令面板中进入“顶点”子对象层级，选择如图 5-55 所示的 6 处红色顶点集，然后在“几何体”卷展栏中单击“焊接”按钮，即可将 6 处顶点全部焊接完成。

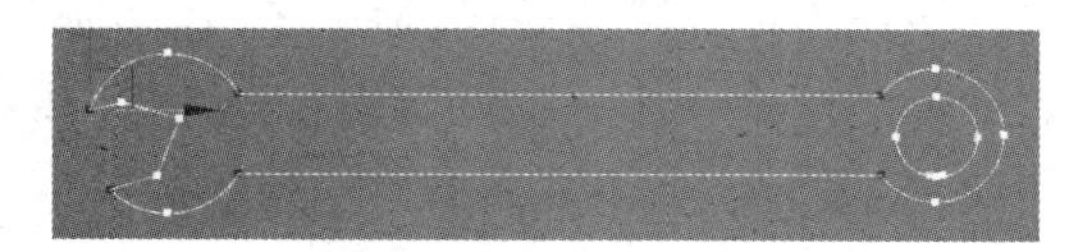

图 5-55　焊接顶点

5）顶点圆角

在“顶点”子对象层级选择如图 5-56 所示的 4 个顶点，在“几何体”卷展栏中“圆角”按钮右侧的文本框中输入圆角半径为 0.5，然后单击“圆角”按钮，即可完成顶点圆角，如图 5-57 所示。

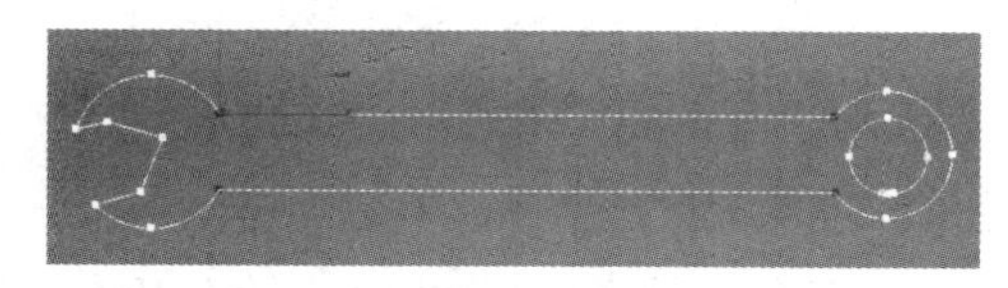

图 5-56　选择图示的 4 个顶点

图 5-57　顶点圆角

3. 挤出实体

选择全部样条线，为其加载一个“挤出”修改器，设置“数量”为 1mm，最终效果如图 5-50 所示。

5.2.4　实例二：扶手椅

在本实例中，我们要创建的扶手椅模型如图 5-58 所示。该扶手椅模型主要由支架、座椅面、靠背面和扶手面 4 部分组成。其中，座椅面、靠背面和扶手面可使用扩展基本体中的切角长方体创建，因此该模型创建的重点和难点即为支架部分。支架主要利用“线”命令创建，并且需要对其进行编辑修改。

图 5-58　扶手椅模型

1. 创建扶手椅支架

（1）用“线”命令在左视图中创建如图 5-59 所示的图形，序号 1 至序号 6 的坐标依次为 (0,0,0)、(520,0,0)、(520,470,0)、(0,470,0)、(0,630,0)、(350,630,0)。

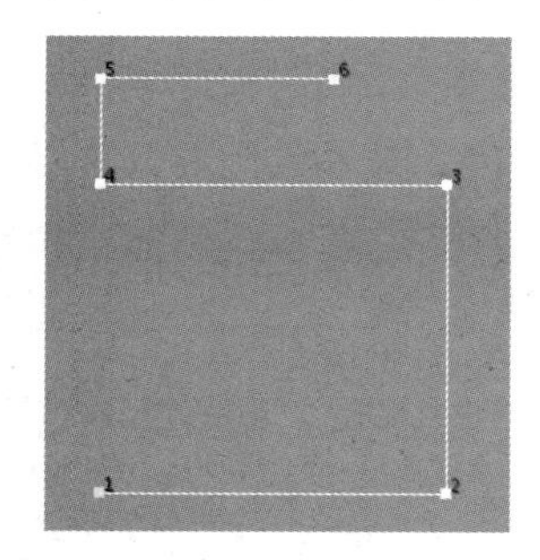

图 5-59　绘制支架侧面轮廓线

（2）进入“线段”子对象层级，选择如图 5-60 所示的线段，在“几何体”卷展栏中设置“分离”参数，然后单击“分离”按钮，即可将所选线段与主体线条分离开来。

（3）保持对上述线段的选择，在顶视图

中将其沿 *X* 轴负方向移动 80mm，如图 5-61 所示。

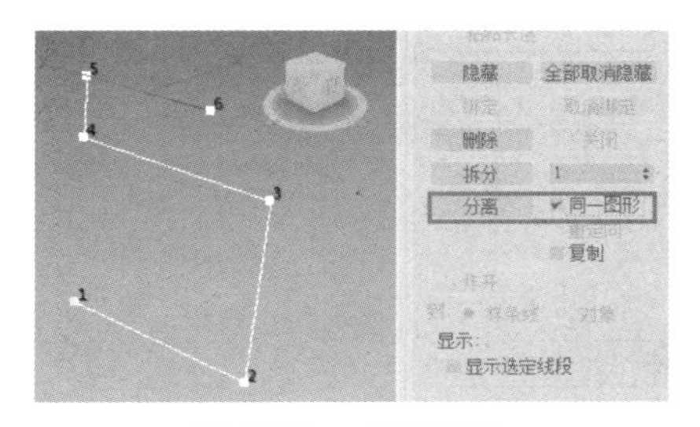

图 5-60　分离线段

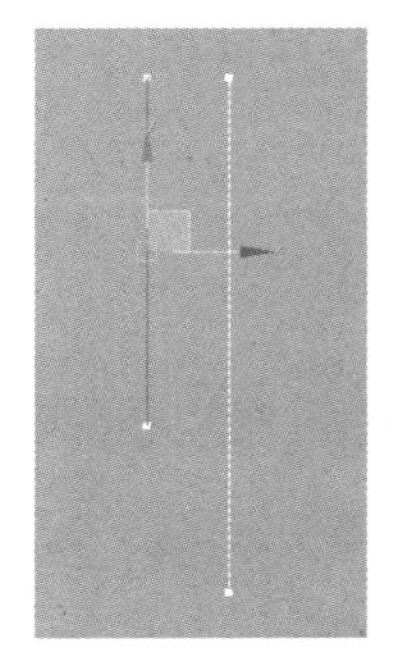

图 5-61　移动线段

（4）进入“顶点”子对象层级，在“几何体”卷展栏中单击“连接”按钮，在顶视图中将图 5-61 所示的两条线段连接起来，完成后的效果如图 5-62 所示。

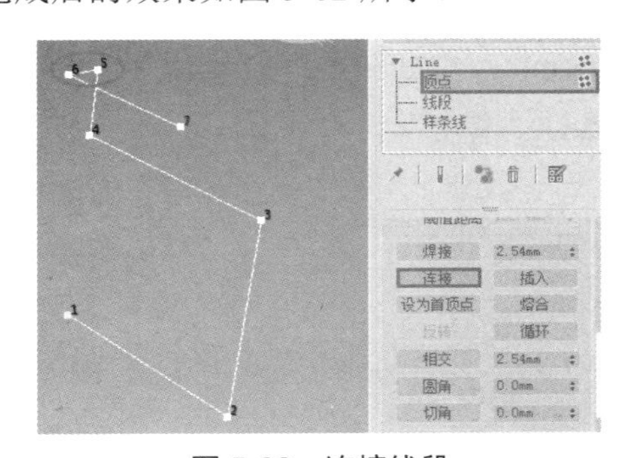

图 5-62　连接线段

（5）在“顶点”子对象层级选择如图 5-63 所示的顶点，在“几何体”卷展栏中单击“焊接”按钮，将重合的两个顶点焊接为一个顶点。

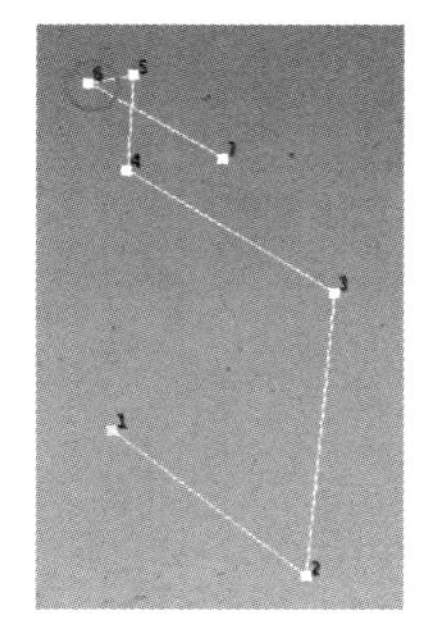

图 5-63　焊接顶点

（6）在“顶点”子对象层级依次选择图 5-63 中序号为 2～6 的 5 个顶点，在“几何体”卷展栏中“圆角”按钮右侧的文本框中设置相应的圆角半径，然后单击“圆角”按钮，完成圆角工作。其中，除序号 5 的圆角半径为 30mm 外，其余 4 个点的圆角半径均为 60mm。圆角结果如图 5-64 所示。

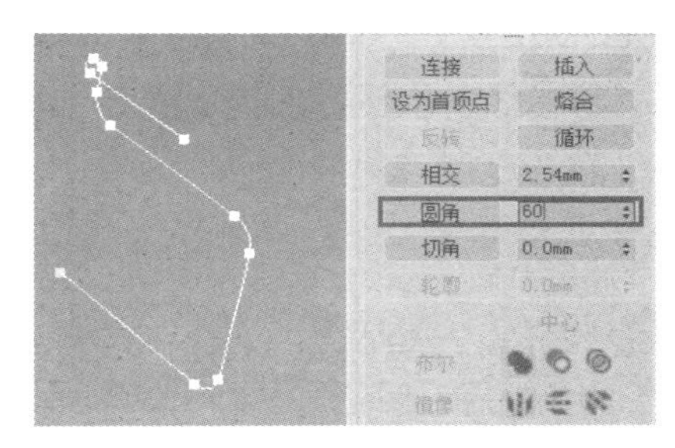

图 5-64　顶点圆角

（7）选择编辑好的整个线，在“渲染”卷展栏中勾选“在渲染中启用”和“在视口中启用”复选框，设置“径向”的“厚度”为 30mm，视口效果如图 5-65 所示。

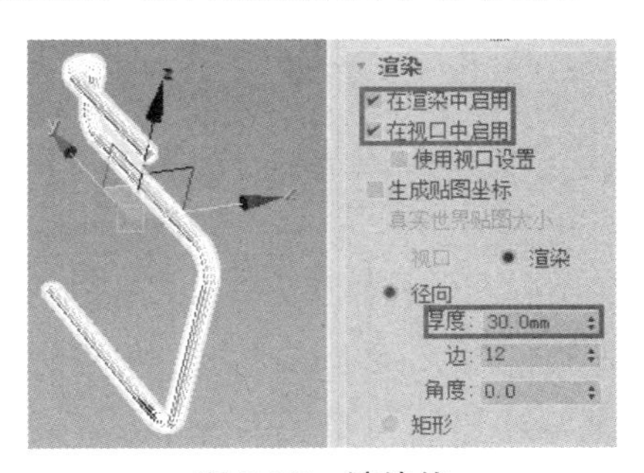

图 5-65　渲染线

（8）在顶视图中执行“镜像”命令，在弹出的“镜像：屏幕坐标”对话框中设置“偏移”为470mm，在“克隆当前选择”组合框中选择“实例”，单击“确定”按钮完成镜像，镜像效果如图5-66所示。

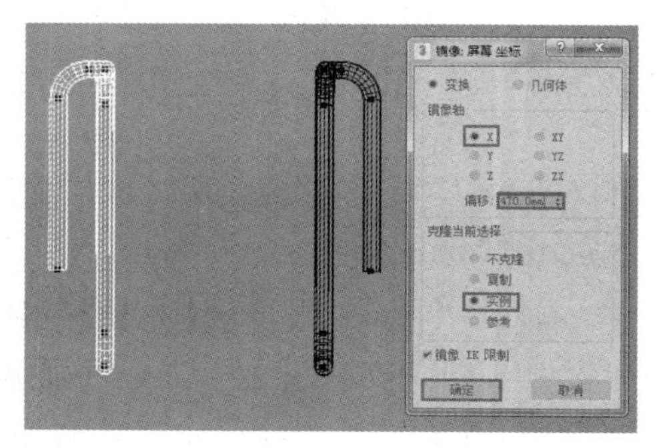

图5-66　镜像支架

（9）选择以上任意一条线，进入“顶点”子对象层级，然后在“几何体”卷展栏中单击“创建线”按钮，捕捉下方两个顶点，创建将两条支架线连接起来的一条线，如图5-67所示。

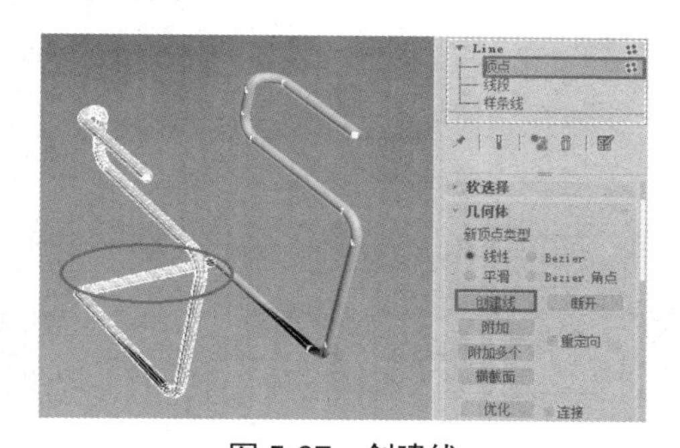

图5-67　创建线

（10）进入“样条线”子对象层级，在“几何体”卷展栏中单击“附加”按钮，将所有线附加为一条线；然后进入“顶点”子对象层级，在“几何体”卷展栏中执行“圆角”命令，对支架下方的两个角点进行圆角处理，设置圆角半径为60mm，效果如图5-68所示。至此，扶手椅支架创建完成。

图5-68　创建完成的扶手椅支架

2. 创建各部位面板

1）创建座椅面

创建一个切角长方体，设置其“长度”为410mm，“宽度”为540mm，“高度”为30mm，“圆角”为30mm，“长度分段”为1，“宽度分段”为1，“高度分段”为1，“圆角分段”为10，具体参数设置及模型效果如图5-69所示。

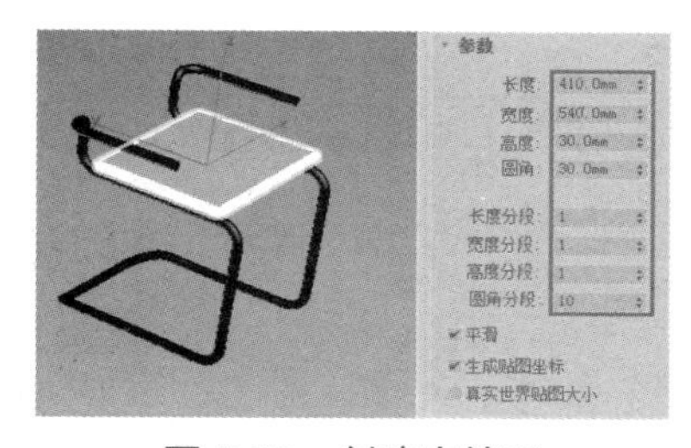

图5-69　创建座椅面

2）创建靠背面

创建一个切角长方体，设置其“长度”为300mm，“宽度”为540mm，“高度”为30 mm，“圆角”为30mm，“长度分段”为1，“宽度分段”为1，“高度分段”为1，“圆角分段”为10，具体参数设置及模型效果如图5-70所示。

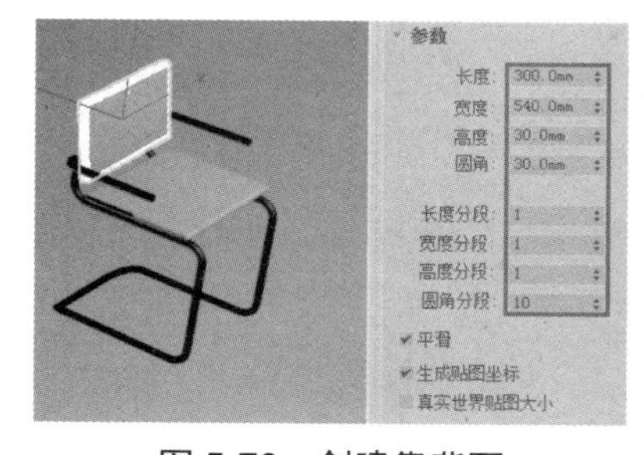

图5-70　创建靠背面

3）创建扶手面

创建一个切角长方体，设置其“长度”为 280mm，“宽度”为 60mm，“高度”为 30 mm，“圆角”为 10mm，“长度分段”为 1，“宽度分段”为 1，“高度分段”为 1，“圆角分段”为 5，并复制另一侧扶手，具体参数设置及模型效果如图 5-71 所示。

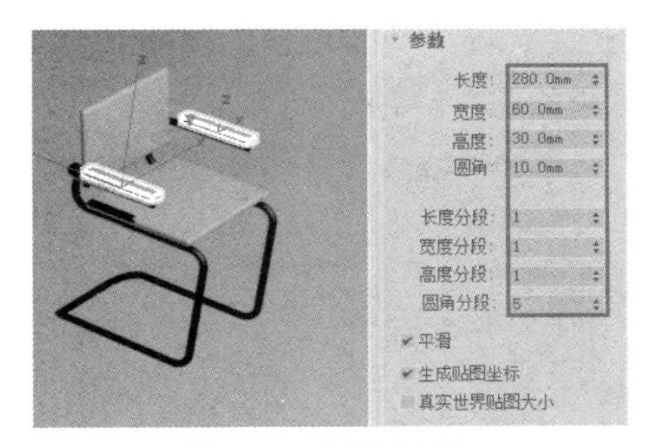

图 5-71　创建扶手面

3. 成组并渲染产品

将所有部分选中，成组并渲染产品，效果如图 5-58 所示。

5.3　样条线三维建模

将二维样条线转换成三维模型的方法有很多，常用的方法是为模型加载“挤出”“车削”或“倒角”修改器。下面将介绍这 3 种修改器并通过实例进行演示。

5.3.1　“挤出”修改器

“挤出”修改器通过给二维图形添加一个深度将其转换为三维模型，并且同时可以将对象转换成一个参数化对象。其参数设置面板如图 5-72 所示。

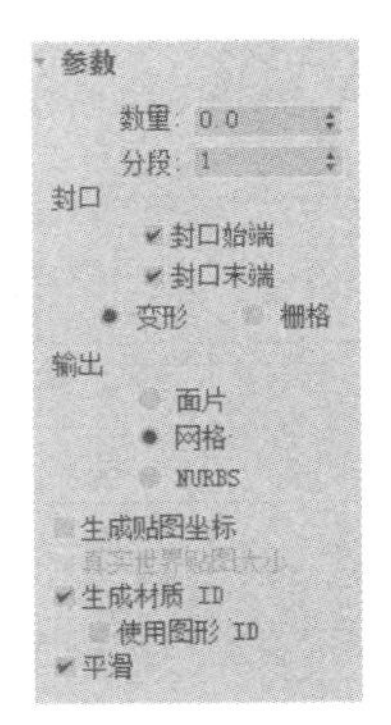

图 5-72　“挤出”修改器参数设置面板

1.“挤出”修改器重要参数介绍

- 数量：设置挤出的深度。
- 分段：指定要在挤出对象中创建的线段数目。
- 封口：用来设置挤出对象的封口。
- 封口始端：在挤出对象的初始端生成一个平面。
- 封口末端：在挤出对象的末端生成一个平面。
- 输出：指定挤出对象的输出方式，有 3 种，分别为面片、网格和 NURBS。

2.“挤出”修改器建模实例：花朵吊灯

在本实例中，我们要创建的花朵吊灯模型如图 5-73 所示。

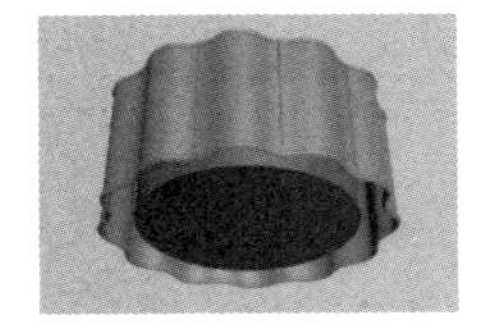

图 5-73　花朵吊灯模型

花朵吊灯模型的创建步骤如下。

（1）创建一个星形，具体参数设置及星形效果如图 5-74 所示。

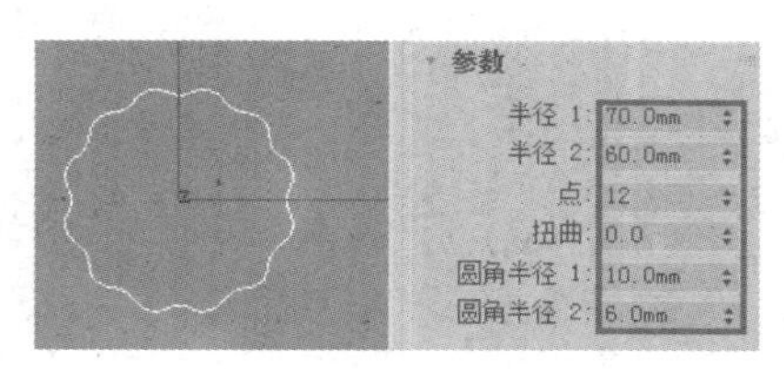

图 5-74　创建一个星形

（2）设置星形厚度。选择星形，在“渲染”卷展栏中勾选“在渲染中启用”和“在视口中启用”复选框，然后设置“径向”的“厚度”为 2.5mm，具体参数设置及模型效果如图 5-75 所示。

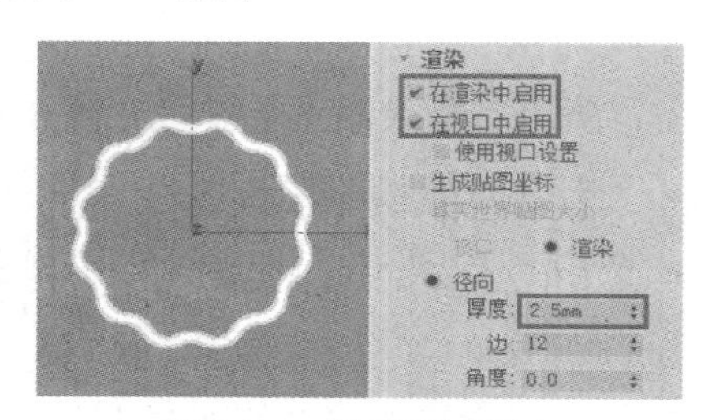

图 5-75　设置星形厚度

（3）复制一个星形。切换到前视图，按住“Shift”键使用“选择并移动”工具向下移动复制一个星形，如图 5-76 所示。

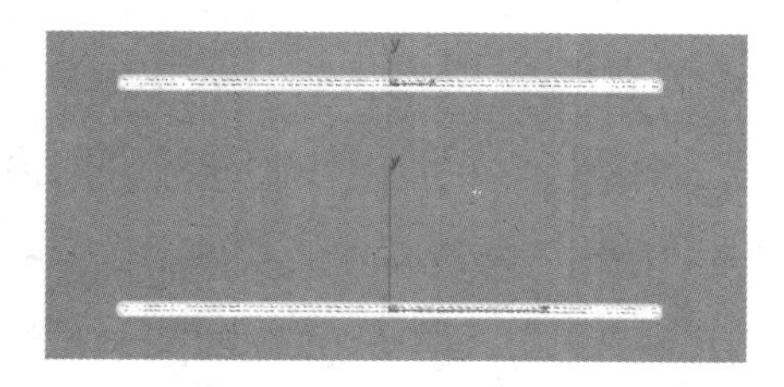

图 5-76　复制一个星形

（4）再复制一个星形并设置参数。继续在两个星形中间再复制一个星形，如图 5-77 所示，然后在“渲染”卷展栏中选择“矩形”单选按钮，设置“长度”为 60 mm，“宽度”为 0.5 mm，具体参数设置及模型效果如图 5-78 所示。

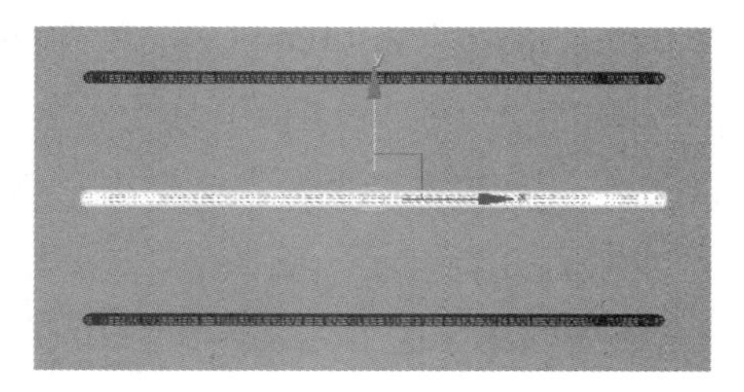

图 5-77　再复制一个星形

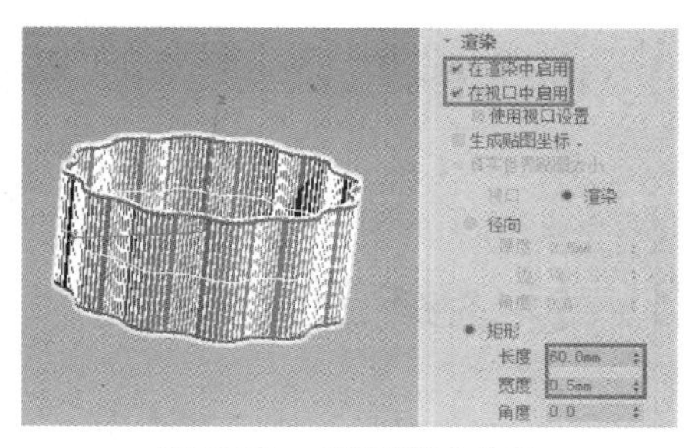

图 5-78　灯罩模型效果

（5）创建一条线。使用“线”工具在前视图中绘制一条如图 5-79 所示的样条线，然后在“渲染”卷展栏中勾选“在渲染中启用”和“在视口中启用”复选框，接着设置“径向”的“厚度”为 1.2mm，如图 5-79 所示。

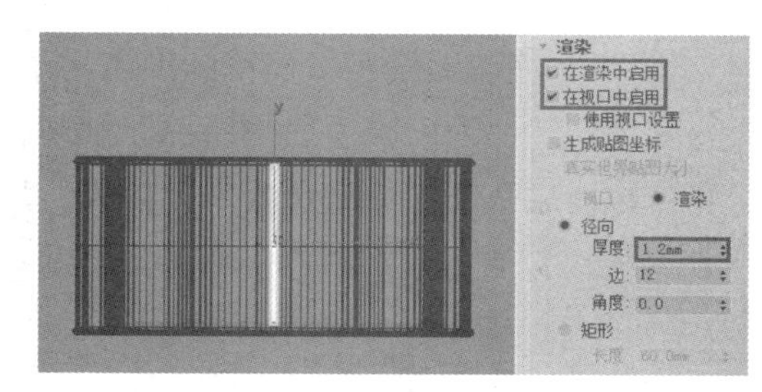

图 5-79　创建一条线

（6）复制样条线。打开“层次”命令面板，单击“仅影响轴”按钮，如图 5-80 所示，将上一步创建的样条线的坐标中心移至星形中心，然后环形阵列 12 条样条线，效果如图 5-81 所示。“阵列”对话框参数如图 5-82 所示。

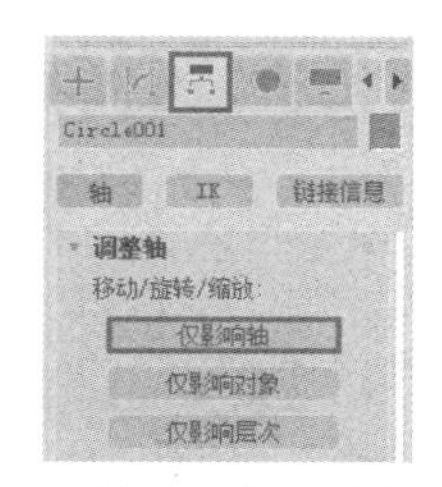

图 5-80　单击“仅影响轴”按钮

图 5-81　环形阵列 12 条样条线

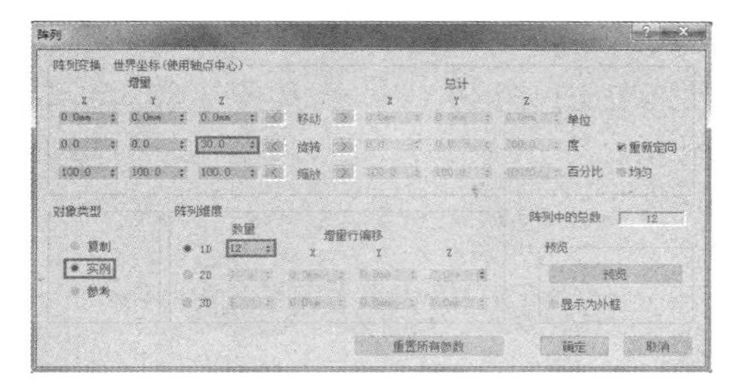

图 5-82　“阵列”对话框参数设置

（7）挤出吊灯上表面。复制一个前面创建的星形，为其加载一个“挤出”修改器，设置“数量”为 1.0 mm，挤出效果如图 5-83 所示。

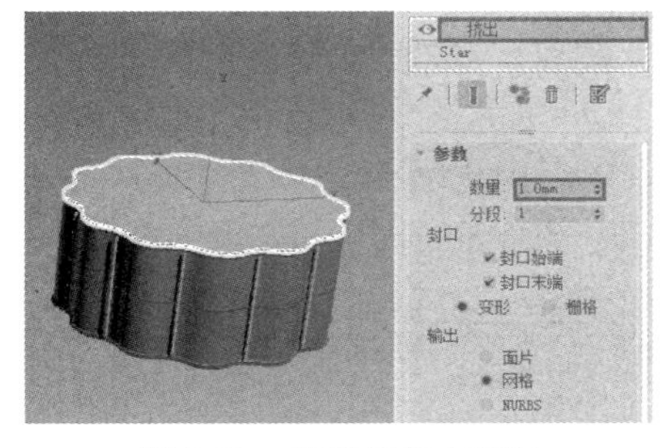

图 5-83　挤出吊灯上表面

（8）创建吊灯内部圆。使用“圆”工具在顶视图中绘制一个圆形，设置其半径为 50 mm，然后在“渲染”卷展栏中勾选“在渲染中启用”和“在视口中启用”复选框，接着设置“径向”的“厚度”为 1.8mm，如图 5-84 所示。

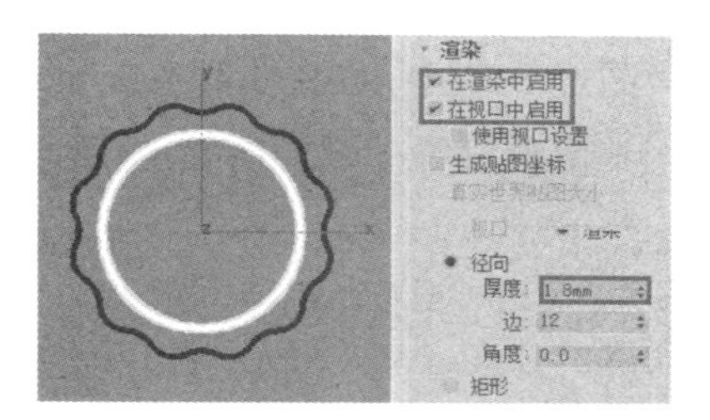

图 5-84　创建吊灯内部圆

（9）挤出圆底面。复制一个上一步绘制的圆形，取消勾选“在渲染中启用”和“在视口中启用”复选框，然后为其加载一个“挤出”修改器，设置“数量”为 1.0 mm，挤出效果如图 5-85 所示。

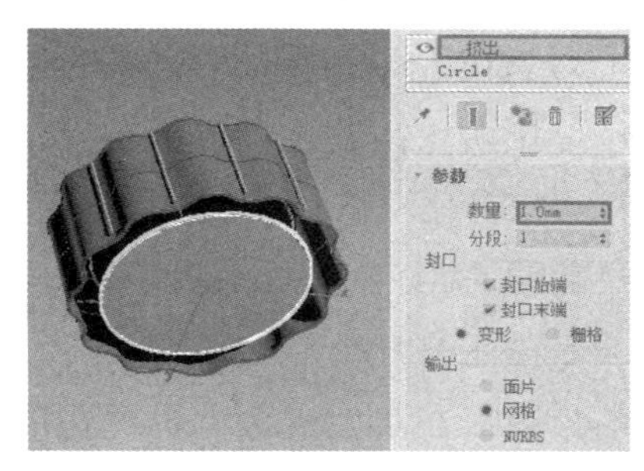

图 5-85　挤出圆底面

（10）挤出圆柱面。选择没有挤出的圆形，原位复制一个，然后在“渲染”卷展栏中选择“矩形”单选按钮，设置“长度”为 56 mm，“宽度”为 0.5mm，最终效果如图 5-86 所示。至此，花朵吊灯模型创建完成。

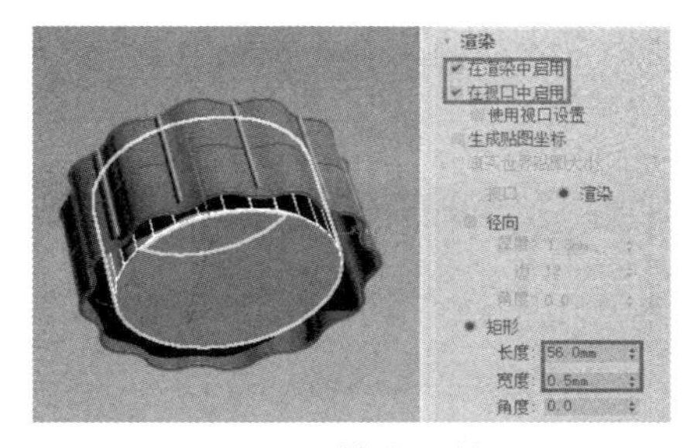

图 5-86　挤出圆柱面

5.3.2 “车削”修改器

“车削”修改器可以通过围绕坐标轴旋转一个图形（或 NURBS 曲线）来生成三维对象，其参数设置面板如图 5-87 所示。

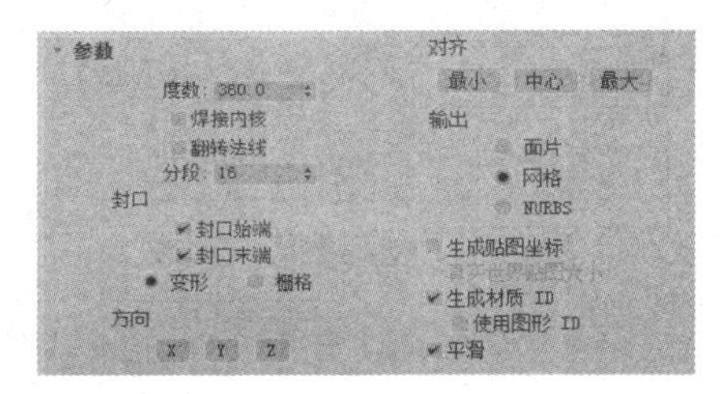

图 5-87 “车削”修改器参数设置面板

1. “车削”修改器重要参数介绍

- 度数：设置对象围绕坐标轴旋转的角度，其范围为 0º～360º，默认值为 360º。
- 焊接内核：通过焊接旋转轴中的顶点来简化网格。
- 翻转法线：使物体的法线翻转，翻转后物体的内部会外翻。
- 分段：在起始点之间设置在曲面上创建的插补线段的数量。
- 封口：如果设置的车削对象的度数小于 360º，则该参数用来控制是否在车削对象的内部创建封口。
- 封口始端：在车削的起点设置封口。
- 封口末端：在车削的终点设置封口。
- 方向：设置轴的旋转方向，有“X”“Y”和“Z”3 个轴可选择。
- 对齐：设置对齐的方式，有“最小”“中心”和“最大”3 种方式可供选择。
- 输出：指定车削对象的输出方式，有 3 种方式可选择，即“面片”“网格”和“NURBS”。

2. “车削”修改器建模实例：餐具

在本实例中，我们要创建的餐具模型如图 5-88 所示。

图 5-88 餐具模型

餐具模型的创建步骤如下。

1）盘子模型

（1）绘制盘子车削样条线。使用“线”工具在前视图中绘制一条如图 5-89 所示的样条线。

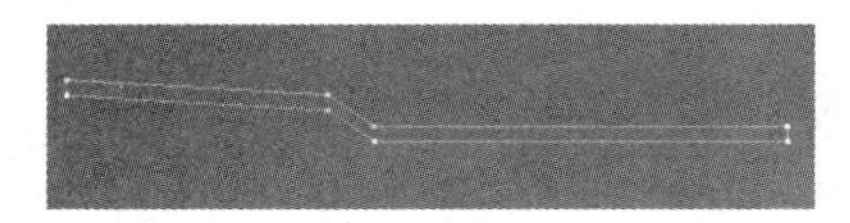

图 5-89 绘制盘子车削样条线

（2）对顶点进行圆角处理。进入“顶点”子对象层级，选择如图 5-90 所示的 6 个顶点，在“几何体”卷展栏中单击“圆角”按钮，然后在前视图中拖曳鼠标创建出圆角，效果如图 5-91 所示。

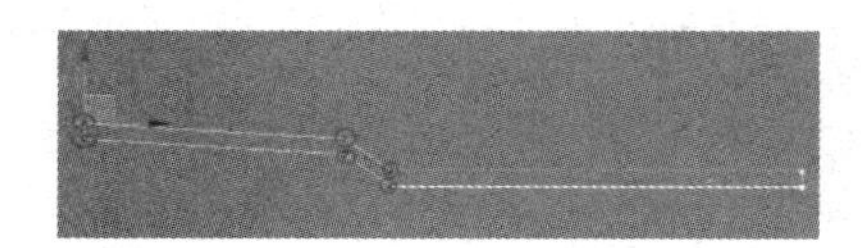

图 5-90 选择图示的 6 个顶点

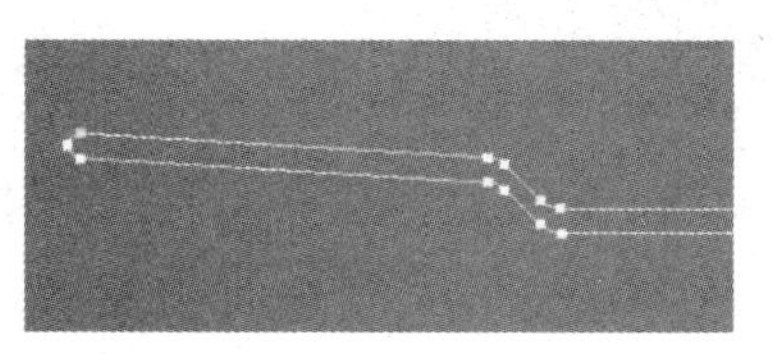

图 5-91 对顶点进行圆角处理

（3）加载“车削”修改器。为样条线加载一个“车削”修改器，然后在“参数”卷展栏中设置“分段”为 60，“方向”为 *Y* 轴，

“对齐”方式为“最大”，具体参数设置及模型效果如图 5-92 所示。

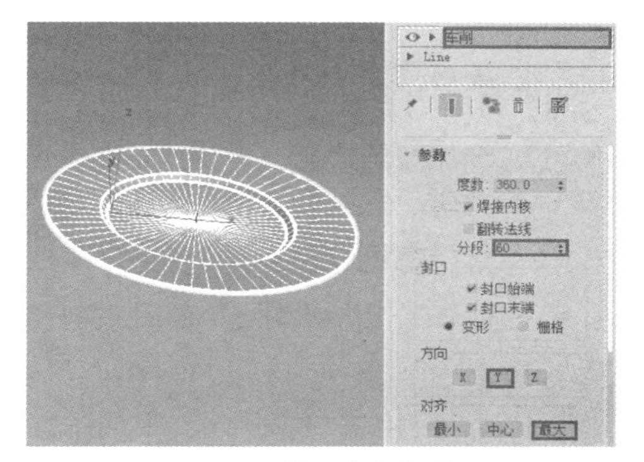

图 5-92　加载“车削”修改器

（4）加载“平滑”修改器。为盘子模型加载一个“平滑”修改器，采用默认设置，效果如图 5-93 所示。

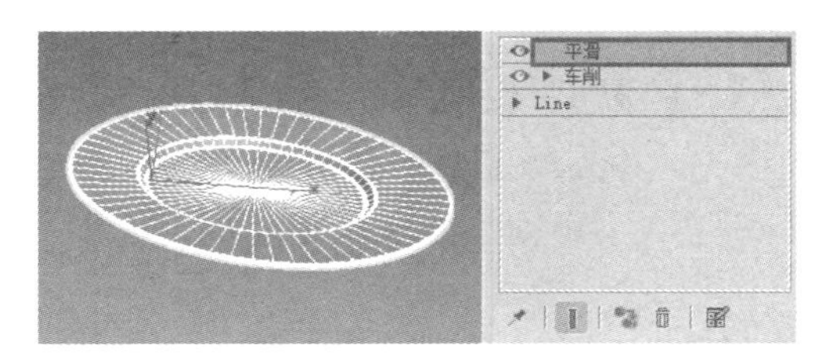

图 5-93　加载“平滑”修改器

（5）复制两个盘子并适当缩放。利用复制功能复制两个盘子，然后用“选择并均匀缩放”工具将复制的盘子缩放到合适大小，完成后的效果如图 5-94 所示。

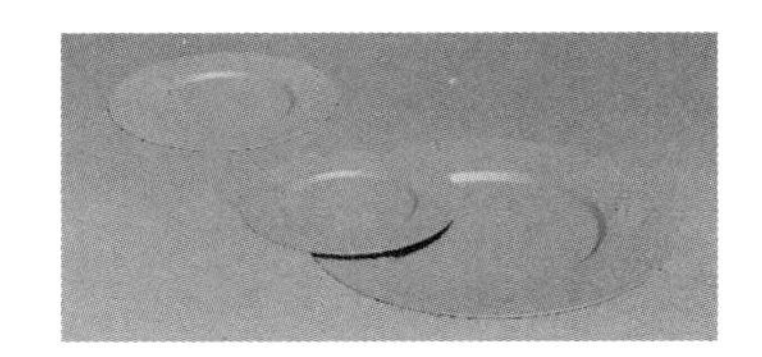

图 5-94　复制两个盘子并适当缩放

2）杯子模型

（1）绘制杯子车削样条线。使用“线”工具在前视图中绘制一条如图 5-95 所示的样条线。

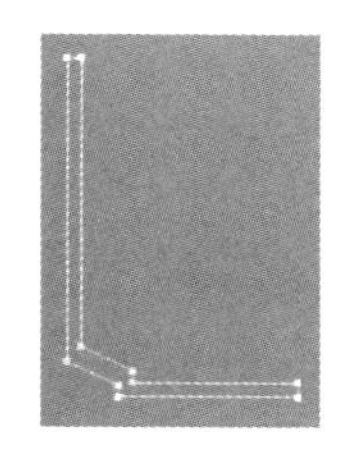

图 5-95　绘制杯子车削样条线

（2）对顶点进行圆角处理。进入“顶点”子对象层级，选择如图 5-96 所示的 6 个顶点，在“几何体”卷展栏中单击“圆角”按钮，然后在前视图中拖曳鼠标创建出圆角，效果如图 5-97 所示。

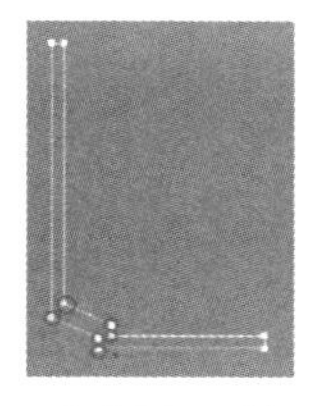

图 5-96　选择图示的 6 个顶点

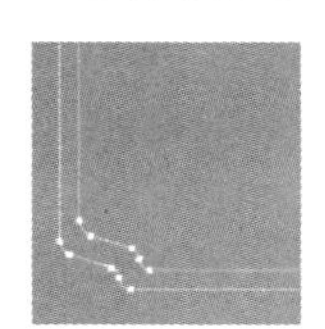

图 5-97　对顶点进行圆角处理

（3）加载“车削”修改器。为样条线加载一个“车削”修改器，然后在“参数”卷展栏中设置“分段”为 60，“方向”为 Y 轴，“对齐”方式为“最大”，具体参数设置及模型效果如图 5-98 所示。

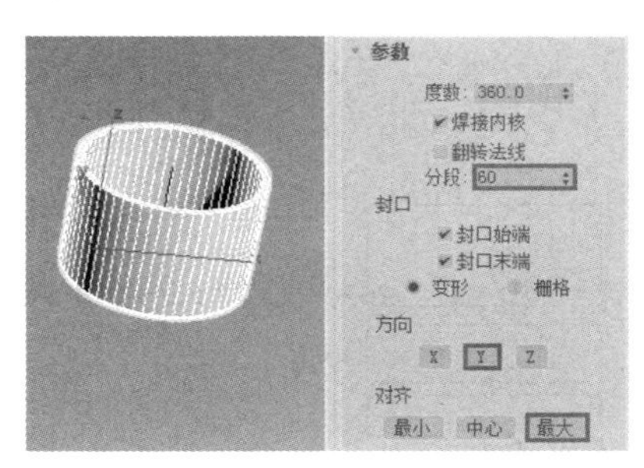

图 5-98　加载“车削”修改器

（4）制作杯子把手模型。使用“线”工具在前视图中绘制一条如图 5-99 所示的样条线。选择样条线，在“渲染”卷展栏中勾选“在渲染中启用”和“在视口中启用”复选框，然后根据模型比例适当设置“径向”的“厚度”，最终效果如图 5-100 所示。

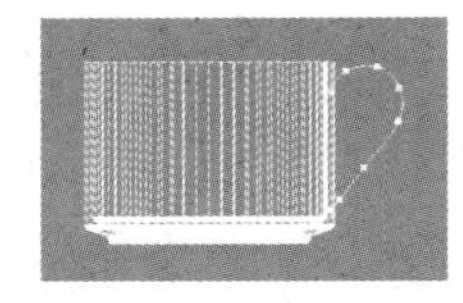

图 5-99 绘制把手样条线

图 5-100 餐具模型最终效果

5.3.3 “倒角”修改器

“倒角”修改器可以将图形挤出为 3D 对象，并在边缘应用平滑的倒角效果。其参数设置面板包含“参数”和“倒角值”两个卷展栏，如图 5-101 所示。

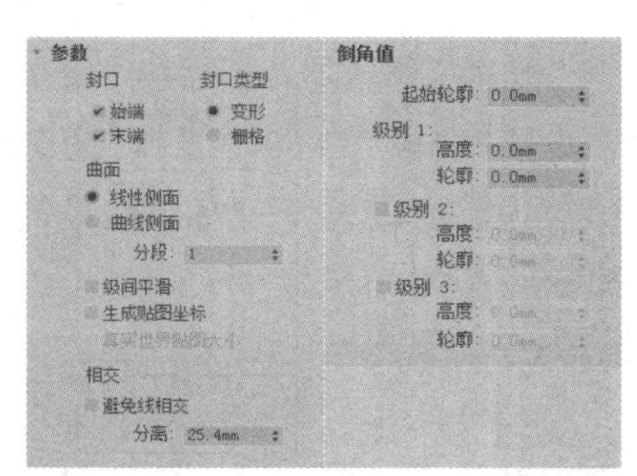

图 5-101 “倒角”修改器参数设置面板

1. “倒角”修改器重要参数介绍

- 封口：指定倒角对象是否要在一端封闭开口。
- 起始轮廓：设置轮廓到原始图形的偏移距离。正值会使轮廓变大，负值会使轮廓变小。
- 级别 1：包含以下两个选项。
  - 高度：设置“级别 1”在起始级别之上的距离。
  - 轮廓：设置“级别 1”的轮廓到起始轮廓的偏移距离。
- 级别 2：在“级别 1”之后添加一个级别。
  - 高度：设置“级别 1”之上的距离。
  - 轮廓：设置“级别 2”的轮廓到“级别 1”的轮廓的偏移距离。
- 级别 3：在前一级别之后添加一个级别，如果未启用“级别 2”，则“级别 3”会添加在“级别 1”之后。
  - 高度：设置到前一级别之上的距离。
  - 轮廓：设置“级别 3”的轮廓到前一级别的轮廓的偏移距离。

2. “倒角”修改器建模实例：牌匾

在本实例中，我们要创建的牌匾模型如图 5-102 所示。

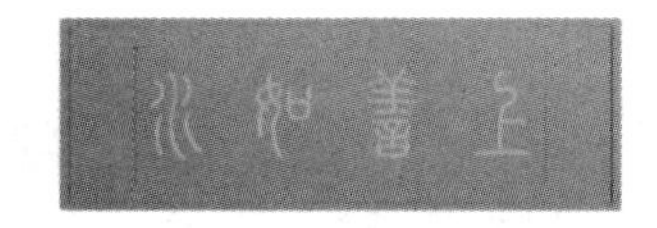

图 5-102 牌匾模型

牌匾模型的创建步骤如下。

（1）绘制矩形。使用“矩形”工具在前视图中绘制一个矩形，设置其“长度”为 100.0 mm，“宽度”为 260.0 mm，“角半径”为 2.0 mm，如图 5-103 所示。

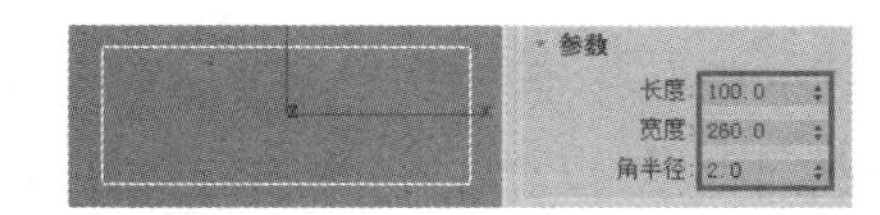

图 5-103 绘制矩形

（2）加载“倒角”修改器。为矩形加载一个“倒角”修改器，然后在“倒角值”卷展栏中设置“级别 1”的“高度”为 6.0 mm；接着勾选“级别 2”复选框，设置其“轮廓”为-4.0 mm；最后勾选“级别 3”复选框，设置其“高度”为-2.0 mm，具体参数设置及模型效果如图 5-104 所示。

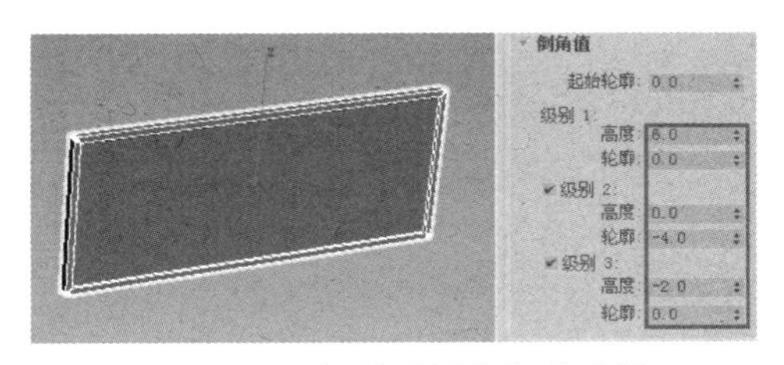

图 5-104　加载“倒角”修改器

（3）复制对象并调整参数。选择上面创建的模型，移动复制一个，并适当均匀缩小，然后在“倒角值”卷展栏中将“级别 1”的“高度”修改为 2.0 mm，将“级别 2”的“轮廓”修改为-2.8 mm，将“级别 3”的“高度”修改为-1.5 mm，具体参数设置及模型效果如图 5-105 所示。

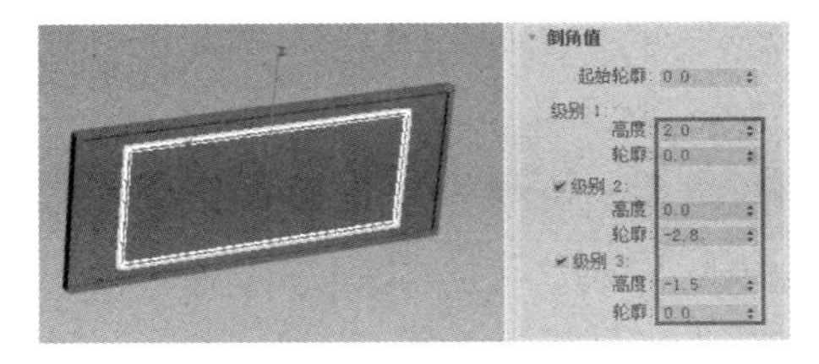

图 5-105　复制对象并调整参数

（4）创建文本。使用“文本”工具在前视图中创建一个默认的文本，然后在“参数”卷展栏中设置其字体为“汉仪篆书繁”，“大小”为 50.0，接着在“文本”输入框中从左至右输入“水如善上”4 个字，具体参数设置及文本效果如图 5-106 所示。

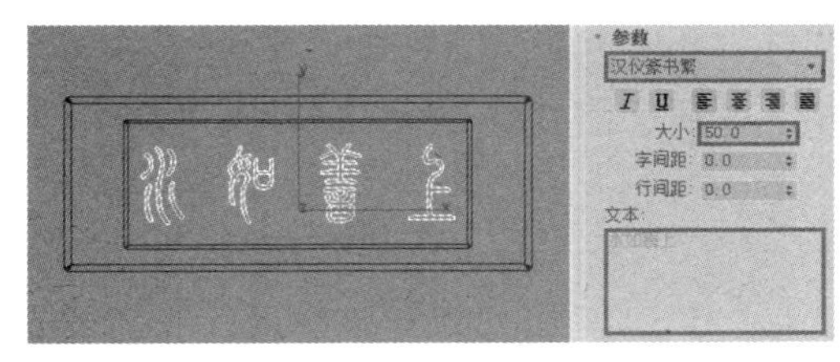

图 5-106　创建文本

（5）为文本加载“挤出”修改器。为文本加载一个“挤出”修改器，然后在“参数”卷展栏中设置“数量”为 1.5 mm，最终效果如图 5-107 所示。至此，牌匾模型创建完成。

图 5-107　为文本加载“挤出”修改器

第6章

放样建模

放样是一种比较古老的建模方式，同时它在 3ds Max 早期也是一种主流的建模方式，利用它可以创建各种特殊形态的造型。本章介绍放样物体的创建与修改。

6.1 基本放样

6.1.1 放样的概念

放样指的是将一个或多个二维图形沿着某个路径进行扫掠，进而形成复杂的三维对象。由放样的概念可知，放样物体必须具备两个要素，即截面图形和路径曲线。

根据放样过程中截面图形数量的不同，可以将放样分为单截面放样和多截面放样。如果进行放样的截面图形只有一个，则称其为单截面放样；相应地，具有多个截面图形的放样称为多截面放样。

在放样过程中，路径曲线只能有一条，而同一路径中的不同位置可以放置的截面图形不止一个。它们可以是开放的曲线或闭合的图形。

6.1.2 放样的步骤及主要参数

放样的步骤如下。

（1）创建截面和路径图形。

（2）应用放样工具：创建—几何体—复合对象—放样。

“放样”命令面板如图 6-1 所示。

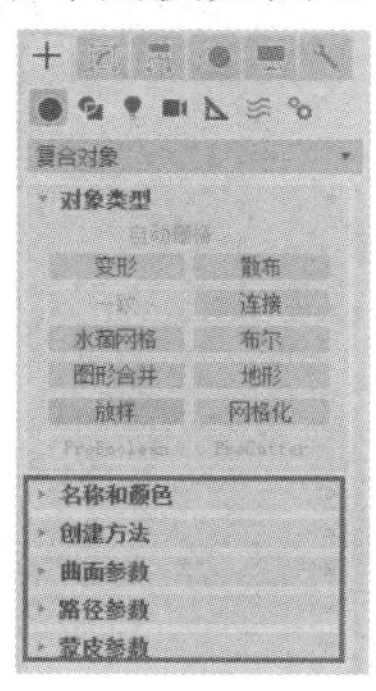

图 6-1 “放样”命令面板

从该面板中可以看出，放样命令有 5 个参数卷展栏，即“名称和颜色”“创建方法”“曲面参数”“路径参数”和“蒙皮参数”。针对其中常用的重要参数功能介绍如下。

1. “创建方法”卷展栏

“创建方法”卷展栏如图 6-2 所示，其主要参数如下。

图 6-2　“创建方法”卷展栏

- 获取路径：执行放样命令后，如果在场景中首先选择了截面图形，那么此时单击“获取路径”按钮即可完成放样过程。
- 获取图形：执行放样命令后，如果在场景中首先选择了路径图形，那么此时单击“获取图形”按钮即可完成放样过程。

2. “曲面参数”卷展栏

“曲面参数”卷展栏如图 6-3 所示，其主要参数如下。

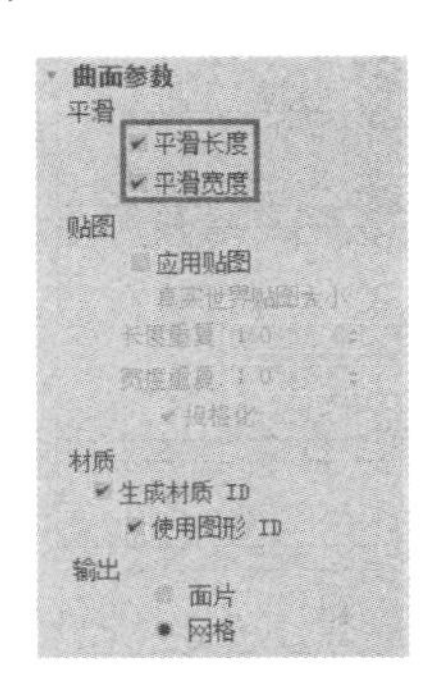

图 6-3　“曲面参数”卷展栏

平滑长度、平滑宽度：将放样物体的长度方向或宽度方向进行平滑处理。

3. “路径参数”卷展栏

“路径参数”卷展栏如图 6-4 所示，其主要参数如下。

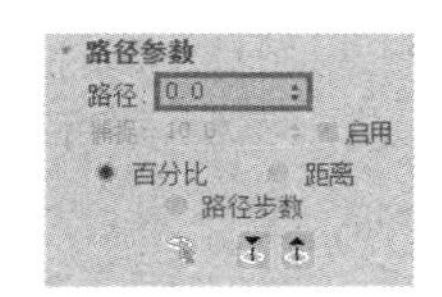

图 6-4　“路径参数”卷展栏

路径：进行多截面放样时，在此输入不同截面所处的路径数值，可输入路径百分比或具体距离。

4. “蒙皮参数”卷展栏

“蒙皮参数”卷展栏如图 6-5 所示，其主要参数如下。

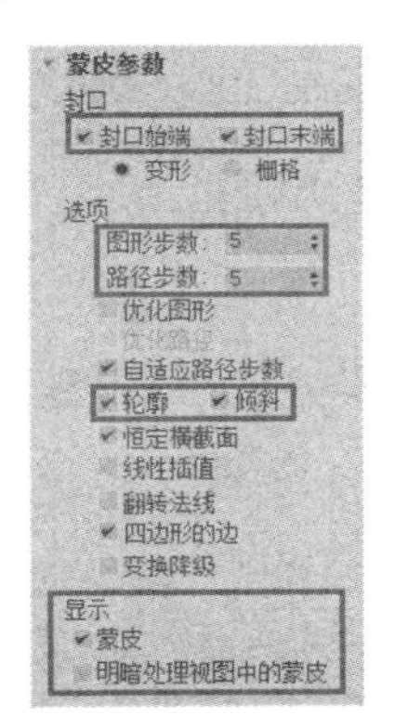

图 6-5　“蒙皮参数”卷展栏

- “封口”组合框：该组合框主要用于决定是否为放样对象的起始位置或结束位置添加端面。
- “选项”组合框：
  - ➢ “图形步数”微调框：可以控制路径上图形的顶点与顶点之间的步数。其值越大，图形表面越光滑。
  - ➢ “路径步数”微调框：可以控制放样路径。其值越大，路径方向的分段越多，表面越光滑。

➢ “轮廓”复选框：选中该复选框，截面在放样时会自动地更正自身的角度及垂直路径。

➢ “倾斜”复选框：选中该复选框，截面在放样时会随着路径角度的改变而倾斜。

- “显示”组合框：当取消勾选此组合框中的两个复选框后，视图中只会显示放样对象的路径和截面。当勾选这两个复选框时，在透视图中可看到放样效果，其他视图以网格显示放样结果。

6.1.3 放样实例

1. 蚊香模型

1）创建放样路径

在顶视图中创建一条螺旋线，参数设置如下：“半径 1”为 150mm，“半径 2”为 20mm，“高度”为 0mm，“圈数”为 3，效果如图 6-6 所示。

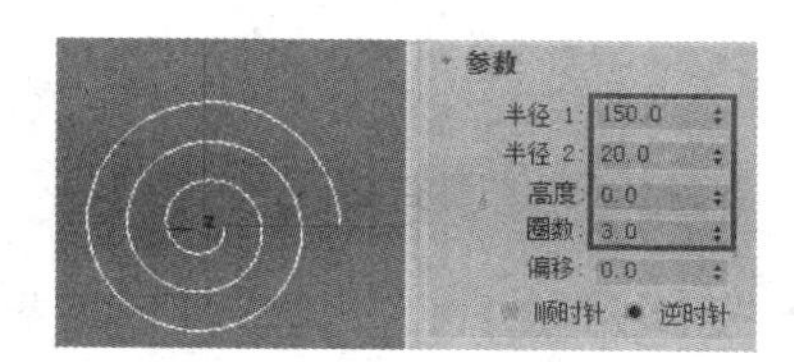

图 6-6　创建一条螺旋线

2）创建放样截面

在前视图中创建一个矩形，设置其“长度”为 10 mm，“宽度”为 30 mm，如图 6-7 所示。

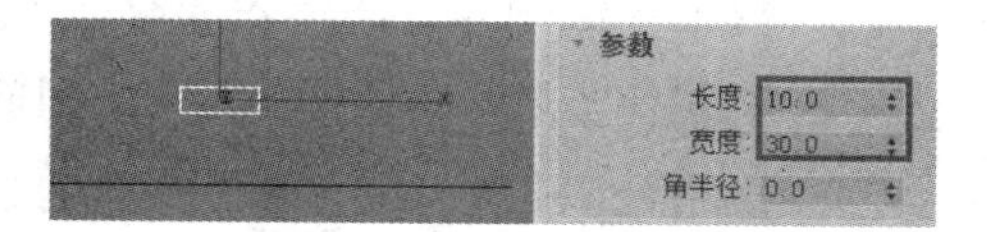

图 6-7　创建一个矩形

3）执行放样命令

选择螺旋线，在“放样”命令面板的“创建方法”卷展栏中单击“获取图形”按钮，如图 6-8 所示，然后在视图中获取矩形，即可完成放样物体的创建，模型效果如图 6-9 所示。

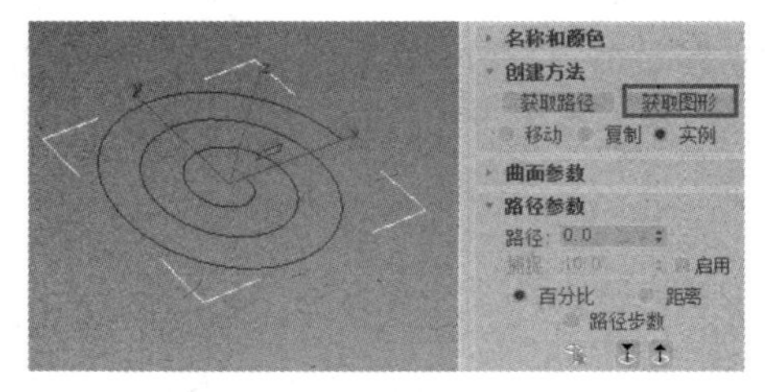

图 6-8　执行放样命令

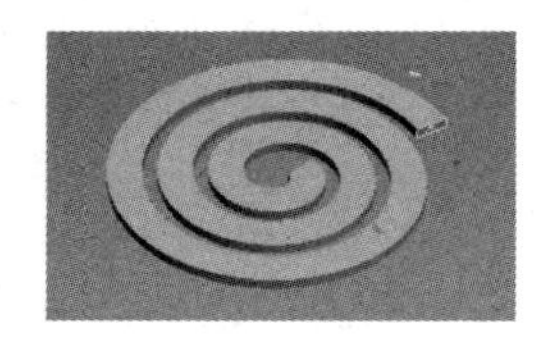

图 6-9　蚊香模型效果

2. 螺丝钉模型

在本实例中，我们要创建的螺丝钉模型如图 6-10 所示。

图 6-10　螺丝钉模型

1）创建螺丝模型

（1）首先创建一个多边形，设置其“半径”为 25 mm，“边数”为 3，如图 6-11 所示；再创建一条螺旋线，设置其“半径 1”“半径 2”均为 100 mm，“高度”为 450 mm，“圈数”为 10，如图 6-12 所示。

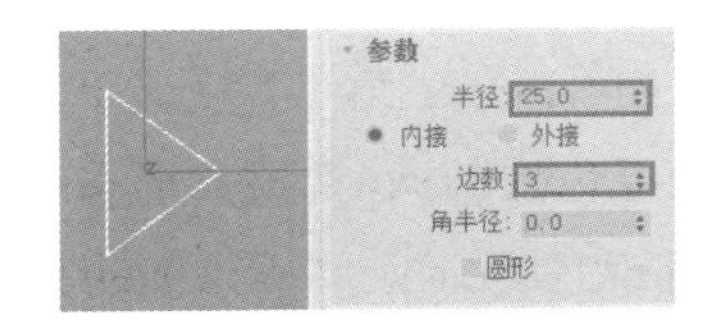

图 6-11　创建一个多边形

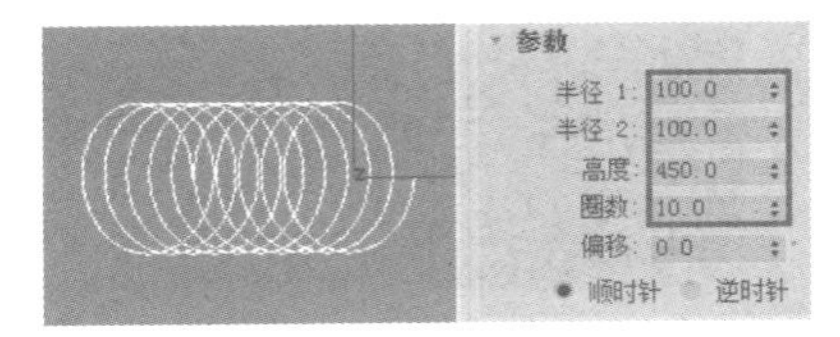

图 6-12　创建一条螺旋线

（2）放样。选择螺旋线，在“放样”命令面板的“创建方法”卷展栏中单击“获取图形”按钮，然后在视图中获取多边形，即可完成螺丝模型的创建。同时，在“蒙皮参数”卷展栏中取消勾选“倾斜”复选框，其参数面板及模型效果如图 6-13 所示。

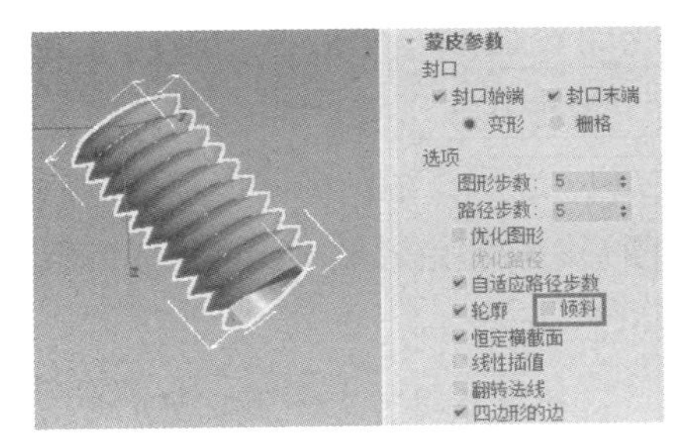

图 6-13　放样

2）创建螺杆模型

创建一个切角圆柱体，设置其“半径”为 90 mm，“高度”为 800 mm，“圆角”为 10 mm，并将其与上面创建的螺丝模型中心对齐，其参数面板及模型效果如图 6-14 所示。

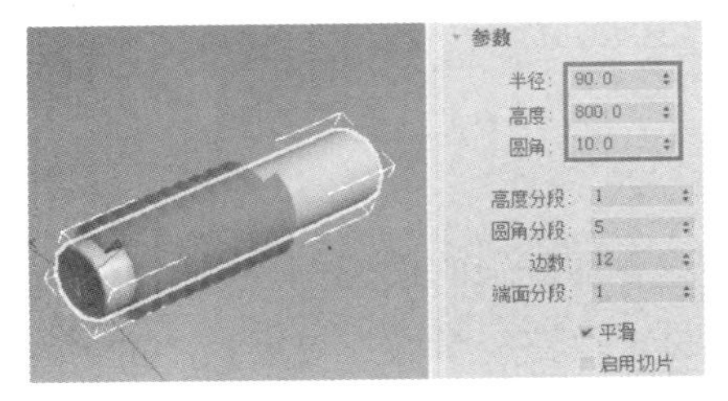

图 6-14　创建螺杆模型

3）创建螺帽模型

创建一个切角圆柱体，设置其“半径”为 160 mm，“高度”为 100 mm，“圆角”为 10 mm，“边数”为 6，并将其与上一步创建的螺杆模型对齐，其参数面板及模型效果如图 6-15 所示。至此，螺丝钉模型创建完成。

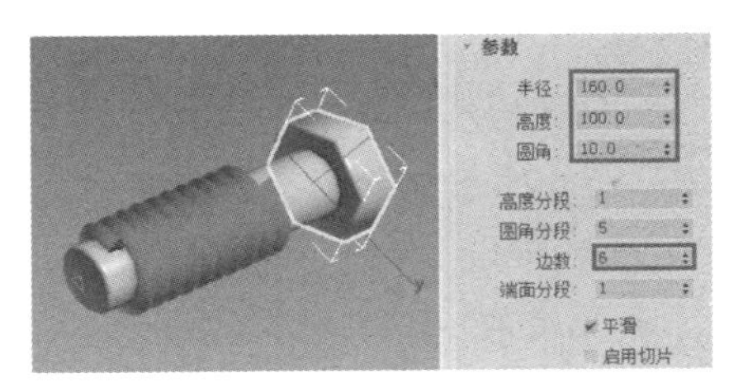

图 6-15　创建螺帽模型

3. 长条桌模型

在本实例中，我们要创建的长条桌模型如图 6-16 所示。

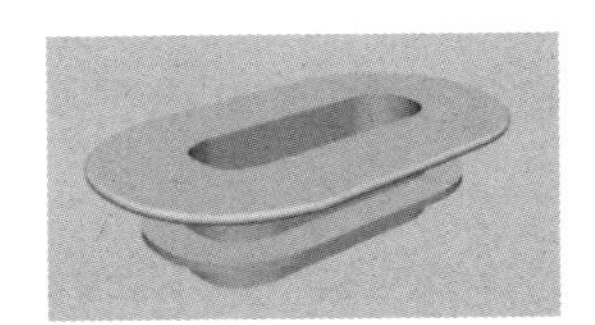

图 6-16　长条桌模型

1）创建放样的截面图形

利用“线”工具创建如图 6-17 所示的图形，作为放样的截面图形。

图 6-17　创建放样的截面图形

2）创建放样路径

（1）利用“线”工具创建如图 6-18 所示的图形。

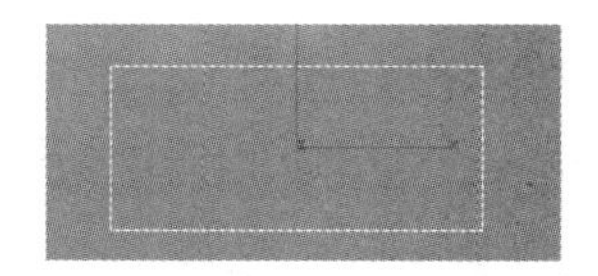

图 6-18　创建放样路径

（2）为其加载一个“编辑样条线”修改器，进入“顶点”子对象层级，在“几何体”卷展栏中执行“优化”命令，在两条竖边上各优化一个点，并移动其位置，如图 6-19 所示。

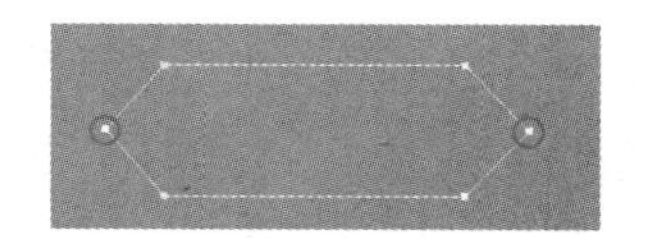

图 6-19　优化顶点

（3）选择优化的两个点，单击鼠标右键，在弹出的快捷菜单中选择“Bezier 角点”，即将顶点模式切换为“Bezier 角点”模式，如图 6-20 所示。

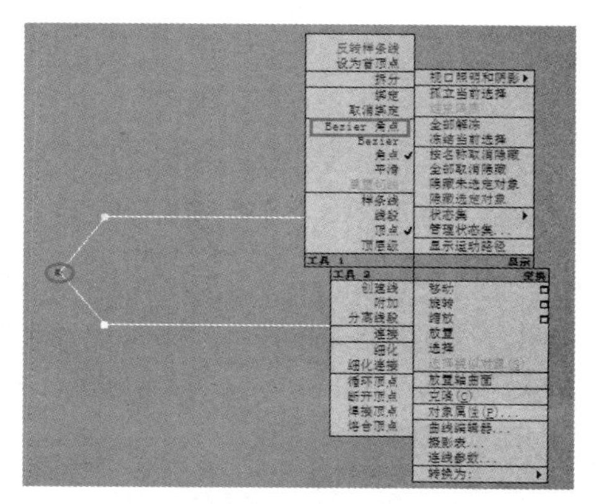

图 6-20　将顶点模式切换为“Bezier 角点”模式

（4）在“Bezier 角点”模式下，拖动顶点一侧的绿色控制柄，调整其形态至满意状态，如图 6-21 所示；同样，拖动其他 3 个控制柄调整形态，最终效果如图 6-22 所示。

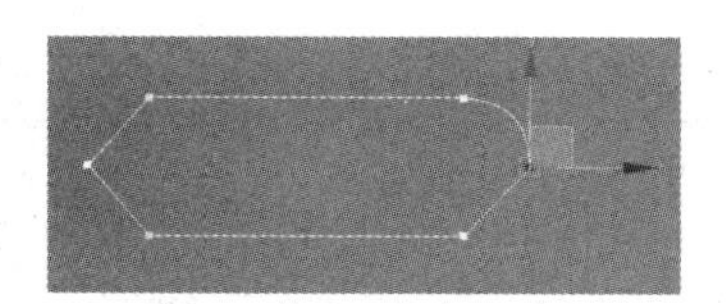

图 6-21　调整一侧顶点

图 6-22　完成顶点调整

3）放样

执行放样命令，选择上一步编辑好的曲线作为路径曲线，然后在“放样”命令面板的“创建方法”卷展栏中单击“获取图形”按钮，最后在视图中获取前面绘制好的截面图形，即可完成放样过程。其模型效果如图 6-23 所示。

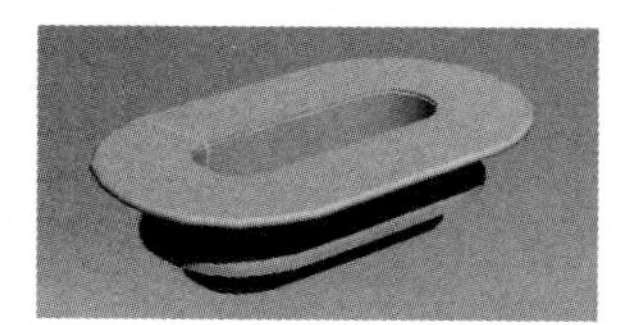

图 6-23　长条桌模型效果

6.2　多截面放样

6.2.1　多截面放样的概念

多截面放样，即在路径上放置多个截面，以创建更加复杂的模型。而放置多个截面是通过设定“路径参数”卷展栏中的“路径”数值和单击“创建方法”卷展栏中的“获取图形”按钮后，再在场景中选定截面图形来实现的，如图 6-24 所示。

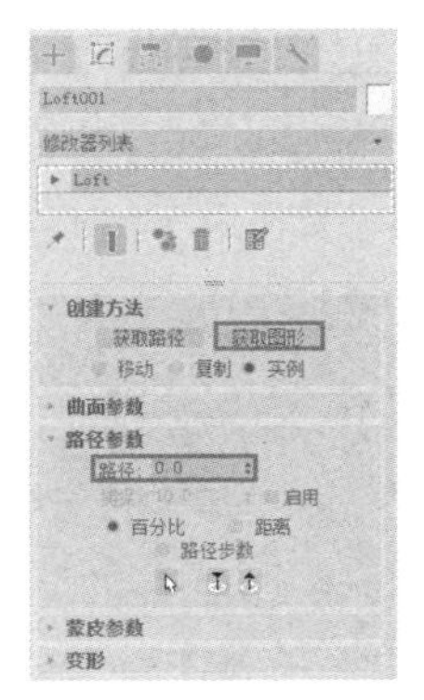

图 6-24　实现放置多个截面

6.2.2　多截面放样实例

1. 筷子模型

（1）创建放样路径和截面。利用“线”工具创建一条线作为放样路径；利用“矩形”工具创建一个长为 10 mm，宽为 10 mm 的矩形；利用“圆”工具创建一个半径为 4 mm 的圆，矩形和圆作为放样的截面图形，如图 6-25 所示。

（2）进行单截面放样。执行放样命令，选择“线”作为放样路径，然后单击“获取图形”按钮，在场景中选择“圆”，即可完成单截面放样，如图 6-26 所示。

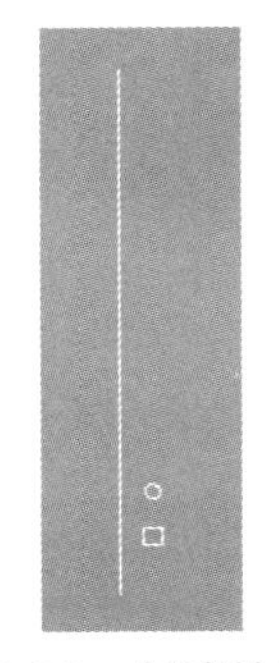

图 6-25　创建放样路径和截面

图 6-26　单截面放样

（3）完成多截面放样。选择放样出的物体，在“路径参数”卷展栏中的“路径”文本框中输入 80，然后单击“获取图形”按钮，在场景中选择“矩形”，即可完成筷子模型的创建，如图 6-27 所示。

（4）复制并适当调整。用复制命令复制另一根筷子，并根据比例进行适当缩放，完成筷子模型的创建，如图 6-28 所示。

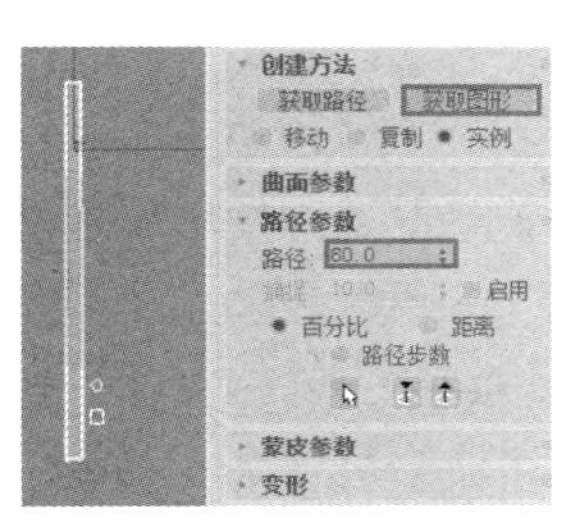

图 6-27　多截面放样

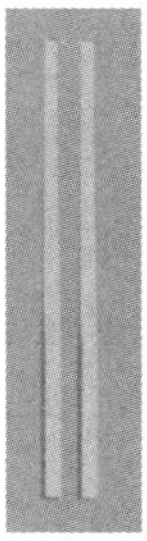

图 6-28　筷子模型创建完成

2. 牙膏筒模型

1）创建放样路径和图形

在前视图中利用“线”工具创建一条线作为放样路径，创建时利用键盘输入的方法输入线的两个端点值，一个端点的坐标为(0,0,0)，另一个端点的坐标为(240,0,0)。

利用“矩形”工具创建一个长为 4 mm，宽为 70 mm 的矩形；利用“圆”工具创建一个半径为 33 mm 的大圆和一个半径为 10 mm 的小圆。创建结果如图 6-29 所示。

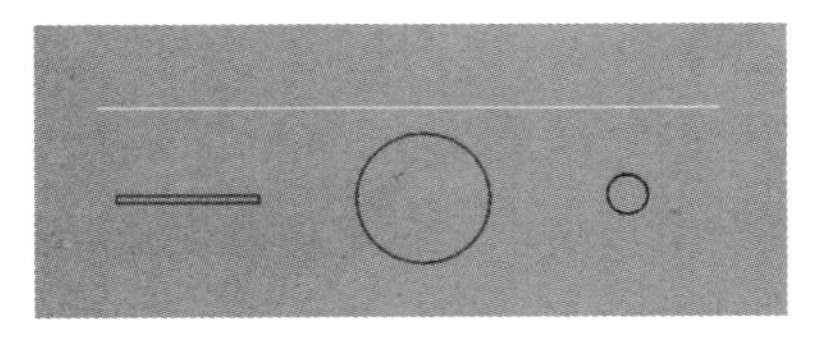

图 6-29　创建放样路径和图形

2）进行单截面放样

执行放样命令，选择“线”作为放样路

径，然后单击“获取图形”按钮，在场景中选择“矩形”，即可完成单截面放样，如图 6-30 所示。

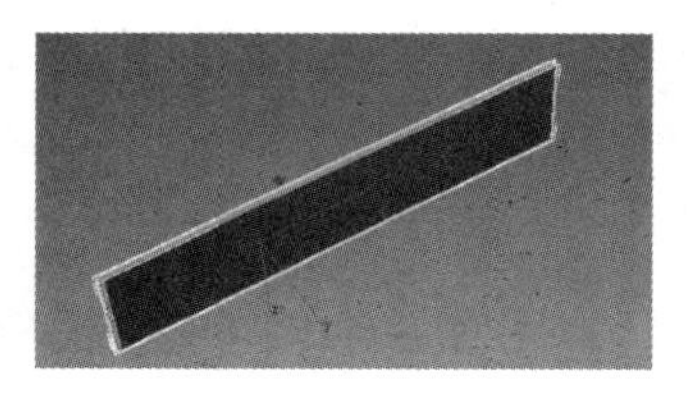

图 6-30　单截面放样

3）完成多截面放样

选择放样出的物体，在“路径参数”卷展栏中的“路径”文本框中输入 40，然后单击“获取图形”按钮，在场景中选择半径为 33mm 的“大圆”，结果如图 6-31 所示；接着在“路径”文本框中输入 90，单击“获取图形”按钮，在场景中继续选择半径为 33mm 的“大圆”；再接着在“路径”文本框中输入 92，单击“获取图形”按钮，在场景中选择半径为 10mm 的“小圆”，即可完成牙膏筒模型的创建，如图 6-32 所示。

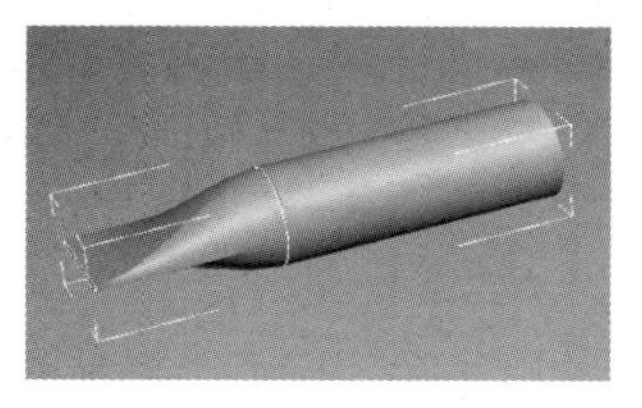

图 6-31　多截面放样步骤一

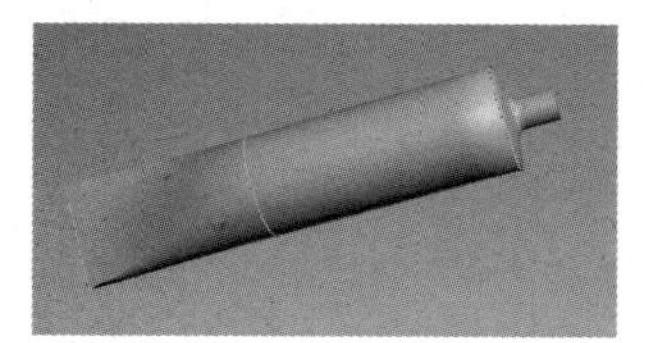

图 6-32　多截面放样步骤二

6.3　调整放样对象

放样出的物体往往还有不尽如人意的地方，这就需要进行一些调整，最终才能得到理想的造型效果。放样对象的调整主要从以下几个方面着手。

6.3.1　调整截面

在放样路径上，用户可以对作为放样对象子物体的截面图形进行移动、旋转、缩放、复制等操作，这些调整将影响放样对象的最终效果。

例如，在视图中创建一条螺旋线和一个星形、一个圆形，然后以螺旋线为路径，以星形和圆形为截面进行多截面放样，放样结果如图 6-33 所示。

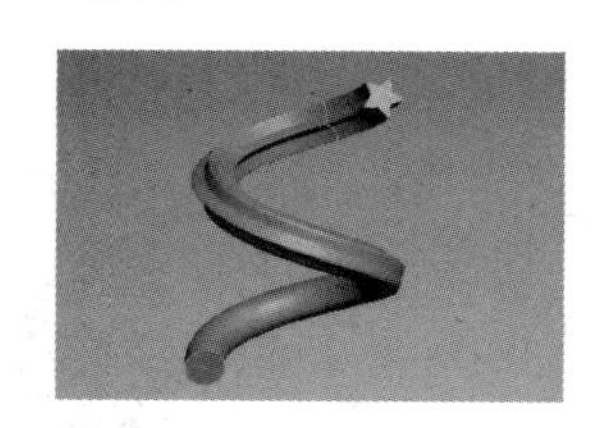

图 6-33　多截面放样示例

1. 移动截面图形

（1）在视图中选择放样后的物体，进入“修改”命令面板，然后在修改器堆栈中进入“Loft”层级中的“图形”子层级，如图 6-34 所示。

图 6-34　进入“图形”子层级

（2）单击“选择并移动”按钮，在放样路径上选择星形截面图形并调整图形的位置，此时可看到放样物体也随之发生了变化，如图 6-35 所示。

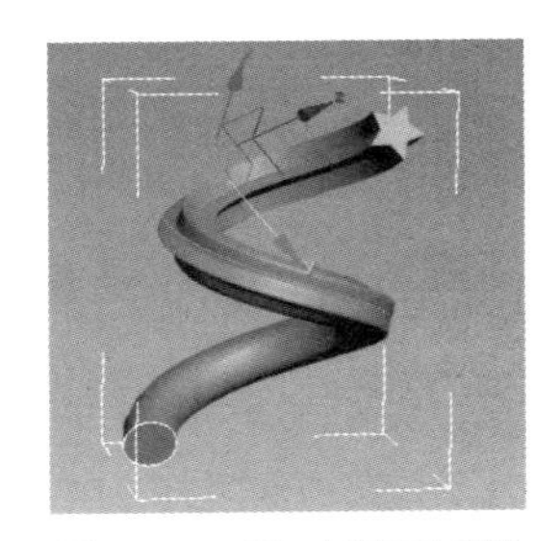

图 6-35　移动截面图形

注意：在路径上移动截面图形的位置，当路径上只有一个截面图形时，可以将图形任意移动；如果路径上有两个或多个截面图形，则只能在与其相邻的截面图形间进行移动。

此外，还可以对截面图形进行旋转和缩放操作，方法与移动操作类似。

2. 复制截面图形

（1）在视图中选择放样后的物体，进入“修改”命令面板，然后在修改器堆栈中进入“Loft”层级中的“图形”子层级，如图 6-34 所示。

（2）在放样路径上选择圆形截面图形，然后利用移动复制工具移动该图形，在适当的位置松开鼠标左键，在弹出的“复制图形”对话框中选择复制方式，单击“确定”按钮后即可复制出一个圆形，如图 6-36 所示。

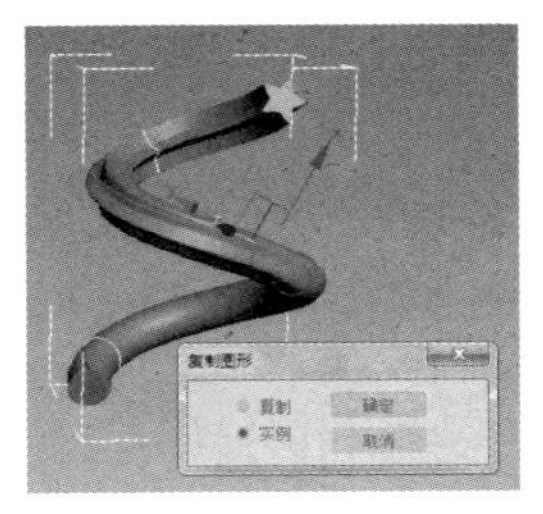

图 6-36　复制截面图形

（3）此时放样对象的形态就会发生相应的变化，即增加圆显示的区域。图 6-37 所示为复制前后模型的对比。

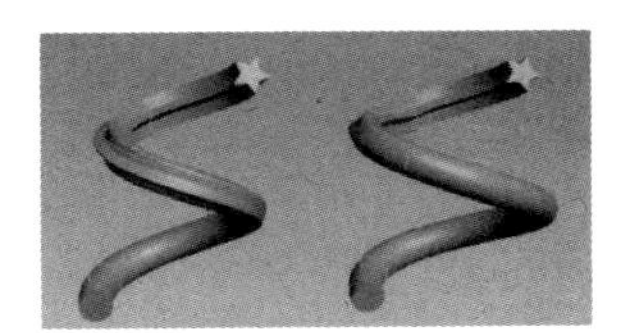

图 6-37　复制前后模型的对比

6.3.2　调整路径

对于创建已完成的放样对象，除可以调整其截面图形外，还可以对放样的路径进行调整，以满足不同的造型需要。

（1）在视图中选择放样后的物体，进入“修改”命令面板，然后在修改器堆栈中进入“Loft”层级中的“路径”子层级，这时在堆栈中就会多出一个“Helix”层级，如图 6-38 所示。

图 6-38　进入“路径”子层级

（2）通过在“参数”卷展栏中对各个参数进行修改，可以改变整个放样物体的形状。图 6-39 所示为将路径“圈数”修改为 3 之后的效果。

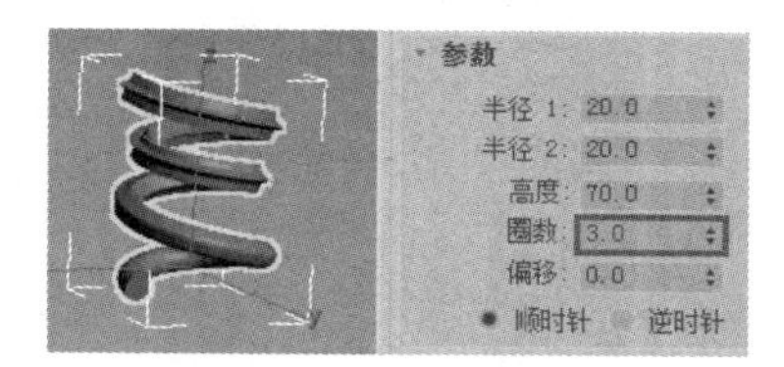

图 6-39　路径修改效果

6.3.3　顶点对齐

在多截面放样对象中，有时会出现局部扭曲现象，这主要是因为路径上各个截面图形的顶点没有对齐，将截面图形的起始点对齐后即可消除扭曲现象。

为演示顶点对齐过程，与 6.3.1 节类似，我们首先在视图中创建一条螺旋线和一个星形、一个圆形、一个正方形，然后以螺旋线为路径，以星形、圆形和正方形为截面进行多截面放样，放样结果如图 6-40 所示。

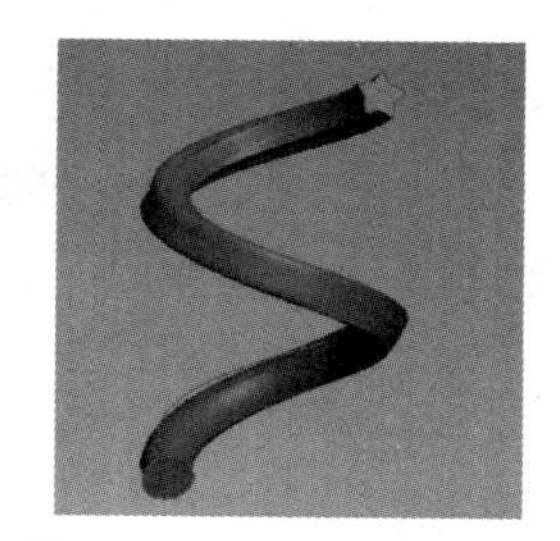

图 6-40　多截面放样示例

（1）在视图中选择放样后的物体，进入“修改”命令面板，然后在修改器堆栈中进入“Loft”层级中的“图形”子层级，此时在下面会出现“图形命令”卷展栏，如图 6-41 所示。

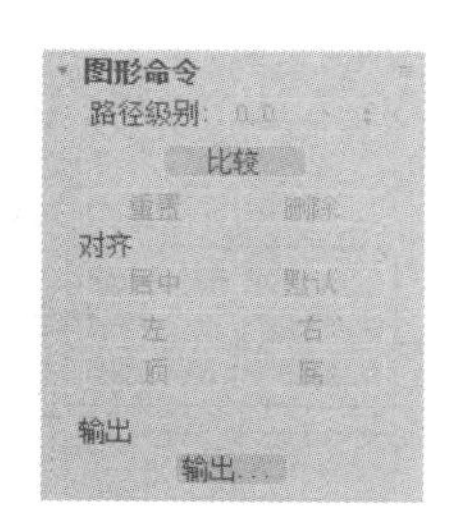

图 6-41　“图形命令”卷展栏

（2）单击“图形命令”卷展栏中的“比较”按钮，会弹出“比较”对话框，在该对话框中单击左上角的“拾取图形”按钮，在视图中的放样对象上依次选择创建的各个截面图形，此时对话框中将出现这些图形，如图 6-42 所示，单击鼠标右键结束截面图形的拾取工作。

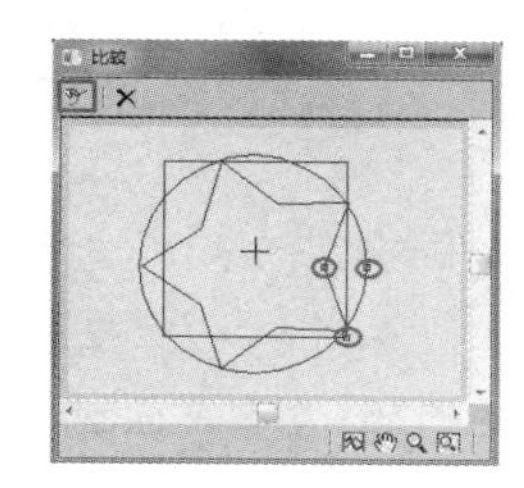

图 6-42　在“比较”对话框中拾取图形

（3）由图 6-42 可看出，矩形的顶点位置没有与其他图形对齐。因此，单击主工具栏中的“选择并旋转”按钮，在视图中选择放样对象中的矩形图形，对其进行旋转操作。此时，“比较”对话框中矩形的位置也将随之变化，当 3 个图形的起始点位于同一条直线上时，即可停止旋转，如图 6-43 所示。

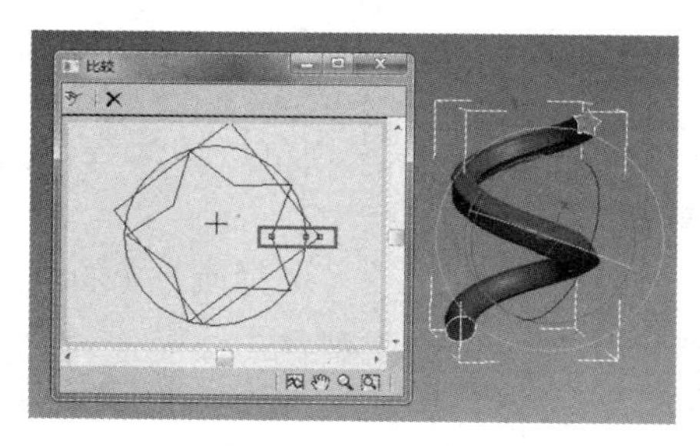

图 6-43　调整图形

（4）关闭“比较”对话框，此时视图中放样物体上的扭曲现象就消失了。图 6-44 所示为对齐前后模型的变化。

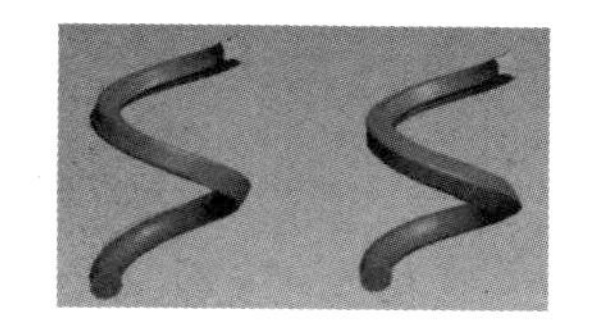

图 6-44　对齐前后模型的变化

6.4　放样物体的变形

在场景中，除了可通过调整放样路径或截面图形来修改放样对象的形态，还可以对放样物体的剖面图进行变形控制，这样会产生更加复杂的对象。

在执行放样命令后进入“修改”命令面板，此时在该命令面板的下方会多出一个“变形”卷展栏，如图 6-45 所示。该卷展栏中有 5 个变形工具，分别为“缩放”“扭曲”“倾斜”“倒角”和“拟合”。下面重点介绍常用的缩放变形工具，其余工具的应用大同小异。

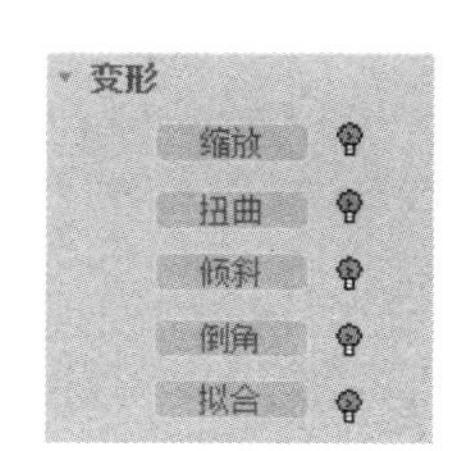

图 6-45　“变形”卷展栏

6.4.1　缩放变形

使用缩放变形工具可以使放样的截面图形在 *X* 轴和 *Y* 轴方向上进行缩放变形。

在“变形”卷展栏中单击“缩放”按钮，会弹出“缩放变形（X）”对话框，如图 6-46 所示。在该对话框中，红色的水平控制线代表放样对象的路径，路径可以被弯曲、变形或插入控制点。

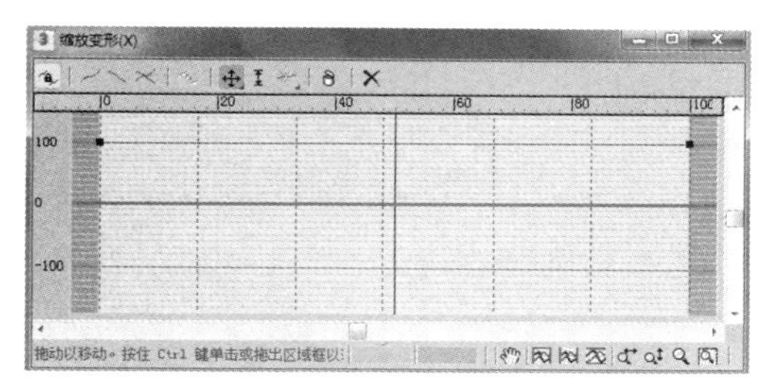

图 6-46　“缩放变形（X）”对话框

- “插入角点”按钮：单击该按钮，可以在控制线上添加控制点。
- “移动控制点”按钮：单击该按钮，即可移动控制线上的控制点。
- “删除控制点”按钮：单击该按钮，可以删除当前选中的控制点。

缩放变形实例：酒杯

在本实例中，我们要创建的酒杯模型如图 6-47 所示。

图 6-47　酒杯模型

1）单截面放样

在前视图中利用键盘输入的方法创建一条线作为放样路径，线的两个端点的坐标分别为(0,0,0)和(0,100,0)。在前视图中创建一个半径为5mm的圆作为放样截面。选择线，执行放样命令，然后单击“获取图形”按钮，在场景中获取圆，即可完成放样，如图6-48所示。

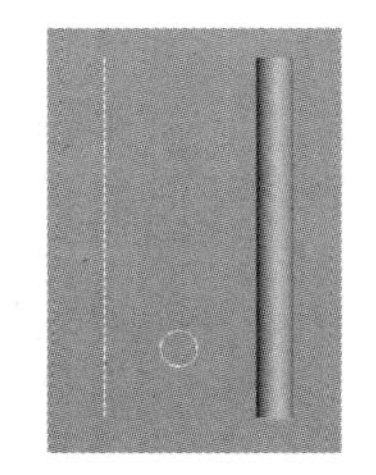

图6-48　单截面放样

2）比例缩放变形

进入“修改”命令面板，在“变形”卷展栏中单击“缩放”按钮，会弹出“缩放变形（X）”对话框，在该对话框中单击上方的“插入角点”按钮，然后在红色水平线的首末两个端点之间任意插入4个角点，完成后如图6-49所示。

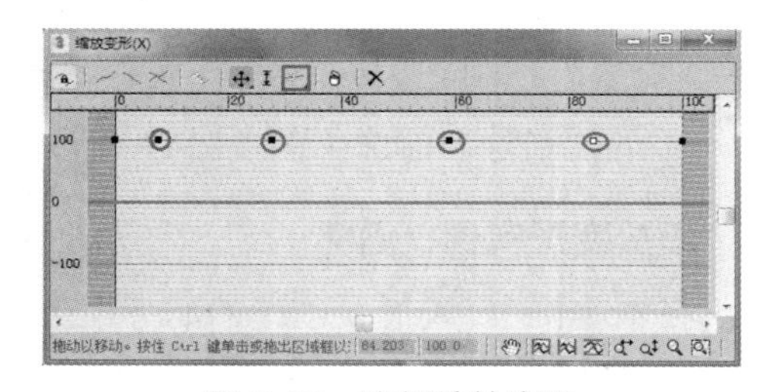

图6-49　比例缩放变形

3）调整控制点

单击“移动控制点”按钮，从左到右依次调整6个控制点的位置和缩放比例，具体数值如表6-1所示。选择某个控制点后，在对话框下方的两个文本框中依次输入表6-1所示的控制点位置和缩放比例数值，初步调整效果如图6-50所示。

表6-1　控制点位置及缩放比例

节点序号	控制点位置	缩放比例（%）
1	0	450
2	5	75
3	40	75
4	45	300
5	60	450
6	100	500

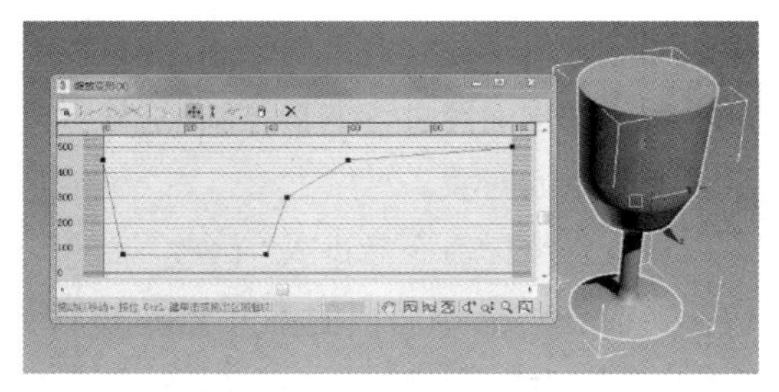

图6-50　缩放变形初步调整效果

4）调整个别控制点

从图6-50中可以看出，第4个和第5个控制点处模型比较生硬，不够光滑，因此可通过调整控制点使其光滑。在“缩放变形（X）”对话框中选择第4个和第5个控制点，在任意一个控制点上单击鼠标右键，则会打开一个列表，用以切换控制点模式，在此选择“Bezier-平滑”模式，如图6-51所示。调整完成后效果如图6-52所示。

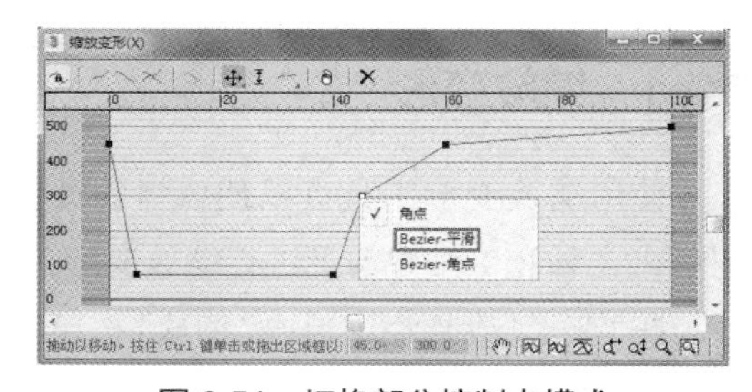

图6-51　切换部分控制点模式

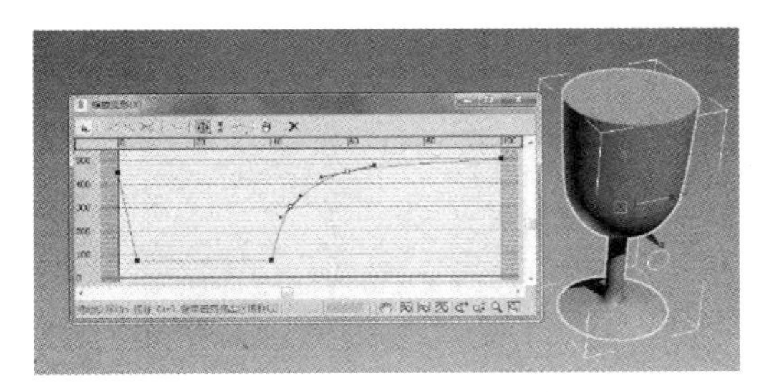

图 6-52　调整完成后的效果

5）取消封口

选择模型，在“蒙皮参数”卷展栏中取消勾选“封口末端”复选框，则酒杯上部封口取消，如图 6-53 所示。至此，酒杯模型创建完成。

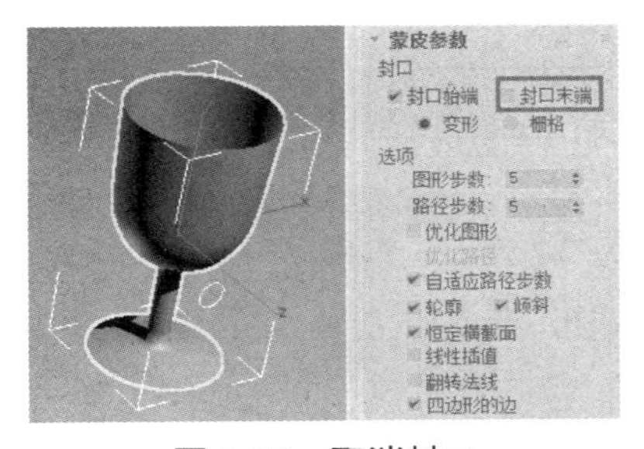

图 6-53　取消封口

6.4.2　扭曲变形

使用扭曲变形工具可以围绕放样路径将截面图形旋转一定的角度，以便产生扭曲的模型效果。打开如图 6-54 所示的“扭曲变形”对话框，在视图中选择放样物体，在该对话框中移动一个端点的位置，此时放样物体就会发生相应的变化，如图 6-55 所示。

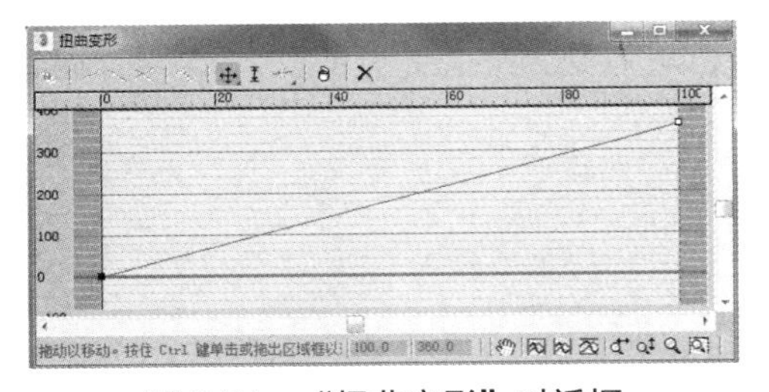

图 6-54　“扭曲变形”对话框

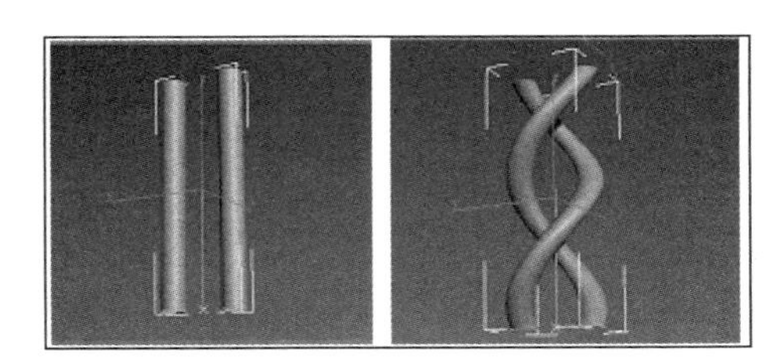

图 6-55　扭曲变形效果

6.4.3　倾斜变形

利用倾斜变形工具可以使放样对象绕局部坐标轴 *X* 轴或 *Y* 轴旋转横截面，以改变模型在路径始末端的倾斜度。打开如图 6-56 所示的“倾斜变形（Y）”对话框，在视图中选择放样物体，在该对话框中移动一个端点的位置，此时放样物体就会发生相应的变化，如图 6-57 所示。

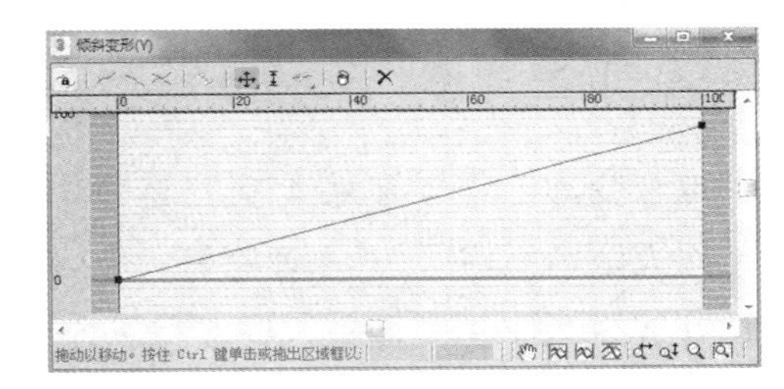

图 6-56　“倾斜变形（Y）”对话框

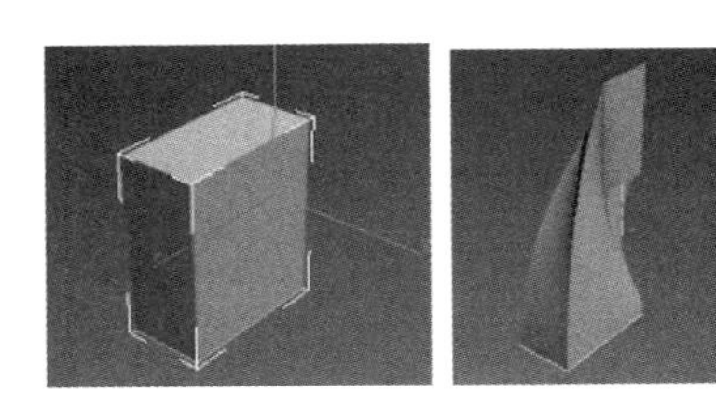

图 6-57　倾斜变形效果

6.4.4　倒角变形

通过倒角变形工具可以将一个截面从它的原始位置切进或拉出一定的距离，类似于倒角制作的过程。打开如图 6-58 所示的“倒角变形”对话框，在视图中选择放样物体，在该对话框中增加一个角点并移动其位置，此时放样物体就会发生相应的变化，如图 6-59 所示。

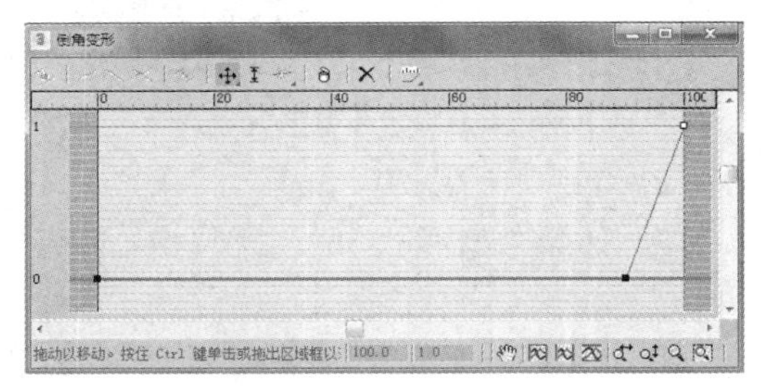
图 6-58 “倒角变形”对话框

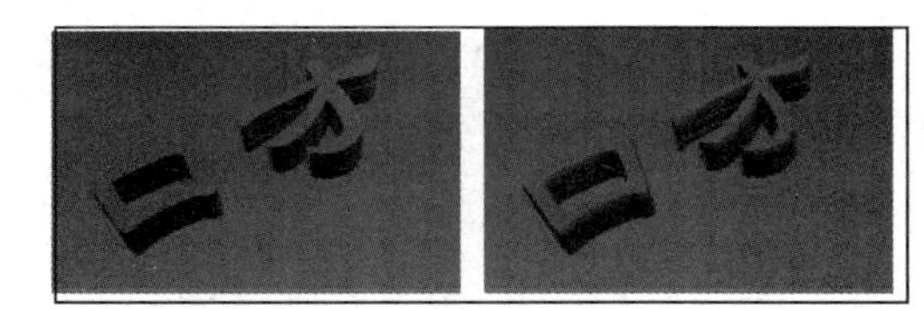
图 6-59 倒角变形效果

6.4.5 拟合变形

拟合变形工具与前面 4 类工具的功能和使用方法均不相同，其原理是使一个放样物体在 X 轴与 Y 轴平面上同时受到两个图形的限制，最终压制而成模型。它是放样变形工具中功能最强大的，但也是最难控制的。

图 6-60～图 6-63 演示了计算机显示器的拟合过程。首先，在前视图中绘制显示器的三视图轮廓，如图 6-60 所示；其次，将绘制出的主视图作为放样截面进行放样；最后，打开“拟合变形”对话框，在 X 轴和 Y 轴上分别获取俯视图和左视图，如图 6-61 和图 6-62 所示。拟合完成的显示器模型如图 6-63 所示。

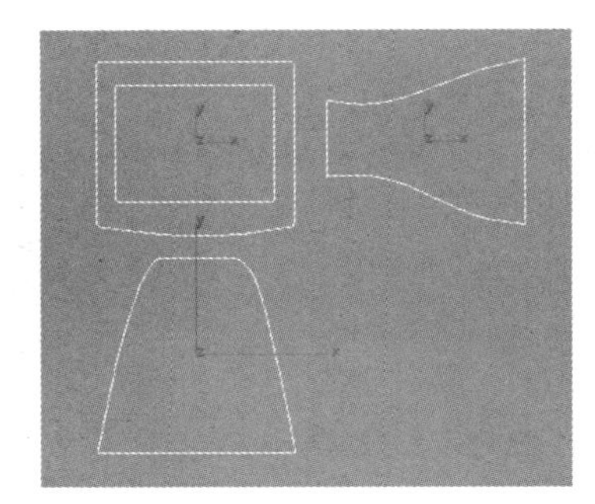
图 6-60 绘制显示器的三视图轮廓

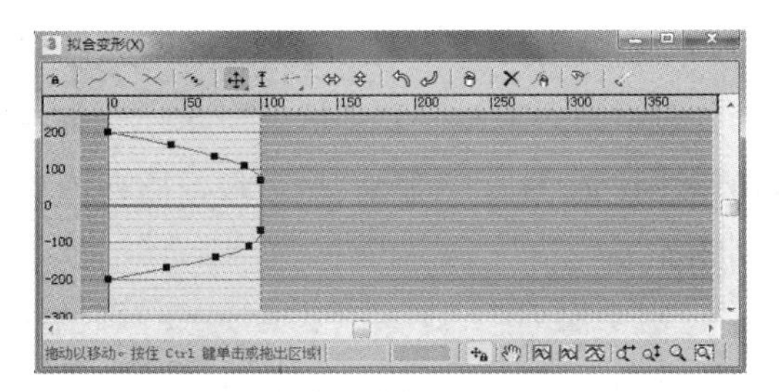
图 6-61 “拟合变形（X）”对话框

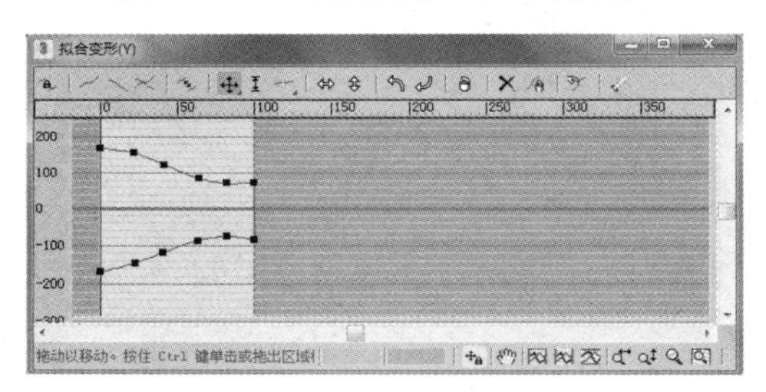
图 6-62 “拟合变形（Y）”对话框

图 6-63 拟合完成的显示器模型

第7章

布尔运算

7.1 布尔运算的理论知识

布尔运算是一种重要的复合对象建模方式，它可以将具有重叠部分的两个对象组合成一个新的对象。

7.1.1 布尔运算命令面板

在“创建”命令面板中执行“几何体—复合对象—布尔”命令，即可进入布尔运算命令面板。该命令面板中有 3 个卷展栏，即“名称和颜色”“布尔参数”“运算对象参数”，如图 7-1 所示。

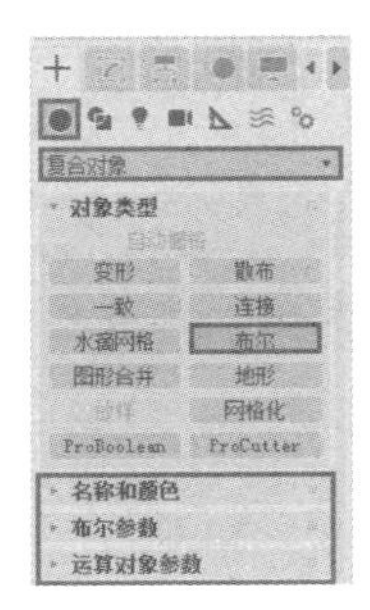

图 7-1 布尔运算命令面板

1. “名称和颜色”卷展栏

该卷展栏显示当前选择对象的名称和颜色，可对其进行修改。

2. “布尔参数”卷展栏

该卷展栏主要包括“添加运算对象”和“移除运算对象”命令按钮，分别用于添加和移除布尔运算对象，已选择的布尔运算对象将出现在下方的运算对象文本框中，如图 7-2 所示。

图 7-2 “布尔参数”卷展栏

3. “运算对象参数”卷展栏

该卷展栏主要包括布尔运算的 6 种类型，即并集、交集、差集、合并、附加和插入，如图 7-3 所示。

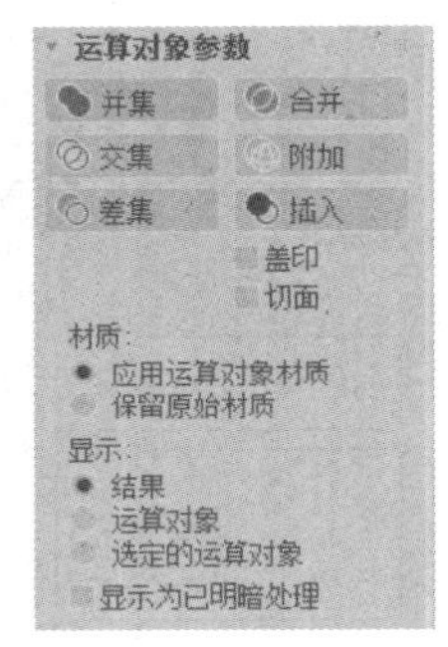

图 7-3 “运算对象参数”卷展栏

7.1.2 布尔运算的主要类型

在实际建模过程中，常用的布尔运算类型主要是并集、交集和差集，下面重点介绍这 3 种运算类型。

1. 并集

并集运算可以将相交的物体合并在一起，重叠的部分相互结合，从而得到一个新的模型。

例如，在场景中创建一个长方体和一个球体，并调整其相对位置，如图 7-4 所示。

图 7-4 并集运算示例

选择长方体，执行布尔运算命令，在“运算对象参数”卷展栏中单击“并集”按钮，然后在“布尔参数”卷展栏中单击“添加运算对象”按钮，接着在场景中选择球体，即可完成布尔运算并集操作，如图 7-5 所示。

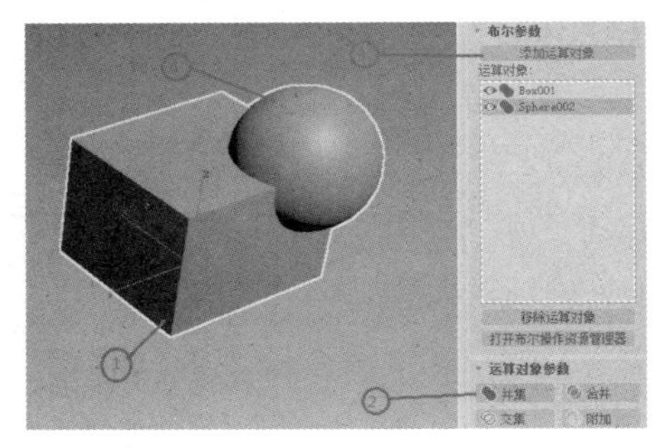

图 7-5 并集结果

图 7-6 所示为布尔运算并集前后模型的线框显示。

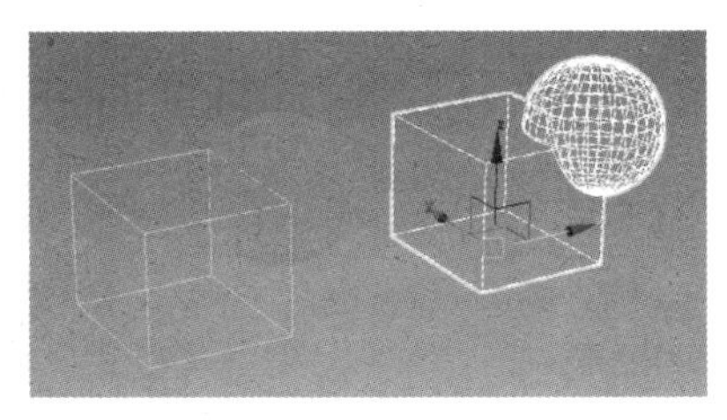

图 7-6 并集前后模型的线框显示

2. 交集

交集运算可以将相交物体间不相交的部分去除，只保留相交的部分，从而得到一个新的模型，操作过程同并集运算，如图 7-7 所示。

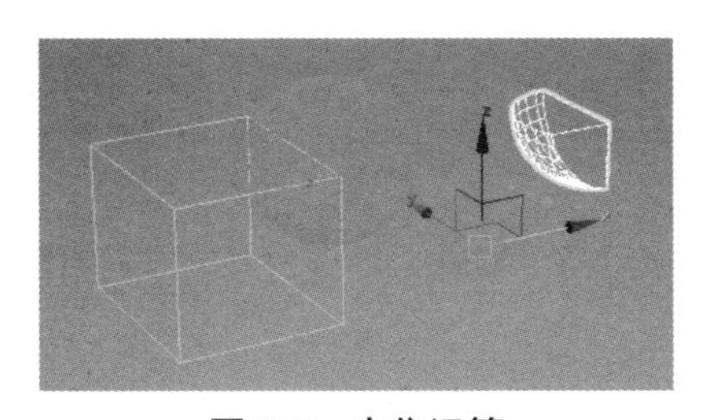

图 7-7 交集运算

3. 差集

差集运算可以对相交的物体进行相减运算，即一个物体减去另一个物体，得到相减剩下的部分。差集运算又可分为“A-B”和“B-A”两种形式，先选择的物体为 A 物体，后选择的物体为 B 物体。如图 7-8 所示，左图为“A-B”效果，右图为“B-A”效果。

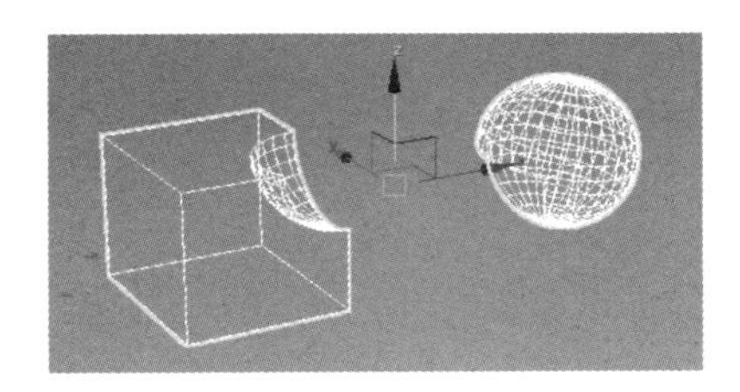

图 7-8　差集运算

7.2　布尔运算实例

7.2.1　实例一：烟灰缸

在本实例中，我们要创建的烟灰缸模型如图 7-9 所示。

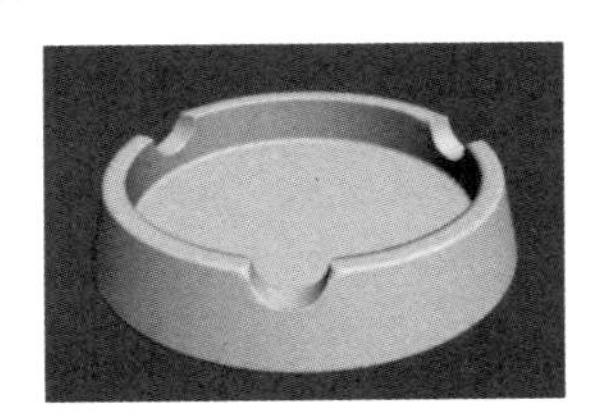

图 7-9　烟灰缸模型

1. 创建圆锥体

利用“圆锥体”命令在透视图中创建一个圆锥体，设置其“半径 1”为 20 mm，“半径 2”为 18 mm，“高度”为 8 mm，“高度分段”为 8，“端面分段”为 8，“边数”为 50，具体参数设置及模型效果如图 7-10 所示。

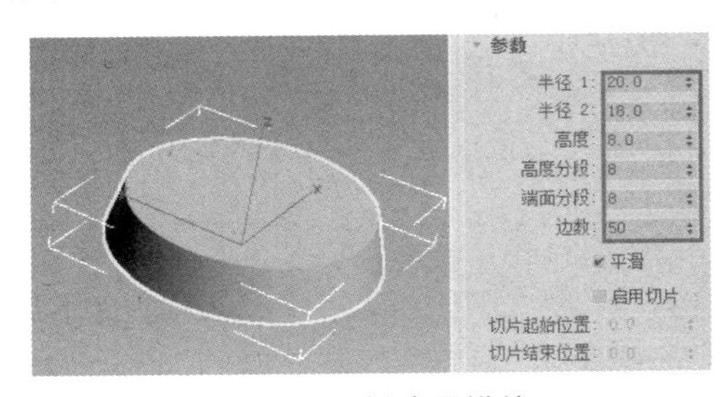

图 7-10　创建圆锥体

2. 创建圆柱体

利用“圆柱体”命令在透视图中创建一个圆柱体，设置其“半径”为 16 mm，“高度”为 16 mm，“高度分段”为 8，“端面分段”为 8，“边数”为 50，然后将圆柱体与圆锥体中心对齐，高度方向适当错开，具体参数设置及模型效果如图 7-11 所示。

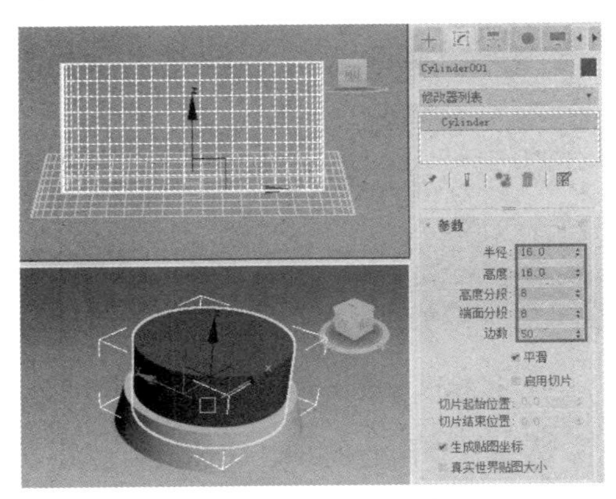

图 7-11　创建圆柱体

3. 差集运算

选择圆锥体，执行“复合对象”中的“布尔”命令，设置“运算对象参数”为“差集”，然后单击“添加运算对象”按钮，在场景中选择圆柱体，即可完成差集运算，参数设置面板及运算结果如图 7-12 所示。

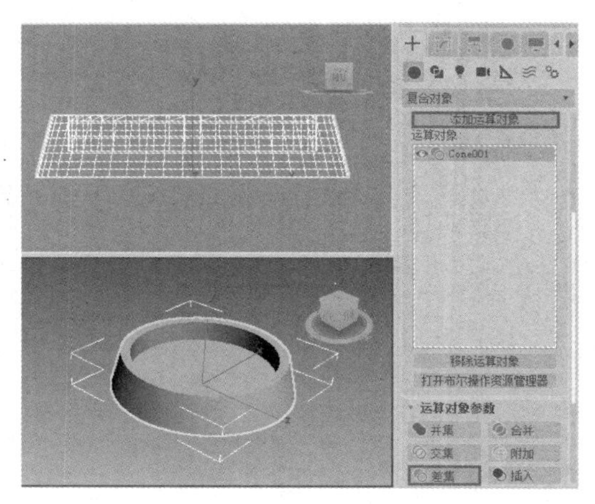

图 7-12　差集运算结果

4. 创建圆柱体

利用“圆柱体”命令在前视图中创建一个圆柱体，设置其“半径”为 3 mm，“高度”为 10 mm，“高度分段”为 5，“端面分段”为 1，“边数”为 20，然后利用对齐和移动命令将圆柱体与前面模型的位置调整为图 7-13 所示的那样。

图 7-13　创建圆柱体并调整其与前面模型的位置

5. 复制两个圆柱体

选择刚刚创建的小圆柱体，进入“层次”命令面板，单击“仅影响轴”按钮，将小圆柱体的坐标中心移动至主体模型的中心处，参数设置面板及模型效果如图 7-14 所示。

选择小圆柱体，执行“阵列”命令，在打开的“阵列”对话框中设置“阵列维度”为“1D”，“数量”为 3；在“增量”组合框中，设置“Z”轴的旋转角度为 120°，即可完成阵列，参数设置面板及模型效果如图 7-15 所示。

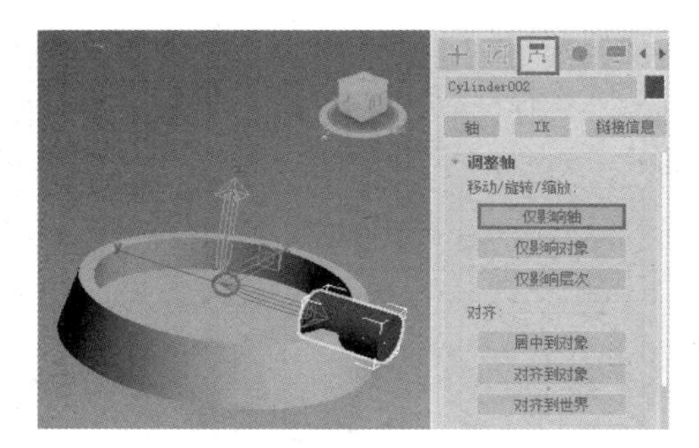

图 7-14　参数设置面板及模型效果

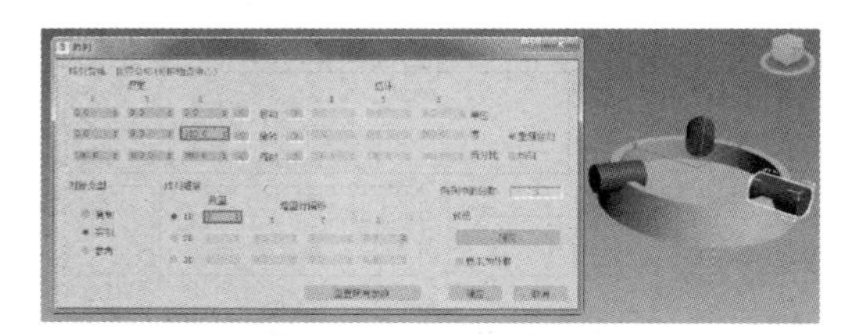

图 7-15　阵列复制小圆柱体

6. 差集运算

选择主体模型，执行“复合对象”中的“布尔”命令，设置“运算对象参数”为“差集”，然后单击“添加运算对象”按钮，在场景中选择一个小圆柱体，即可完成一次差集运算；重复选择两次小圆柱体，即可完成操作，运算结果如图 7-16 所示。

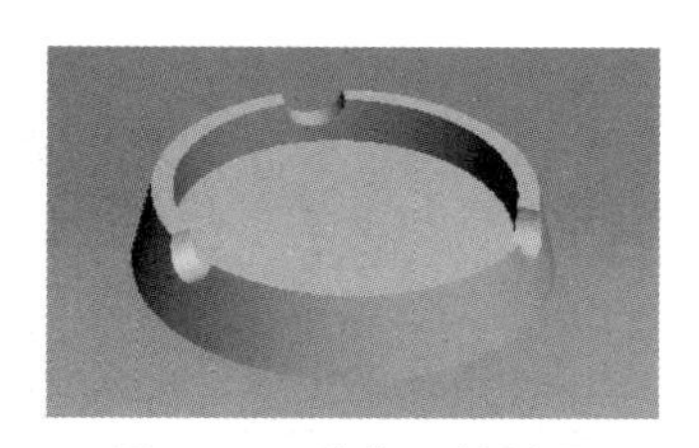

图 7-16　差集运算结果

7. 加载“涡轮平滑”修改器

给烟灰缸模型加载一个“涡轮平滑”修改器，设置“迭代次数”为 2，模型效果如图 7-17 所示。至此，烟灰缸模型创建完成。

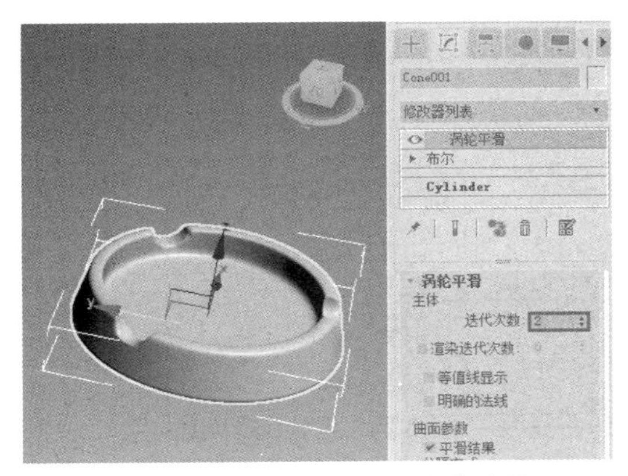

图 7-17　加载“涡轮平滑”修改器

7.2.2　实例二：笔记本电脑

在本实例中，我们要创建的笔记本电脑模型如图 7-18 所示。

图 7-18　笔记本电脑模型

1. 创建笔记本电脑外形

1）绘制外形轮廓线

利用“线”命令在左视图中绘制两条笔记本电脑外形轮廓线，在此用键盘输入的方法，点的坐标如下：

线 1：(0,0,0)，(240,0,0)，(240,15,0)，(0,15,0)，关闭。

线 2：(0,0,0)，(0,240,0)，(−10,240,0)，(−10,0,0)，关闭。

绘制效果如图 7-19 所示。

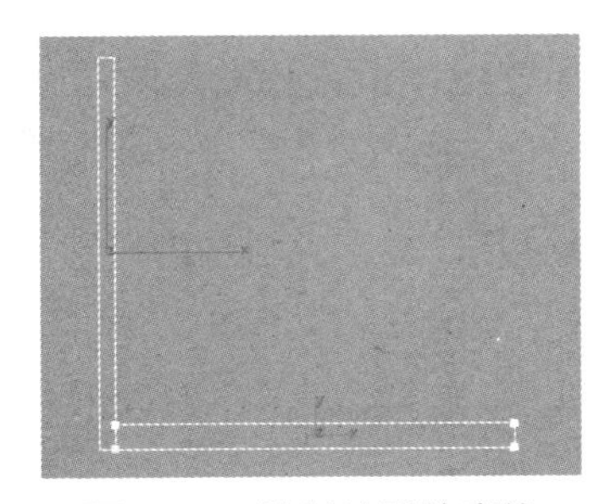

图 7-19　绘制外形轮廓线

2）调整节点

选择线 1，即水平方向的线，调整其右下角顶点的位置和形态；选择线 2，即垂直方向的线，进入“修改”命令面板，打开“顶点”子对象层级，在线 2 的上、下两条横边中间各“优化”一个点，并调整其位置和形态，结果如图 7-20 所示。

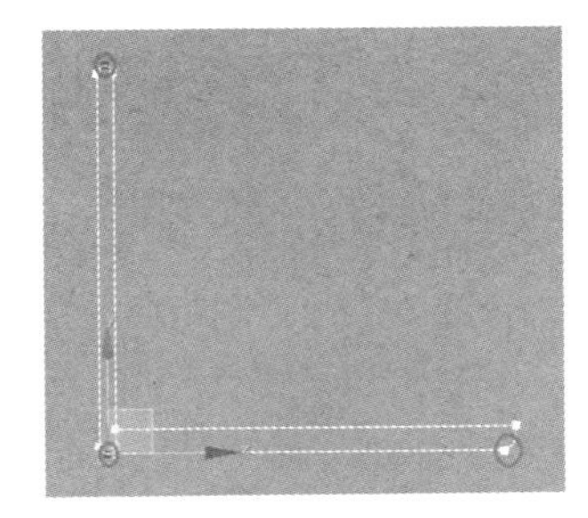

图 7-20　调整节点

3）挤出

同时选择线 1 和线 2，加载一个“挤出”修改器，设置“数量”为 340 mm，模型效果如图 7-21 所示。

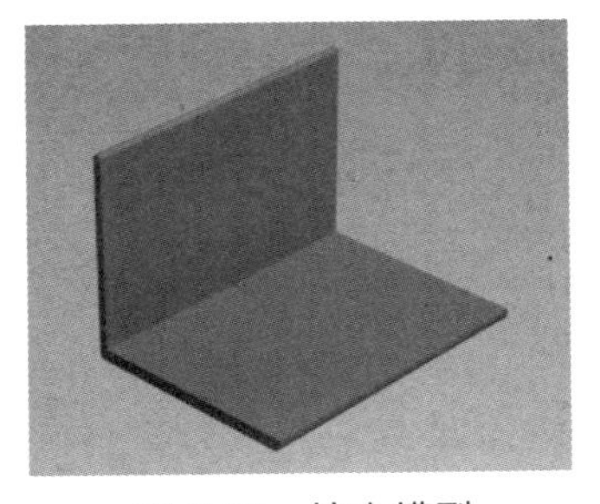

图 7-21　挤出模型

2. 创建笔记本电脑底座

1）绘制矩形

在顶视图中绘制两个矩形，矩形 1 的尺寸："长度"为 140 mm，"宽度"为 320 mm，"角半径" 为 10 mm；矩形 2 的尺寸："长度"为 55 mm，"宽度"为 70 mm，"角半径" 为 10 mm，并将两个矩形与面板的相对位置进行适当调整，具体参数及图形效果如图 7-22 所示。

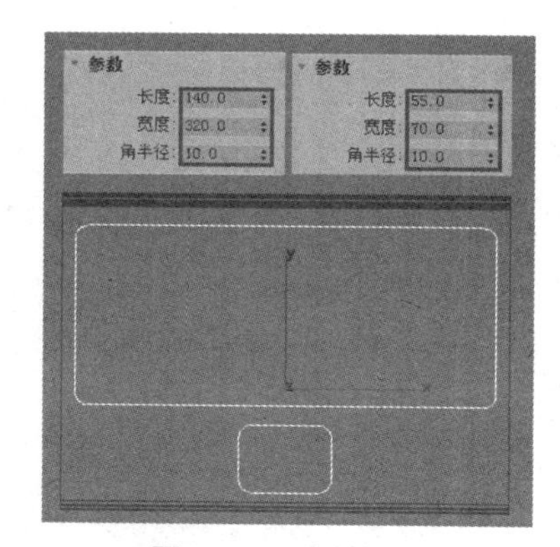

图 7-22　绘制矩形

2）挤出

同时选择矩形 1 和矩形 2，加载一个"挤出" 修改器，设置 "数量" 为 10 mm，挤出完成后分别调整挤出模型在高度方向的位置，效果如图 7-23 所示。

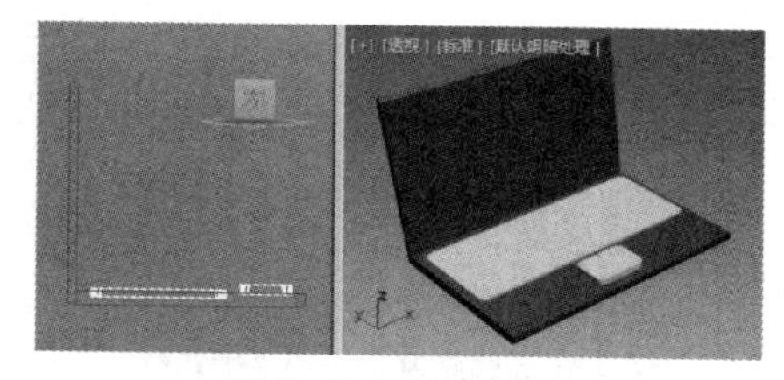

图 7-23　挤出模型

3）差集运算

选择笔记本电脑底座，执行 "布尔" 命令，设置 "运算对象参数" 为 "差集"，然后单击 "添加运算对象" 按钮，选择上一步挤出的矩形 1，完成差集运算；再对矩形 2 执行一次同样的命令，结果如图 7-24 所示。

图 7-24　差集运算结果

3. 创建笔记本电脑按键

1）创建并编辑长方体

利用 "长方体" 工具创建一个长方体，设置其"长度"为 20mm，"宽度"为 20 mm，"高度" 为 8 mm。然后为其加载一个编辑网格修改器，进入 "多边形" 子对象层级，选择长方体上表面，对其进行 "选择并均匀缩放" 操作，在打开的 "缩放变换输入" 对话框中输入 70%，如图 7-25 所示，即可完成对上表面的缩放操作。完成效果如图 7-26 所示。

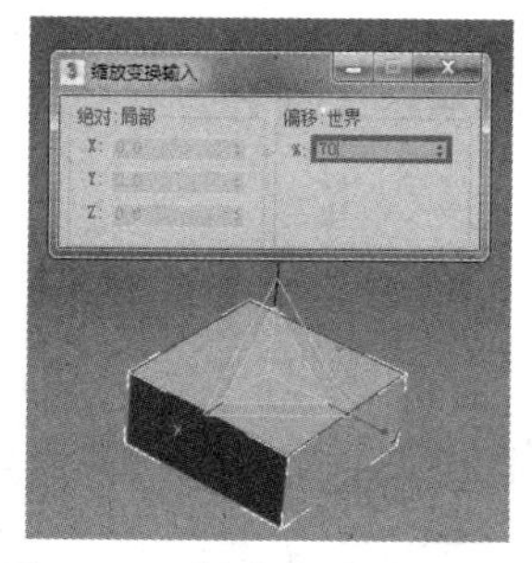

图 7-25　创建并编辑长方体

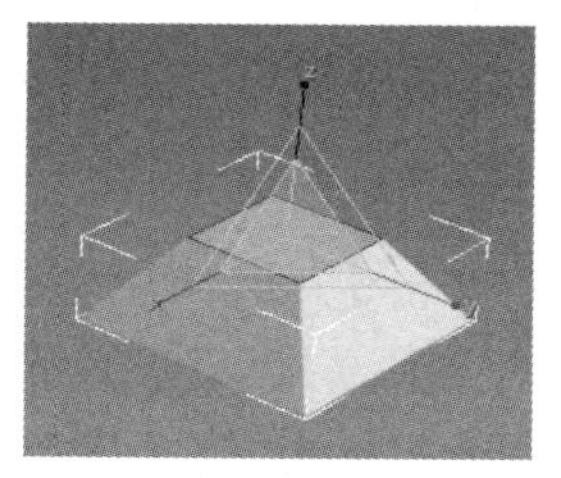

图 7-26　长方体上表面缩放效果

2）阵列按键

对上一步编辑好的按键执行“阵列”命令，在打开的“阵列”对话框中设置“1D”数量为 16，“2D”数量为 6，“X”方向增量为 20mm，“Y”方向增量为-20mm，如图 7-27 所示。阵列按键效果如图 7-28 所示。

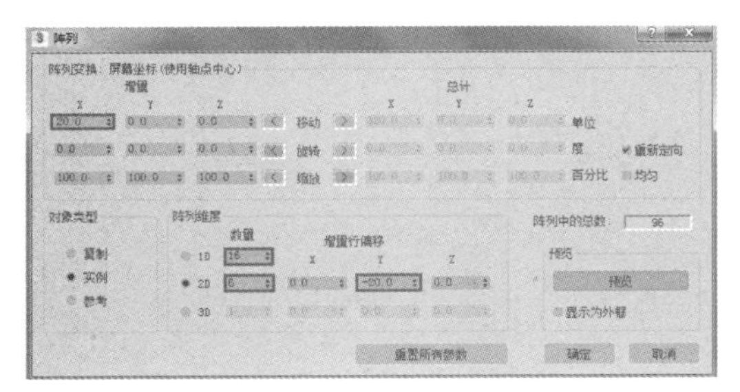

图 7-27　“阵列”对话框

图 7-28　阵列按键效果

将阵列出的所有按键选中，执行“组”命令，将其成组，然后调整该组与键盘槽的相对位置，结果如图 7-29 所示。

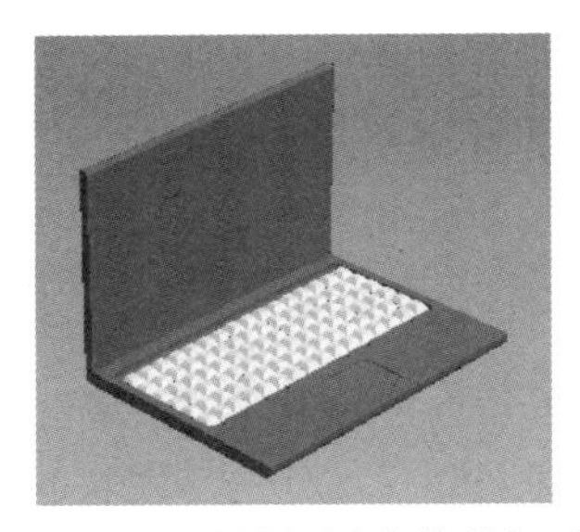

图 7-29　调整按键与键盘槽的相对位置

4. 创建笔记本电脑屏幕

1）创建长方体

利用“长方体”工具在前视图中创建一个长方体，设置其“长度”为 190mm，“宽度”为 310 mm，“高度”为 10 mm，将其与屏幕中心对齐，上下前后位置适当调整，如图 7-30 所示。

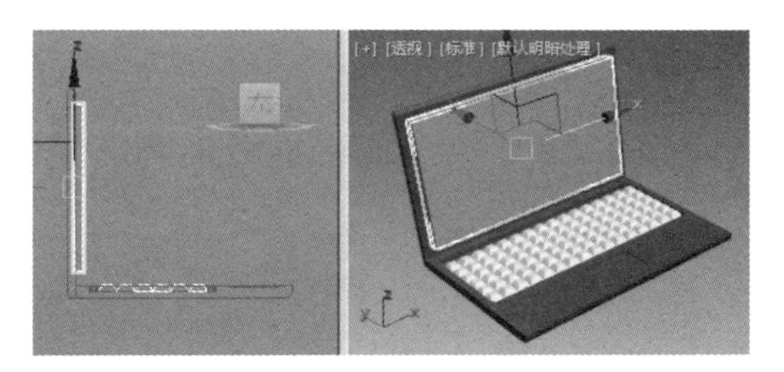

图 7-30　创建长方体

2）差集运算

选择笔记本电脑屏幕模型，执行“布尔”命令，设置“运算对象参数”为“差集”，然后单击“添加运算对象”按钮，选择上一步创建的长方体，完成差集运算，结果如图 7-31 所示。

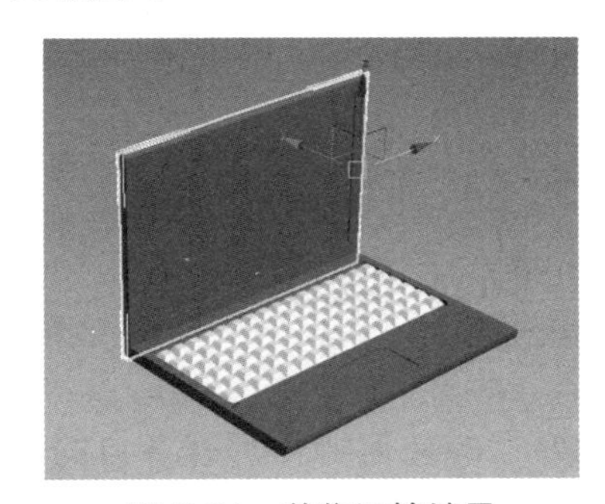

图 7-31　差集运算结果

5. 材质与贴图

利用“长方体”工具在前视图中创建一个长方体，设置其“长度”为 190mm，“宽度”为 310 mm，“高度”为 1 mm，将其与屏幕中心对齐，适当调整上下前后位置，用其模拟笔记本电脑屏幕，为其贴图，调整笔记本电脑主体色彩和材质，最终效果如图 7-18 所示。

第8章

基本材质

在三维场景中，创建的物体本身并不具备任何材质属性，因此要想使其具有真实感，就要赋予其相应的材质。材质的真实与否将直接影响效果图的最终渲染质量，这就要求用户除平时多注意观察各种材料的表面属性外，还要熟练掌握 3ds Max 中材质编辑器的使用方法。

8.1 材质概述

世界上的任何物体都有各自的表面特征，如玻璃、金属、水等，它们都具有不同的质感、颜色和属性。

从严格的意义上来讲，材质就是 3ds Max 系统对真实物体视觉效果的体现，而这种视觉效果又是通过颜色、质感、反光、折光、透明性、自发光、表面粗糙程度及肌理、纹理结构等诸多视觉要素显示出来的。这些视觉要素都可以在 3ds Max 中用相应的参数或选项来进行设定，各种视觉要素的变化和组合可以使物体呈现出不同的视觉特性。在场景中所观察到的，以及制作的材质就是一种综合的视觉效果。

材质是对真实材料视觉效果的模拟，场景中的三维物体本身并不具备任何表面性质，当一个物体被创建出来以后，只是以颜色表现出来，并不会产生与现实材料相一致的视觉效果。要想产生与现实中一样丰富多彩的视觉效果，就需要通过材质的模拟来完成，这样制作出来的造型才会呈现出真实材料的视觉特征，制作出来的效果图才会有现实的效果。

8.2　材质编辑器

材质编辑器是 3ds Max 中常用的功能之一，它决定了创建物体的外形和最终效果。

启动 3ds Max 后，在主工具栏中单击“材质编辑器”按钮，即可打开“材质编辑器”窗口。另外，也可单击“渲染—材质编辑器”菜单项，或者按下“M”键将该窗口打开。打开的“材质编辑器”窗口如图 8-1 所示。

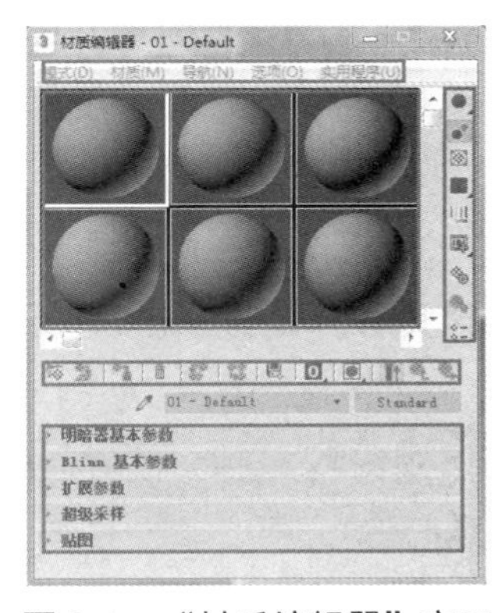

图 8-1　“材质编辑器”窗口

“材质编辑器”窗口主要分为 5 大部分，分别是菜单栏、材质示例窗、工具栏、工具列与参数卷展栏。

1. 菜单栏

菜单栏位于材质示例窗的上方，其中的命令与工具栏、工具列中的命令相对应。

2. 材质示例窗

“材质编辑器”窗口上方的区域为材质示例窗，其中包括 24 个材质球。在窗口中任意选择一个材质球，在其上面单击鼠标右键，即会弹出一个快捷菜单，菜单中显示了当前示例窗中有多少个材质球，并可进行切换，如图 8-2 所示。

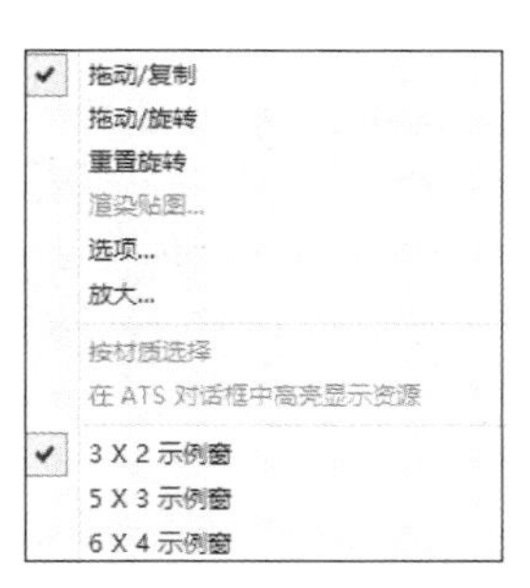

图 8-2　材质示例窗快捷菜单

材质球用于显示材质编辑的结果，一个材质球对应一种材质。在修改材质的参数时，修改后的结果会马上在材质球上显示出来，这样大大方便了在效果图制作过程中观察材质结果。双击任意一个材质球都可以打开专门显示该材质球的示例窗，如图 8-3 所示。

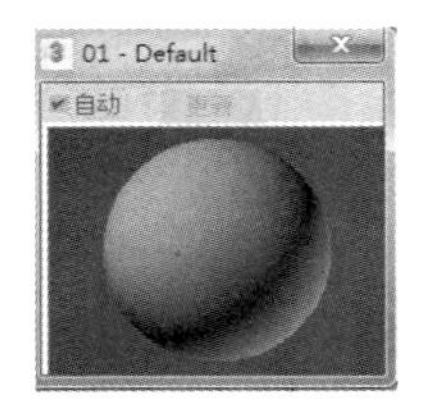

图 8-3　材质球示例窗

3. 工具栏

工具栏中的工具主要用于获取材质、显示贴图的纹理及将制作好的材质赋予场景中的物体等。工具栏如图 8-4 所示。

图 8-4　工具栏

（1）“获取材质”按钮：单击该按钮可以打开“材质/贴图浏览器”对话框，如

图 8-5 所示，用来调用或浏览材质及其贴图。

图 8-5 “材质/贴图浏览器”对话框

（2）“将材质放入场景”按钮：单击该按钮可以将当前材质重新赋予同名造型。当前材质为同步材质。

（3）“将材质指定给选定对象”按钮：单击该按钮可以将选中的材质球的材质赋予场景中所选择的物体。

（4）“重置材质/贴图为默认设置”按钮：单击该按钮可以将当前选中的材质球上的贴图删除。

（5）“生成材质副本”按钮：单击该按钮可以将当前的同步材质修改成一个具有相同参数的非同步材质。

（6）“放入库”按钮：单击该按钮可以将当前材质球上的材质保存到材质库中。

（7）“在视口中显示明暗处理材质”按钮：单击该按钮可以在视图中将物体材质贴图的纹理效果显示出来。但这项操作会使系统增加很大的负担，当场景十分复杂时，最好不要将太多的材质贴图的纹理显示出来。

（8）“显示最终结果”按钮：对于具有多个级别的材质来说，单击该按钮可以在材质示例窗中显示其最终的效果，否则只能显示其所在级别的效果。

（9）“转到父对象”按钮：单击该按钮可以返回上一个材质级别。

（10）“转到下一个同级项”按钮：单击该按钮可以进入下一个同级材质中，这对于具有多个级别的材质来说十分方便、有效。

4. 工具列

工具列中的工具主要用来调整材质在材质球上的显示效果，以便更好地观察材质的颜色与纹理，因此它们与材质本身的设置没有关系，常用工具介绍如下。

（1）“采样类型”按钮：单击该按钮可以设定材质球的显示形态，包括球体、圆柱体、长方体 3 种显示方式，如图 8-6 所示，这样就可以观察同一种材质在不同形态的材质球上的效果。

图 8-6 采样类型

（2）“背光”按钮：单击该按钮可以为材质球增加一个背光效果。图 8-7 所示演示了未增加背光效果与增加背光效果的材质效果对比。

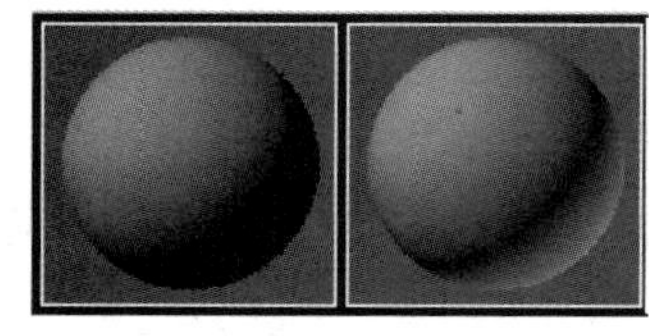

图 8-7 未增加背光效果与增加背光效果的材质效果对比

（3）“背景”按钮：单击该按钮可以

为材质球增加一个彩色方格背景，它主要在调节透明材质时使用，如图 8-8 所示。

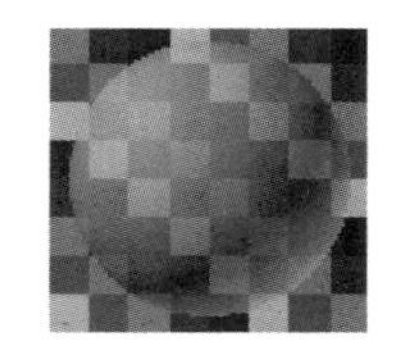

图 8-8　材质球背景

5. 参数卷展栏

“材质编辑器”窗口中包括 6 个参数卷展栏，分别为“明暗器基本参数”“Blinn 基本参数”“扩展参数”“超级采样”“贴图”“mental ray 连接”，具体参数将在后面内容中介绍。

8.3　标准材质

在“材质编辑器”窗口的参数控制区进行不同的材质设置时会发生不同的变化，一种材质的初始设置是标准材质，其他材质类型的参数与标准材质大同小异。本节介绍标准材质的活动窗口。

8.3.1　“明暗器基本参数”卷展栏

“明暗器基本参数”卷展栏主要用于选择材质的质感、物体是否以线框的方式进行渲染等，如图 8-9 所示。

图 8-9　“明暗器基本参数”卷展栏

材质的明暗属性是指材质在渲染的过程中处理光线照射下物体表面的方式。在“明暗器基本参数”卷展栏中的“明暗类型”下拉列表中可以选择不同的材质渲染明暗类型，也就是确定材质的基本性质。对于不同的明暗类型，其下面的参数面板也会有所不同。

系统提供了 8 种明暗类型，分别是“各向异性”“Blinn”“金属”“多层”“Oren-Nayar-Blinn”“Phong”“Strauss”“半透明明暗器”，如图 8-10 所示。

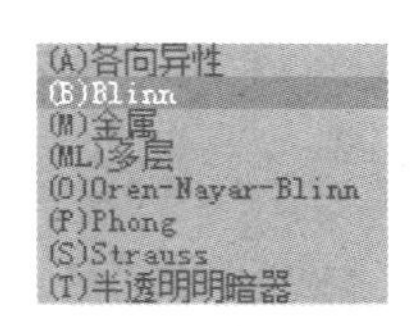

图 8-10　8 种明暗类型

1. 各向异性

选择该选项可以通过调节两个垂直正交方向上可见高光尺寸之间的差额，产生一种“重叠光”的高光效果。它可以很好地表现金属及油漆的表面光滑质感，或者用于毛发、玻璃材质中形成长而扁的高光，其效果如图 8-11 所示。

图 8-11　各向异性效果

2. Blinn

它可以表现塑料质感，其高光是圆而光

滑的。当增大“柔化”微调框中的数值时，高光是尖锐的，其反光也是圆形的。从色调上来看，这种材质类型偏冷，比较适合表现冷色、坚硬的材质，其效果如图 8-12 所示。

图 8-12 Blinn 效果

3. 金属

它是一种比较特殊的着色方式，可以表现金属的质感，提供所需要的强烈反光，其效果如图 8-13 所示。在“金属基本参数”卷展栏中取消了对高光色彩的调节，反光点的色彩仅仅依据“漫反射”过渡区色彩和灯光的色彩。

图 8-13 金属效果

4. 多层

它类似于“各向异性”明暗类型，但是可以产生比“各向异性”明暗类型更为复杂的高光效果，其效果如图 8-14 所示。在“多层基本参数”卷展栏中包含两个“高光反射层”组合框，可以分别进行设置。

图 8-14 多层效果

5. Oren-Nayar-Blinn

它是基于“Blinn”明暗类型的一种更高级的明暗类型，可以用来表现纺织品、粗陶等粗糙物体的表面效果，其效果如图 8-15 所示。

图 8-15 Oren-Nayar-Blinn 效果

6. Phong

它与“Blinn”明暗类型比较相似，但“Blinn”明暗类型比“Phong”明暗类型更高级。“Phong”明暗类型的高光是发散混合的，其反光成梭形，并且影响范围比较大，更适合表现暖色、柔和的材质效果，其效果如图 8-16 所示。

图 8-16 Phong 效果

7. Strauss

它类似于“金属”明暗类型，可用于金属表面或非金属表面，参数设置简单明了，其效果如图 8-17 所示。

图 8-17 Strauss 效果

8. 半透明明暗器

它与“Blinn”明暗类型相似，最大的区别在于半透明明暗器能够设置半透明的效果。光线可以穿透这些半透明效果的物体，并且在穿过物体内部时离散。通常该明暗类型用来模拟薄物体，如窗帘、电影屏幕、霜或磨砂玻璃等的效果，其效果如图 8-18 所示。

在“明暗器基本参数”卷展栏中，除上述“明暗类型”下拉列表外，还有 4 个复选框，如图 8-19 所示，勾选不同的复选框会得到不同的效果。

图 8-18　半透明明暗器效果

线框　双面
面贴图　面状

图 8-19　4 个复选框

（1）“线框”复选框：勾选该复选框可以使物体以结构线框的方式进行渲染（线框的多少由物体的段数决定），如图 8-20 右图所示。在“扩展参数”卷展栏中，可以通过调整“大小”微调框中的数值来改变线框的粗细。

图 8-20　勾选“线框”复选框后的效果

（2）“双面”复选框：勾选该复选框可以将材质指定到物体的正反两面，如图 8-21 右图所示。

（3）“面贴图”复选框：勾选该复选框可以将材质指定到物体的每个表面，如图 8-22 所示，左图为赋予贴图材质后的茶壶，右图为勾选“面贴图”复选框后的效果。

图 8-21　勾选“双面”复选框后的效果

图 8-22　勾选“面贴图”复选框后的效果

（4）“面状”复选框：勾选该复选框可以产生一种不光滑的效果，如图 8-23 右图所示。

图 8-23　勾选“面状”复选框后的效果

8.3.2　“Blinn 基本参数”卷展栏

“Blinn 基本参数”卷展栏中给出了材质设置的主要参数，如图 8-24 所示。下面介绍一下这些参数的含义。

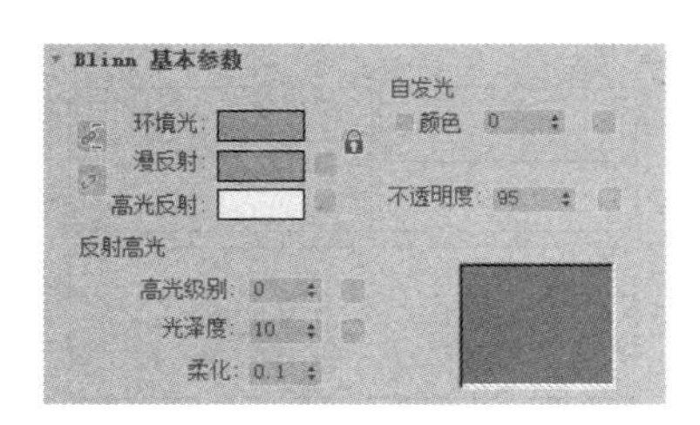

图 8-24　“Blinn 基本参数”卷展栏

（1）环境光：指物体阴影部分的颜色，其与“漫反射”之间的颜色是锁定的。单击其右侧的颜色块，会弹出“颜色选择器：环境光颜色”对话框，在其中可以自定义环境光的颜色。

（2）高光反射：指光照直射物体表面产生的最亮部分的颜色。

（3）“锁定”按钮：单击该按钮可以设定是否将“环境光”与“漫反射”的色彩锁定在一起，使这两个色彩区拥有相同的贴图。

（4）“无”按钮：在“漫反射”与“高光反射”的右侧分别有一个“无”按钮，单击该按钮会弹出“材质/贴图浏览器”对话框，在该对话框中可以为材质指定贴图。

（5）“自发光”组合框：可以在该组合框中勾选“颜色”复选框调节其颜色，也可以在“颜色”微调框中输入的不同数值来设置材质的自发光效果。常用于制作灯泡、灯带等光源体的发光效果。图 8-25 所示从左到右分别为在“颜色”微调框中输入数值 0、50、100 的效果。

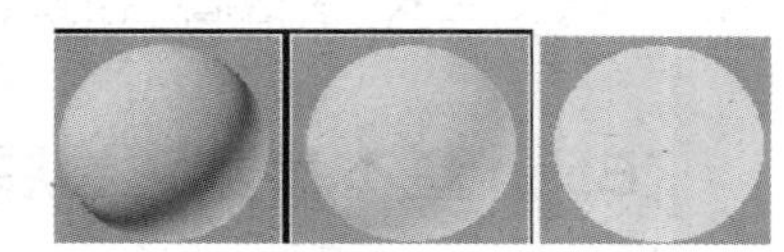

图 8-25　不同自发光强度效果对比

（6）“不透明度”微调框：可以设置材质的不透明度。当设置数值为 0 时，材质可以变为全透明。图 8-26 所示从左到右分别为在“不透明度”微调框中输入数值 100、50、20 的效果。

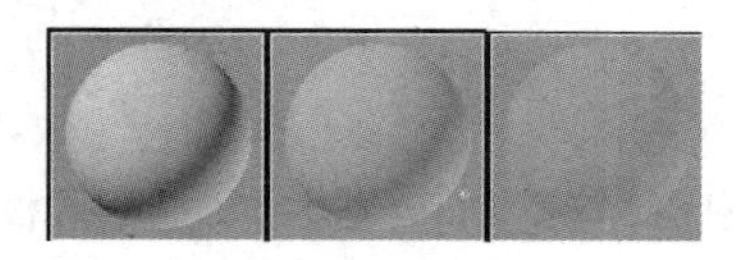

图 8-26　不同不透明度效果对比

（7）“高光级别”微调框：可以设置物体的反光强度。输入的数值越大，物体的反光强度越强。

（8）“光泽度”微调框：可以设置物体的反光范围。输入的数值越小，物体反光的范围越大。如图 8-27 所示，从左到右 3 个样本球的“高光级别”数值均为 100，“光泽度”数值分别为 20、40、60。

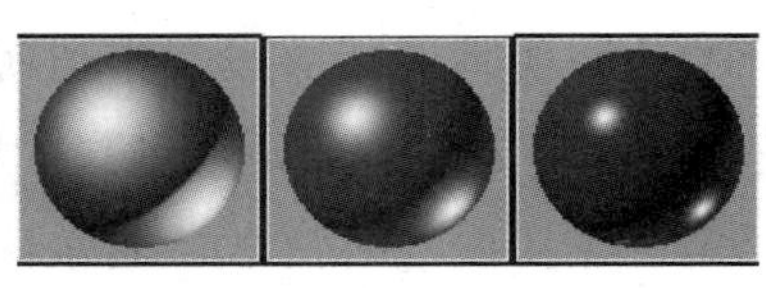

图 8-27　不同光泽度效果对比

（9）“柔化”微调框：可以对高光区的反光进行柔化处理，使其变得模糊、柔和。

8.3.3　“扩展参数”卷展栏

在“扩展参数”卷展栏中可以对材质的透明度、线框显示及折射率等进行设置，如图 8-28 所示。

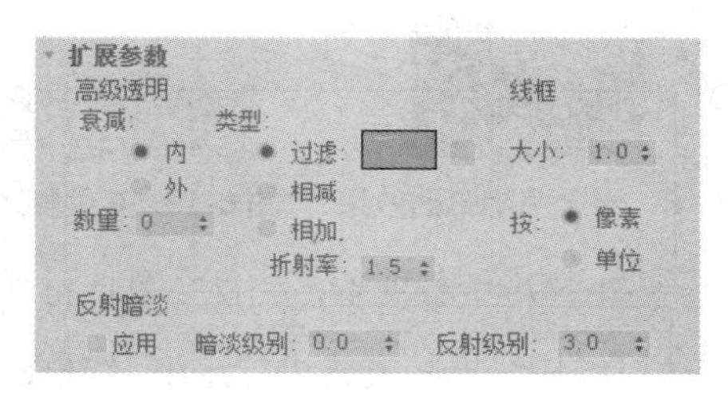

图 8-28　“扩展参数”卷展栏

1. “高级透明”组合框

在该组合框中，可以进行透明材质的透明衰减设置。

（1）“内”单选按钮：选中该单选按钮可以从物体的边缘向中心逐渐地增加透明度，类似于玻璃杯的材质。

（2）“外”单选按钮：选中该单选按钮可以从物体的中心向边缘逐渐地增加透明度，类似于烟雾的材质。

（3）“数量”微调框：用于指定衰减程度的大小，其取值范围为 0～100。

图 8-29 所示为“数量”为 100 时，分别选中“内”“外”单选按钮的不同效果。

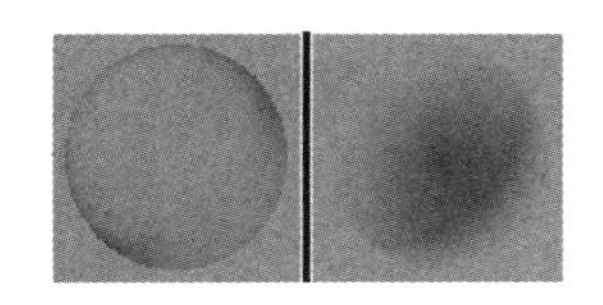

图 8-29　“内”“外”高级透明效果

（4）“过滤”单选按钮：选中该单选按钮可以产生有色的透明材质效果。单击其右侧的颜色块，会弹出“颜色选择器：环境光颜色”对话框，从中可以为透明滤镜指定一个色彩；单击颜色块右侧的“无”按钮，可以为材质指定透明滤镜贴图。图 8-30 所示为“数量”为 100 时，选中“过滤”单选按钮的效果。

（5）“相减”单选按钮：选中该单选按钮可以从背景环境中减去材质的色彩，使背景在透明区域中的明度降低。图 8-31 所示为“数量”为 100 时，选中“相减”单选按钮的效果。

图 8-30　“过滤”效果

图 8-31　“相减”效果

（6）“相加”单选按钮：选中该单选按钮可以从背景环境中加上材质的色彩，使背景在透明区域中的明度提高。

（7）“折射率”微调框：又称为 IOR，用来控制材质折射被传播光线的程度。

2. “线框”组合框

“大小”微调框：用于指定在“线框”模式下线框的粗细，主要有“像素”与“单位”两种选择。

8.3.4　“贴图”卷展栏

在“贴图”卷展栏中可以为模型设置不同类型的贴图效果，如图 8-32 所示。

贴图

	数量	贴图类型
环境光颜色	100	无贴图
漫反射颜色	100	无贴图
高光颜色	100	无贴图
高光级别	100	无贴图
光泽度	100	无贴图
自发光	100	无贴图
不透明度	100	无贴图
过滤色	100	无贴图
凹凸	30	无贴图
反射	100	无贴图
折射	100	无贴图
置换	100	无贴图
	100	无贴图

图 8-32　“贴图”卷展栏

选择不同的明暗类型，在“贴图”卷展栏中可以设置的数量也不相同。

在每种贴图方式的右侧都有一个长条按钮，单击该按钮会弹出“材质/贴图浏览器”对话框，从中可以为材质指定贴图。

“数量”微调框：用于控制贴图的程度。一般最大值都为 100，表示百分比值。“凹凸”贴图除外，其最大值可以设置为 999。

具体的贴图应用将在后续内容中介绍。

8.4　复合材质

在“材质/贴图浏览器”对话框中，除标准材质外的其他材质类型统称为复合材质。

与标准材质相比，复合材质能够融合两种或多种子材质，以产生更加复杂的效果。

打开“材质编辑器”窗口，单击 Standard 按钮，打开“材质/贴图浏览器”对话框，在该对话框中显示有多种材质，如图 8-33 所示。

图 8-33　“材质/贴图浏览器”对话框

下面介绍常用的 3 种复合材质。

8.4.1　“双面”材质

“双面”材质包括两部分材质：一部分材质渲染在对象的外表面（单面材质常用面），另一部分材质渲染在对象的内表面。将两种不同的材质分别指定给物体的内外表面，就可以产生不同的纹理效果。

打开“材质编辑器”窗口，在材质示例窗中选择一个空材质球，单击 Standard 按钮，在弹出的“材质/贴图浏览器”对话框中双击“双面”选项，然后在弹出的“替换材质”对话框中单击“确定”按钮，即可进入“双面”材质的参数面板，如图 8-34 所示。

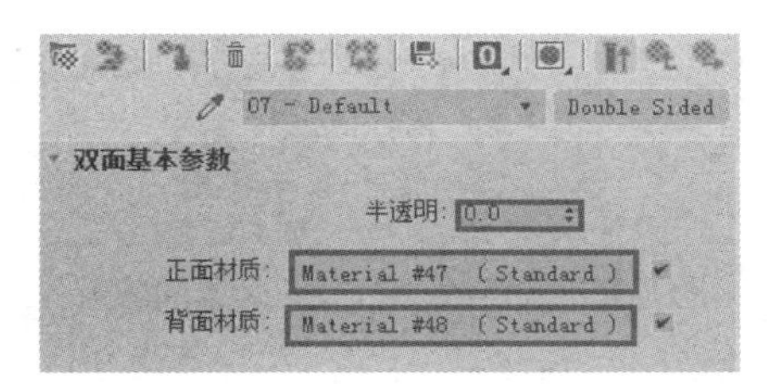

图 8-34　“双面”材质的参数面板

（1）“半透明”微调框：其数值将决定表面和背面材质显现的百分比。当数值设为 0 时，只会显示第 1 种材质；当数值设为 100 时，将只显示第 2 种材质。

（2）“正面材质”选项：该选项中的复选框用于控制是否启用正面材质，单击其右侧的长条按钮，即可进行正面材质类型的设置。

（3）“背面材质”选项：该选项中的复选框用于控制是否启用背面材质，单击其右侧的长条按钮，即可设置双面材质中的背面材质的类型。

“双面”材质应用示例

（1）创建一个茶壶，在“茶壶部件”中取消勾选“壶盖”，如图 8-35 所示。

图 8-35　茶壶模型

（2）打开“材质编辑器”窗口，在材质示例窗中选择一个空材质球，单击 Standard 按钮，在弹出的“材质/贴图浏览器”对话框中双击“双面”选项，然后在弹出的“替换材质”对话框中单击“确定”按钮，即可进入“双面”材质的参数面板，如图 8-34 所示。

（3）单击“正面材质”右侧的长条按钮，进入普通“材质编辑器”窗口，如图 8-36 所示。单击“漫反射”右侧的“无”按钮，在弹出的“材质/贴图浏览器”对话框中双击“大理石”贴图选项，如图 8-37 所示。然后在“材质编辑器”窗口的工具栏中单击“将材质指定给选定对象”及“在视口中显示明暗处理材质”按钮，材质效果如图 8-38 所示。

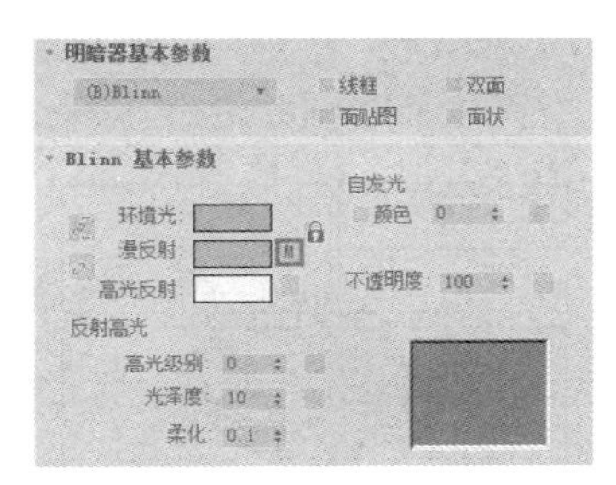

图 8-36　“材质编辑器”窗口

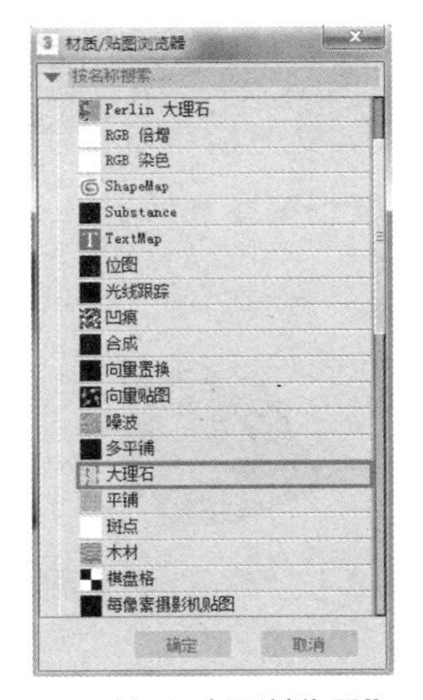

图 8-37　“材质/贴图浏览器”对话框

图 8-38　正面材质效果

（4）在“材质编辑器”窗口的工具栏中单击两次“转到父对象”按钮，回到图 8-34 所示的“双面”材质的参数面板，以同样的步骤设置“背面材质”，在此为背面选择“斑点”贴图，最终效果如图 8-39 所示。可以看到，茶壶内外两面分别是两种不同的贴图材质。

图 8-39　“双面”材质效果

8.4.2　“混合”材质

“混合”材质是将两种不同的材质融合在一起，根据融合度的不同，控制两种材质表现出的强度，并且可以制作成材质变形动画。另外，还可以指定一张图像作为融合的“遮罩”，利用它本身的明暗度来决定两种材质融合的程度。

打开“材质编辑器”窗口，在材质示例窗中选择一个空材质球，单击 Standard 按钮，在弹出的“材质/贴图浏览器”对话框中双击“混合”选项（或者选择“混合”选项后单击“确定”按钮），然后在弹出的“替换材质”对话框中单击“确定”按钮，即可进入“混合”材质的参数面板，如图 8-40 所示。

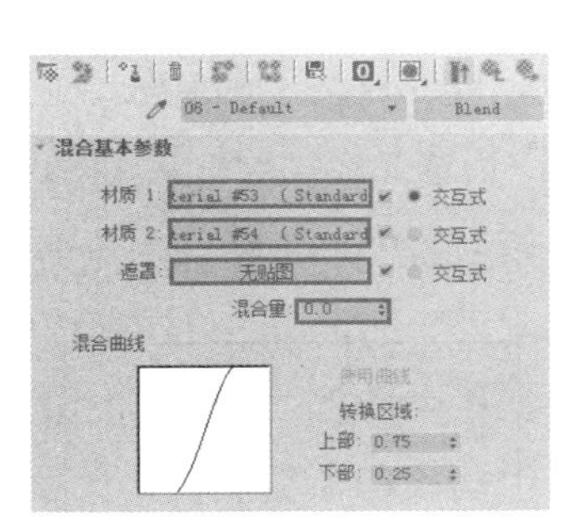

图 8-40　“混合”材质的参数面板

（1）“材质 1”：单击其右侧的长条按钮将弹出第 1 种材质的材质编辑器，在该编辑器中可以设置材质的贴图、参数等。

（2）“材质 2”：单击其右侧的长条按钮将弹出第 2 种材质的材质编辑器，在该编辑器中可以设置材质的贴图、参数等。

（3）“遮罩”：单击其右侧的长条按钮可以选择一张图案或程序贴图来作为“遮罩”，然后利用“遮罩”图案的明暗度来决定两种材质的融合情况。

（4）“交互式”单选按钮：选中哪一个单选按钮，当在视图中以实体进行渲染时，就以哪一种材质显示物体的表面。

（5）“混合量”微调框：可以确定混合的百分比例。对于无“遮罩”贴图的两种材质进行混合时，可以依据它来调节混合的程度。当输入数值为 0 时，材质 1 完全可见，材质 2 不可见；当输入数值为 100 时，材质 1 不可见，材质 2 完全可见。

（6）“混合曲线”组合框：用于控制“遮罩”贴图中黑白过渡区造成的材质融合的尖锐或柔和程度，专门用于“遮罩”贴图的融合材质。

“混合”材质应用示例

（1）在视图中创建一个茶壶造型。打开“材质编辑器”窗口，在材质示例窗中选择一个空材质球，勾选“明暗器基本参数”卷展栏中的“双面”复选框后单击 Standard 按钮，在弹出的“材质/贴图浏览器”对话框中双击“混合”选项，然后在弹出的“替换材质”对话框中单击“确定”按钮，即可进入“混合”材质的参数面板，如图 8-40 所示。最后单击“将材质指定给选定对象”按钮，将材质球上的材质赋予创建的茶壶。

（2）单击“材质 1”右侧的长条按钮，在弹出的第 1 种材质的材质编辑器中单击“漫反射”右侧的“无”按钮，在弹出的“材质/贴图浏览器”对话框中双击“木材”贴图选项；然后单击两次“转到父对象”按钮，返回“混合”材质的参数面板，单击“材质 2”右侧的长条按钮，利用同样的方法为其指定一个“棋盘格”贴图。此时渲染后可发现，指定的第 2 个贴图并没有在物体上显示出来，如图 8-41 所示。

图 8-41　“材质 1”效果

（3）在“混合基本参数”中将“混合量”数值设为 30，此时渲染后会发现指定的两个贴图均已按一定比例显示出来，如图 8-42 所示。

图 8-42 “混合”材质效果

8.4.3　“多维/子对象”材质

“多维/子对象”材质是将多种材质组合到一种材质中，在子对象级别下为一个复杂模型的不同面分别指定不同的材质，这样就使一个物体同时拥有多种材质。

打开“材质编辑器”窗口，在材质示例窗中选择一个空材质球，单击 Standard

按钮，在弹出的“材质/贴图浏览器”对话框中双击“多维/子对象”选项，然后在弹出的“替换材质”对话框中单击“确定”按钮，即可进入“多维/子对象”材质的参数面板，如图 8-43 所示。

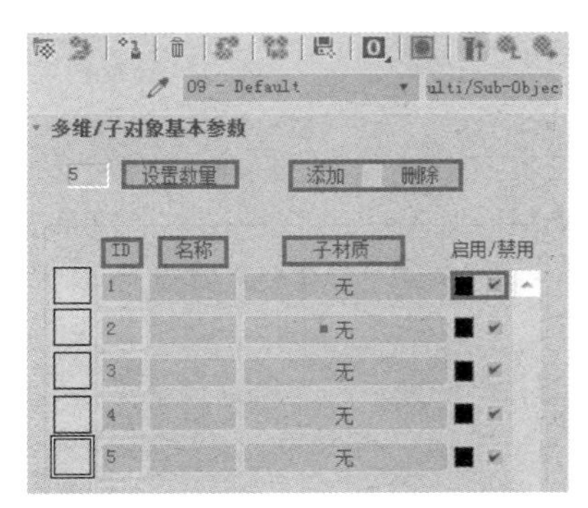

图 8-43　“多维/子对象”材质的参数面板

（1）“设置数量”按钮：单击该按钮可以在弹出的“设置材质数量”对话框中设置子材质的数量，如图 8-44 所示。

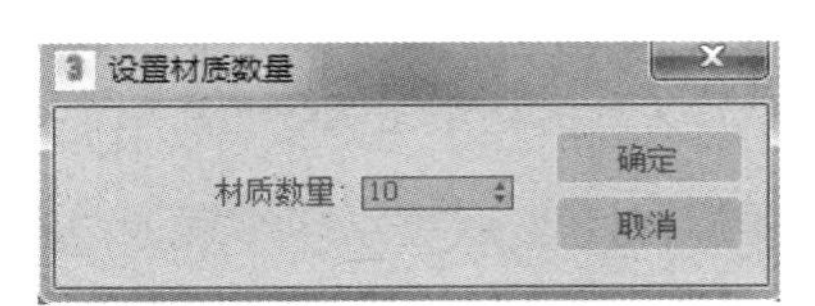

图 8-44　“设置材质数量”对话框

（2）“添加”“删除”按钮：这两个按钮是“设置数量”按钮的辅助按钮，单击可以增加或减少子材质的数量。

（3）“ID”按钮：其下方的数字代表了材质的 ID 号码。

（4）“名称”按钮：在该按钮下方的文本框中可以输入文字作为子材质的名称。

（5）“子材质”按钮：单击该按钮下方的长条按钮可以选择不同的材质来作为子材质。

（6）“■”按钮：单击该按钮会弹出“颜色选择器”对话框，在该对话框中可以为材质选择颜色，它实际上是该子材质的“漫反射颜色”的颜色。

（7）“☑”复选框：勾选该复选框可以对单个子材质进行有效的开关控制。

1.“多维/子对象”材质应用示例

（1）创建一个茶壶模型，如图 8-45 所示。

图 8-45　茶壶模型

（2）选择茶壶，进入“修改”命令面板，为其加载一个“编辑网格”修改器，切换到“元素”子物体层级，在场景中选择“壶盖”元素，然后在命令面板下方的“曲面属性”卷展栏的“材质”组合框中，将“设置 ID”数值设为 1，同时单击“平滑组”中的“1”，即可完成为壶盖元素指定 1 号子材质，如图 8-46 所示。

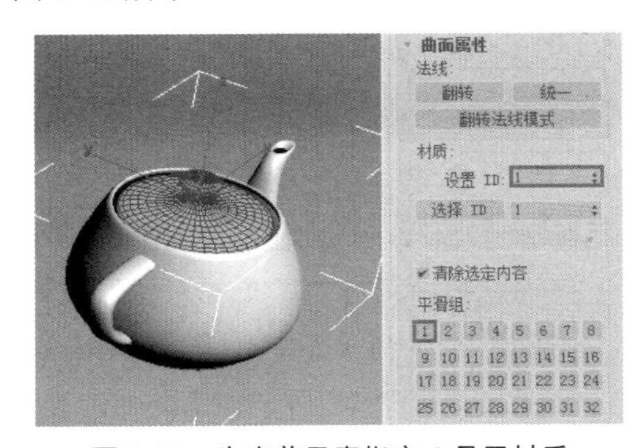

图 8-46　为壶盖元素指定 1 号子材质

（3）用同样的方法，分别为壶体、壶嘴、壶柄元素指定 2 号、3 号、4 号子材质，如图 8-47～图 8-49 所示。

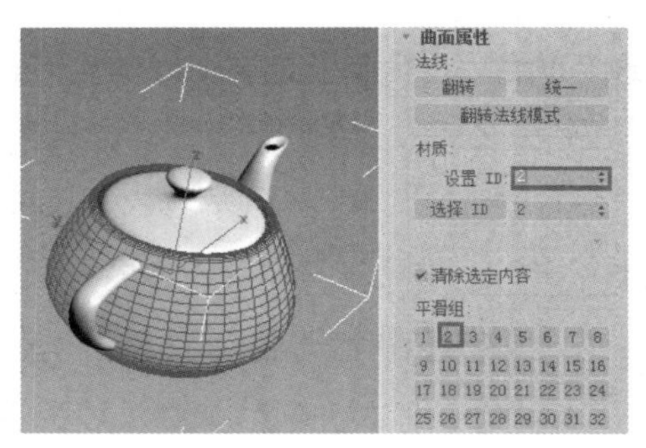

图 8-47　为壶体元素指定 2 号子材质

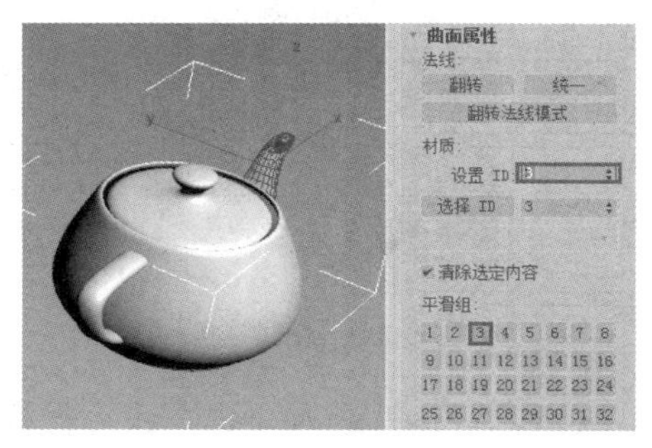

图 8-48　为壶嘴元素指定 3 号子材质

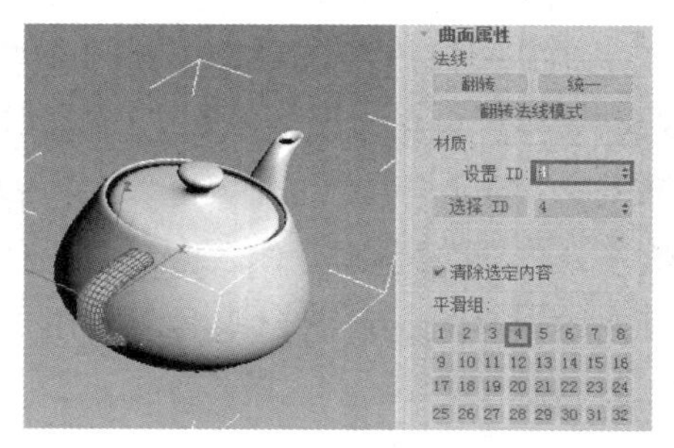

图 8-49　为壶柄元素指定 4 号子材质

（4）打开“材质编辑器”窗口，在材质示例窗中选择一个空材质球，单击 Standard 按钮，在弹出的“材质/贴图浏览器”对话框中双击“多维/子对象”选项，然后在弹出的“替换材质”对话框中单击“确定”按钮，进入“多维/子对象”材质的参数面板。在该参数面板中单击“设置数量”按钮，在弹出的“设置材质数量”对话框中设置“材质数量”为 4，结果如图 8-50 所示。

（5）将 1 号子材质命名为“壶盖”，单击其“子材质”下方的长条按钮，为其编辑一种子材质；用同样的方法，分别编辑“壶体”“壶嘴”“壶柄”的子材质，如图 8-51 所示。

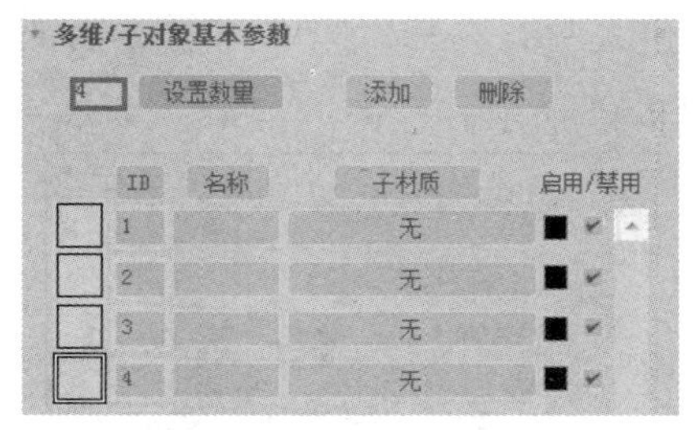

图 8-50　设置材质数量为 4

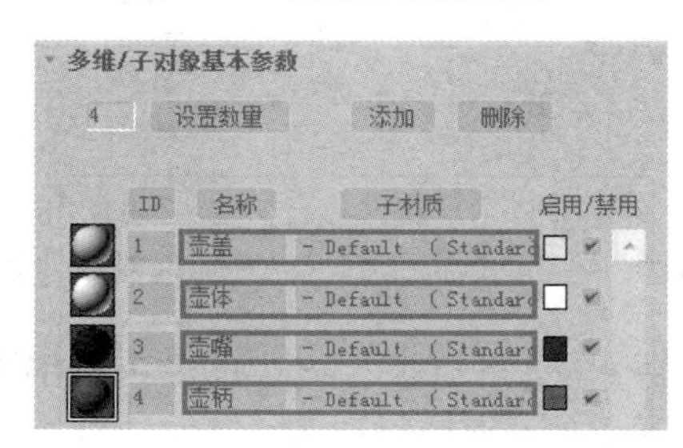

图 8-51　编辑 4 种子材质

（6）将以上编辑好的“多维/子对象”材质指定给场景中的茶壶对象，效果如图 8-52 所示。可以看出，通过给模型赋予“多维/子对象”材质，模型的不同部分分别赋予了不同的材质效果。

图 8-52　“多维/子对象”材质效果

2. “多维/子对象”材质实例：足球

（1）创建足球模型。在“创建”命令面板中选择“扩展基本体”类型，单击“异面体”，在透视图中创建一个异面体。在“参数”卷展栏中选择“十二面体/二十面体”，修改“P”的数值为 0.35，具体参数设置及模型效果如图 8-53 所示。

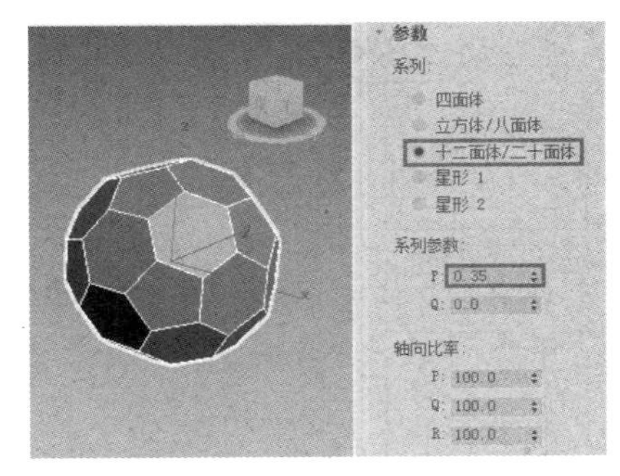

图 8-53　创建足球模型

（2）给足球赋予“多维/子对象”材质。打开“材质编辑器”窗口，在材质示例窗中选择一个空材质球，单击 Standard 按钮，在弹出的“材质/贴图浏览器”对话框中双击“多维/子对象”选项，然后在弹出的“替换材质”对话框中单击“确定”按钮，进入“多维/子对象”材质的参数面板。在该参数面板中单击“设置数量”按钮，在弹出的“设置材质数量”对话框中设置“材质数量”为 2，结果如图 8-54 所示。

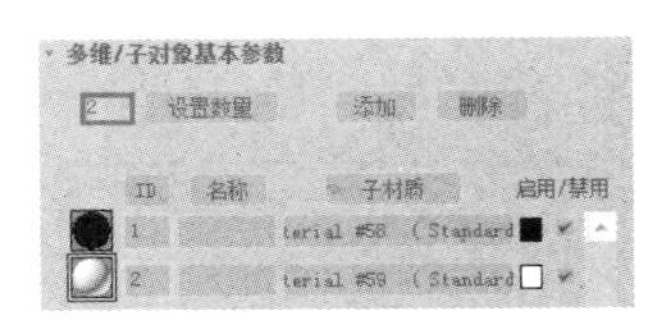

图 8-54　设置材质数量为 2

（3）在图 8-54 所示的参数面板中，将两种子材质的颜色分别设置为黑色和白色。然后将当前编辑好的材质指定给足球模型，效果如图 8-55 所示。

图 8-55　足球模型的“多维/子对象”材质效果

（4）选择足球模型，进入“修改”命令面板，为模型加载“编辑网格”修改器，进入“元素”子物体层级，在“编辑几何体”卷展栏中选中“炸开”按钮下的“元素”单选按钮，然后单击“炸开”按钮。此时，模型的各个面被分成了独立的元素，可以进行独立操作，如图 8-56 所示。

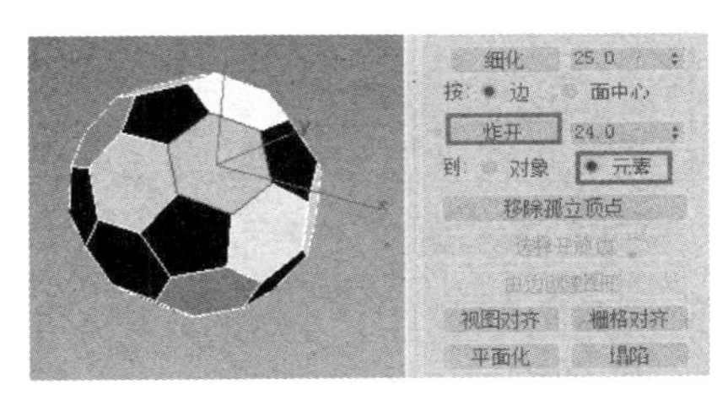

图 8-56　炸开模型

（5）在视图中依次选择各个面，然后进入“修改”命令面板，为所有面都加载一个“面挤出”修改器，在“参数”卷展栏中修改其参数，“数量”为 2，“比例”为 90，勾选“从中心挤出”复选框，效果如图 8-57 所示。

（6）选择模型，为其加载一个“网格平滑”修改器，在“细分方法”卷展栏中设置“细分方法”为“经典”类型，具体参数设置及模型效果如图 8-58 所示。

图 8-57　加载“面挤出”修改器

图 8-58　加载“网格平滑”修改器

（7）选择模型，为其加载一个“球形化”修改器，参数默认，最终模型效果如图 8-59 所示。

图 8-59　最终模型效果

8.5　基本贴图

贴图是物体表面的纹理，利用贴图可以不用增加模型表面的复杂程度就能突出地表现出对象的细节，还可以创建出反射、凹凸、镂空等多种效果。

在三维场景中，贴图的使用是材质部分的关键和难点，它的运用将比基本材质更加精细和真实。通过贴图可以增加模型的质感，完善模型的造型，使创建的三维场景更接近现实。

8.5.1　贴图坐标

如果赋予物体的材质中包含任何一种二维贴图，则物体必须具有贴图坐标，这个坐标用于确定二维贴图以何种方式映射在物体上。它不同于场景中的 XYZ 坐标系，而是使用 UV 或 UVW 坐标系。

在视图中选择赋予贴图的物体，然后进入“修改”命令面板，在“修改器列表”下拉列表中选择“UVW 贴图”修改器，此时会出现“UVW 贴图”修改器的参数面板，如图 8-60 所示。

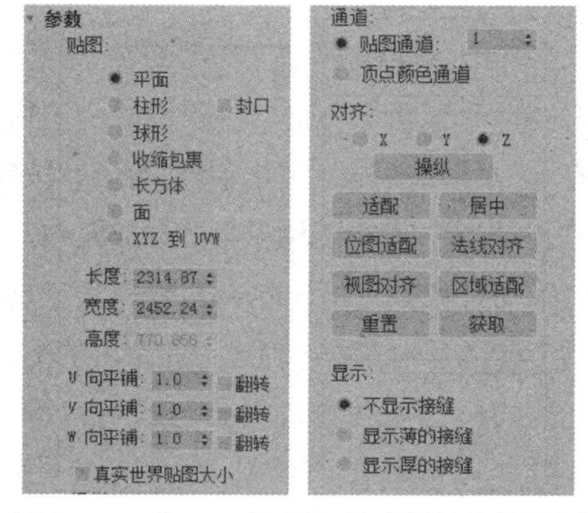

图 8-60　“UVW 贴图”修改器的参数面板

1.“贴图”组合框

“贴图”组合框中有 7 种贴图方式，选择不同的贴图方式，模型上会有不同的黄色边框显示。

（1）“平面”单选按钮：这是系统默认的贴图方式。该贴图方式使用较为广泛，适用于大面积的平面物体，如图 8-61 所示。

图 8-61　“平面”贴图方式

（2）“柱形”单选按钮：这种贴图方式适合圆柱形模型。选中该单选按钮，然后勾选其右侧的“封口”复选框，就可以将模型的贴图坐标封闭，如图 8-62 所示。

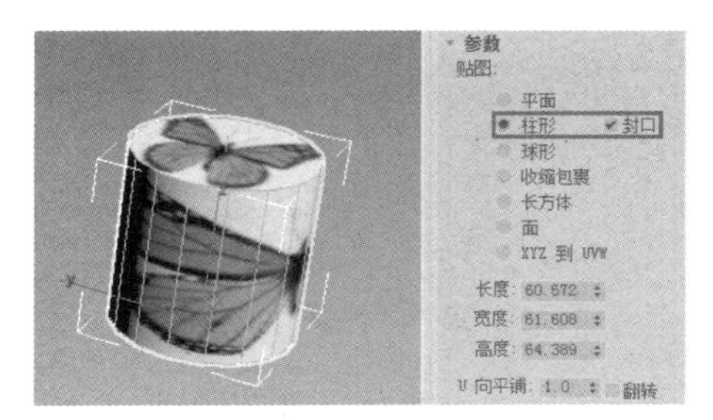

图 8-62　“柱形”贴图方式

（3）“球形”单选按钮：这种贴图方式适合圆球形模型。选中该单选按钮，贴图坐标就会完全包裹住球体模型，如图 8-63 所示。

（4）“收缩包裹”单选按钮：这种贴图方式类似于“球形”贴图方式，多用于球体。它可以使图像仅收紧于球的顶部一点，但是不产生明显的接缝，如图 8-64 所示。

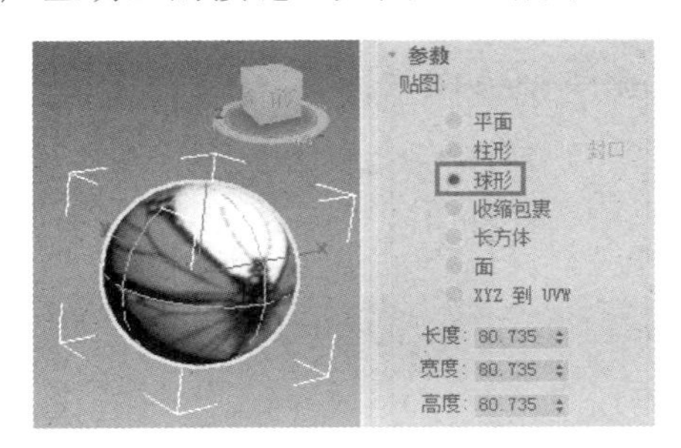

图 8-63　“球形”贴图方式

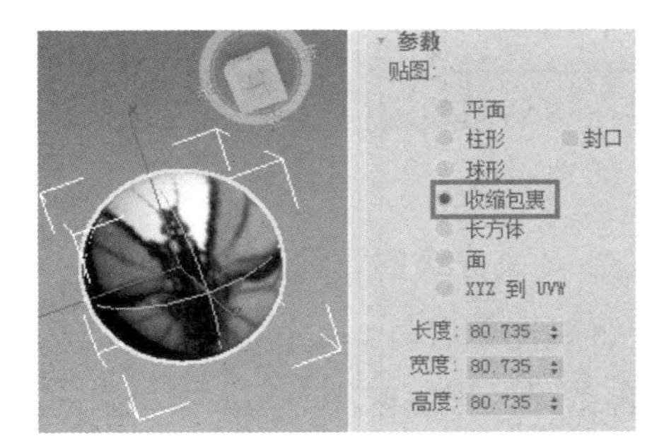

图 8-64　“收缩包裹”贴图方式

（5）“长方体”单选按钮：利用这种贴图方式可以将一张或多张图像文件贴在复杂的表面上而使图形不产生变形。在效果图的制作过程中，正方体或类似于正方体的模型是使用最多的，因此这种贴图方式也是最常用的，如图 8-65 所示。

图 8-65　“长方体”贴图方式

（6）“面”单选按钮：该贴图方式可以直接为每个表面进行平面贴图，与“平面”贴图方式相似。

（7）“XYZ 到 UVW”单选按钮：该贴图方式可以将适配 3D 程序贴图坐标引入 UVW 贴图坐标中。选中该单选按钮，有助于将 3D 程序贴图锁定到物体的表面。如果拉伸表面，则 3D 程序贴图也会被拉伸，不会造成贴图在表面流动的错误动画效果，但是不能应用于 NURBS 物体。

（8）“长度”“宽度”“高度”微调框：可以设置贴图坐标的 Gizmo 物体的尺寸，如图 8-66 所示。

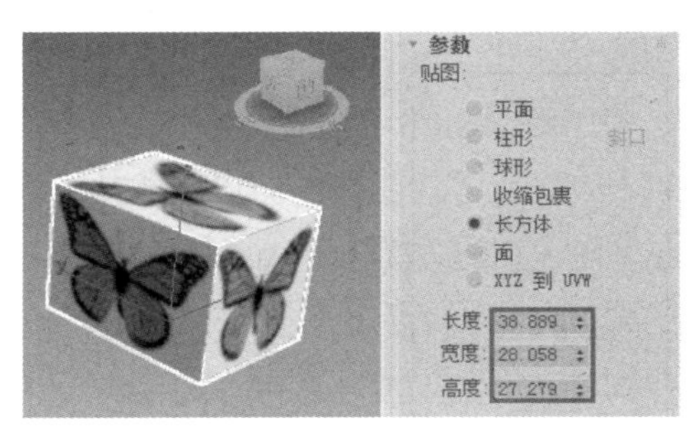

图 8-66　“长度”“宽度”“高度”微调框

（9）“U 向平铺”“V 向平铺”“W 向平铺”微调框：可以设置在 3 个方向上贴图平铺的次数，如图 8-67 所示。

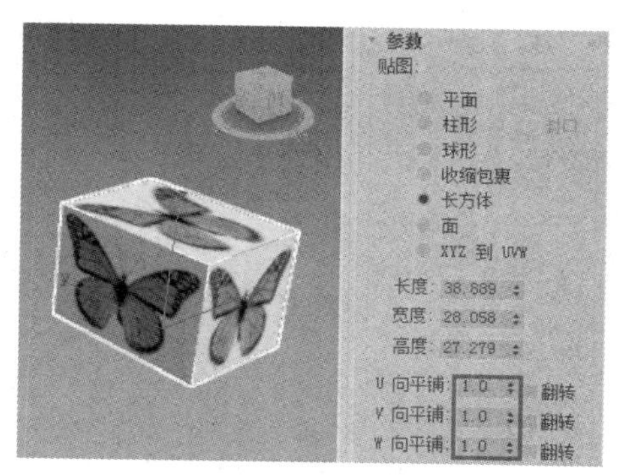

图 8-67　“U 向平铺”“V 向平铺”“W 向平铺”微调框

2. “对齐”组合框

（1）“适配”按钮：单击该按钮可以将贴图坐标自动地锁定到物体的外围边界上。

（2）“居中”按钮：单击该按钮可以将 Gizmo 物体的中心对齐到物体的中心上。

其他按钮不常用，在此不再赘述。

8.5.2　贴图通道

在创建三维场景时，贴图的应用必须指定确切的贴图通道，不能简单地指定在材质中。对于标准材质来说，可以在“材质编辑器”窗口中展开“贴图”卷展栏，在该卷展栏中系统提供了 12 种贴图通道，如图 8-68 所示。

每个贴图通道名称的前面都有一个复选框，用来决定贴图通道的启用或禁用。单击每个贴图通道所对应的 无贴图 按钮，都会打开“材质/贴图浏览器”对话框，在该对话框中可以选择合适的贴图。此外，在每种贴图通道中都有一个“数量”微调框，通过数值设置可以控制贴图的作用程度。

贴图

	数量	贴图类型
环境光颜色	100	无贴图
漫反射颜色	100	无贴图
高光颜色	100	无贴图
高光级别	100	无贴图
光泽度	100	无贴图
自发光	100	无贴图
不透明度	100	无贴图
过滤色	100	无贴图
凹凸	30	无贴图
反射	100	无贴图
折射	100	无贴图
置换	100	无贴图

图 8-68　“贴图”卷展栏

1. “环境光颜色”贴图通道

该贴图通道在系统默认状态下为禁用，通常情况下不单独使用，常常结合“漫反射颜色”贴图通道使用。

2. “漫反射颜色”贴图通道

这是最常用的贴图通道，在该贴图通道中设置的贴图将取代漫反射。它使用漫反射原理将贴图平铺在对象上，成为应用于对象的主要颜色，而且能够表现出材质的纹理效果，如图 8-69 所示。

图 8-69　“漫反射颜色”贴图效果

3. “高光颜色”贴图通道

在该贴图通道中设置的贴图将应用于材质的高光区。

4. “高光级别”贴图通道

该贴图通道与“高光颜色”贴图通道相似，但效果的强弱取决于基本参数中的高光强度设置。

5. “光泽度”贴图通道

在该贴图通道中设置的贴图将应用于物体的高光处，控制物体高光处贴图的光泽度。

6. “自发光”贴图通道

启用该贴图通道将使对象的某些区域发光。贴图上的黑色区域代表没有自发光的区域，白色区域代表自发光最强的区域，如图 8-70 所示。

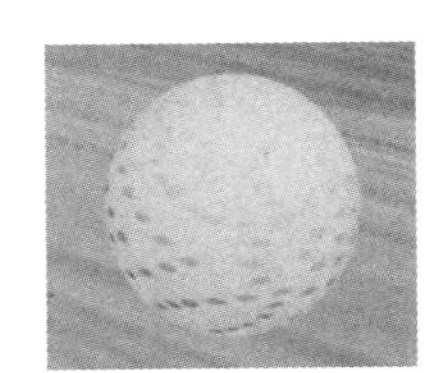

图 8-70　“自发光”贴图效果

7. “不透明度”贴图通道

在该贴图通道中设置的贴图可以依据自身的明暗程度在物体表面产生透明效果。贴图上颜色深的区域是透明的，颜色浅的区域是不透明的，如图 8-71 所示。

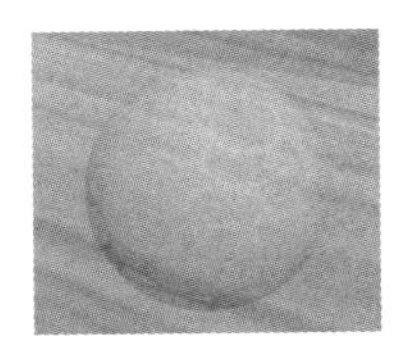

图 8-71　“不透明度”贴图效果

8. “过滤色”贴图通道

可以根据该贴图通道中图像像素的深浅程度产生透明的颜色效果。使用该贴图通道可以创建光穿过毛玻璃的效果。

9. “凹凸”贴图通道

在该贴图通道中设置的贴图将通过位图的颜色使对象产生表面凸起或凹陷的效果。贴图颜色浅的部分产生凸起的效果，颜色深的部分产生凹陷的效果。这是创建真实材质常用的贴图通道，虽然凹凸贴图使模型有了真实感，但实际上它并没有改变模型的形状，如图 8-72 所示。

图 8-72　“凹凸”贴图效果

10. “反射”贴图通道

在该贴图通道中设置的贴图可以像镜子一样从表面反射图像，并且不需要设置贴图坐标。如果它周围的物体被移动，那么将会出现不同的贴图效果，如图 8-73 所示。

图 8-73　“反射”贴图效果

11. “折射”贴图通道

在该贴图通道中设置的贴图可以弯曲光线，并能透过透明对象显示出变形的图像，常用来表现水、玻璃等材质的折射效果，如图 8-74 所示。

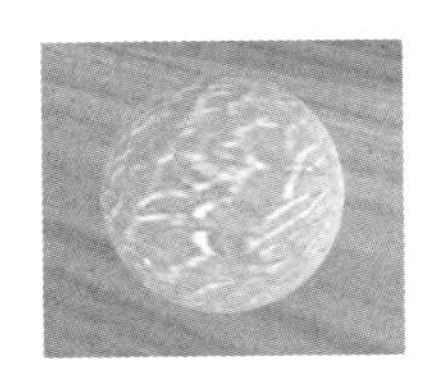

图 8-74　“折射”贴图效果

12. “置换”贴图通道

在该贴图通道中设置的贴图将使物体产生一定的位移，产生一种膨胀的效果。

8.5.3 贴图类型

单击以上任意一种贴图通道所对应的 无贴图 按钮，都会打开“材质/贴图浏览器”对话框，在该对话框中可以选择合适的贴图类型。系统提供了 39 种标准贴图，部分如图 8-75 所示。

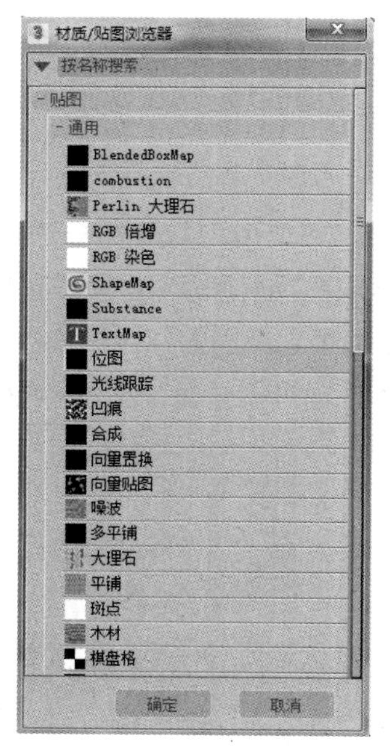

图 8-75 部分贴图类型

下面将介绍一些较为常用的贴图类型，其他贴图的使用方法大同小异，只是产生的效果不同而已。

1. 位图贴图

位图是最简单的贴图类型。在 3ds Max 中，它支持多种图像格式，如.gif、.jpg、.psd、.tif 等，所以用户可以选择以拍照、扫描等手段获取的图片作为位图使用。使用位图可以真实地模拟出现实中的物体表面，这就使得位图成为最常用的二维贴图。

在“材质编辑器”窗口中选择一个空材质球，然后单击“漫反射”右侧的“无”按钮，在弹出的“材质/贴图浏览器”对话框中双击“位图”选项，即可在弹出的“选择位图图像文件”对话框中选择一张位图贴图，如图 8-76 所示。

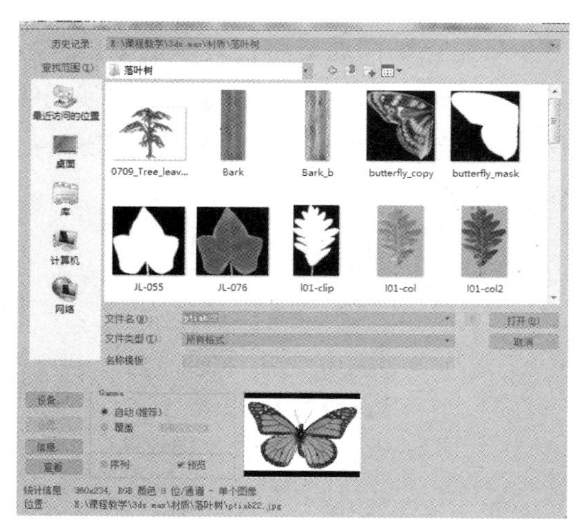

图 8-76 “选择位图图像文件”对话框

此时在“材质编辑器”窗口中就进入了“位图”层级，如图 8-77 所示。

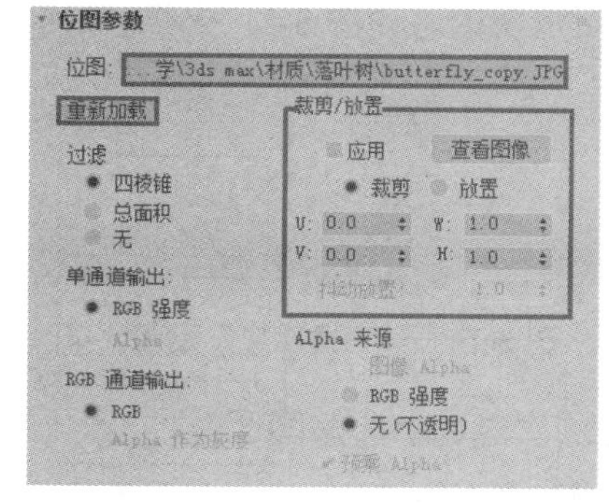

图 8-77 “位图参数”卷展栏

“位图参数”卷展栏中的主要参数介绍如下。

（1）...学\3ds max\材质\落叶树\butterfly_copy.JPG 按钮：单击该按钮可以打开“选择位图图像文件”对话框，在该对话框中可以重新选择指定的位图文件。

（2）“重新加载”按钮：单击该按钮可以重新载入位图。

（3）“裁剪/放置”组合框：该组合框用于裁剪图像或改变图像的尺寸及位置。

2. 棋盘格贴图

应用棋盘格贴图可以将两种颜色或图案以国际象棋棋盘的形式组织起来，以产生相互交错的棋盘格效果。系统默认为黑白交错的图案，如图 8-78 所示。

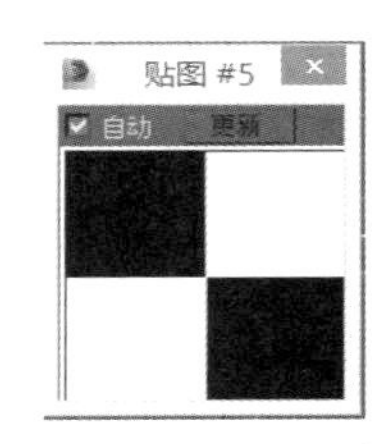

图 8-78　棋盘格贴图

此外，还可以通过设置产生多种颜色的方格图案，经常用于模拟一些格状纹理，如在室内设计中用于砖墙或地面等有序纹理效果的表现。

在“材质编辑器”窗口中选择一个空材质球，单击“漫反射”右侧的“无”按钮，在弹出的“材质/贴图浏览器”对话框中双击“棋盘格”选项，在“材质编辑器”窗口中就会出现“棋盘格参数”卷展栏，如图 8-79 所示。

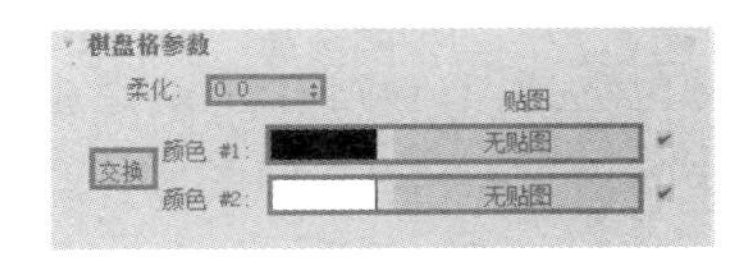

图 8-79　“棋盘格参数”卷展栏

（1）“柔化”微调框：通过调整该微调框中的数值，可以控制贴图中两个方格区域间边界的模糊程度。

（2）“颜色#1”选项：单击颜色框即可打开“颜色选择器：颜色 1”对话框，从中可以设定棋盘区“颜色 1”中的颜色；单击右侧的“无贴图”按钮可以打开“材质/贴图浏览器”对话框，从中可以选择贴图来代替棋盘的颜色。

（3）“颜色#2”选项：该选项中包括与“颜色#1”选项相同的设置，用来控制棋盘区“颜色 2”中的颜色。

（4）“交换”按钮：单击该按钮，系统会将“颜色#1”与“颜色#2”选项中的设置进行交换。

3. 渐变贴图

渐变贴图将使用 3 种颜色或贴图来创建渐变过渡效果，常用来作为其他贴图的 Alpha 通道和过滤器，也可以作为不透明贴图。

渐变贴图有线性渐变和径向渐变两种类型，3 种色彩或贴图可以随意调节，颜色区域比例的大小也可以调节，通过贴图将会产生无限级别的渐变和图像嵌套效果。此外，渐变贴图还有“噪波”参数可以调节，用于控制相互区域间融合时产生的杂乱效果。

在“材质编辑器”窗口中选择一个空材质球，单击“漫反射”右侧的“无”按钮，在弹出的“材质/贴图浏览器”对话框中双击“渐变”选项，在“材质编辑器”窗口中就会出现“渐变参数”卷展栏，如图 8-80 所示。

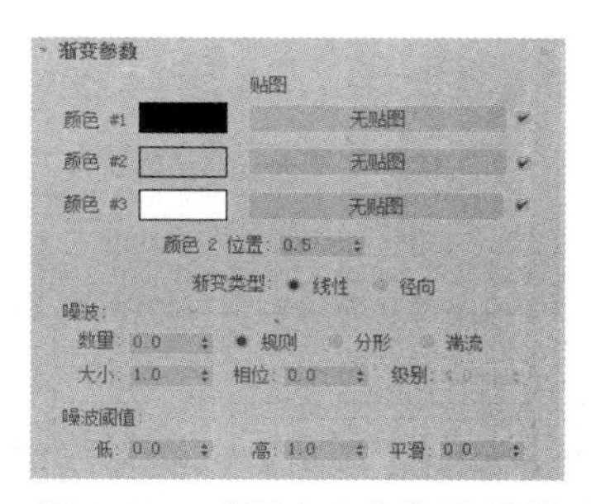

图 8-80 “渐变参数”卷展栏

（1）“颜色#1”“颜色#2”“颜色#3”选项：这 3 个选项分别用于设置贴图的 3 个渐变区域。单击各个选项右侧的颜色块，会打开对应区域的“颜色选择器”对话框，从中可以设置不同区域的颜色。单击“无贴图”按钮，即可在打开的“材质/贴图浏览器”对话框中指定贴图，如图 8-81 所示。

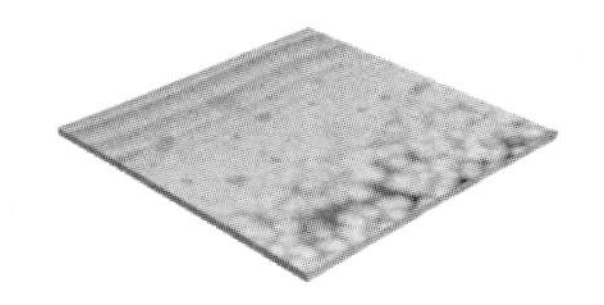

图 8-81 “渐变参数”设置效果

（2）“颜色 2 位置”微调框：用于设置中间色的位置，系统默认值为 0.5，此时 3 种颜色平均分配区域。

（3）“渐变类型”选项：用于选择两种渐变方式。如图 8-82 所示，左图为“线性”渐变方式，右图为“径向”渐变方式。

图 8-82 “线性”和“径向”渐变方式

（4）“噪波”组合框：用于设置噪波。

（5）“噪波阈值”组合框：可以设置噪波的阈值。

4. 噪波贴图

噪波贴图是使用比较频繁的贴图类型，它通过两种颜色的随机混合产生一种噪波效果，常用于制作无序贴图效果，如图 8-83 所示。

图 8-83 噪波贴图

在“材质编辑器”窗口中选择一个空材质球，单击“漫反射”右侧的“无”按钮，在弹出的“材质/贴图浏览器”对话框中双击“噪波”选项，在“材质编辑器”窗口中就会出现“噪波参数”卷展栏，如图 8-84 所示。

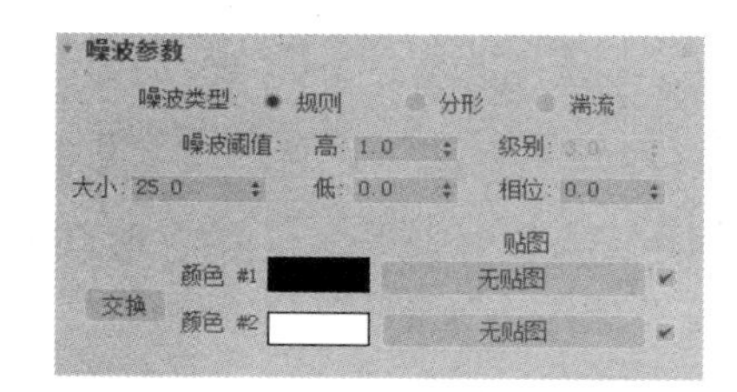

图 8-84 “噪波参数”卷展栏

（1）“噪波类型”选项：包括“规则”、“分形”和“湍流”3 个单选按钮，选择不同的类型将产生不一样的噪波效果。

（2）“大小”微调框：用于设置噪波纹理的大小，数值越大，噪波越粗糙。

（3）“颜色#1”选项：单击颜色块即可打开“颜色选择器：颜色 1”对话框，从中可以设定噪波“颜色 1”中的颜色；单击右侧的“无贴图”按钮可以打开“材质/贴图浏览器”对话框，从中可以选择一张贴图，以形成嵌套的噪波效果。

（4）“颜色#2”选项：该选项中的设置

与“颜色#1”选项相同，用于设置噪波的另一种颜色或贴图。

（5）“交换”按钮：单击该按钮，系统会将“颜色#1”与“颜色#2”选项中的设置进行交换。

5. 光线跟踪贴图

光线跟踪贴图是一种非常重要的贴图类型，它将提供完全的反射和折射效果，常用于表现玻璃、大理石、金属等带有反射和折射现象的材料。该类贴图的使用优于反射/折射贴图，但渲染时间相对较长。

光线跟踪贴图可以与其他贴图同时使用，并且可以用于任何材质，一般在反射贴图通道中使用，用来表现带有反射的材质。

在“材质编辑器”窗口中选择一个空材质球，单击“漫反射”右侧的“无”按钮，在弹出的“材质/贴图浏览器”对话框中双击“光线跟踪”选项，在“材质编辑器”窗口中就会出现“光线跟踪器参数”“衰减”“基本材质扩展”“折射材质扩展”4 个卷展栏，如图 8-85 所示。各卷展栏中的参数一般采用系统默认值。图 8-86 所示即为应用光线跟踪贴图后的效果。

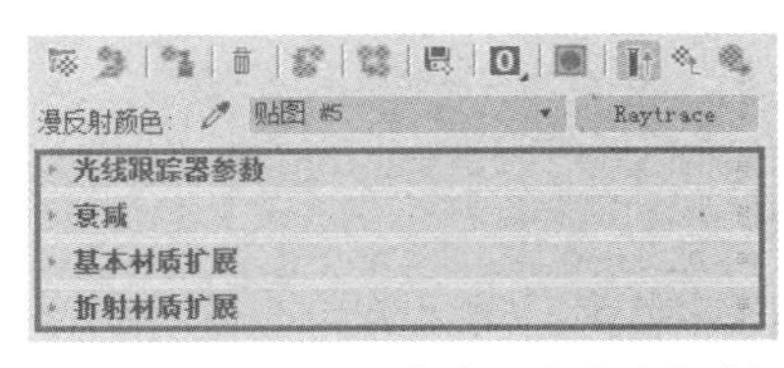

图 8-85　光线跟踪贴图参数卷展栏

图 8-86　光线跟踪贴图效果

6. 平铺贴图

平铺贴图是一种计算机根据特定的模式计算出来的图案，在效果图的制作过程中有着广泛的应用。利用平铺贴图可以制作砖墙材质、大理石方格地面、铝扣板、装饰线、马赛克等。该贴图可以说是制作地面材质最常用，也是最好用的一种。

在“材质编辑器”窗口中选择一个空材质球，单击“漫反射”右侧的“无”按钮，在弹出的“材质/贴图浏览器”对话框中双击“平铺”选项，在“材质编辑器”窗口中就会进入“平铺”贴图级别。平铺贴图的参数面板主要包含两部分内容，分别是“标准控制”与“高级控制”卷展栏，如图 8-87 所示。

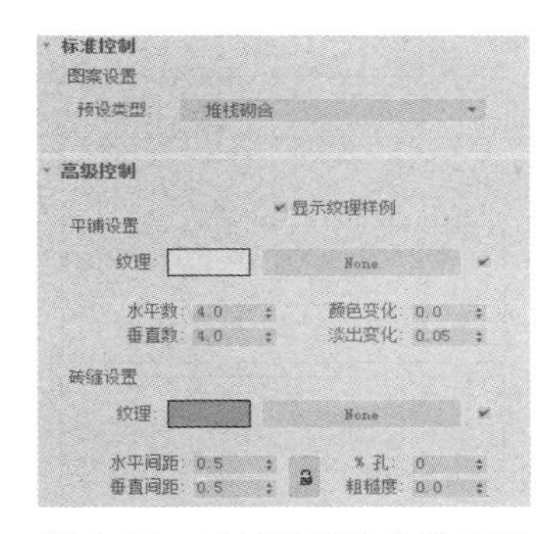

图 8-87　平铺贴图的参数面板

1）“标准控制”卷展栏

在“标准控制”卷展栏中的“预设类型”下拉列表中，系统提供了 8 种常用的建筑拼图图案，如图 8-88 所示，用户可以选择任意一种需要的图案。

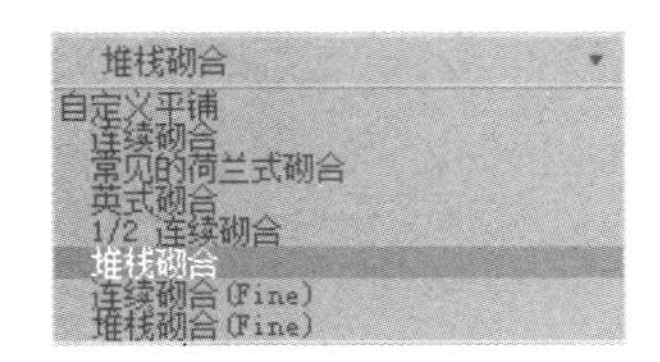

图 8-88　8 种常用的建筑拼图图案

2）“高级控制”卷展栏

“高级控制”卷展栏中主要包括“平铺设置”和“砖缝设置”等组合框，用来设置平铺的颜色、图案、数量、间距等参数。图 8-89 所示即为平铺贴图的效果。

图 8-89　平铺贴图效果

第9章

真实材质

通过上一章的学习，大家应该已经掌握了 3ds Max 中材质编辑器的功能。本章将介绍在制作效果图时经常会应用到的材质。

9.1 玻璃材质

玻璃材质是制作效果图时经常用到的材质之一，针对玻璃材质有很多种不同的编辑方法。

9.1.1 透明玻璃一

（1）在场景中创建一个长方体和一个球体，并在“漫反射”贴图通道中给长方体赋予“棋盘格”贴图，调整贴图平铺数量，效果如图 9-1 所示。

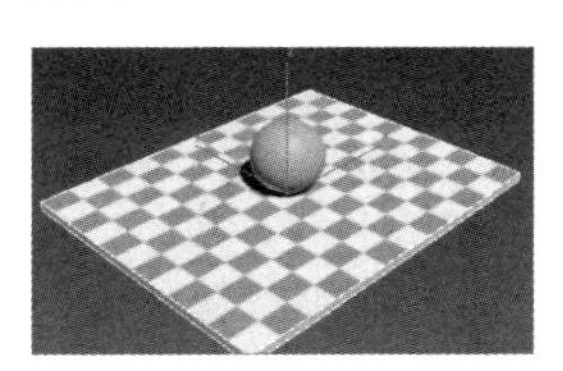

图 9-1　创建场景

（2）在视图中选择球体模型，打开“材质编辑器”窗口，在材质示例窗中选择一个空材质球，修改其名称为“玻璃”，然后单击 Standard 按钮，在弹出的“材质/贴图浏览器”对话框中双击“光线跟踪”选项，如图 9-2 所示。

（3）在“光线跟踪基本参数”卷展栏中单击“发光度”右侧的颜色块，如图 9-3 所示；然后在弹出的“颜色选择器：发光度”对话框中的“红”“绿”“蓝”微调框中分别输入数值“116”“110”“238”，单击“确定”按钮，如图 9-4 所示。

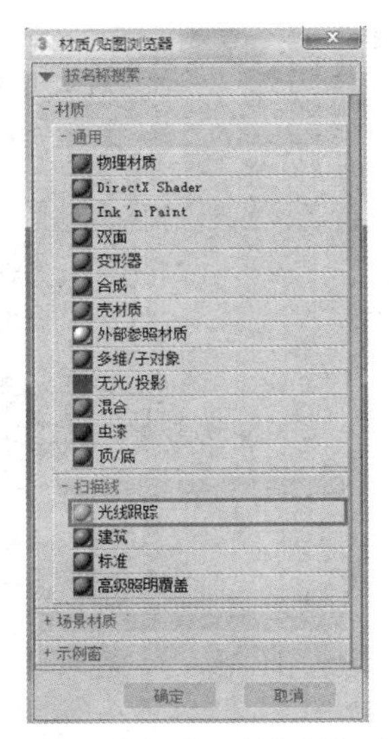

图 9-2　“材质/贴图浏览器”对话框

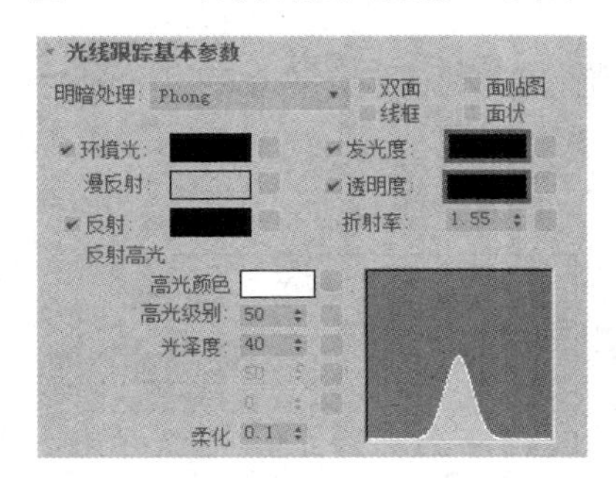

图 9-3　“光线跟踪基本参数”卷展栏

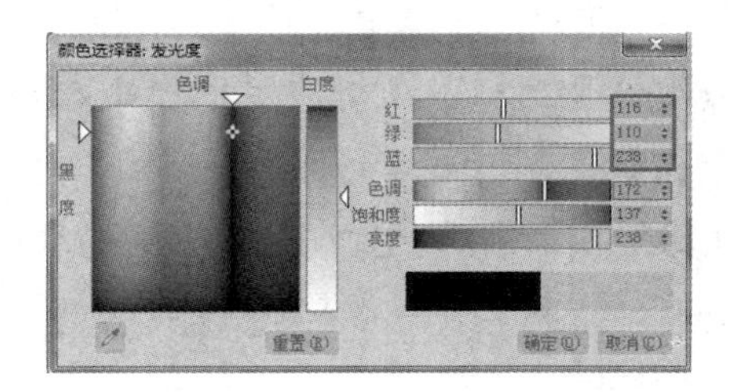

图 9-4　“颜色选择器：发光度”对话框

（4）在“光线跟踪基本参数”卷展栏中单击“透明度”右侧的颜色块，如图 9-3 所示；然后在弹出的“颜色选择器：透明度”对话框中的“红”“绿”“蓝”微调框中均输入数值“184”，单击“确定”按钮，如图 9-5 所示。

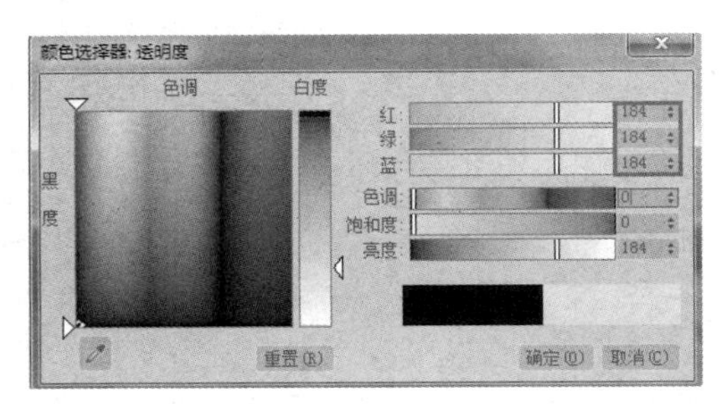

图 9-5　“颜色选择器：透明度”对话框

（5）单击“将材质指定给选定对象”按钮，将制作的材质赋予创建的球体造型，然后单击“渲染产品”按钮进行渲染，效果如图 9-6 所示。

图 9-6　透明玻璃一效果

9.1.2　透明玻璃二

（1）在“材质编辑器”窗口中选择一个空材质球，然后在“明暗器基本参数”卷展栏中的“明暗类型”下拉列表中选择“各向异性”选项，如图 9-7 所示。

图 9-7　“明暗器基本参数”卷展栏

（2）在“各向异性基本参数”卷展栏中单击“漫反射”右侧的颜色块，在弹出的“颜色选择器：漫反射颜色”对话框中的“红”“绿”“蓝”微调框中分别输入数值“150”“162”“231”，然后单击“确定”按钮，如图 9-8 所示。

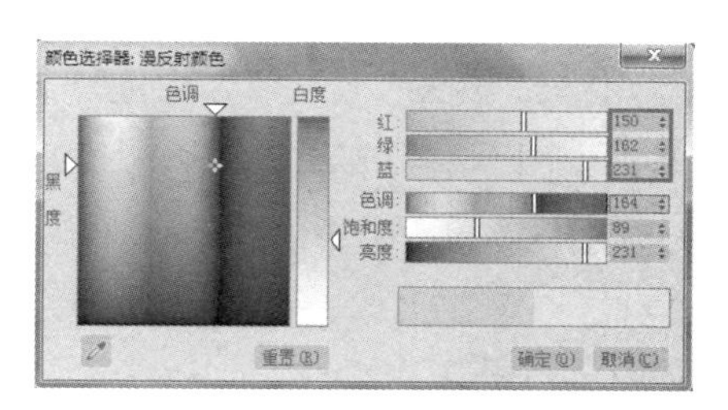

图 9-8　“颜色选择器：漫反射颜色”对话框

（3）在“各向异性基本参数”卷展栏中的“不透明度”微调框中输入数值“50”，在“高光级别”微调框中输入数值“50”，在“光泽度”微调框中输入数值“20”，在“各向异性”微调框中输入数值“100”，如图 9-9 所示。

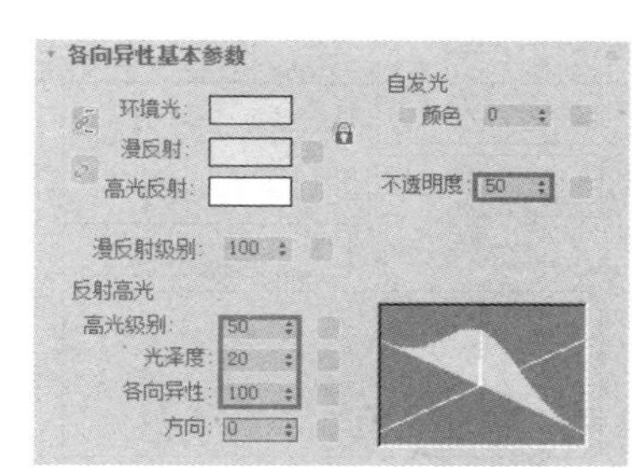

图 9-9　“各向异性基本参数”卷展栏

（4）打开“扩展参数”卷展栏，在“数量”微调框中输入数值“100”，如图 9-10 所示。

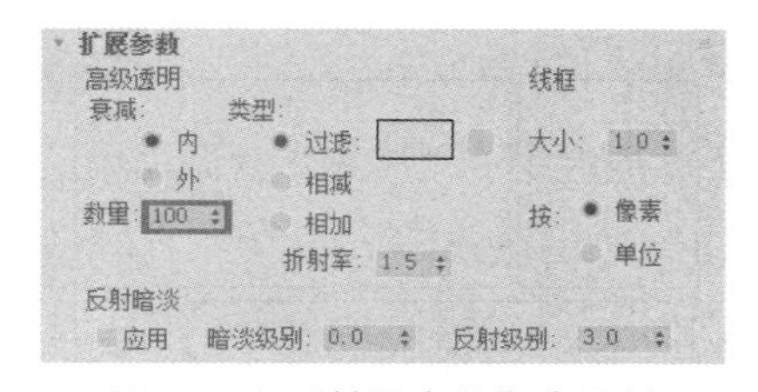

图 9-10　“扩展参数”卷展栏

（5）打开“贴图”卷展栏，勾选“反射”复选框，并在其“数量”微调框中输入数值“60”，然后单击其右侧的“无贴图”按钮，在弹出的“材质/贴图浏览器”对话框中双击“薄壁折射”选项，如图 9-11 所示。

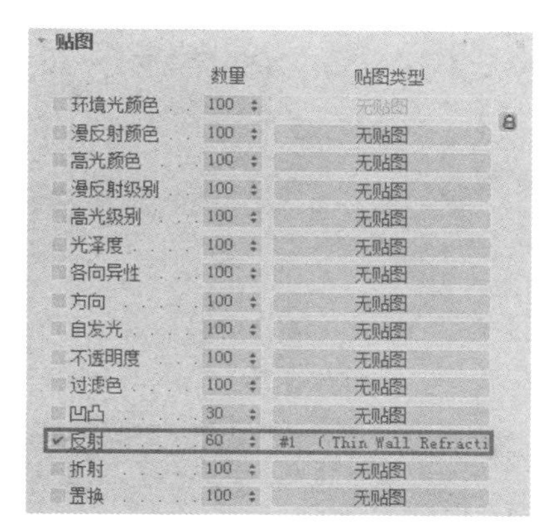

图 9-11　“贴图”卷展栏

（6）单击“将材质指定给选定对象”按钮，将制作的材质赋予创建的球体造型，然后单击“渲染产品”按钮进行渲染，效果如图 9-12 所示。

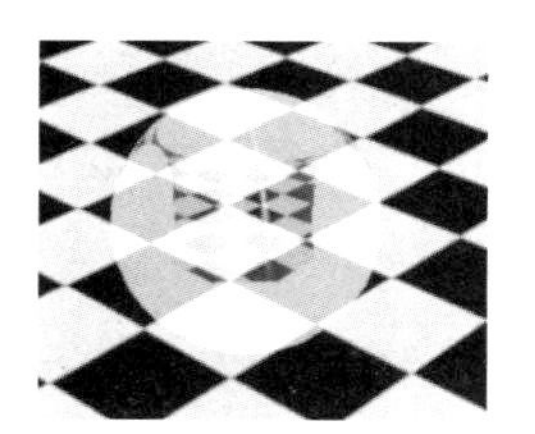

图 9-12　透明玻璃二效果

9.1.3　磨砂玻璃

（1）在“材质编辑器”窗口中选择一个空材质球，然后在“明暗器基本参数”卷展栏中的“明暗类型”下拉列表中选择“Phong”选项，如图 9-13 所示。

图 9-13　“明暗器基本参数”卷展栏

（2）在“Phong 基本参数”卷展栏中单击“漫反射”右侧的颜色块，如图 9-14 所示；然后在弹出的“颜色选择器：漫反射颜色”对话框中的“红”“绿”“蓝”微调框中分别输入数值“150”“150”“240”，单击“确定”按钮，如图 9-15 所示。

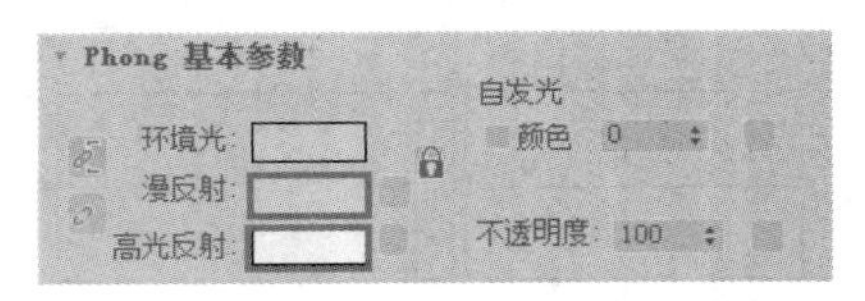

图 9-14　“Phong 基本参数”卷展栏

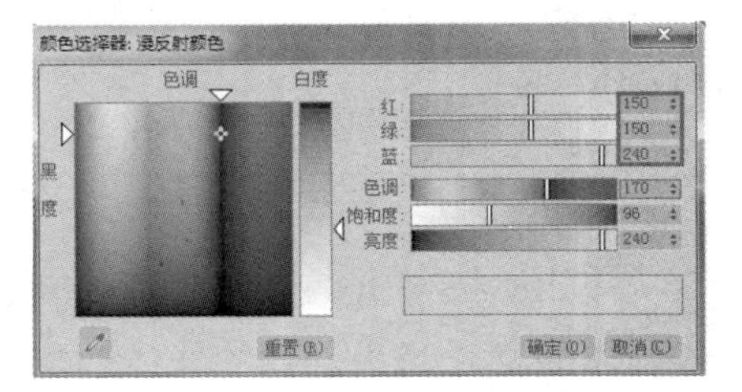

图 9-15　“颜色选择器：漫反射颜色”对话框

（3）在“Phong 基本参数”卷展栏中单击“高光反射”右侧的颜色块，如图 9-14 所示；在弹出的“颜色选择器：高光颜色”对话框中的“红”“绿”“蓝”微调框中均输入数值“255”，单击“确定”按钮，如图 9-16 所示。

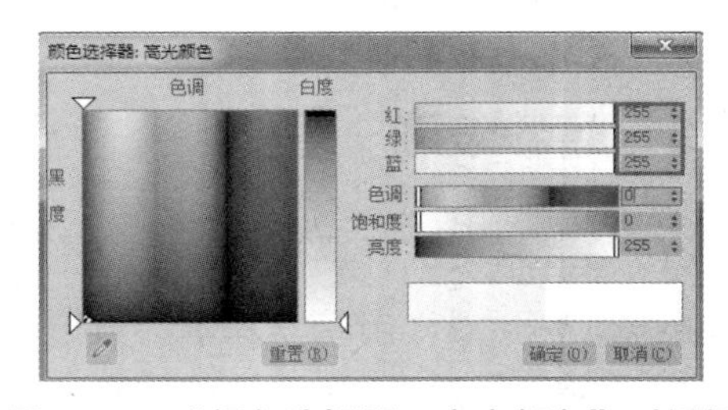

图 9-16　“颜色选择器：高光颜色”对话框

（4）在“Phong 基本参数”卷展栏中的“高光级别”微调框中输入数值“70”，在“光泽度”微调框中输入数值“45”，如图 9-17 所示。

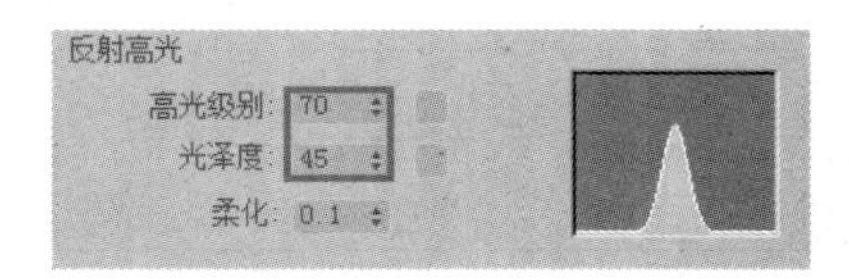

图 9-17　“反射高光”组合框

（5）打开“贴图”卷展栏，勾选“凹凸”复选框，如图 9-18 所示，然后单击其右侧的“无贴图”按钮，在弹出的“材质/贴图浏览器”对话框中双击“噪波”选项。进入“噪波”级别后，在“大小”微调框中输入数值“5”，如图 9-19 所示。

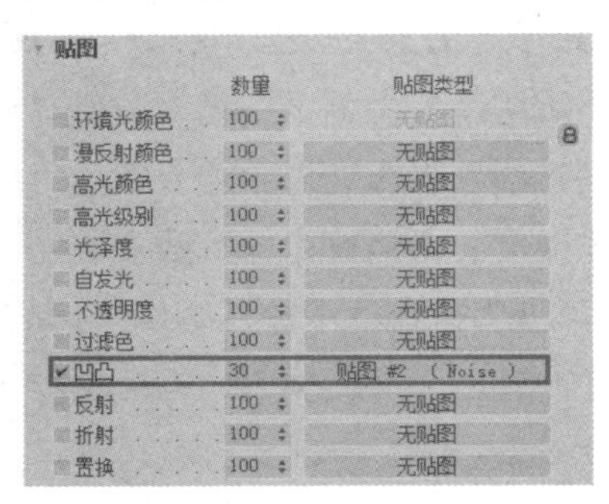

图 9-18　“贴图”卷展栏

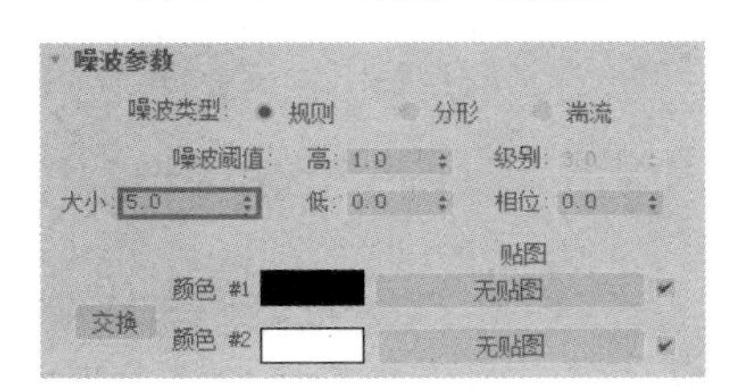

图 9-19　“噪波参数”卷展栏

（6）单击“转到父对象”按钮，返回上一层级别，如图 9-20 所示，设置“折射”“数量”微调框的数值为“60”，并为其指定一张“薄壁折射”贴图。然后在“薄壁折射参数”卷展栏中的“模糊”微调框中输入数值“10”，如图 9-21 所示。

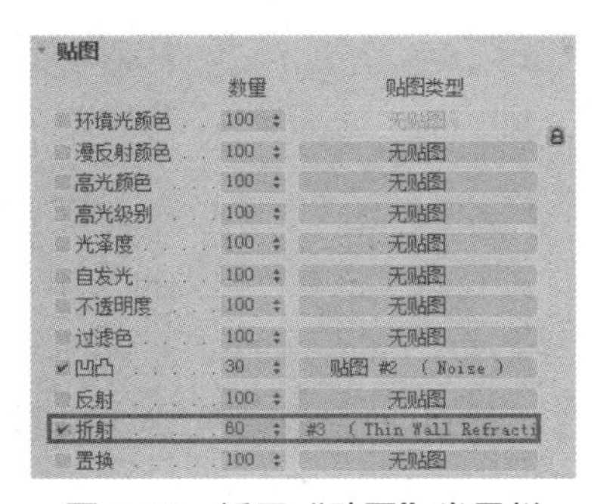

图 9-20　返回“贴图”卷展栏

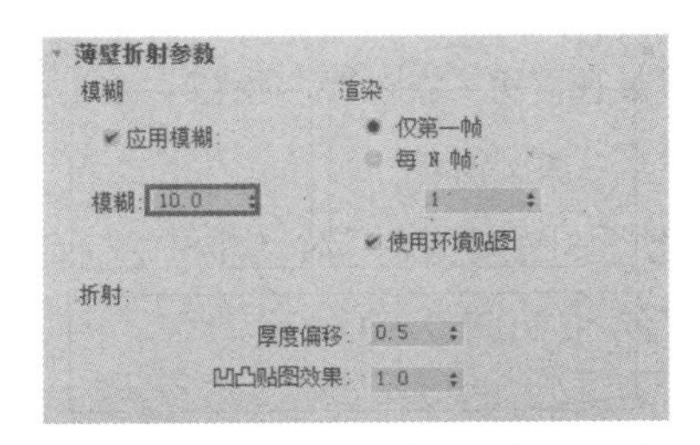

图 9-21　“薄壁折射参数”卷展栏

（7）单击“将材质指定给选定对象”按钮，将制作的材质赋予创建的球体造型，然后单击“渲染产品”按钮进行渲染，效果如图 9-22 所示。

图 9-22　磨砂玻璃效果

9.2　金属材质

金属材质的编辑方法很多，下面介绍两种较为常用的方法。

9.2.1　普通金属

（1）在场景中创建一个长方体和一个茶壶，并在“漫反射”贴图通道中给长方体赋予“棋盘格”贴图，调整贴图平铺数量，效果如图 9-23 所示。

图 9-23　创建场景

（2）在视图中选择茶壶模型，打开“材质编辑器”窗口，在其中选择一个空材质球，然后在“明暗器基本参数”卷展栏中的“明暗类型”下拉列表中选择“金属”选项，并勾选“双面”复选框，如图 9-24 所示。

图 9-24　“明暗器基本参数”卷展栏

（3）在“金属基本参数”卷展栏中取消选中“锁定”按钮，然后单击“环境光”右侧的颜色块，在弹出的“颜色选择器：环境光颜色”对话框中的“红”“绿”“蓝”微调框中均输入“0”，最后单击“确定”按钮，如图 9-25 和图 9-26 所示。

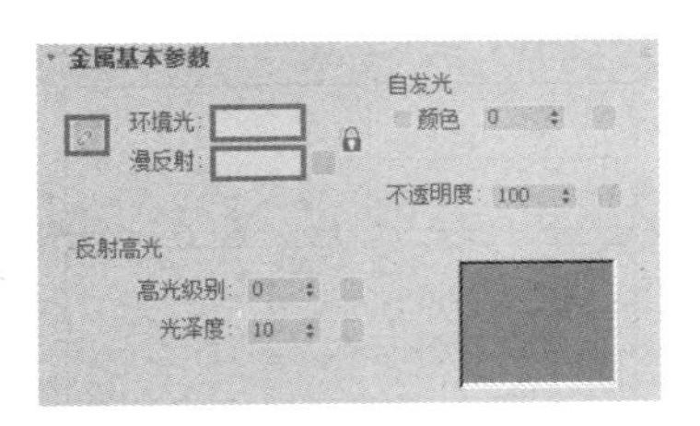

图 9-25　“金属基本参数”卷展栏

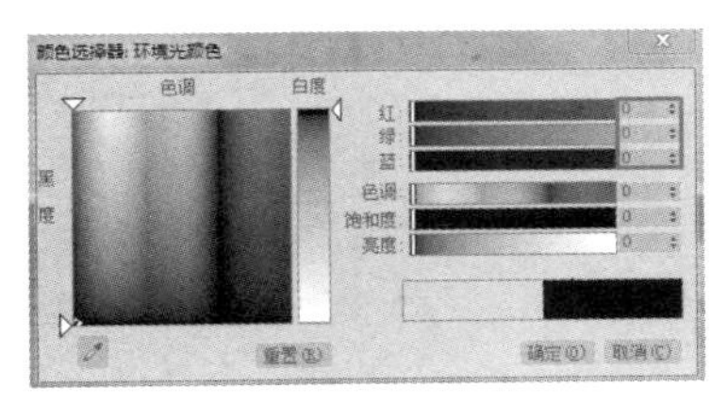

图 9-26　“颜色选择器：环境光颜色”对话框

（4）单击“漫反射”右侧的颜色块，在弹出的“颜色选择器：漫反射颜色”对话框中的“红”“绿”“蓝”微调框中均输入数值“255”，然后单击“确定”按钮，如图 9-27 所示。

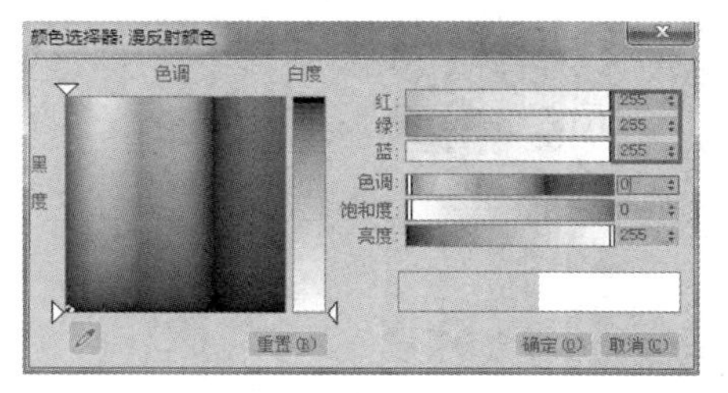

图 9-27　“颜色选择器：漫反射颜色”对话框

（5）在“反射高光”组合框中的“高光级别”微调框中输入数值“120”，在“光泽度”微调框中输入数值“60”，如图 9-28 所示。

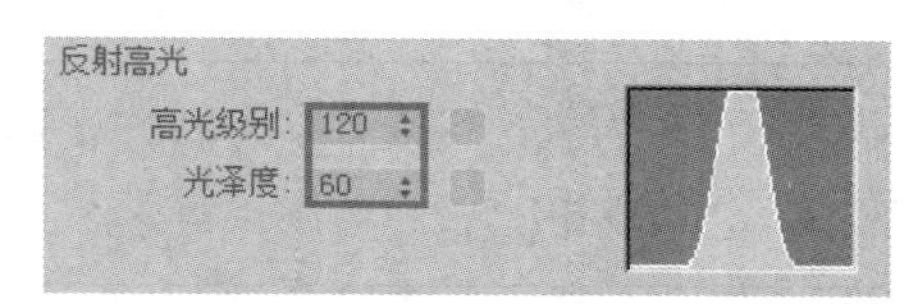

图 9-28　“反射高光”组合框

（6）打开“贴图”卷展栏，勾选“反射”复选框，并在其“数量”微调框中输入数值“70”，然后为其指定一张“光线跟踪”贴图，如图 9-29 所示。

贴图	数量	贴图类型
环境光颜色	100	无贴图
漫反射颜色	100	无贴图
高光颜色	100	无贴图
高光级别	100	无贴图
光泽度	100	无贴图
自发光	100	无贴图
不透明度	100	无贴图
过滤色	100	无贴图
凹凸	30	无贴图
✔反射	70	贴图 #4 （Raytrace）
折射	100	无贴图
置换	100	无贴图

图 9-29　“贴图”卷展栏

（7）在“光线跟踪器参数”卷展栏中单击“背景”组合框中的“无”按钮，在弹出的“材质/贴图浏览器”对话框中双击“衰减”选项，结果如图 9-30 所示。

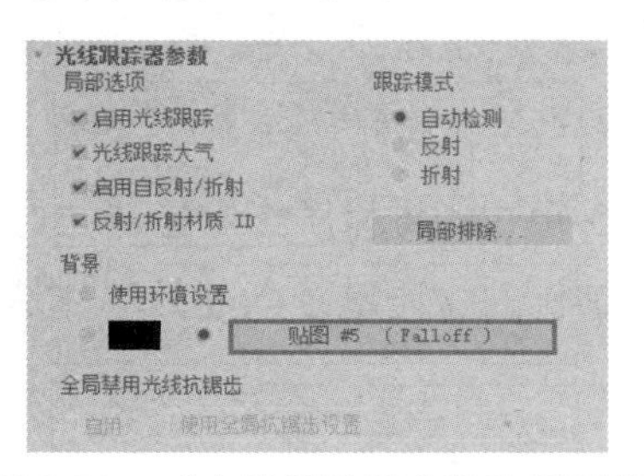

图 9-30　“光线跟踪器参数”卷展栏

（8）单击“将材质指定给选定对象”按钮，将制作的材质赋予创建的茶壶造型，然后单击“渲染产品”按钮进行渲染，效果如图 9-31 所示。

图 9-31　普通金属效果

9.2.2　纹理金属

（1）在视图中选择茶壶造型，打开“材质编辑器”窗口，在其中选择一个空材质球，然后在“明暗器基本参数”卷展栏中的“明暗类型”下拉列表中选择“金属”选项，并勾选“双面”复选框，如图 9-32 所示。

图 9-32　“明暗器基本参数”卷展栏

（2）在“金属基本参数”卷展栏中取消选中“锁定”按钮，然后单击“环境光”右侧的颜色块，在弹出的“颜色选择器：环境光颜色”对话框中的“红”“绿”“蓝”微调框中均输入“0”，最后单击“确定”按钮，如图 9-33 和图 9-34 所示。

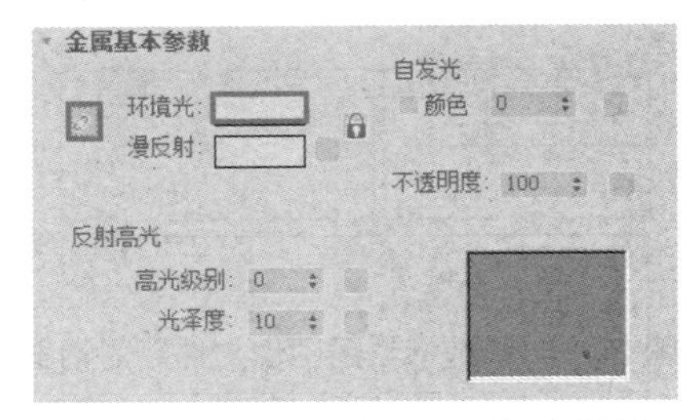

图 9-33　“金属基本参数”卷展栏

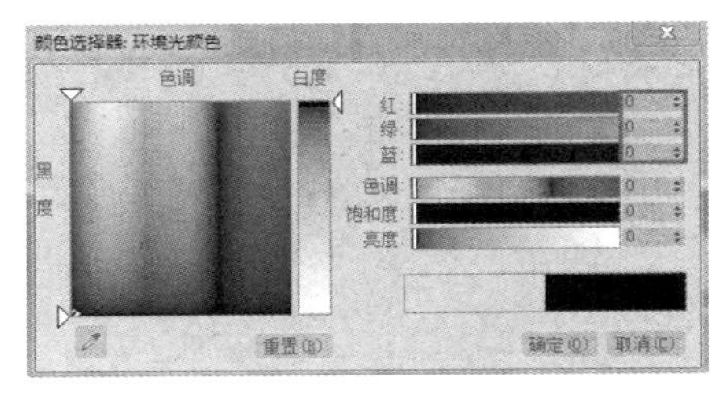

图 9-34　“颜色选择器：环境光颜色”对话框

（3）在“反射高光”组合框中的“高光级别”微调框中输入数值“120”，在“光泽度”微调框中输入数值“60”，如图 9-35 所示。

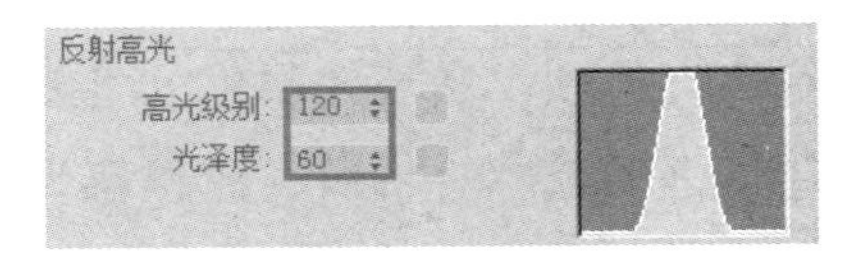

图 9-35　“反射高光”组合框

（4）打开“贴图”卷展栏，勾选“反射”复选框，单击其右侧的“无贴图”按钮，在弹出的“材质/贴图浏览器”对话框中双击“位图”贴图，然后在弹出的“选择位图图像文件”对话框中选择一张合适的贴图，如图 9-36 所示。

贴图

	数量	贴图类型
环境光颜色	100	无贴图
漫反射颜色	100	无贴图
高光颜色	100	无贴图
高光级别	100	无贴图
光泽度	100	无贴图
自发光	100	无贴图
不透明度	100	无贴图
过滤色	100	无贴图
凹凸	30	无贴图
✔ 反射	100	贴图 #6 (3.tif)
折射	100	无贴图
置换	100	无贴图

图 9-36　“贴图”卷展栏

（5）单击“将材质指定给选定对象”按钮，将制作的材质赋予创建的茶壶造型，然后单击“渲染产品”按钮进行渲染，效果如图 9-37 所示。

图 9-37　纹理金属效果

9.3　木纹材质

在 3ds Max 中，木纹材质有很多种编辑方法，下面介绍两种较为常用的方法。

9.3.1　高级照明覆盖木纹材质

（1）在视图中创建一个长方体，如图 9-38 所示。

图 9-38　长方体模型

（2）打开“材质编辑器”窗口，在“明

暗器基本参数”卷展栏中的“明暗类型”下拉列表中选择“Phong”选项，然后在“高光级别”微调框中输入数值“50”，在“光泽度”微调框中输入数值“30”，如图 9-39 所示。

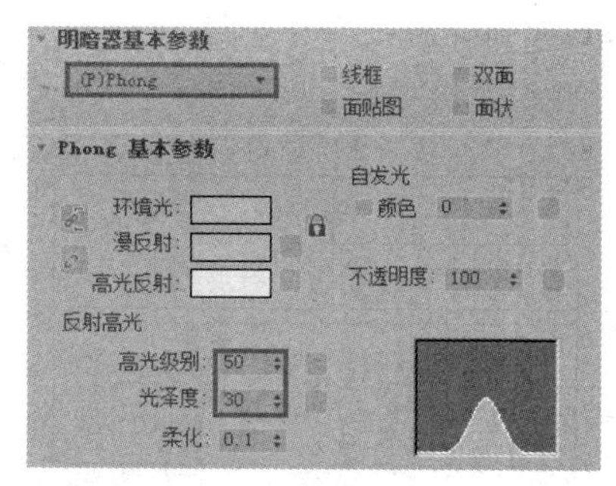

图 9-39　“材质编辑器”窗口

（3）打开“贴图”卷展栏，勾选“漫反射颜色”复选框，单击其右侧的“无贴图”按钮，在弹出的“材质/贴图浏览器”对话框中双击“位图”贴图，然后在弹出的“选择位图图像文件”对话框中选择一张木纹贴图，如图 9-40 和图 9-41 所示。

（4）单击“转到父对象”按钮，在“贴图”卷展栏中勾选“反射”复选框，并在其“数量”微调框中输入数值“10”，然后为其指定一张“光线跟踪”贴图，如图 9-42 所示。

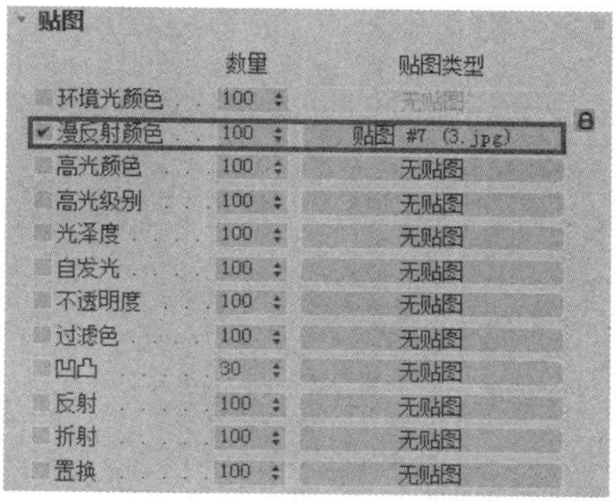

图 9-40　“贴图”卷展栏

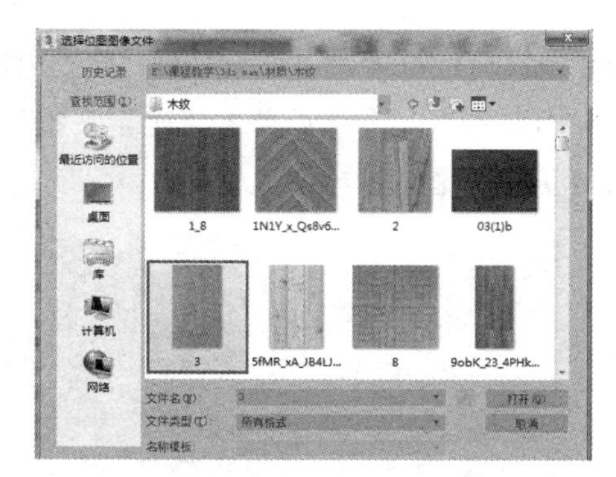

图 9-41　“选择位图图像文件”对话框

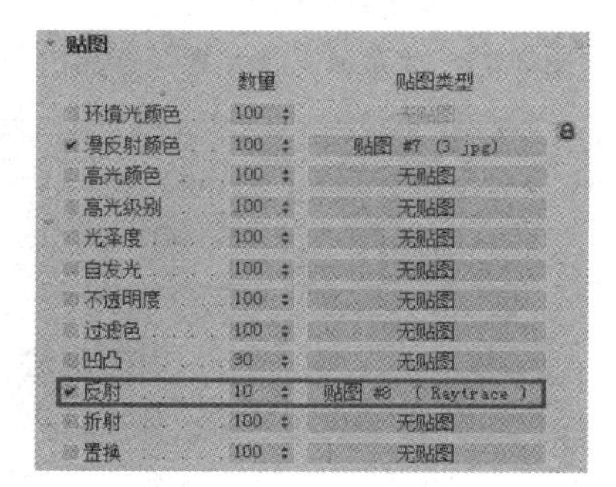

图 9-42　返回“贴图”卷展栏

（5）单击“转到父对象”按钮，返回上一层级别。单击 Standard 按钮，在弹出的“材质/贴图浏览器”对话框中双击“高级照明覆盖”选项，然后在弹出的“替换材质”对话框中选中“将旧材质保存为子材质？”单选按钮，最后单击“确定”按钮，如图 9-43 所示。

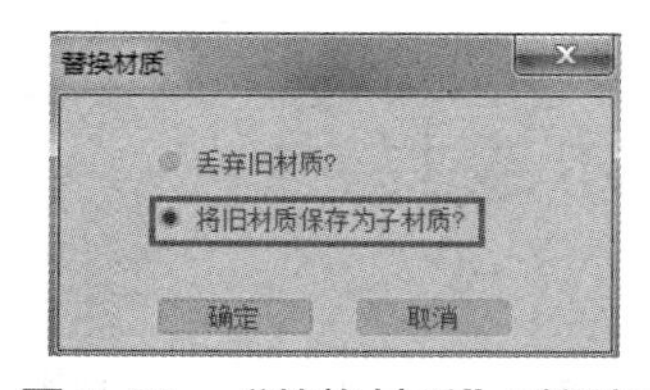

图 9-43　“替换材质”对话框

（6）在“高级照明覆盖材质”卷展栏中的“反射比”微调框中输入数值“0.7”，在“颜色渗出”微调框中输入数值“0.6”，如图 9-44 所示。

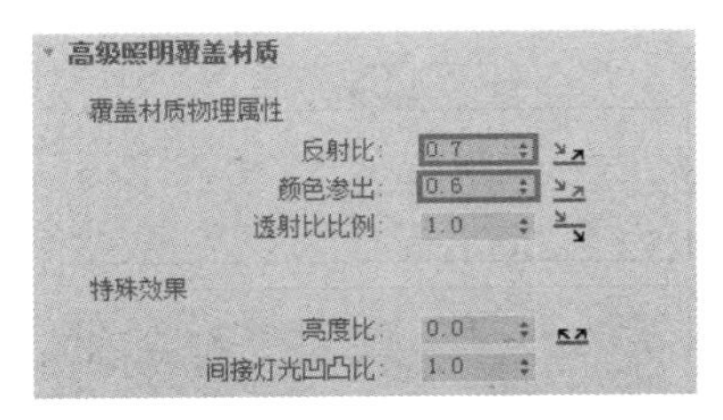

图 9-44　“高级照明覆盖材质”卷展栏

（7）单击“将材质指定给选定对象”按钮，将制作的材质赋予创建的长方体模型，然后单击“渲染产品”按钮进行渲染，效果如图 9-45 所示。

图 9-45　高级照明覆盖木纹材质效果

9.3.2　普通木纹材质

（1）在“材质编辑器”窗口中选择一个空材质球，然后在“明暗器基本参数”卷展栏中的“明暗类型”下拉列表中选择“Phong”选项，在“高光级别”微调框中输入数值“10”，如图 9-46 所示。

（2）打开“贴图”卷展栏，勾选“漫反射颜色”复选框，单击其右侧的“无贴图”按钮，在弹出的“材质/贴图浏览器”对话框中双击“位图”贴图，然后在弹出的“选择位图图像文件”对话框中选择一张木纹贴图，如图 9-47 所示。

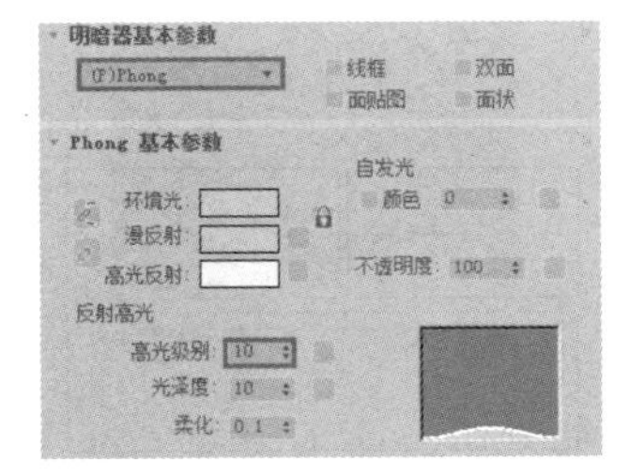

图 9-46　“材质编辑器”窗口

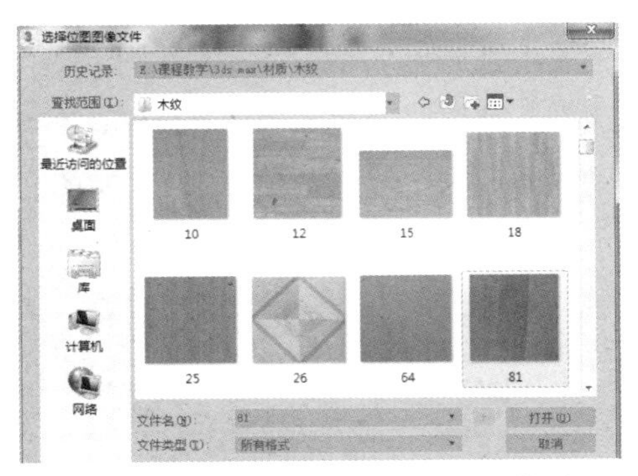

图 9-47　“选择位图图像文件”对话框

（3）单击“将材质指定给选定对象”按钮，将制作的材质赋予创建的长方体模型，然后单击“渲染产品”按钮进行渲染，效果如图 9-48 所示。

图 9-48　普通木纹材质效果

9.4　瓷器材质

瓷器材质具有很高的高光级别及光泽度，还具有一定的反射效果。在实际操作中，经常利用瓷器材质来表现餐具及卫生洁具等。瓷器材质的常用编辑方法如下。

（1）在视图中创建一个茶壶，如图 9-49 所示。

图 9-49　茶壶模型

（2）打开“材质编辑器”窗口，在“明暗器基本参数”卷展栏中的“明暗类型”下拉列表中选择“各向异性”选项，然后在“高光级别”微调框中输入数值“150”，在“光泽度”微调框中输入数值“70”，如图 9-50 所示。

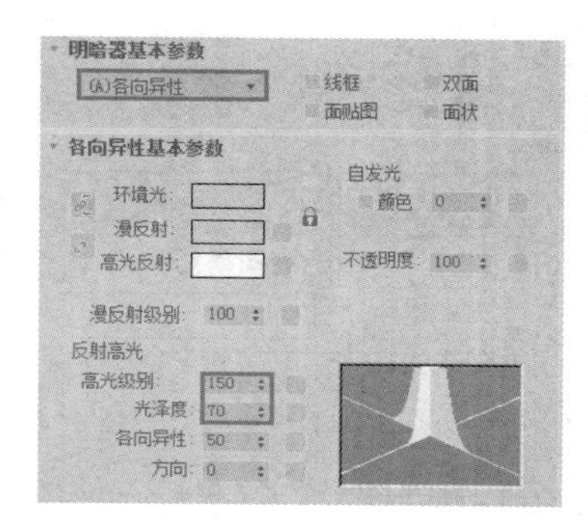

图 9-50　材质编辑器

（3）分别单击“环境光”“漫反射”及“高光反射”右侧的颜色块，在弹出的“颜色选择器”对话框中的“红”“绿”“蓝”微调框中均输入数值“255”，如图 9-51 所示。

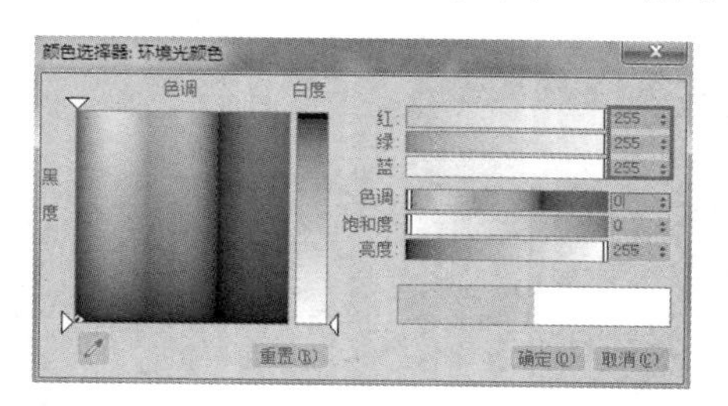

图 9-51　“颜色选择器：环境光颜色”对话框

（4）在“贴图”卷展栏中勾选“反射”复选框，并在其“数量”微调框中输入数值“15”，然后为其指定一张“光线跟踪”贴图，如图 9-52 所示。

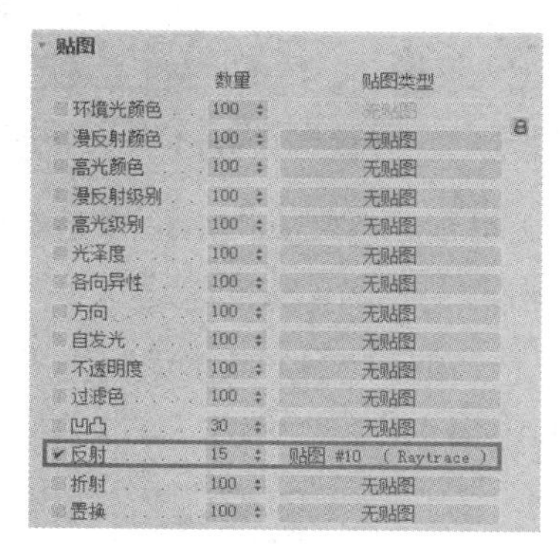

图 9-52　“贴图”卷展栏

（5）单击“转到父对象”按钮，返回上一层级别。单击 Standard 按钮，在弹出的“材质/贴图浏览器”对话框中双击“高级照明覆盖”选项，然后在弹出的“替换材质”对话框中选中“将旧材质保存为子材质？”单选按钮，最后单击“确定”按钮，如图 9-53 所示。

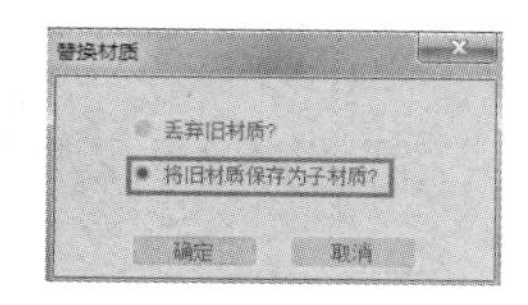

图 9-53　“替换材质”对话框

（6）在“高级照明覆盖材质”卷展栏中的“反射比”微调框中输入数值“0.7”，在“颜色渗出”微调框中输入数值“0.5”，如图 9-54 所示。

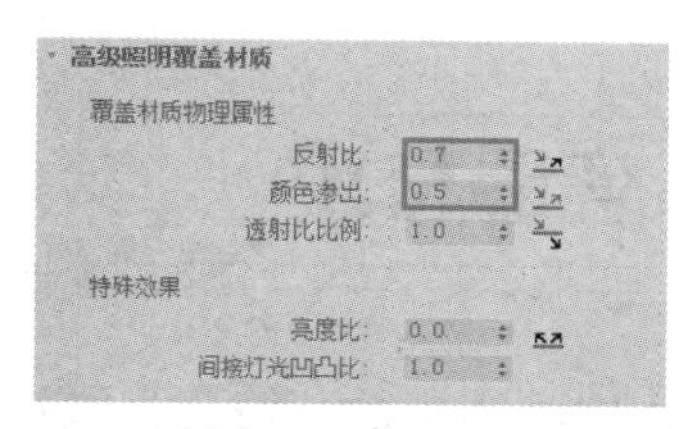

图 9-54　“高级照明覆盖材质”卷展栏

（7）单击“将材质指定给选定对象”按钮，将制作的材质赋予创建的茶壶模型，然后单击“渲染产品”按钮进行渲染，效果如图 9-55 所示。

图 9-55　瓷器材质效果

9.5　塑料材质

塑料材质可以分为两种：一种是透明塑料材质，另一种是不透明塑料材质。本节介绍这两种塑料材质的编辑方法。

9.5.1　透明塑料材质

（1）在视图中创建并复制球体，如图 9-56 所示。

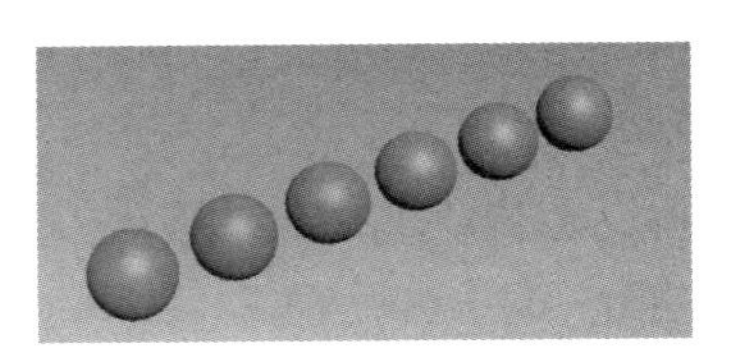

图 9-56　球体模型

（2）在视图中选择几个球体模型，在“材质编辑器”窗口中选择一个空材质球，然后单击 Standard 按钮，在弹出的“材质/贴图浏览器”对话框中双击“光线跟踪”贴图，即可打开“光线跟踪基本参数”卷展栏，如图 9-57 和图 9-58 所示。

图 9-57　“材质/贴图浏览器”对话框

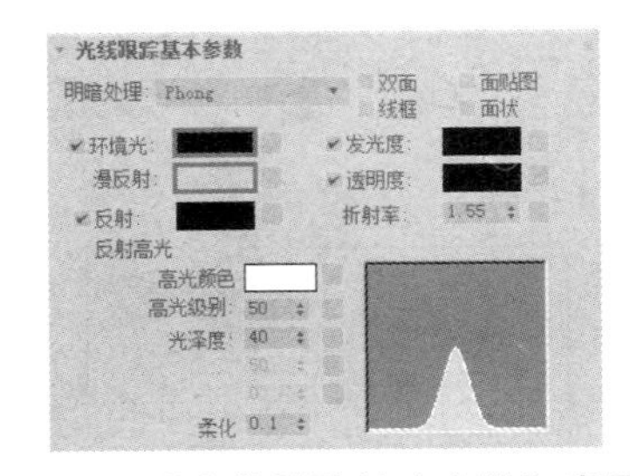

图 9-58　“光线跟踪基本参数”卷展栏

（3）在打开的“光线跟踪基本参数”卷展栏中单击“环境光”右侧的颜色块，在弹出的“颜色选择器：环境光”对话框中的“亮度”微调框中输入数值“60”，然后单击“确定”按钮，如图 9-59 所示。

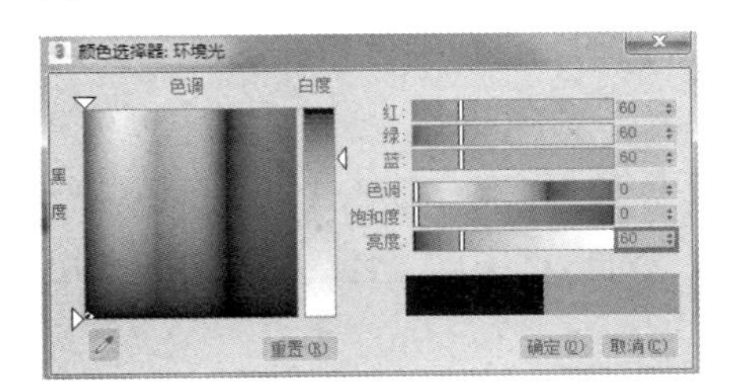

图 9-59　“颜色选择器：环境光”对话框

（4）单击“漫反射”右侧的颜色块，在弹出的“颜色选择器：漫反射”对话框中的“亮度”微调框中输入数值“130”，然后单击“确定”按钮，如图 9-60 所示。

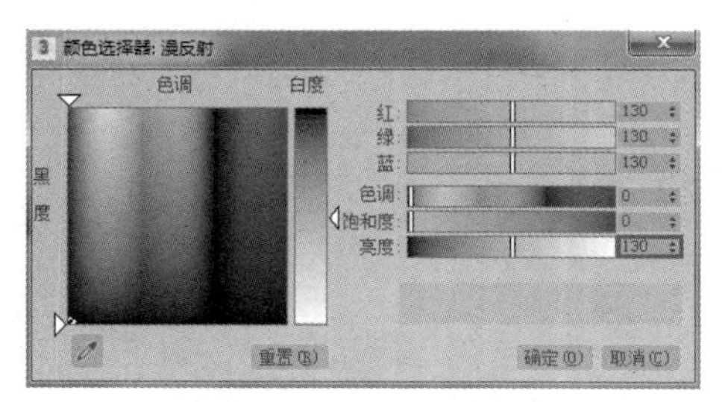

图 9-60　“颜色选择器：漫反射”对话框

（5）在“光线跟踪基本参数”卷展栏中取消勾选“发光度”(取消勾选后变为“自发光”）与“透明度”复选框，然后在“透明度”右侧的文本框中输入数值“85”，在“折射率”右侧的文本框中输入数值“1.45”；在“高光级别”微调框中输入数值“110”，在“光泽度”微调框中输入数值“50”，如图 9-61 所示。

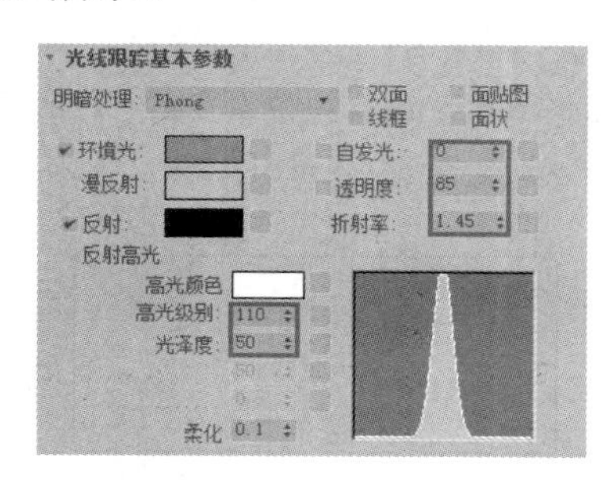

图 9-61　设置“光线跟踪基本参数”卷展栏中的参数

（6）打开“扩展参数”卷展栏，单击“特殊效果”组合框中“荧光”右侧的颜色块，如图 9-62 所示；在弹出的“颜色选择器：荧光”对话框中的“红”“绿”“蓝”微调框中分别输入数值“50”“0”“215”，然后单击“确定”按钮，如图 9-63 所示。

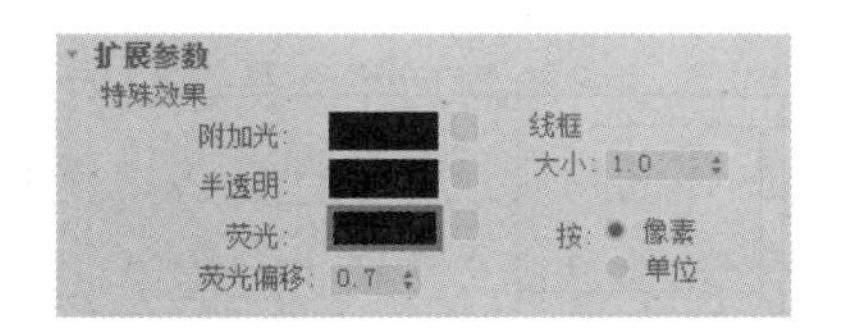

图 9-62　“扩展参数”卷展栏

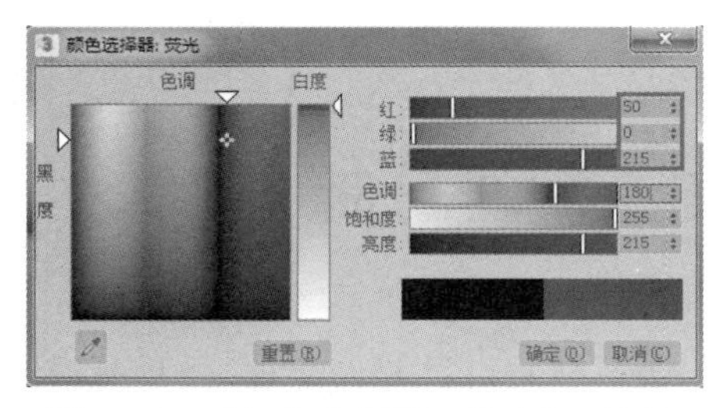

图 9-63　“颜色选择器：荧光”对话框

（7）单击“将材质指定给选定对象”按钮，将制作的材质赋予创建的球体模型，然后单击“渲染产品”按钮进行渲染，效果如图 9-64 所示。

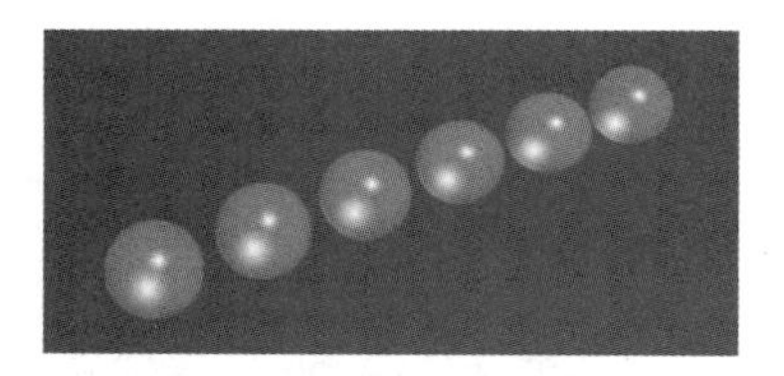

图 9-64　透明塑料材质效果

9.5.2　不透明塑料材质

（1）打开“材质编辑器”窗口，在“明暗器基本参数”卷展栏中的“明暗类型”下拉列表中选择“各向异性”选项；单击“漫反射”右侧的颜色块，在弹出的“颜色选择器：漫反射颜色”对话框中的“红”“绿”“蓝”微调框中分别输入数值“150”“157”“218”，然后单击“确定”按钮，如图 9-65 和图 9-66 所示。

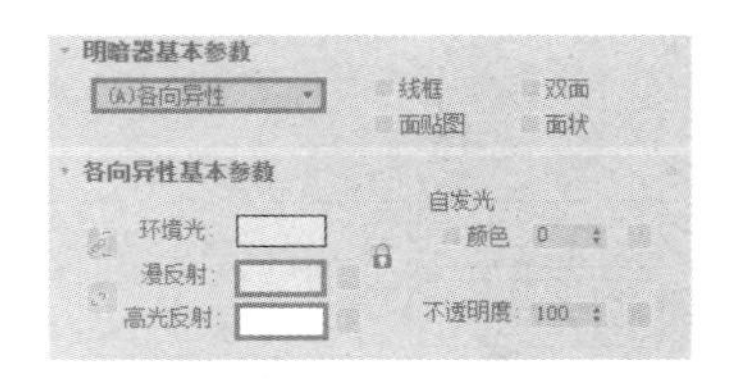

图 9-65　材质编辑器

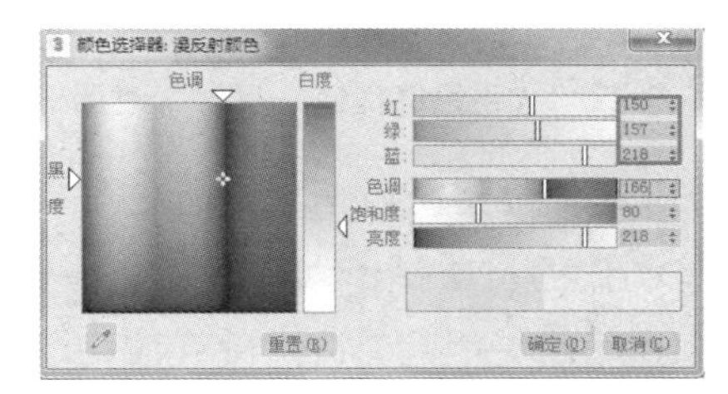

图 9-66　“颜色选择器：漫反射颜色”对话框

（2）单击“高光反射”右侧的颜色块，在弹出的“颜色选择器：高光颜色”对话框中的“红”“绿”“蓝”微调框中均输入数值“255”，然后单击“确定”按钮，如图 9-67 所示。

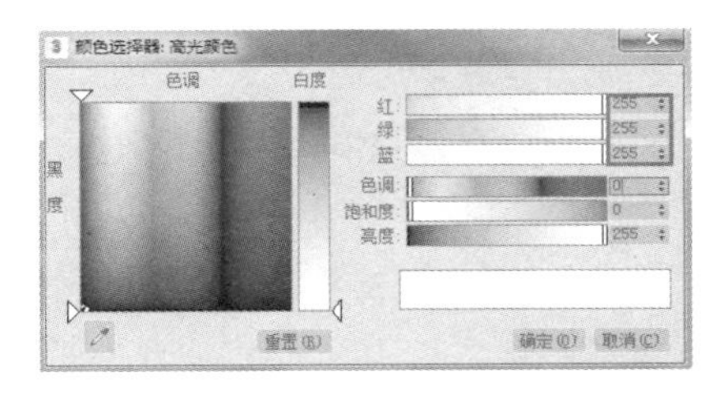

图 9-67　“颜色选择器：高光颜色”对话框

（3）在“反射高光”组合框中的“高光级别”微调框中输入数值“110”，在“光泽度”微调框中输入数值“50”，在“各向异性”微调框中输入数值“80”，如图 9-68 所示。

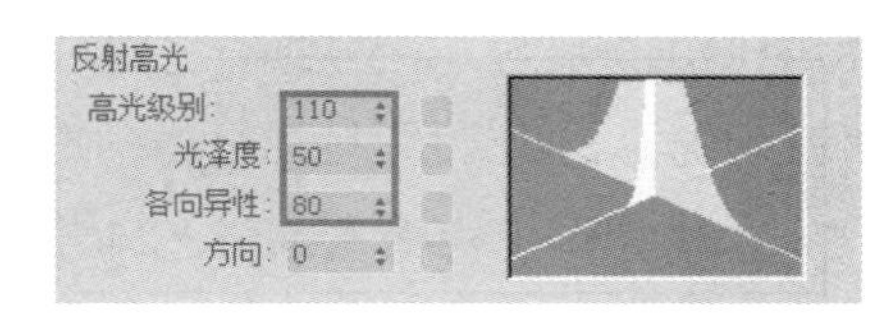

图 9-68　“反射高光”组合框

（4）单击“将材质指定给选定对象”按钮，将制作的材质赋予创建的球体模型，然后单击“渲染产品”按钮进行渲染，效果如图 9-69 所示。

图 9-69　不透明塑料材质效果

9.6　镜子材质

镜子材质也是较为常用的一种材质类型，常通过对模型的反射来表现各种产品的高科技感或高档感，其设置过程主要如下。

（1）在视图中创建一个茶壶和一个长方体，并调整其相互位置，如图 9-70 所示。

图 9-70　创建场景

（2）打开“材质编辑器”窗口，首先给茶壶指定一种木纹材质。然后再选择一个空材质球，单击 Standard 按钮，在弹出的“材质/贴图浏览器”对话框中双击“光线跟踪”选项，在打开的“光线跟踪基本参数”卷展栏中单击“反射”右侧的颜色块，在弹出的“颜色选择器：反射”对话框中的“红”“绿”“蓝”微调框中均输入数值“246”；在“折射率”微调框中输入数值“1”，如图 9-71 和图 9-72 所示。

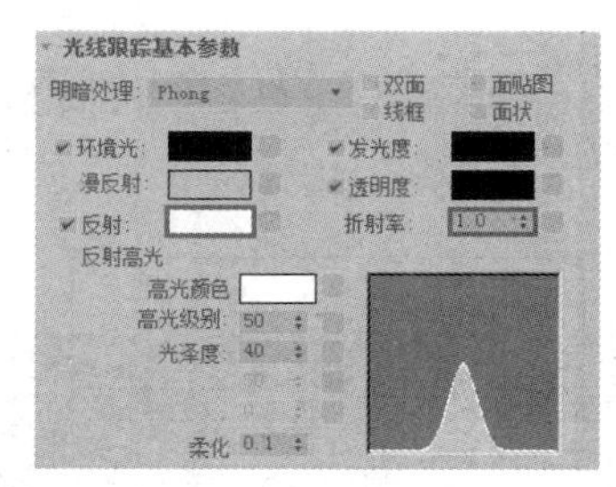

图 9-71　“光线跟踪基本参数”卷展栏

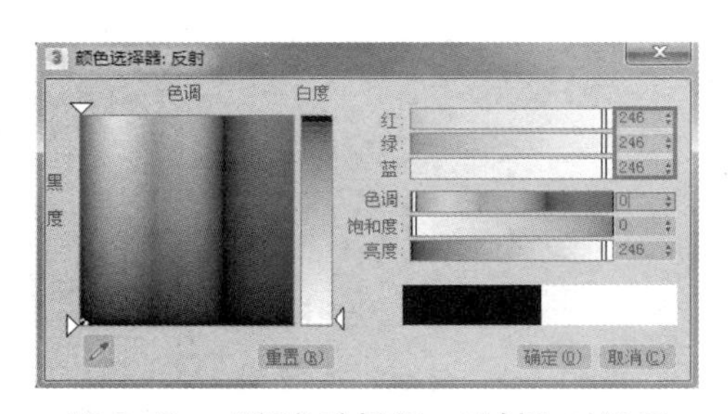

图 9-72　“颜色选择器：反射”对话框

（3）单击“将材质指定给选定对象”按钮，将制作的材质赋予创建的长方体模型，然后单击“渲染产品”按钮进行渲染，效果如图 9-73 所示。

图 9-73　镜子材质效果

9.7　综合实例

本节将综合利用之前所学知识，通过一组静物的制作，使读者掌握从建模到设置材质的整个过程。

9.7.1　创建模型

1. 创建酒瓶模型

在前视图中利用“线”命令绘制酒瓶的侧面轮廓线，适当调整顶点后，选择绘制的线，进入“修改”命令面板，在“修改器列表”下拉列表中选择“车削”选项，车削完成后的酒瓶效果如图 9-74 所示。

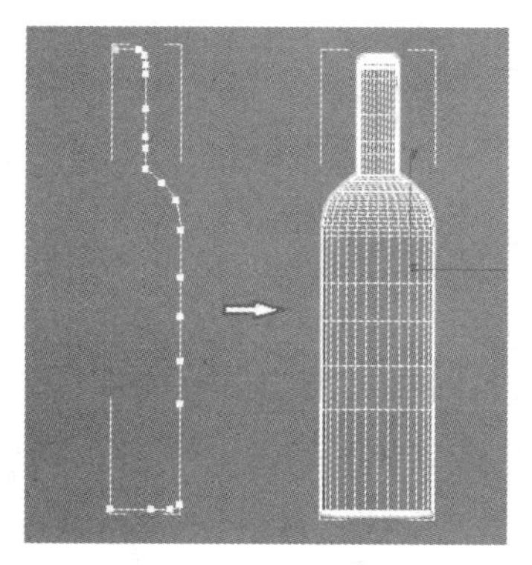

图 9-74　酒瓶模型

2. 创建酒杯模型

在前视图中利用“线”命令绘制酒杯的侧面轮廓线，适当调整顶点后，选择绘制的线，进入“修改”命令面板，在“修改器列表”下拉列表中选择“车削”选项，车削完成后的酒杯效果如图 9-75 所示。

图 9-75　酒杯模型

3. 创建酒水模型

在前视图中利用“线”命令绘制酒杯中酒水的侧面轮廓线，适当调整顶点后，选择绘制的线，进入“修改”命令面板，在“修改器列表”下拉列表中选择“车削”选项，车削完成后的酒水效果如图 9-76 所示。

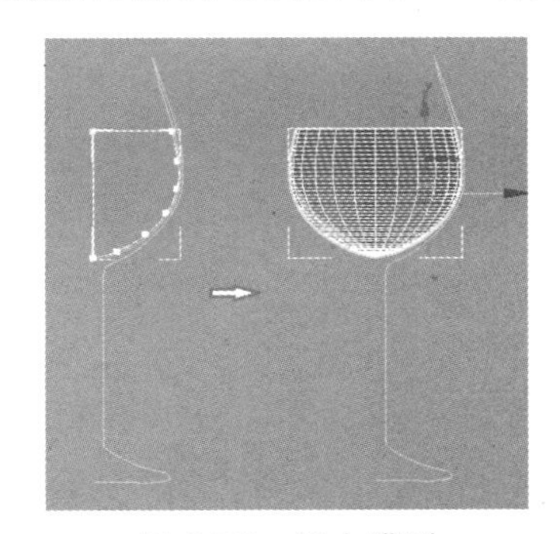

图 9-76　酒水模型

4. 创建其他模型

在场景中再创建一个长方体和三个球体，调整位置后效果如图 9-77 所示。

图 9-77　场景模型

9.7.2　设置材质

1. 设置酒瓶材质

（1）在视图中选择酒瓶模型，进入“修改”命令面板，为酒瓶加载一个“编辑网格”修改器，在修改器堆栈中进入“多边形”子层级。在视图中选择如图 9-78 所示的多边形，设置其“ID”为“1”。

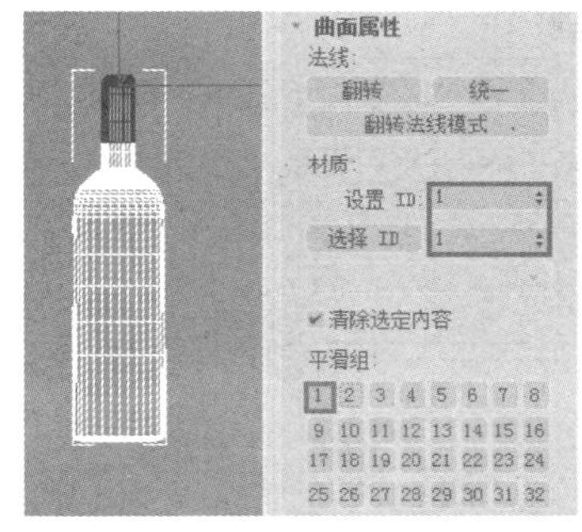

图 9-78　设置所选多边形的“ID”为“1”

（2）选择如图 9-79 所示的多边形，设置其“ID”为“2”。

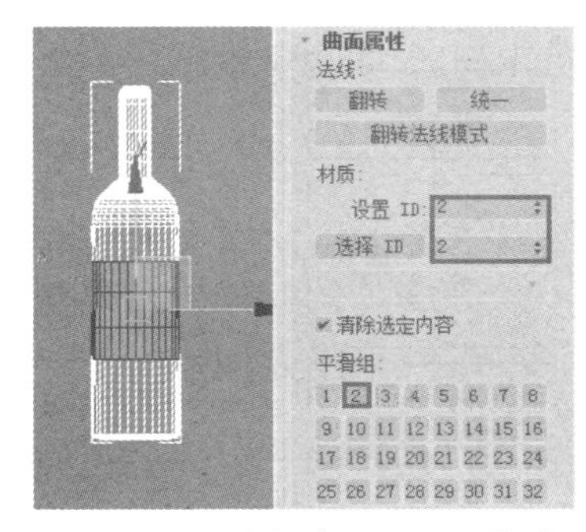

图 9-79　设置所选多边形的“ID”为“2”

（3）同时选择以上两部分，单击“编辑”主菜单，执行“反选”命令，在视图中选择如图 9-80 所示的其余多边形，设置其“ID”为“3”。

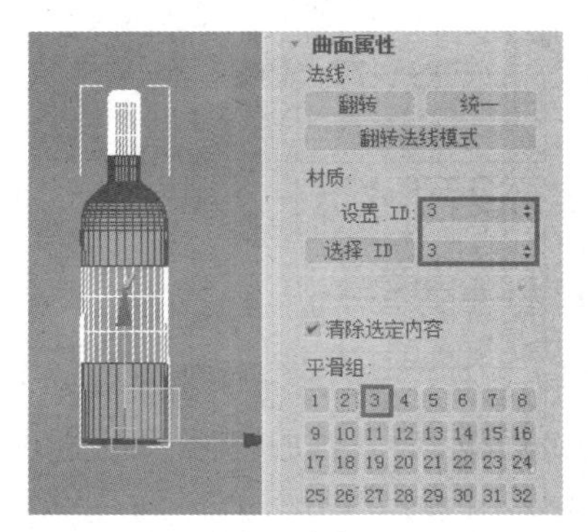

图 9-80　设置所选多边形的“ID”为“3”

（4）退出“多边形”子层级，打开“材质编辑器”窗口，选择一个空材质球，将其命名为“酒瓶”，然后单击 Standard 按钮，在弹出的“材质/贴图浏览器”对话框中双击“多维/子对象”材质，如图 9-81 所示。

图 9-81　“材质/贴图浏览器”对话框

（5）在弹出的“替换材质”对话框中选中“将旧材质保存为子材质？”单选按钮，然后单击“确定”按钮，如图 9-82 所示。

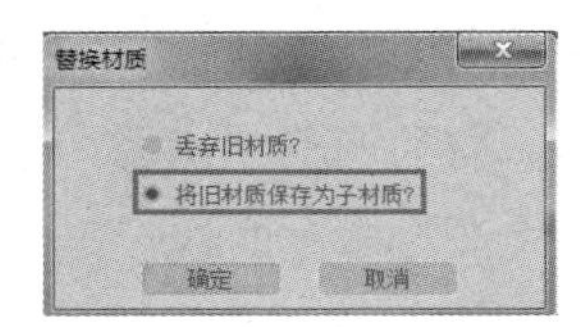

图 9-82　“替换材质”对话框

（6）在弹出的“多维/子对象基本参数”卷展栏中单击“设置数量”按钮，会弹出“设置材质数量”对话框，在该对话框中的“材质数量”微调框中输入数值“3”，设置结果如图 9-83 所示。

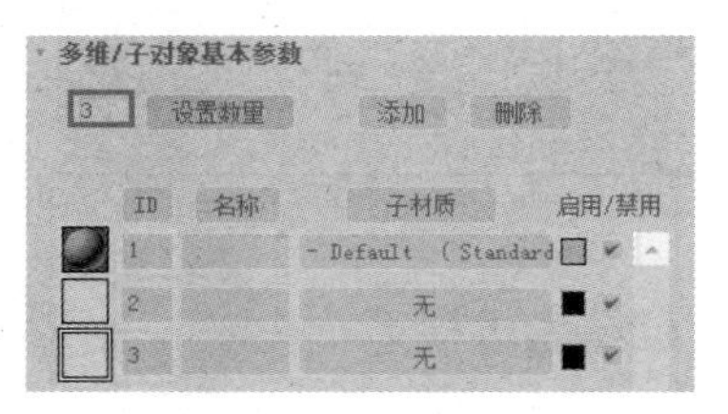

图 9-83　“多维/子对象基本参数”卷展栏

（7）在“ID”为 1 的“名称”文本框中输入“瓶盖”，单击其右侧的“子材质”长条按钮，进入标准材质编辑面板。在“明暗器基本参数”卷展栏中选择“金属”选项，在“金属基本参数”卷展栏中设置“自发光”的“颜色”数值为“50”，“高光级别”数值为“50”，“光泽度”数值为“60”，如图 9-84 所示。

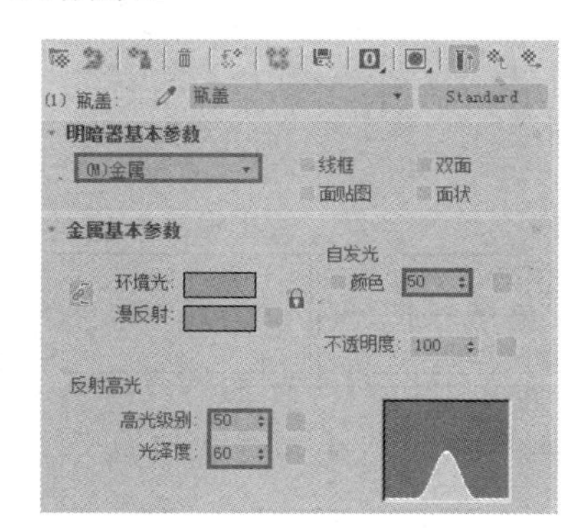

图 9-84　设置瓶盖材质

（8）单击“漫反射”右侧的颜色块，在弹出的“颜色选择器：漫反射颜色”对话框中的“红”“绿”“蓝”微调框中分别输入数值“180”“150”“50”，如图 9-85 所示。

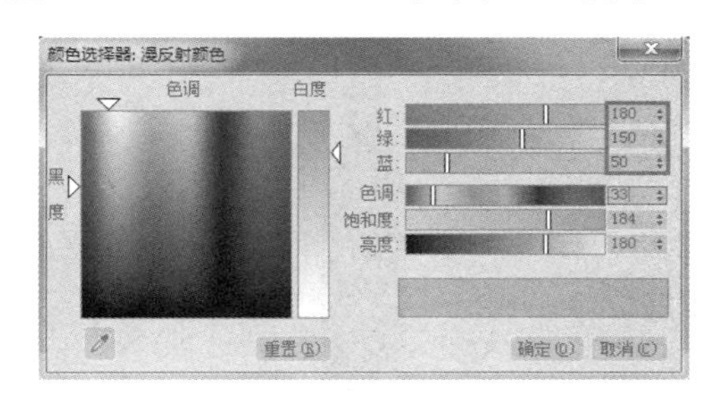

图 9-85　“颜色选择器：漫反射颜色”对话框

（9）单击“转到父对象”按钮，返回“多维/子对象基本参数”卷展栏，在“ID”为 2 的“名称”文本框中输入“商标”，单击其右侧的“子材质”长条按钮，进入标准材质编辑面板。在“明暗器基本参数”卷展栏中选择“Phong”选项，并勾选“双面”复选框，然后在“高光级别”微调框中输入数值“20”，如图 9-86 所示。

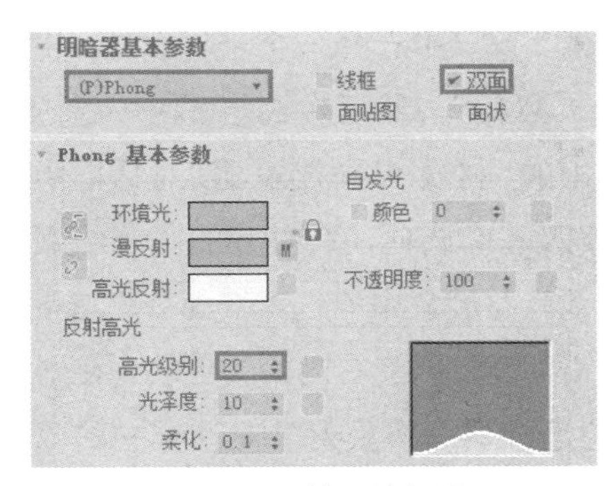

图 9-86　材质编辑器

（10）单击“漫反射”右侧的“无”按钮，在弹出的“材质/贴图浏览器”对话框中双击“位图”贴图，然后在弹出的“选择位图图像文件”对话框中选择一张商标贴图，如图 9-87 所示。

图 9-87　“选择位图图像文件”对话框

（11）单击两次“转到父对象”按钮，返回“多维/子对象基本参数”卷展栏，在“ID”为 3 的“名称”文本框中输入“瓶体”，单击其右侧的“子材质”长条按钮，进入标准材质编辑面板。单击“漫反射”右侧的颜色块，在弹出的“颜色选择器：漫反射颜色”对话框中的“红”“绿”“蓝”微调框中分别输入数值“18”“5”“5”，如图 9-88 所示。

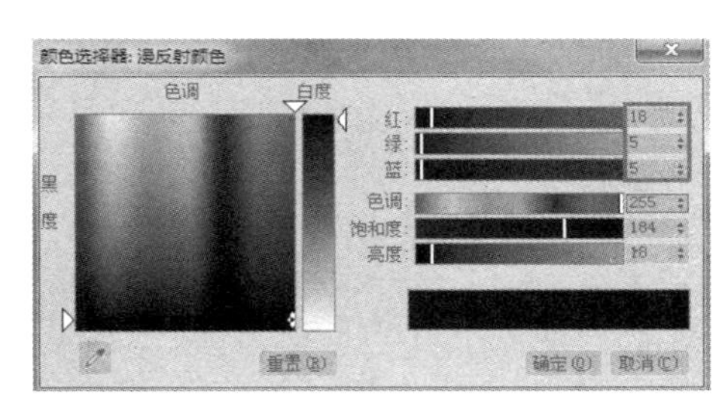

图 9-88　“颜色选择器：漫反射颜色”对话框

（12）单击“高光反射”右侧的颜色块，在弹出的“颜色选择器：高光颜色”对话框中的“红”“绿”“蓝”微调框中分别输入数值“252”“220”“191”，如图 9-89 所示。

（13）勾选“双面”复选框，在“不透明度”微调框中输入数值“50”，在“高光级别”微调框中输入数值“140”，在“光泽度”微调框中输入数值“55”，如图 9-90 所示。

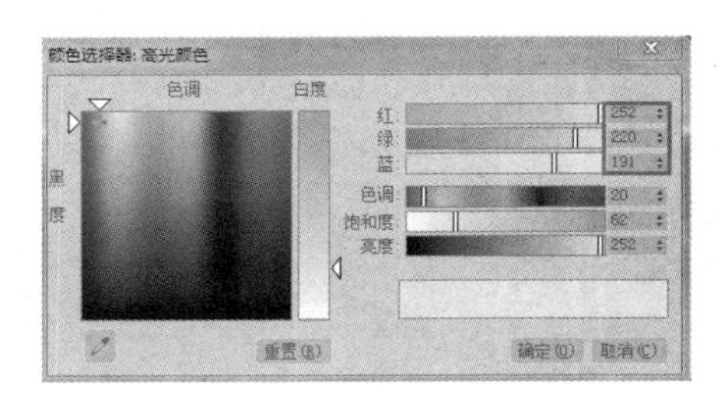

图 9-89 “颜色选择器：高光颜色”对话框

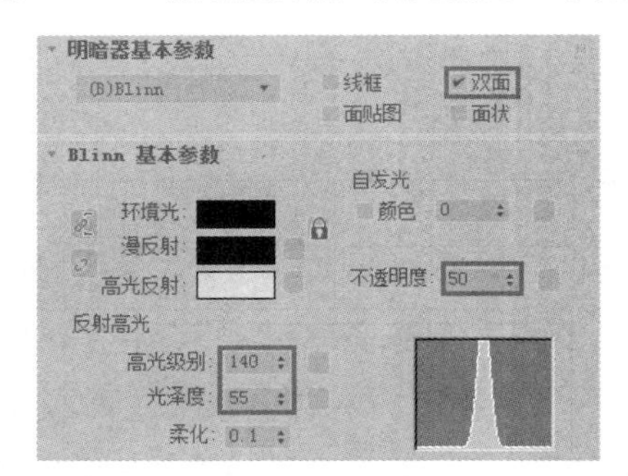

图 9-90 材质编辑器

（14）打开“扩展参数”卷展栏，选中“外”单选按钮，并在“数量”微调框中输入数值“54”，如图 9-91 所示。

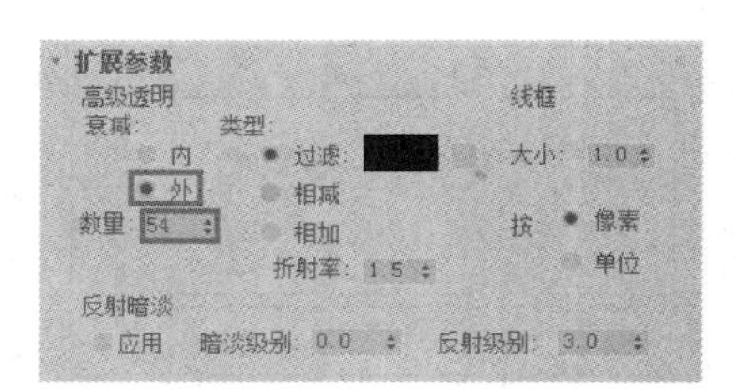

图 9-91 “扩展参数”卷展栏

（15）单击“过滤”右侧的颜色块，在弹出的“颜色选择器：过滤色”对话框中的“红”“绿”“蓝”微调框中分别输入数值“17”“14”“7”，如图 9-92 所示。

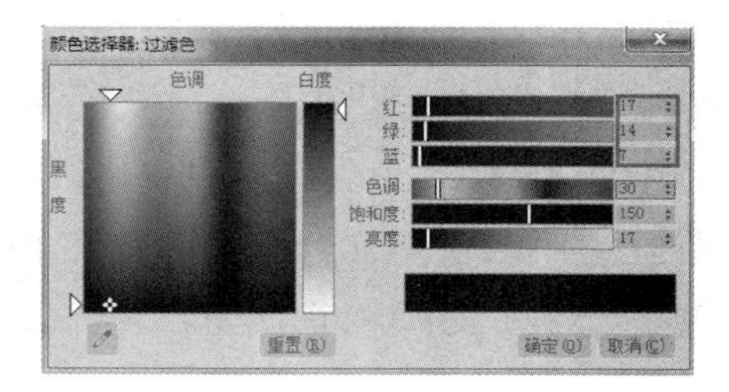

图 9-92 “颜色选择器：过滤色”对话框

（16）单击“将材质指定给选定对象”按钮，将制作的材质赋予创建的酒瓶模型，然后单击“渲染产品”按钮进行渲染，效果如图 9-93 所示。

图 9-93 酒瓶材质贴图效果

（17）如果渲染后的商标贴图不正常，则在视图中选择酒瓶模型，在“修改器列表”下拉列表中为其加载一个“UVW 贴图”修改器，调整贴图的大小、位置、方式等参数即可。

2. 设置酒杯材质

（1）在视图中选择酒杯模型，在“材质编辑器”窗口中选择一个空材质球，将其命名为“酒杯”，然后单击 Standard 按钮，在弹出的“材质/贴图浏览器”对话框中双击“光线跟踪”选项，在打开的“光线跟踪基本参数”卷展栏中勾选“双面”复选框。然后单击“漫反射”右侧的颜色块，在弹出的“颜色选择器：漫反射”对话框中的“红”“绿”“蓝”微调框中分别输入数值“186”“238”“255”，最后单击“确定”按钮，如图 9-94 和图 9-95 所示。

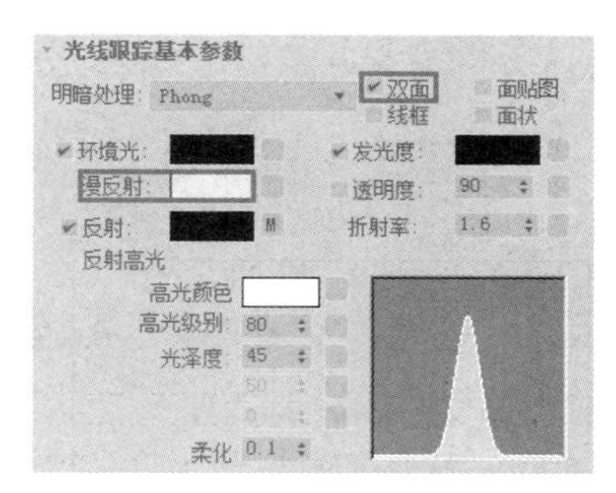

图 9-94　“光线跟踪基本参数”卷展栏

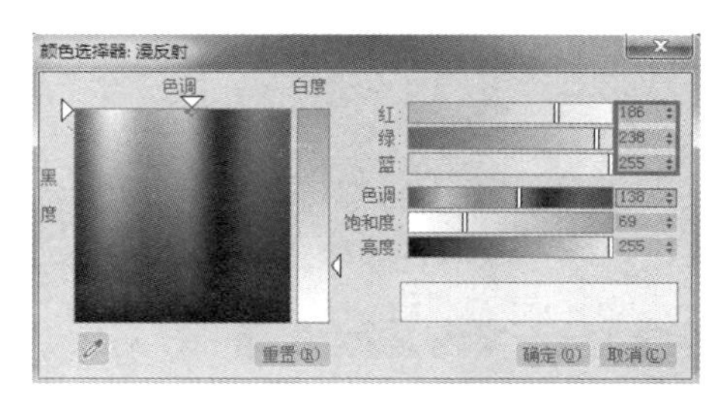

图 9-95　“颜色选择器：漫反射”对话框

（2）取消勾选“透明度”复选框，并在其微调框中输入数值“90”，然后在“折射率”微调框中输入数值“1.6”，在“高光级别”微调框中输入数值“80”，在“光泽度”微调框中输入数值“45”，如图 9-96 所示。

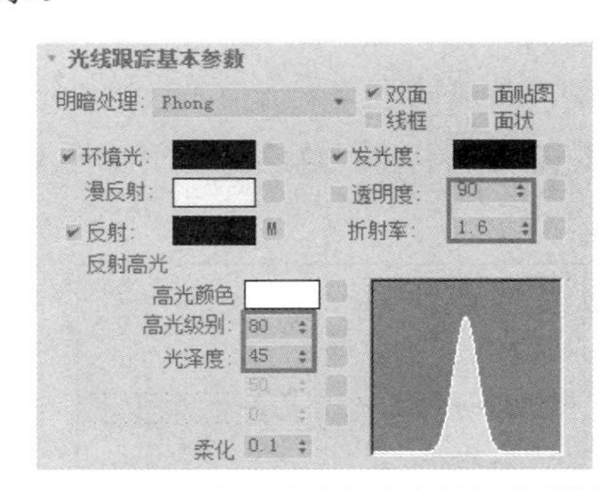

图 9-96　“光线跟踪基本参数”卷展栏

（3）在“贴图”卷展栏中为“反射”贴图通道指定一张“衰减”贴图，如图 9-97 所示。

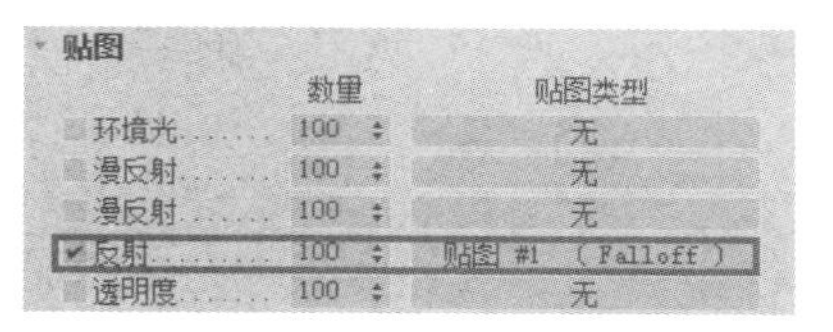

图 9-97　“贴图”卷展栏

（4）单击“将材质指定给选定对象”按钮，将制作的材质赋予创建的酒杯模型，然后单击“渲染产品”按钮进行渲染，效果如图 9-98 所示。

图 9-98 酒杯材质贴图效果

3. 设置酒水材质

（1）在视图中选择酒水模型，在“材质编辑器”窗口中选择一个空材质球，将其命名为“酒水”。在“明暗器基本参数”卷展栏中勾选“双面”复选框，然后单击“漫反射”右侧的颜色块，在弹出的“颜色选择器：漫反射颜色”对话框中的“红”“绿”“蓝”微调框中分别输入数值“100”“40”“20”，最后单击“确定”按钮，如图 9-99 和图 9-100 所示。

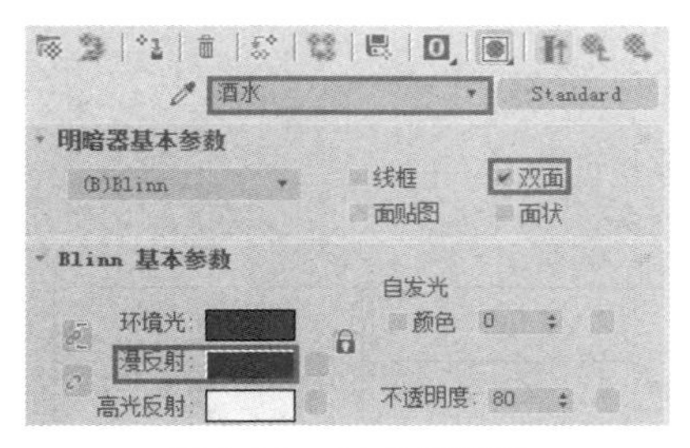

图 9-99　材质编辑器

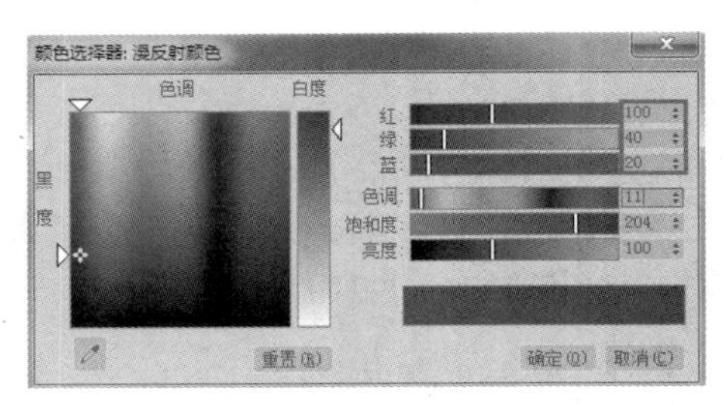

图 9-100 “颜色选择器：漫反射颜色”对话框

（2）在“不透明度”微调框中输入数值“80”，在“高光级别”微调框中输入数值“40”，在“光泽度”微调框中输入数值“35”，如图 9-101 所示。

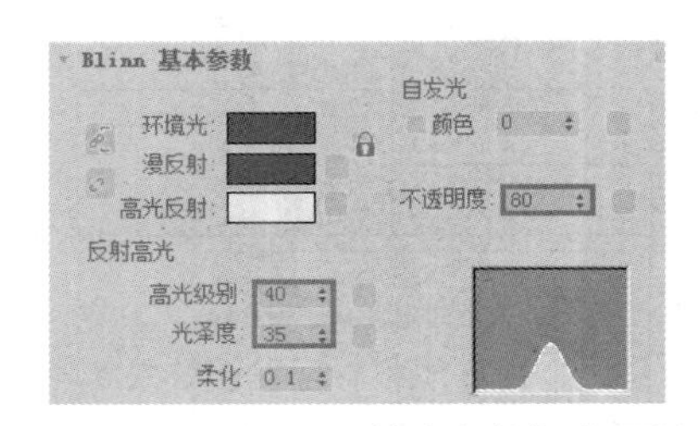

图 9-101 “Blinn 基本参数”卷展栏

（3）打开“扩展参数”卷展栏，在“高级透明”组合框中的“数量”微调框中输入数值“84”，然后单击“过滤”单选按钮右侧的颜色块，在弹出的“颜色选择器：过滤色”对话框中的“红”“绿”“蓝”微调框中分别输入数值“90”“45”“40”，最后单击“确定”按钮，如图 9-102 和图 9-103 所示。

（4）单击“将材质指定给选定对象”按钮，将制作的材质赋予创建的酒水模型，然后单击“渲染产品”按钮进行渲染，效果如图 9-104 所示。

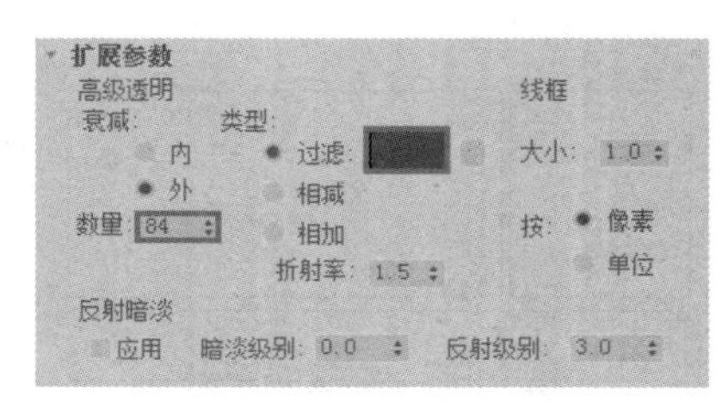

图 9-102 “扩展参数”卷展栏

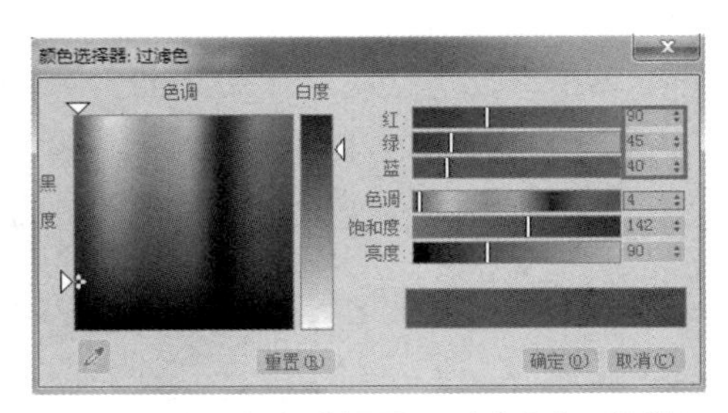

图 9-103 “颜色选择器：过滤色”对话框

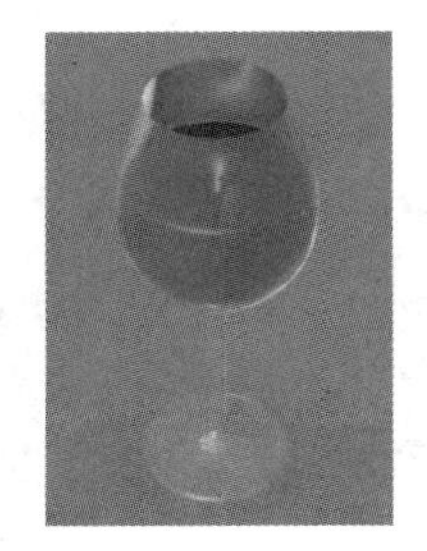

图 9-104 酒水材质效果

4. 设置玛瑙材质

（1）在视图中选择一个球体，在“材质编辑器”窗口中选择一个空材质球，将其命名为“玛瑙”。在“明暗器基本参数”卷展栏中的下拉列表中选择“半透明明暗器”，然后在“半透明基本参数”卷展栏中的“漫反射级别”微调框中输入数值“90”，在“高光级别”微调框中输入数值“110”，在“光泽度”微调框中输入数值“55”，如图 9-105 所示。

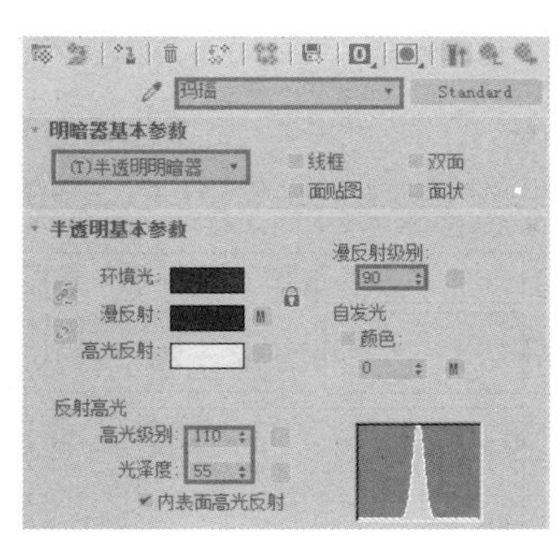

图 9-105 材质编辑器

（2）在“半透明基本参数”卷展栏中单

击“漫反射”右侧的颜色块，在弹出的“颜色选择器：漫反射颜色”对话框中的“红”“绿”“蓝”微调框中分别输入数值“0”“35”“99”，然后单击“确定”按钮，如图 9-106 和图 9-107 所示。

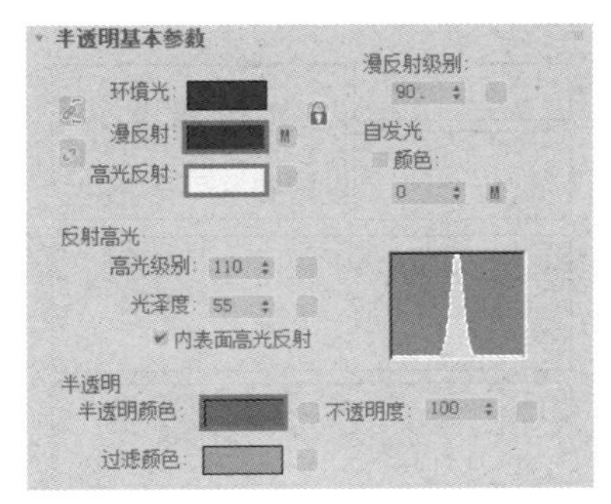

图 9-106　“半透明基本参数”卷展栏

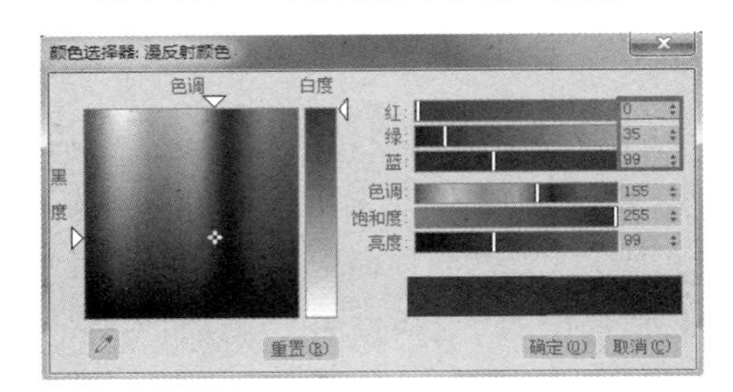

图 9-107　“颜色选择器：漫反射颜色”对话框

（3）单击“高光反射”右侧的颜色块，在弹出的“颜色选择器：高光颜色”对话框中的“红”“绿”“蓝”微调框中分别输入数值“212”“232”“255”，然后单击“确定”按钮，如图 9-108 所示。

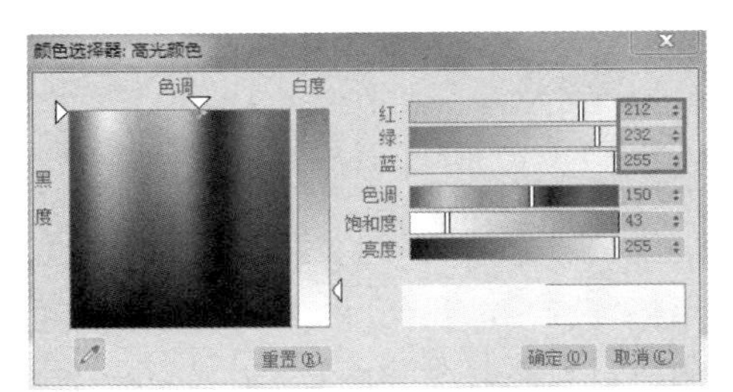

图 9-108　“颜色选择器：高光颜色”对话框

（4）在“半透明”组合框中单击“半透明颜色”右侧的颜色块，在弹出的“颜色选择器：半透明颜色”对话框中的“红”“绿”“蓝”微调框中分别输入数值“0”“101”“159”，然后单击“确定”按钮，如图 9-109 所示。

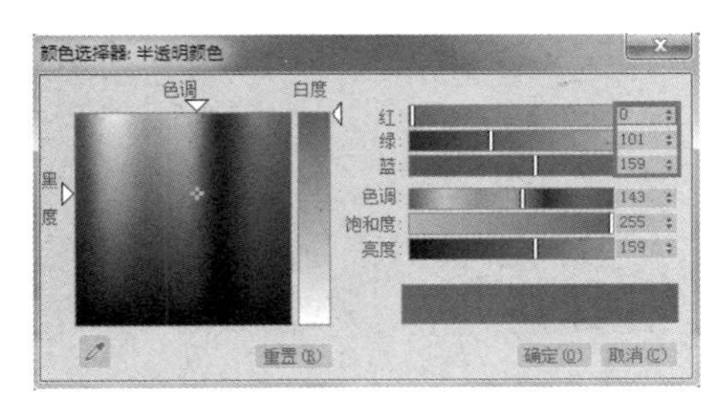

图 9-109　“颜色选择器：半透明颜色”对话框

（5）在“贴图”卷展栏中勾选“漫反射颜色”复选框，并在其右侧的“数量”微调框中输入数值“40”，然后单击“无贴图”按钮，在弹出的“材质/贴图浏览器”对话框中双击“衰减”选项，结果如图 9-110 所示。

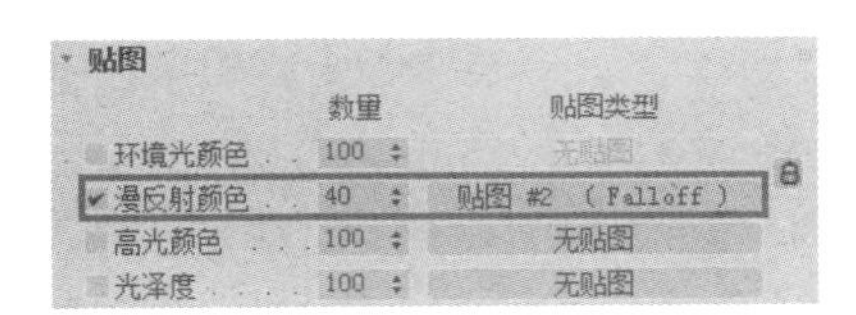

图 9-110　“贴图”卷展栏

（6）在“衰减参数”卷展栏中单击第一个颜色块，在弹出的“颜色选择器：颜色 1”对话框中的“红”“绿”“蓝”微调框中分别输入数值“0”“66”“104”，然后单击“确定”按钮，如图 9-111 所示。

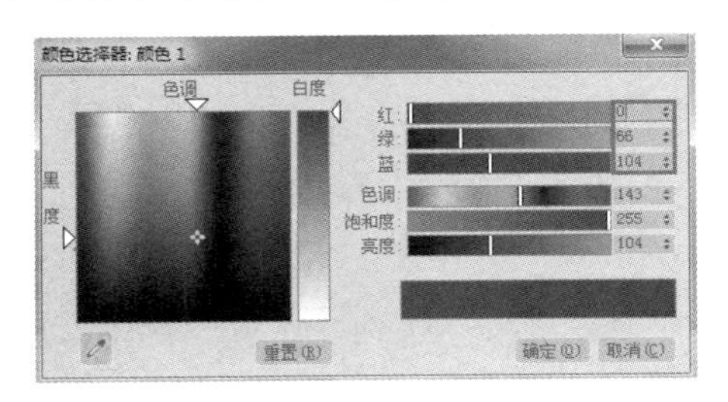

图 9-111　“颜色选择器：颜色 1”对话框

（7）在“衰减参数”卷展栏中单击第二个颜色块，在弹出的“颜色选择器：颜色 2”对话框中的“红”“绿”“蓝”微调框中分别输入数值“93”“132”“139”，然后单击“确定”按钮，如图 9-112 所示。

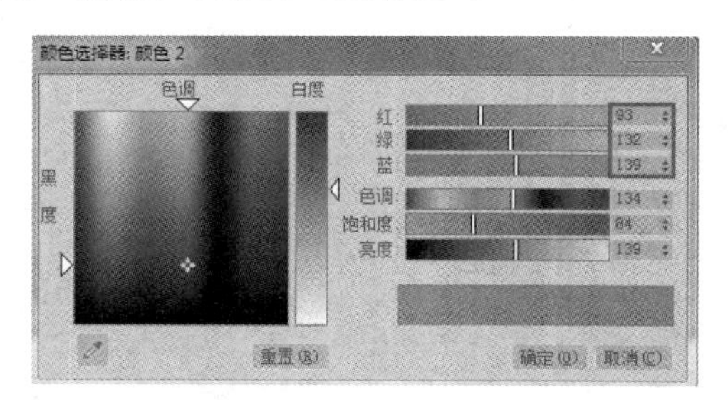

图 9-112 “颜色选择器：颜色 2”对话框

（8）单击第一个颜色块右侧的长条按钮，在弹出的“材质/贴图浏览器”对话框中双击“位图”选项，然后在弹出的“选择位图图像文件”对话框中选择适当的贴图，如图 9-113 所示。

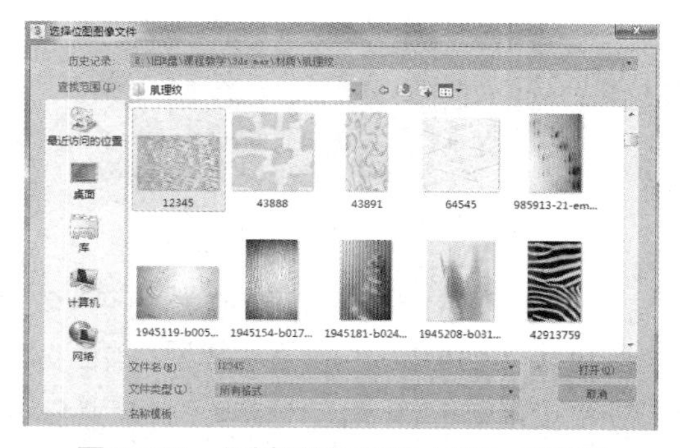

图 9-113 “选择位图图像文件”对话框

（9）单击“转到父对象”按钮，返回“衰减参数”卷展栏，将第一个颜色块右侧长条按钮上的贴图利用“复制”的方式拖至第二个颜色块右侧的长条按钮上，如图 9-114 所示。

（10）单击“转到父对象”按钮，返回上一层级别。在“贴图”卷展栏中勾选“自发光”复选框，并在其右侧的“数量”微调框中输入数值“20”，然后为其指定一张“衰减”贴图，如图 9-115 所示。

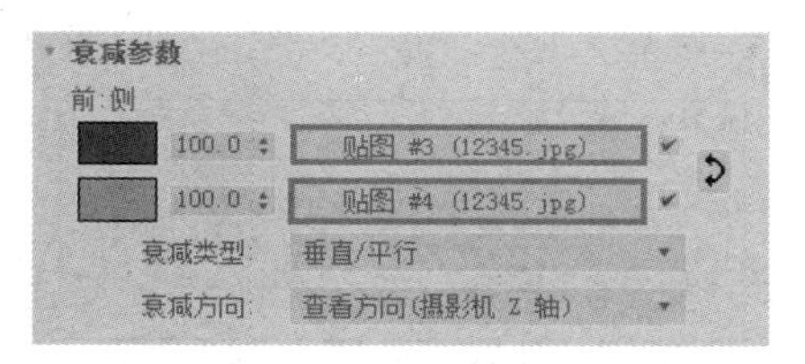

图 9-114 “衰减参数”卷展栏

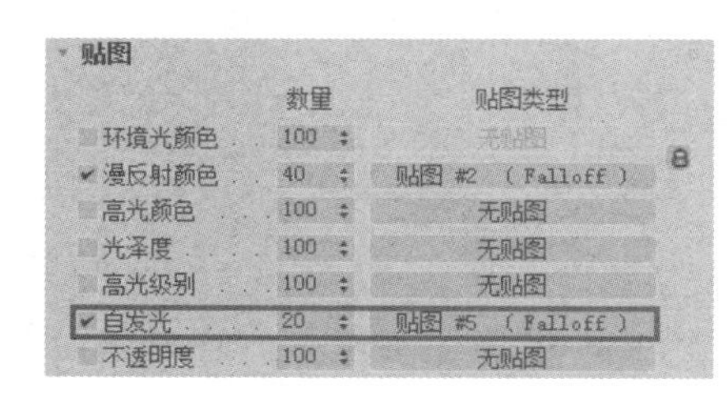

图 9-115 “贴图”卷展栏

（11）在“衰减参数”卷展栏中单击第一个颜色块右侧的长条按钮，在弹出的“材质/贴图浏览器”对话框中双击“位图”选项，然后在弹出的“选择位图图像文件”对话框中选择适当的贴图，如图 9-116 所示。

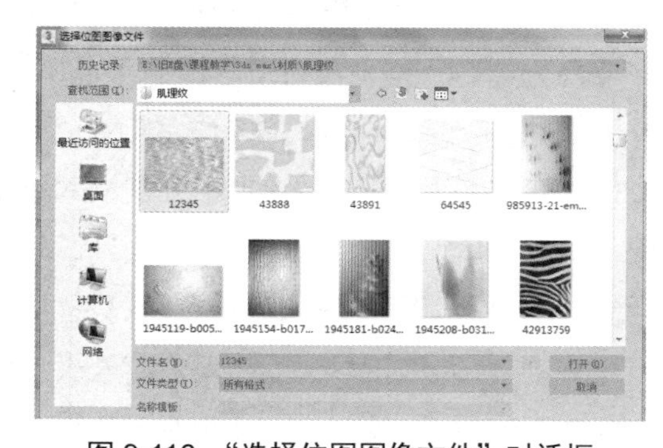

图 9-116 “选择位图图像文件”对话框

（12）单击“转到父对象”按钮，返回“衰减参数”卷展栏，将第一个颜色块右侧长条按钮上的贴图利用“复制”的方式拖至第二个颜色块右侧的长条按钮上，如图 9-117 所示。

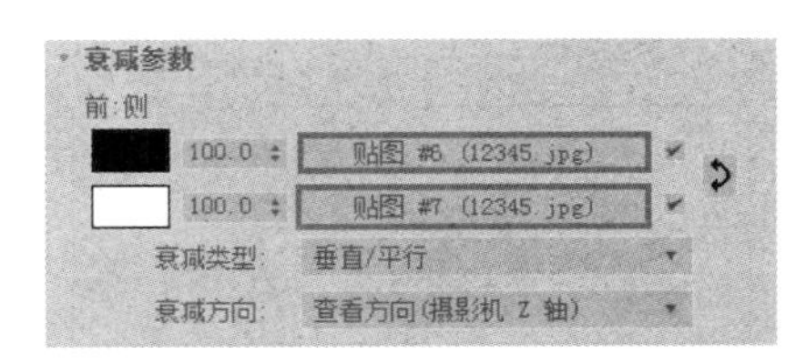

图 9-117　“衰减参数”卷展栏

（13）单击“转到父对象”按钮，返回上一层级别。在“贴图”卷展栏中勾选“反射”复选框，并在其右侧的“数量”微调框中输入数值“10”，然后为其指定一张“光线跟踪”贴图，如图 9-118 所示。

半透明颜色	100	无贴图
凹凸	30	无贴图
✔ 反射	10	贴图 #8 (Raytrace)
折射	100	无贴图

图 9-118　“贴图”卷展栏

（14）　单击“将材质指定给选定对象”按钮，将制作的材质赋予创建的球体模型，然后单击“渲染产品”按钮进行渲染，效果如图 9-119 所示。

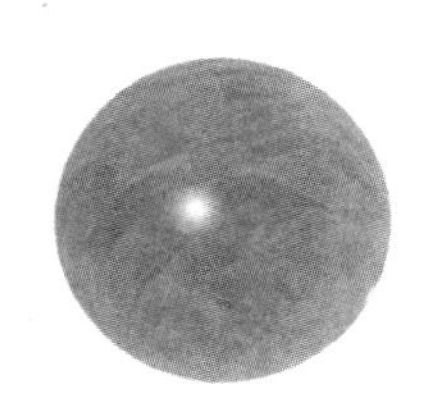

图 9-119　玛瑙材质效果

5. 设置玉器材质

（1）在视图中选择另一个球体，在“材质编辑器”窗口中选择一个空材质球，将其命名为“玉器”。然后单击 Standard 按钮，在弹出的“材质/贴图浏览器”对话框中双击“光线跟踪”选项，结果如图 9-120 所示。

（2）单击“漫反射”右侧的颜色块，在弹出的“颜色选择器：漫反射”对话框中的“红”“绿”“蓝”微调框中分别输入数值“0”“84”“6”，然后单击“确定”按钮，如图 9-121 所示。

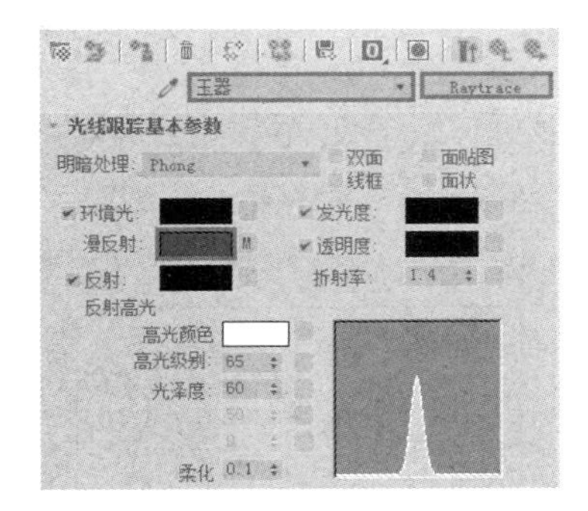

图 9-120　材质编辑器

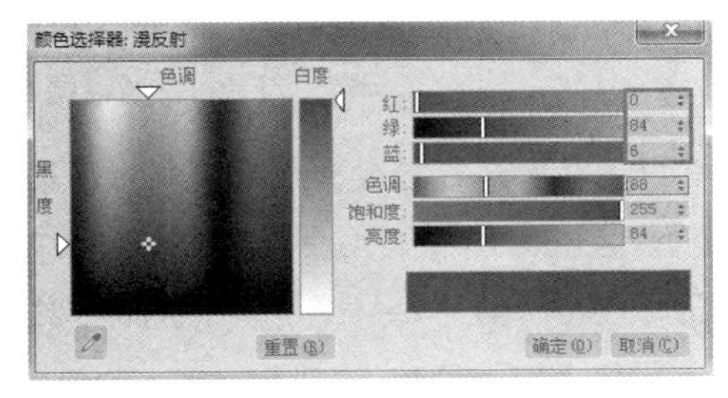

图 9-121　“颜色选择器：漫反射”对话框

（3）在“贴图”卷展栏中勾选“漫反射颜色”复选框，并在其右侧的“数量”微调框中输入数值“17”，然后为其指定一张“衰减”贴图，如图 9-122 所示。

贴图

	数量	贴图类型
环境光	100	无
✔ 漫反射	17	贴图 #9 (Falloff)
漫反射	100	无
反射	100	无
透明度	100	无

图 9-122　“贴图”卷展栏

（4）在“衰减参数”卷展栏中单击第一个颜色块，在弹出的“颜色选择器：颜色 1”对话框中的“红”“绿”“蓝”微调框中分别输入数值“37”“79”“0”，然后单击“确定”按钮，如图 9-123 和图 9-124 所示。

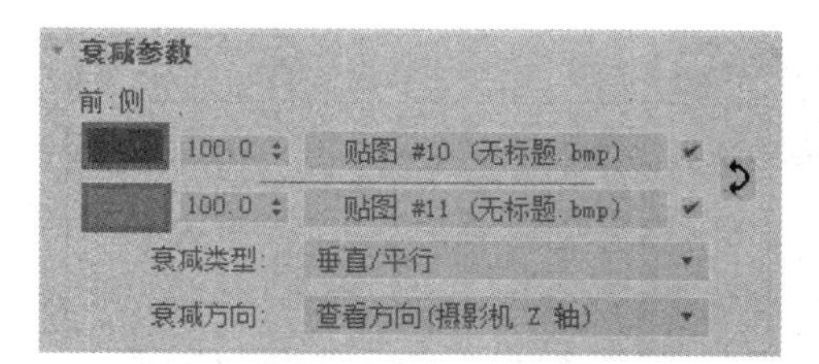

图 9-123 “衰减参数”卷展栏

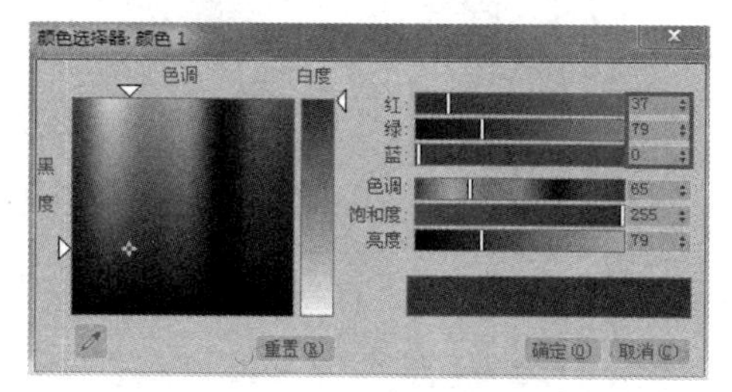

图 9-124 “颜色选择器：颜色 1”对话框

（5）在“衰减参数”卷展栏中单击第二个颜色块，在弹出的“颜色选择器：颜色 2”对话框中的“红”“绿”“蓝”微调框中分别输入数值“67”“134”“71”，然后单击“确定”按钮，如图 9-125 所示。

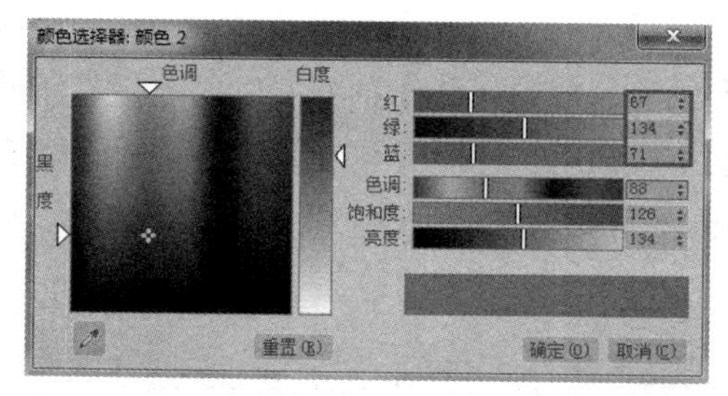

图 9-125 “颜色选择器：颜色 2”对话框

（6）单击第一个颜色块右侧的长条按钮，在弹出的“材质/贴图浏览器”对话框中双击“位图”选项，然后在弹出的“选择位图图像文件”对话框中选择适当的贴图，如图 9-126 所示。

（7）单击“转到父对象”按钮，返回“衰减参数”卷展栏，将第一个颜色块右侧长条按钮上的贴图利用“复制”的方式拖至第二个颜色块右侧的长条按钮上，如图 9-127 所示。

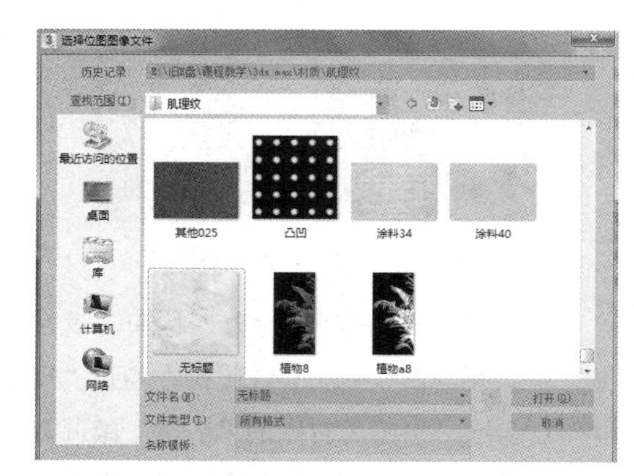

图 9-126 “选择位图图像文件”对话框

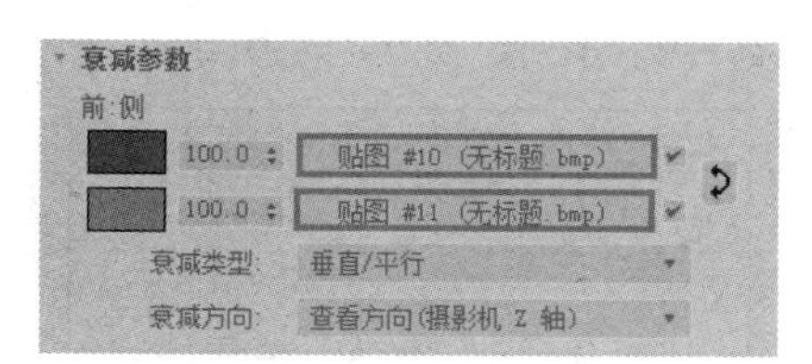

图 9-127 “衰减参数”卷展栏

（8）单击“转到父对象”按钮，返回上一层级别，在“折射率”微调框中输入数值“1.4”，在“高光级别”微调框中输入数值“65”，在“光泽度”微调框中输入数值“60”，如图 9-128 所示。

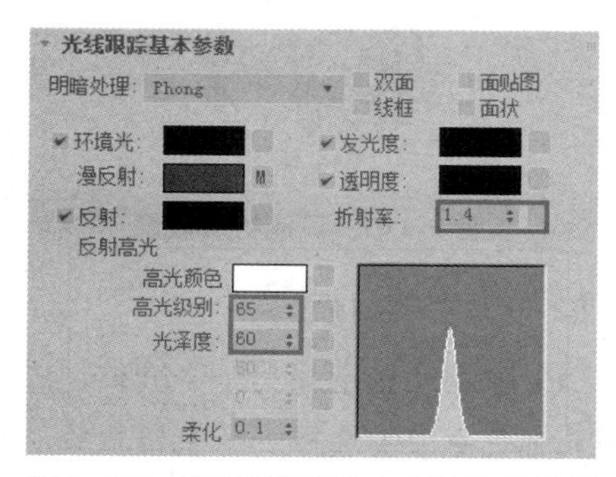

图 9-128 “光线跟踪基本参数”卷展栏

（9）在“贴图”卷展栏中勾选“凹凸”复选框，并在其后面的“数量”微调框中输入数值“51”，然后为其指定一张“位图”贴图，如图 9-129 所示。

	荧光	100	无
	颜色密度	100	无
	雾颜色	100	无
✔	凹凸	51	贴图 #12（无标题.bmp）
	环境	100	无

图 9-129　“贴图”卷展栏

（10）单击“将材质指定给选定对象”按钮，将制作的材质赋予创建的球体模型，然后单击“渲染产品”按钮进行渲染，效果如图 9-130 所示。

图 9-130　玉器材质效果

6. 设置水晶材质

（1）在视图中选择最后一个球体，在“材质编辑器”窗口中选择一个空材质球，将其命名为“水晶”。然后单击 Standard 按钮，在弹出的“材质/贴图浏览器”对话框中双击“光线跟踪”选项，结果如图 9-131 所示。

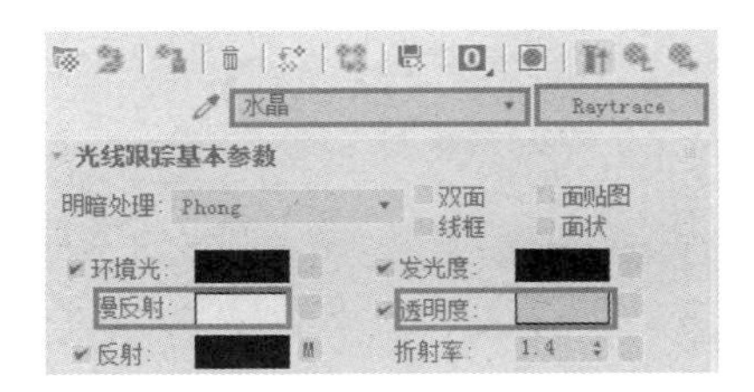

图 9-131　材质编辑器

（2）单击“漫反射”右侧的颜色块，在弹出的“颜色选择器：漫反射”对话框中的“红”“绿”“蓝”微调框中分别输入数值“217”“218”“117”，然后单击“确定”按钮，如图 9-132 所示。

（3）单击“透明度”右侧的颜色块，在弹出的“颜色选择器：透明度”对话框中的“红”“绿”“蓝”微调框中分别输入数值“144”“198”“0”，然后单击“确定”按钮，如图 9-133 所示。

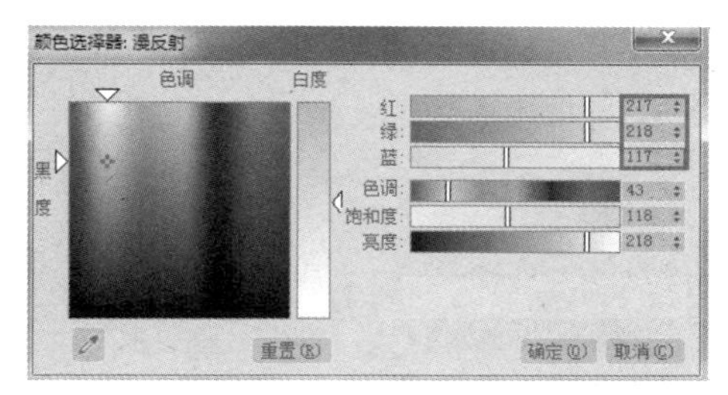

图 9-132　“颜色选择器：漫反射”对话框

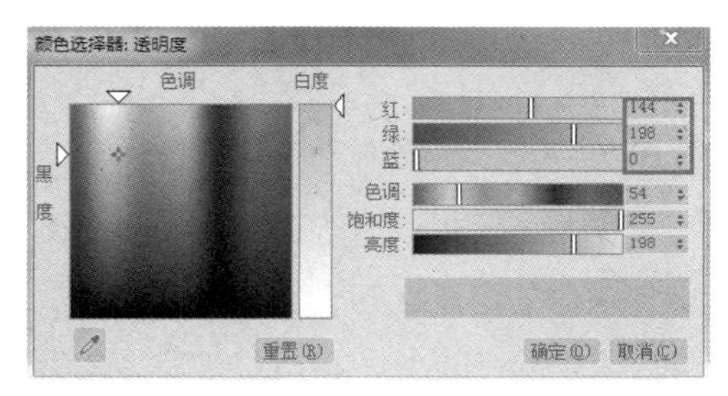

图 9-133　“颜色选择器：透明度”对话框

（4）在“贴图”卷展栏中勾选“反射”复选框，并为其指定一张“衰减”贴图，如图 9-134 所示。

贴图

		数量	贴图类型
	环境光	100	无
	漫反射	100	无
	漫反射	100	无
✔	反射	100	贴图 #13（Falloff）
	透明度	100	无

图 9-134　“贴图”卷展栏

（5）在“衰减参数”卷展栏中的第一个颜色块与第二个颜色块右侧的微调框中均输入数值“80”，如图 9-135 所示。

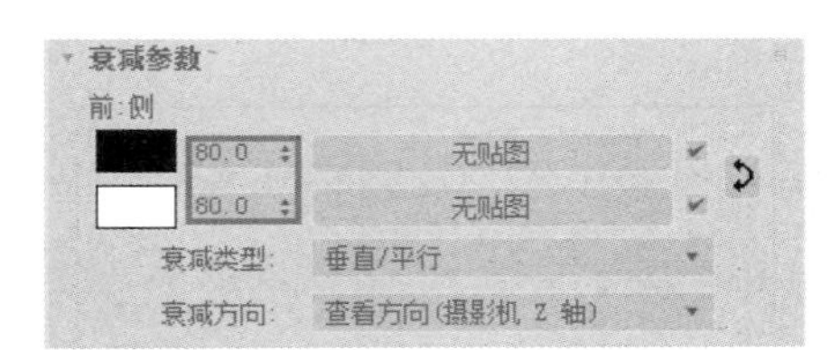

图 9-135　“衰减参数”卷展栏

（6）单击“转到父对象”按钮，返回上一层级别。在“折射率”微调框中输入数值“1.4”，在“高光级别”微调框中输入数值“0”，在“光泽度”微调框中输入数值“40”，如图 9-136 所示。

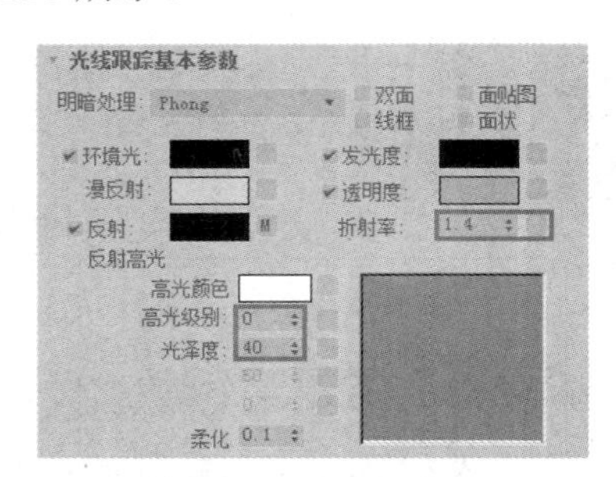

图 9-136 “光线跟踪基本参数”卷展栏

（7）单击“将材质指定给选定对象”按钮，将制作的材质赋予创建的球体模型，然后单击“渲染产品”按钮进行渲染，效果如图 9-137 所示。

图 9-137 水晶材质效果

给长方体指定一张木纹贴图，最后渲染整个场景，效果如图 9-138 所示。

图 9-138 场景整体效果

第10章

灯光和摄影机

光线对景物的层次、线条、色调及氛围等都有着直接或间接的影响，良好的照明效果会使三维场景更具有真实感和生动感，是营造特殊气氛的点睛之笔。因此，灯光设置是场景构成的一个重要环节。

在 3ds Max 中，摄影机就好比人的眼睛，它提供一种以精确的角度观察场景的方式，而且可以使用多个摄影机在不同的角度观察场景。

10.1 标准灯光

10.1.1 标准灯光的类型

在“创建”命令面板中单击“灯光”按钮，进入“灯光”子命令面板，其中显示有 6 种标准灯光类型，分别是目标聚光灯、自由聚光灯、目标平行光、自由平行光、泛光和天光，如图 10-1 所示。

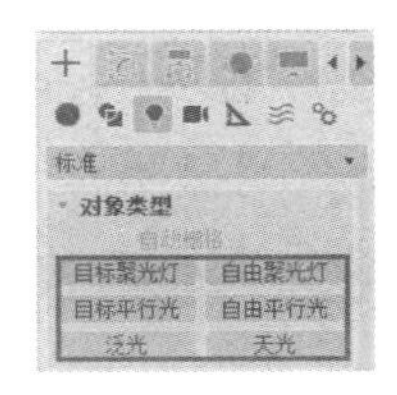

图 10-1 标准灯光命令面板

1. 目标聚光灯

目标聚光灯可以产生一个锥形的投射光束，照射区域内的物体会受灯光的影响而产生逼真的投射阴影，并且用户可以随意地调整光束范围。当场景中有物体遮挡住光束时，光束将被截断。

目标聚光灯包括投射点和目标点两个组成部分，场景中的圆锥体图形就是投射点，小立方体图形标志为灯光的目标点，如图 10-2 所示。用户可以通过对它们进行调整来改变物体的投影状态，从而产生逼真的效果。

2. 自由聚光灯

自由聚光灯也可以产生锥形的照射区域，除没有目标点外，它具有目标聚光灯的所有属性。当需要改变场景中自由聚光灯的投射方向和范围时，可以配合主工具栏中的“选择并旋转”按钮进行调节。此类聚光灯通常与其他的物体相连，以子对象的方式出现，或者直接作用于运动路径上，主要用于动画的制作，可以制作灯光动画。自由聚光灯模型如图 10-3 所示。

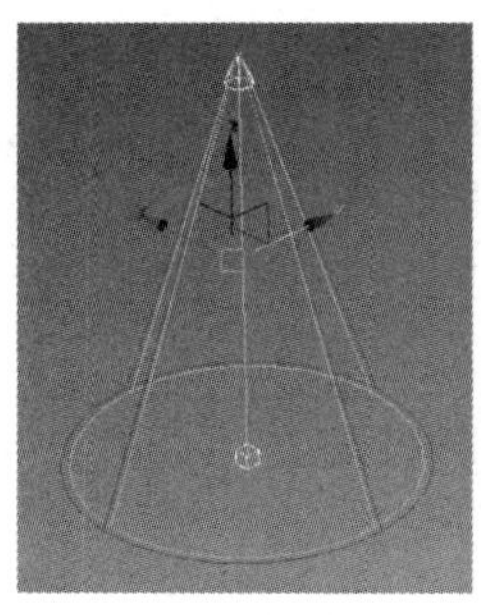

图 10-2　目标聚光灯模型

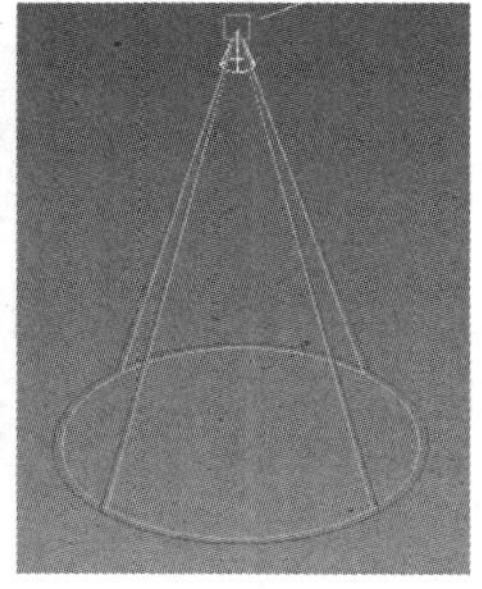

图 10-3　自由聚光灯模型

在三维场景中，聚光灯是常用的灯光类型。由于使用这种灯光可以调节照射的方式和范围两个参数，所以可以对物体进行有选择性的照射，通常可作为场景中的主光源。

3. 目标平行光

目标平行光可以产生圆柱状的平行照射区域，类似于激光的光束。它具有大小相等的发光点和照射点。此类灯光可以模拟太阳光、探照灯、激光光束等效果。目标平行光模型如图 10-4 所示。

4. 自由平行光

自由平行光是一种没有目标点的平行光束，产生圆柱形状的照射区域，具有类似于目标平行光的基本属性，多用在动画的制作中。自由平行光模型如图 10-5 所示。

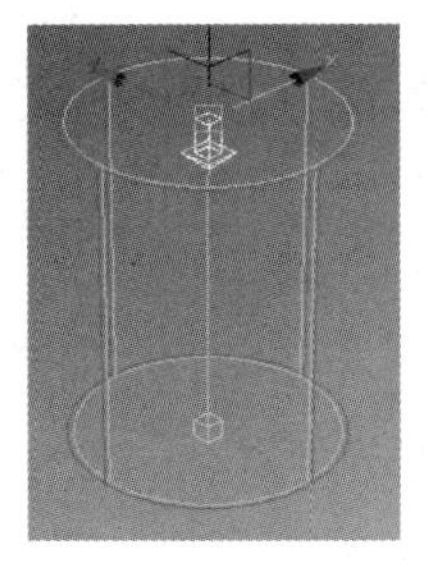

图 10-4　目标平行光模型

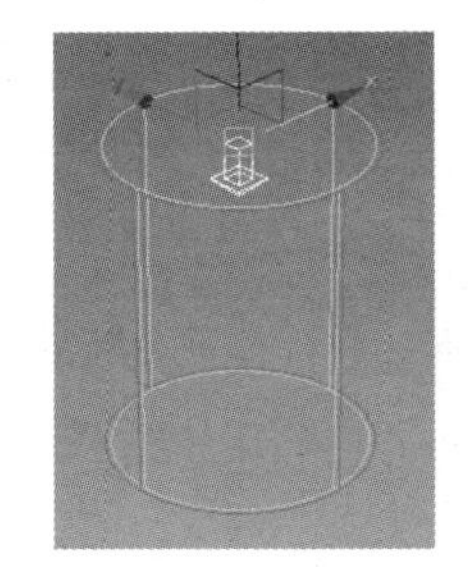

图 10-5　自由平行光模型

5. 泛光

泛光是一种在室内效果图制作中使用频繁的光源。它是一个点光源，类似于灯泡，光线从一个固定的点向四面八方均匀地发射，并且可以任意地调整照射的范围，能够照亮整个场景。

在三维场景中，泛光通常作为补光来使用，以提高场景的整体亮度。在同一个场景中，多盏泛光灯的配合使用会产生更好的效果，但也不能过多地创建泛光灯，否则会使效果图整体过亮，显得平淡而没有层次感。

泛光可以在 6 个方向上发射光线，并且也可以创建阴影效果，一个单独的泛光灯相当于 6 个聚光灯所创建的阴影效果。

泛光模型如图 10-6 所示。

6. 天光

天光主要用于模拟太阳光遇到大气层时产生的折射照明。此类灯光将为用户提供整体的照明和柔和的阴影，但它自身不会产生高光，而且有的时候阴影过虚，只有与其他灯光配合使用才能体现物体的高光和尖锐的阴影效果。

天光通常都与目标平行光配合使用，并且通过配合光线跟踪使用将会产生自然、柔和的逼真渲染效果。

天光模型如图 10-7 所示。

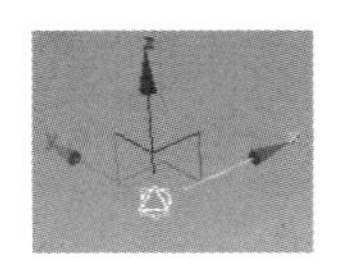

图 10-6　泛光模型

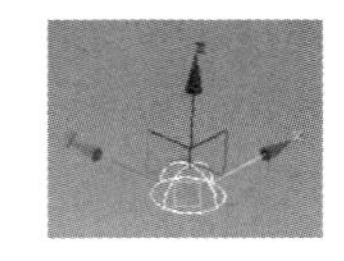

图 10-7　天光模型

10.1.2　标准灯光的参数

在 3ds Max 中，灯光具有很多个可调的参数，用户可以自由地调节它们，最终得到需要的场景氛围。

在标准灯光中，除天光外，其他几种类型的灯光具有基本相同的参数设置，只是它们的照明范围不同。下面以目标聚光灯为例介绍标准灯光的参数。

在场景中创建一盏目标聚光灯，进入“修改”命令面板，在目标聚光灯的面板中包括 7 个参数卷展栏，分别是“常规参数”“强度/颜色/衰减”“聚光灯参数”“高级效果”“阴影参数”“阴影贴图参数”和“大气和效果”，如图 10-8 所示。

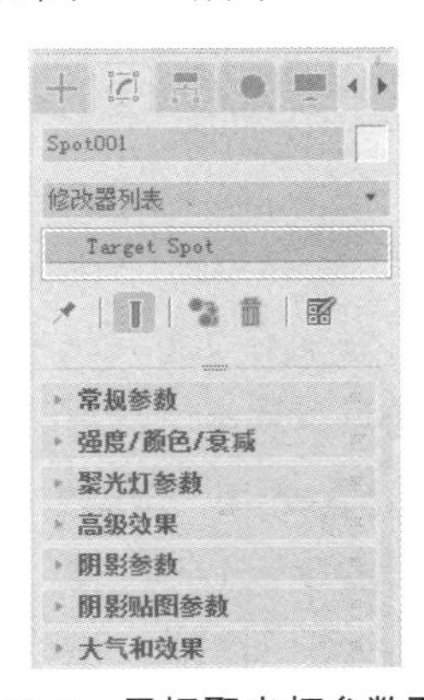

图 10-8　目标聚光灯参数面板

1. “常规参数”卷展栏

“常规参数”卷展栏适用于各种类型的灯光，其参数主要用于控制灯光的开启、选择，也可以排除一些不受灯光影响的物体，如图 10-9 所示。

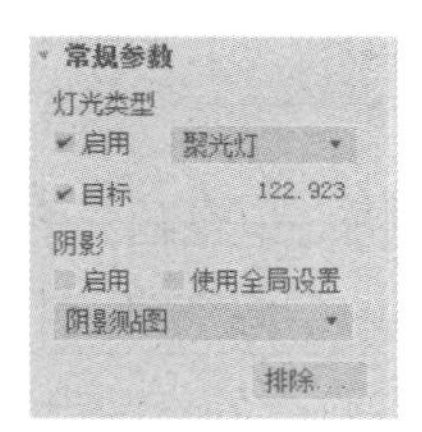

图 10-9　“常规参数”卷展栏

（1）“灯光类型”组合框：在该组合框中可以选择灯光的类型。

①“启用”复选框：用于控制当前灯光的开启或关闭。

②“灯光类型”下拉列表框：此下拉列表框中提供有“聚光灯”“泛光灯”和“平行光”3 种类型的灯光供用户选择，在这里可以将当前的灯光转换为其他类型。

（2）“阴影”组合框：在此组合框中可以设置是否启用阴影。

①“启用”复选框：用来打开或关闭灯光作用下的阴影。

②“使用全局设置”复选框：当该复选框被勾选时，使用系统的默认值制作阴影。

③“阴影”下拉列表框：在该下拉列表框中提供有 5 种阴影方式，用户可以自由设定。当选择不同的阴影类型时，下面的“阴影参数”卷展栏中的设置参数会发生改变，产生的效果也不一样。

当在“阴影”下拉列表框中选择“光线跟踪阴影”选项时，产生的阴影效果会比较真实，如图 10-10 所示。

图 10-10 “光线跟踪阴影”效果

④“排除”按钮：可以将物体排除在灯光影响之外。

2. “强度/颜色/衰减”卷展栏

“强度/颜色/衰减”卷展栏用来设置灯光的强弱、颜色及灯光的衰减参数，如图 10-11 所示。

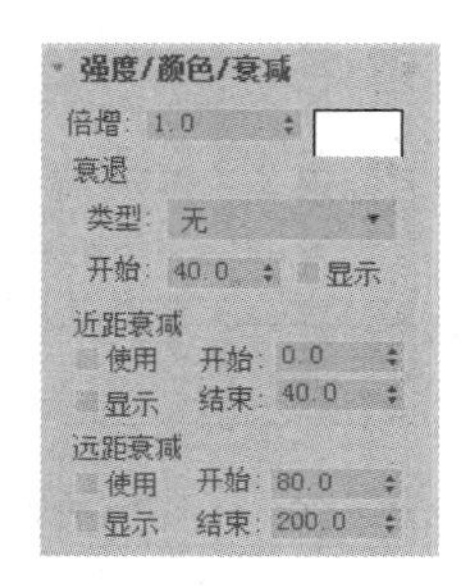

图 10-11 “强度/颜色/衰减”卷展栏

（1）“倍增”微调框：用来调节灯光的亮度。默认的标准值为 1.0，数值越大，亮度越强。

（2）颜色块：系统默认的灯光颜色为白色。单击此处的颜色块会打开“颜色选择：灯光颜色”对话框，从中可以设置灯光的颜色。

（3）“衰退”组合框：在该组合框中可以设置衰退的类型。

（4）“近距衰减”组合框：该组合框中包括以下 4 项内容。

①“开始”微调框：用于设置光线出现时的位置。

②“结束”微调框：用于设置光线强度增加到最大值时的位置。

③“使用”复选框：勾选此复选框，此组合框中各项参数的设置才会有效。

④“显示”复选框：勾选此复选框，在视图中将显示出近距衰减的区域。

（5）“远距衰减”组合框：该组合框中包括如下 4 项内容。

①“开始”微调框：用于设置光线从最强开始变弱时的位置。

②“结束”微调框：用于设置光线衰减到 0 时的位置。

③“使用”复选框：勾选此复选框，此组合框中各项参数的设置才会有效。

④“显示”复选框：勾选此复选框，在视图中将显示远距衰减的范围。

3. “聚光灯参数”卷展栏

该卷展栏为聚光灯的专有设置，如图 10-12 所示。

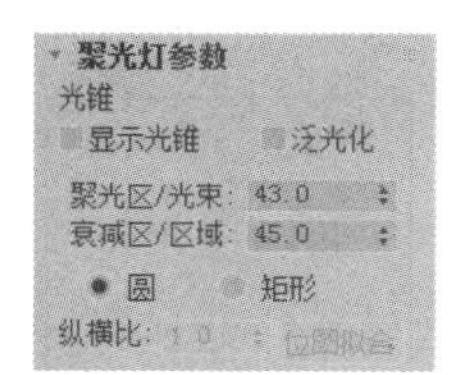

图 10-12 “聚光灯参数”卷展栏

（1）“显示光锥”复选框：用于控制聚光灯锥形框的显示。在通常情况下，选择某灯光后，不管是否勾选该复选框，均显示锥形框。

（2）“泛光化”复选框：勾选该复选框后，当前的聚光灯会兼有泛光灯的功能，不仅可以照亮整个场景，还能够产生阴影效果。

（3）“聚光区/光束”微调框：该微调框中的数值用于调整聚光灯锥形聚光区的角度来控制光线完全照射的范围，默认值为“43”，聚光区内的物体将受到全部光线的照射。

（4）“衰减区/区域”微调框：在此微调框中可以调整衰减区的角度，用于设置完全不受光线照射影响的范围，默认值为“45”。

如图 10-13 所示，聚光区与衰减区的角度相差较小，由于没有衰减过渡，因此光线的边界比较生硬。

如图 10-14 所示，聚光区与衰减区的角度相差较大，此时产生了比较柔和的过渡边界。

图 10-13　聚光区 30，衰减区 32

图 10-14　聚光区 20，衰减区 40

（5）“圆”“矩形”单选按钮：用于设置聚光灯的灯柱形状。系统默认选中“圆”单选按钮，此时将产生圆锥状灯柱。选中“矩形”单选按钮则会产生长方体形状的灯柱，一般用于窗户投影灯或电影、幻灯机的投影灯。

（6）“纵横比”微调框：只有选中“矩形”单选按钮时此项设置才会有效，用于调节矩形的长宽比例。

（7）“位图拟合”按钮：该按钮在“矩形”单选按钮为选中状态时才有效，可以使用图像的长宽作为灯光的长宽比。

4. “高级效果”卷展栏

“高级效果”卷展栏中的参数主要用于调整在灯光的影响下，物体表面产生的效果和阴影贴图，如图 10-15 所示。

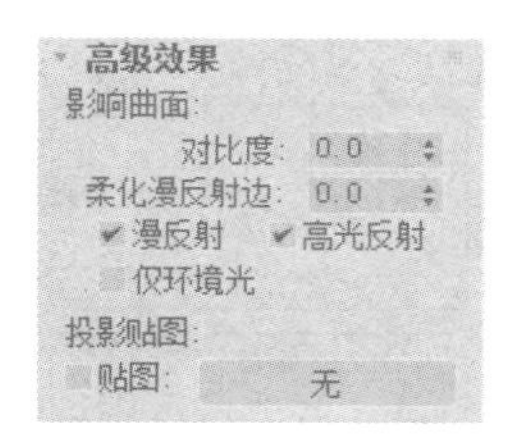

图 10-15　“高级效果”卷展栏

（1）“影响曲面”组合框：该组合框中包括如下几项内容。

①“对比度”微调框：用于调节物体表面高光区与过渡区之间的明暗对比度，取值范围为 0～100，默认值为 0，此时是正常的对比度。图 10-16 和图 10-17 所示分别是对比度为 100 和 0 的两种情况。

图 10-16　对比度为 100

图 10-17　对比度为 0

②“柔化漫反射边”微调框：用于柔化物体表面过渡区与阴影区之间的边缘，以免在渲染时产生生硬的明暗分界。取值范围为 0～100，数值越小，产生的边界越柔和，如图 10-18 和图 10-19 所示。

图 10-18　柔化漫反射边为 100

图 10-19　柔化漫反射边为 0

③“漫反射”“高光反射”“仅环境光”复选框：这 3 个复选框一般使用系统默认的设置，无须调整。

（2）“投影贴图”组合框：在该组合框中可以设置灯光的阴影贴图。

5. “阴影参数”卷展栏

在该卷展栏中可以对阴影进行设置和调整，包括颜色、密度及大气阴影等，如图 10-20 所示。

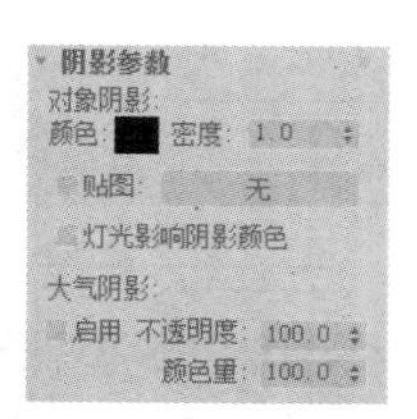

图 10-20　“阴影参数”卷展栏

（1）“对象阴影”组合框：该组合框中的参数用于设置对象的阴影。

①“颜色”颜色块：单击该颜色块可以弹出“颜色选择器：阴影颜色”对话框，从中可以设置阴影的颜色。

②“密度”微调框：通过设置此处的数值可以调整阴影的密度。数值越大，产生的阴影越重，默认值为 1.0。

③“贴图”复选框：勾选该复选框，即可指定一张阴影贴图。

④“灯光影响阴影颜色”复选框：勾选该复选框，场景中的灯光将会影响阴影的颜色。

（2）“大气阴影“组合框：该组合框中包括一些用于设置大气阴影的参数。

6. “阴影贴图参数”卷展栏

当在“常规参数”卷展栏中的“阴影”下拉列表框中将阴影类型设置为“阴影贴图”时，才会出现该卷展栏，其参数用于控制灯光投射阴影的质量，如图 10-21 所示。

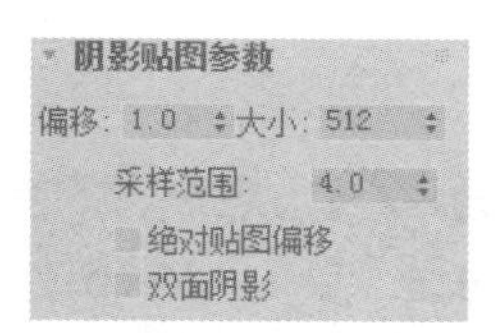

图 10-21　“阴影贴图参数”卷展栏

（1）“偏移”微调框：用于设置阴影与物体之间的距离。数值越小，阴影与物体之间的距离越小，如图 10-22 和图 10-23 所示。

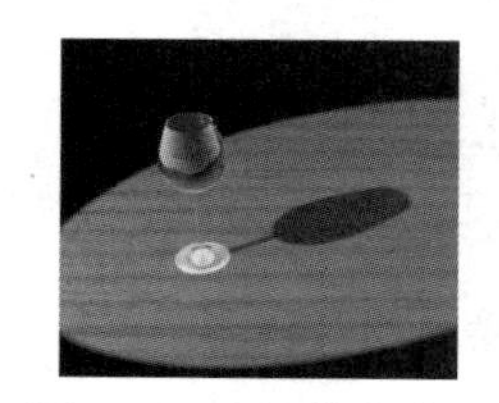

图 10-22　偏移值为 1

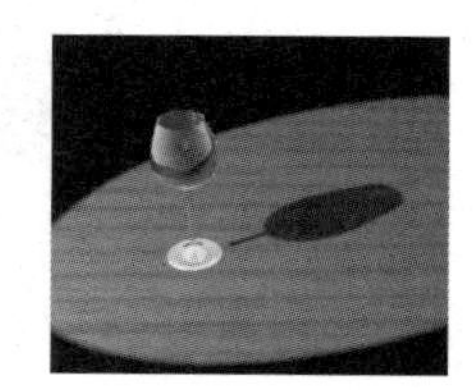

图 10-23　偏移值为 10

（2）“大小”微调框：用于调整阴影贴图的大小，增大数值将优化阴影的质量，但同时会延长渲染的时间。

（3）“采样范围”微调框：用于调整阴影边缘的柔和程度，可以产生模糊的阴影效果。数值越大，阴影边缘越柔和。

7. “大气和效果”卷展栏

该卷展栏适用于除“天光”外的各种灯光类型，主要用于增加、删除及修改大气效果，如图 10-24 所示。

（1）“添加”按钮：单击此按钮可以弹出“添加大气或效果”对话框，从中可以为灯光增加大气效果或光效，如图 10-25 所示。

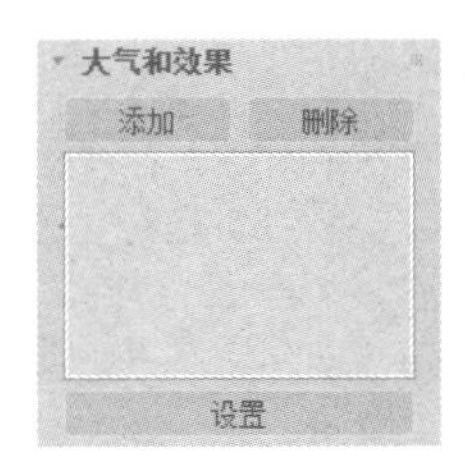

图 10-24　“大气和效果”卷展栏

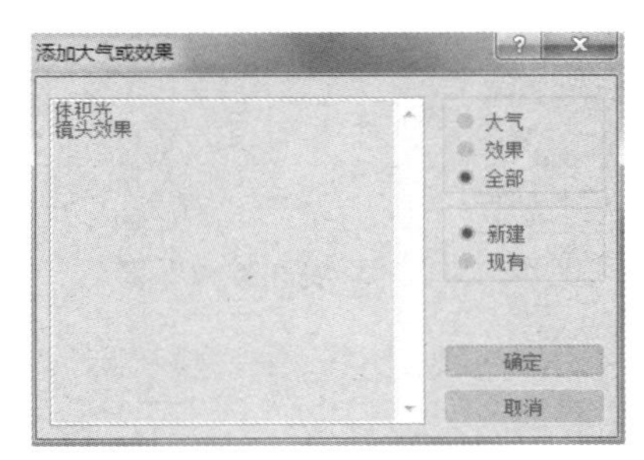

图 10-25　“添加大气或效果”对话框

在对话框的列表框中选择要添加的选项并单击“确定”按钮，此时在“大气和效果”卷展栏的列表框中将会显示出添加的选项，如图 10-26 所示。

图 10-26　在“大气和效果”卷展栏中显示添加的选项

（2）“删除”按钮：用于删除为灯光添加的大气效果或光效。在“大气和效果”卷展栏的列表框中将要删除的选项选中，然后单击此按钮即可将该选项删除。

（3）“设置”按钮：在列表框中选择一个选项后，单击该按钮可以弹出“环境和效果”窗口，在该窗口中可以对选择的大气或光效进行设置，如图 10-27 所示。

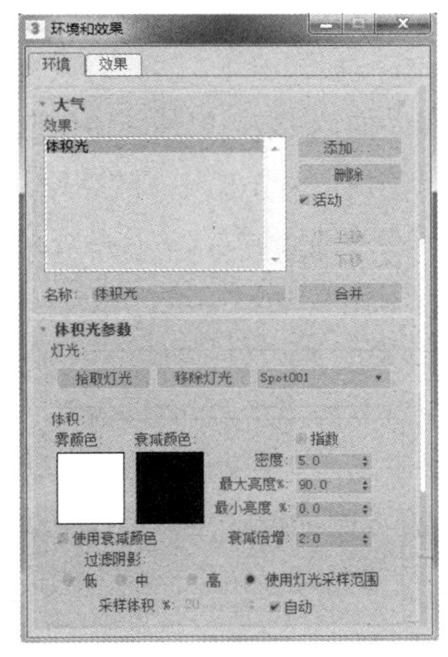

图 10-27　“环境和效果”窗口

10.2　灯光照明原理

10.2.1　三点光布光法

三点光是摄影棚中常用的布光方案。所谓三点光，即主光、辅光和背光。在三维场景中，三点光照明方案一般用于在室内表现特定的主体物体。对于大场景，可以把场景划分为很多个较小的部分以适应三点光照明布光的要求，也可以按照主光源的传递顺序与过程进行布光。

主光负责整个场景中的主要照明，并且

应该具备投影属性。主光代表最主要的光源，可以是日光，也可以是从天窗或玻璃直射进来的光线。在三维环境中设置灯光，首先需要确定主光的位置。

辅光作为辅助光，通常可以使用聚光灯，也可以使用泛光灯。辅光不一定是一盏灯，也可能是多盏灯。从顶视图上看，辅光与主光应该是相对方向的，但是绝对不能使主光与辅光完全对称。辅光可以与物体保持类似的高度，但是要比主光低一些，强度上也要弱一些。在一般情况下，辅光亮度为主光亮度的一半左右。如果想要使环境阴影多一些，那么只可使用主光 1/8 左右的亮度。如果使用几盏灯作为辅光，那么这几盏灯亮度的总和应该为主光的 1/8～1/2。

背光用于勾勒物体的轮廓，以使主体物体从背景中分离出来。设置的背光一般在主体物体的后面，与摄影机（或者观察角度）相对。背光放置的位置应该超过主体物体的高度。设置背光可以使物体的上部或侧部出现高光。

10.2.2 实例练习

（1）打开在 9.7 节中创建的“静物.max”文件，在视图中创建摄影机并调整参数和位置，效果如图 10-28 所示。

（2）单击“渲染—环境”菜单项，在弹出的“环境和效果”窗口中设置背景的颜色为黑色，如图 10-29 所示。

图 10-28　静物

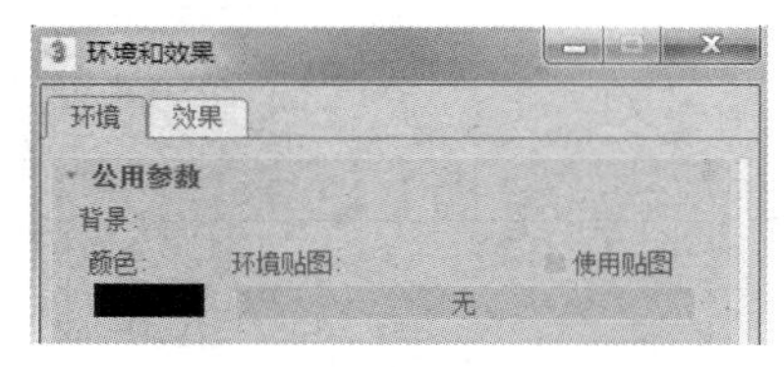

图 10-29　“环境和效果”窗口

（3）在前视图中创建一盏目标聚光灯，使目标点指向主体物体，并调节灯光参数和位置，如图 10-30 所示。

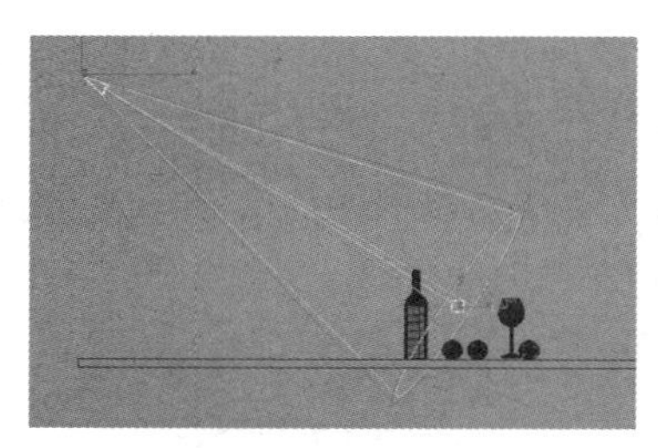

图 10-30　创建一盏目标聚光灯

（4）在前视图中创建一盏目标聚光灯作为辅光，并调节灯光参数和位置，如图 10-31 所示。

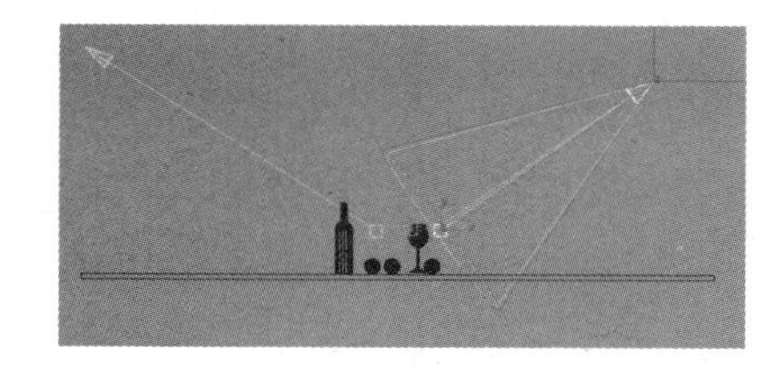

图 10-31　创建一盏目标聚光灯作为辅光

（5）在顶视图中创建一盏目标聚光灯作为背光，并调整其位置和参数，如图 10-32 所示。

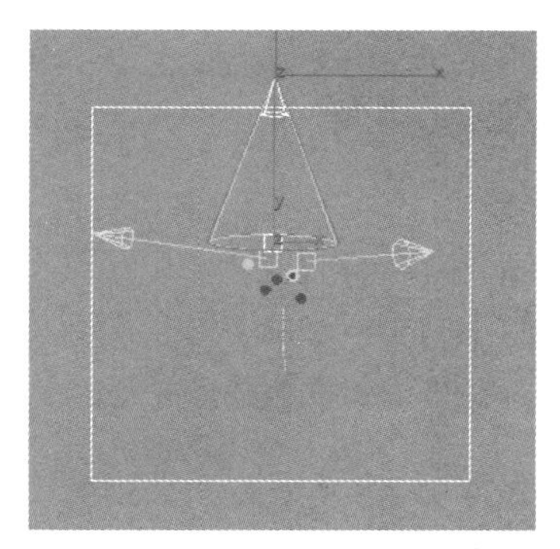

图 10-32　创建一盏目标聚光灯作为背光

（6）此时，最基本的三点光就设置完成了，渲染效果如图 10-33 所示。

图 10-33　三点光渲染效果

10.3　摄影机

10.3.1　摄影机简介

3ds Max 中的摄影机比现实中的摄影机功能更加强大，它的很多效果是现实中的摄影机所达不到的。例如，它可以在瞬间移至任何角度、换上各种镜头、更改镜头效果等。用户要表现的场景效果都必须要通过摄影机来完成，其决定了视图中物体的位置与大小，即用户所观察到的内容。

虽然在摄影机视图中的观察效果与在透视图中的相同，但在摄影机视图中，用户可以根据不同的工作需要随意地调整它的角度与位置，所以使用起来更加方便和灵活。

在学习摄影机之前，下面先介绍几个与摄影机相关的概念。

（1）视点：摄影机的观察点，它决定摄影的重点。

（2）视心：视线的中心点，它决定构图的中心内容。

（3）视距：摄影机与物体之间的距离。视距的大小控制着所表现内容的大小和清晰度，符合近大远小的物理特性。

（4）视高：摄影机到地面的高度，适当调节视高可以产生俯视或仰视的视觉效果。

（5）观看视角：视线与观看物体之间的角度，它决定了画面构图属于平行透视还是成角透视。

10.3.2　创建摄影机

1. 摄影机类型

在“创建”命令面板中单击“摄影机”按钮，进入“摄影机”子命令面板，如图 10-34 所示。

图 10-34　“摄影机”子命令面板

在该命令面板中显示了 3 种摄影机类

型，分别是“物理”摄影机、“目标”摄影机与“自由”摄影机。

物理摄影机如图 10-35 所示，是用于基于物理的真实照片级渲染的最佳摄影机类型，它将场景的帧设置与曝光控制和其他效果集成在一起。物理摄影机功能的支持级别取决于所使用的渲染器。

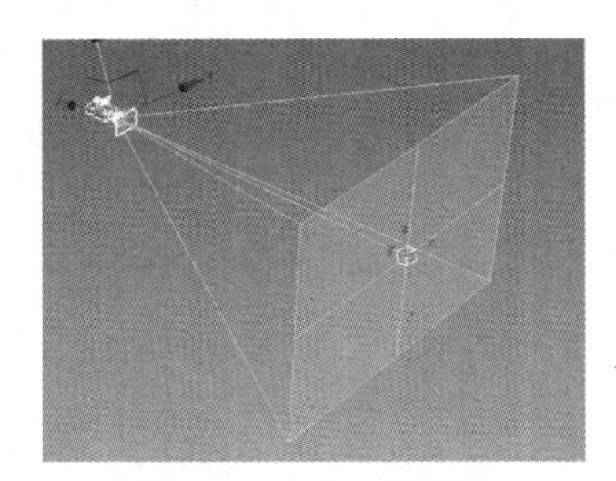

图 10-35　物理摄影机

目标摄影机由摄影点和目标点两部分组成，如图 10-36 所示。目标摄影机可以通过在场景中有选择地确定目标点和摄影点来选择观察的角度，围绕目标物体观察场景。这是三维场景中常用的一种摄影机类型。

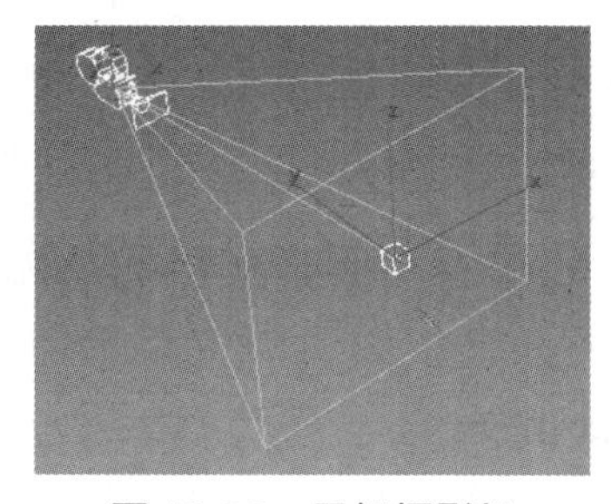

图 10-36　目标摄影机

自由摄影机只有摄影点，没有特定的目标点，如图 10-37 所示。所以，在调整时只能对摄影点进行操作，经常用来制作通过路径运动的摄影机漫游式动画，以及一些简单的位置记录动画。但对于一些需要精确目标跟踪的动画来说，自由摄影机就显得无能为力了。

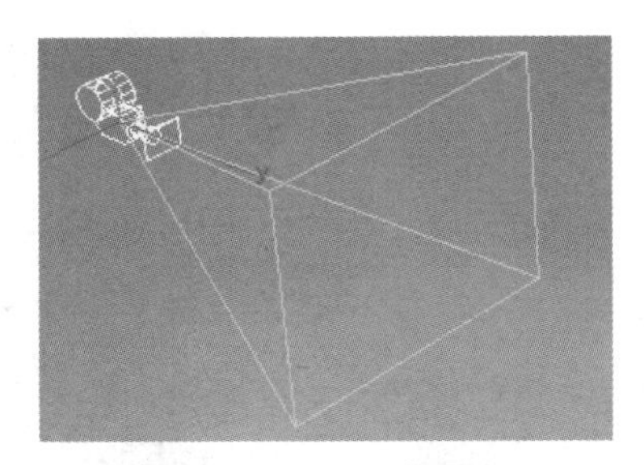

图 10-37　自由摄影机

2. 摄影机命令面板介绍

在视图中创建一个目标摄影机，然后进入“修改”命令面板，在该命令面板中列出了修改摄影机的各项内容，如图 10-38 所示。

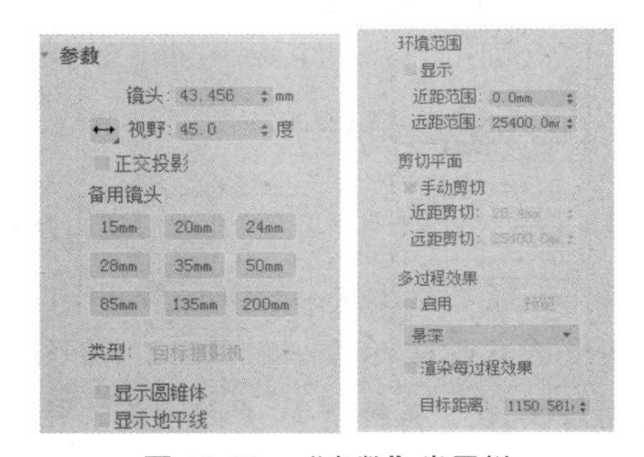

图 10-38　“参数”卷展栏

目标摄影机命令面板包括两个参数卷展栏，即“参数”卷展栏和“景深参数”卷展栏，如图 10-38 和图 10-39 所示。

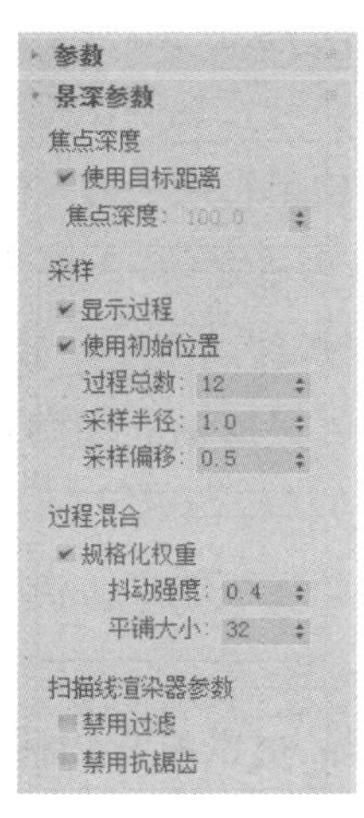

图 10-39　“景深参数”卷展栏

下面介绍一下摄影机中常用的命令。

1）“镜头”微调框

在该微调框中设置的数值为镜头的焦距。

焦距的设定将直接影响取景的范围，即视图中场景的大小和物体数量的多少。大焦距将取得较小的场景数据，但会得到更多的场景细节；小焦距会取得较大的场景数据和较少的场景细节。

焦距的单位是 mm。50mm 焦距的镜头所产生的视图类似于眼睛所看到的视图；焦距小于 50mm 的镜头可以显示出场景的广角范围，因此被称为广角镜头；焦距大于 50mm 的镜头被称为远焦镜头，它能够产生像望远镜一样的视图效果。

2）“视野”微调框

该参数主要控制摄影机的可见视角，决定视图中的可见物体。

视野的大小与焦距的设置有关，因此右侧微调框中的数值与上面的焦距数值将互相影响。

3）“方向”按钮

该按钮与“视野”微调框配合使用。按住该按钮还会出现其他两个按钮，这 3 个按钮分别表示水平、垂直和斜向 3 个方向。选择其中的一个按钮，然后在“视野”微调框中调节数值，即可改变该方向上的视野大小。

4）“正交投影”复选框

勾选该复选框，系统将把摄影机视图转换为正交投影视图，在该视图中将以正交投影的形式显示物体。

5）“备用镜头”组合框

该组合框中提供有一些标准的镜头，包括从 15mm 到 200mm 共 9 种标准镜头，单击相应的按钮，“镜头”和“视野”微调框中的数值会自动更新。

6）“类型”下拉列表框

该下拉列表框中包括“目标摄影机”和“自由摄影机”两个选项，用来设置当前选择镜头所属的类型。

7）“环境范围”组合框

在 3ds Max 中，可以模拟各种大气环境效果，而大气浓度的设置主要是由摄影机的范围来决定的。该组合框中包含用来设置摄影机范围的各项参数。

10.3.3　创建摄影机视图

摄影机视图是用户通过摄影机所能看到的场景。在场景中设置摄影机后，即可将任意一个视图切换为摄影机视图模式。

1. 方法一

激活工作区的一个视图，然后按下键盘上的“C”键，即可将当前视图转换为摄影机视图。图 10-40 所示即为将透视图转换为摄影机视图后的效果。

当场景中存在多个摄影机时，按下“C”键会弹出“选择摄影机”对话框，在该对话框中选择一个摄影机对象，单击“确定”按钮后就会将当前视图转换为所选摄影机对应的摄影机视图。

图 10-40　摄影机视图效果

2. 方法二

激活工作区的一个视图，单击视图标签，即可弹出快捷菜单，在该菜单中可选择相应的摄影机切换为摄影机视图。图10-41所示即为将前视图切换为摄影机视图的操作。

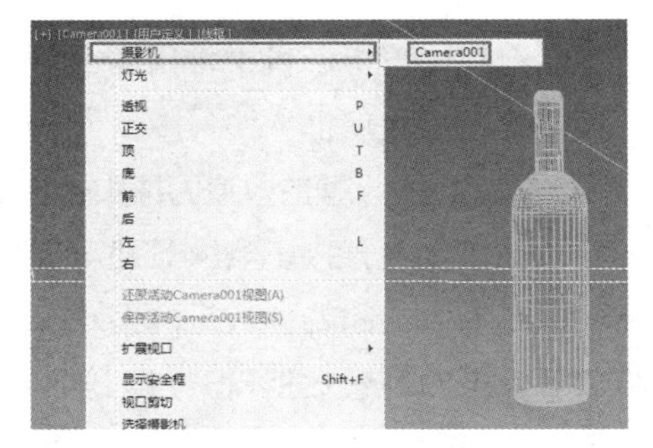

图 10-41　切换为摄影机视图的快捷菜单

10.4　实例演练

本节通过一个“神秘的山洞”的实例，让读者熟悉从建模、设置材质到灯光和摄影机的综合应用过程，如图10-42所示。

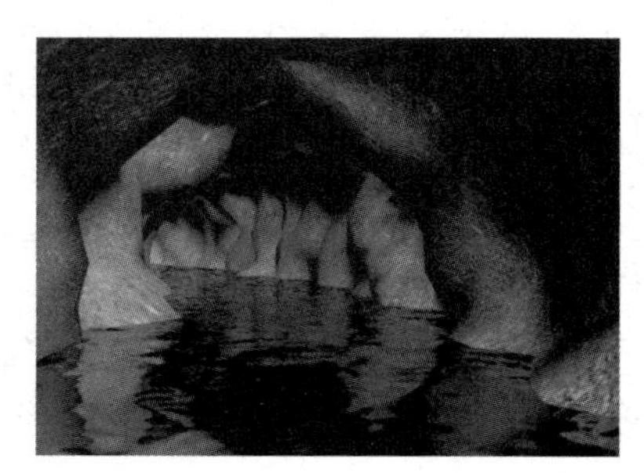

图 10-42　神秘的山洞

1. 创建模型

1）创建山洞模型

（1）创建一个管状体并调整其位置。

在前视图中创建一个管状体，设置其“半径1”为120mm，“半径2”为100mm，“高度”为1600mm，“高度分段”为60，“端面分段”为1，“边数”为30，创建面板及参数设置如图10-43所示。

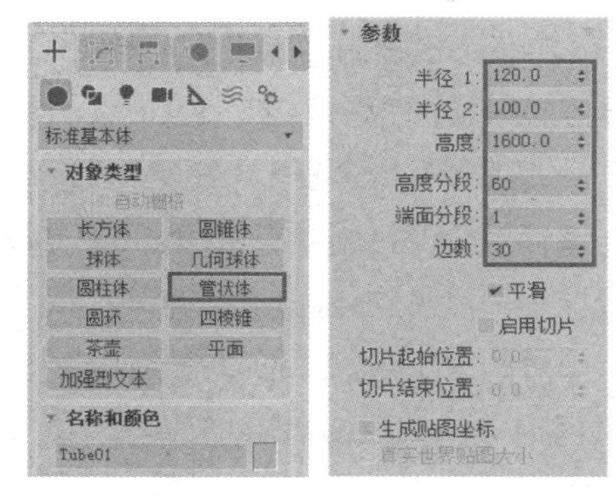

图 10-43　创建一个管状体

选择刚刚创建好的管状体，在主工具栏中的“选择并移动”按钮上单击鼠标右键，在打开的“移动变换输入”对话框中将“绝对：世界”下的“X”“Y”“Z”的数值均修改为0，如图10-44所示。

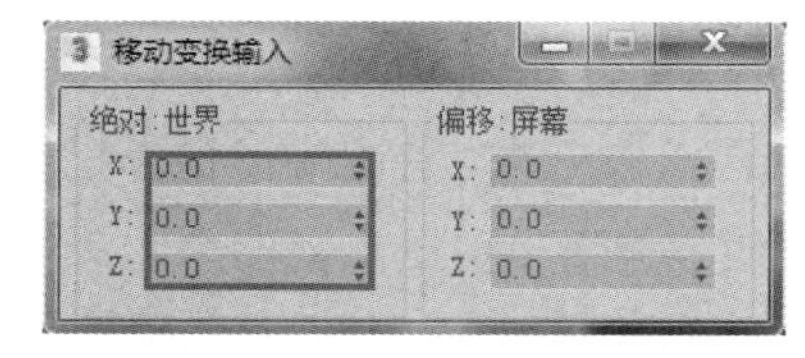

图 10-44　“移动变换输入”对话框

（2）对管状体施加噪波修改器。

选择管状体，切换至“修改”命令面板，在“修改器列表”下拉列表中选择“噪波”修改器，设置参数如下：“种子”为 9，“比例”为 70，“强度”的“X”“Y”“Z”数值均为 60，如图 10-45 所示。

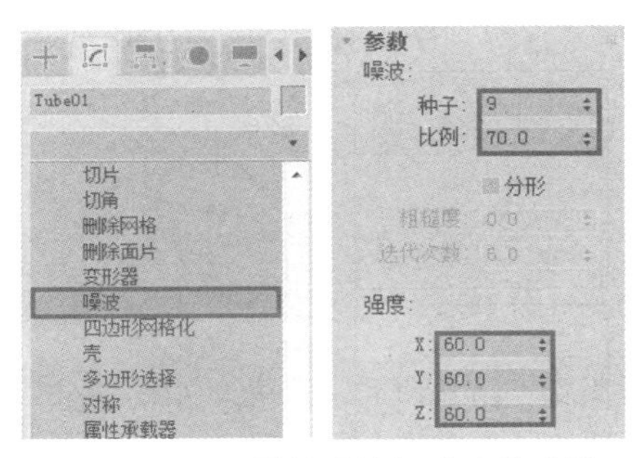

图 10-45　对管状体施加噪波修改器

（3）对管状体施加弯曲修改器。

选择管状体，切换至“修改”命令面板，在“修改器列表”下拉列表中选择“弯曲”修改器，设置“角度”为 45°，“弯曲轴”为 *Z* 轴，如图 10-46 所示。

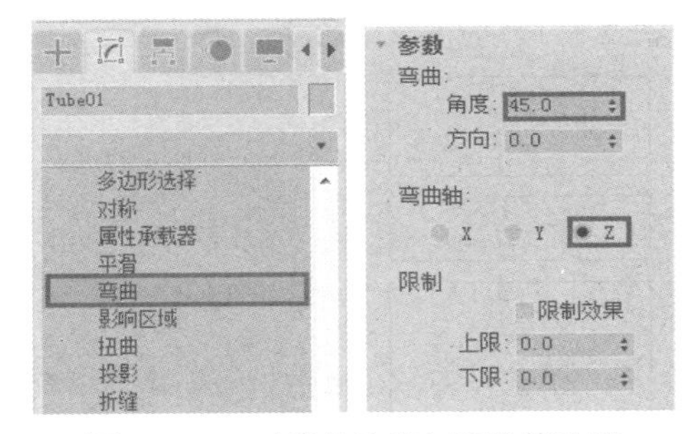

图 10-46　对管状体施加弯曲修改器

2）创建水面模型

在顶视图中创建一个平面，设置其“长度”为 1600mm，“宽度”为 1000mm，如图 10-47 所示。

选择刚刚创建好的平面，在主工具栏中的“选择并移动”按钮上单击鼠标右键，在打开的“移动变换输入”对话框中将“绝对：世界”下的“X”的数值修改为 300，“Y”的数值修改为-800，“Z”的数值修改为-45，如图 10-48 所示。

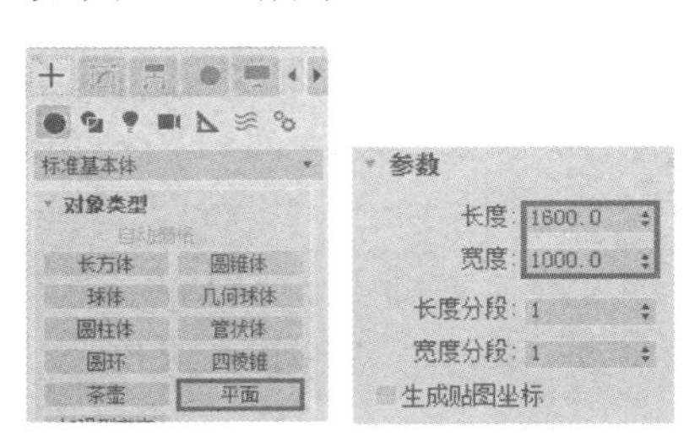

图 10-47　创建一个平面

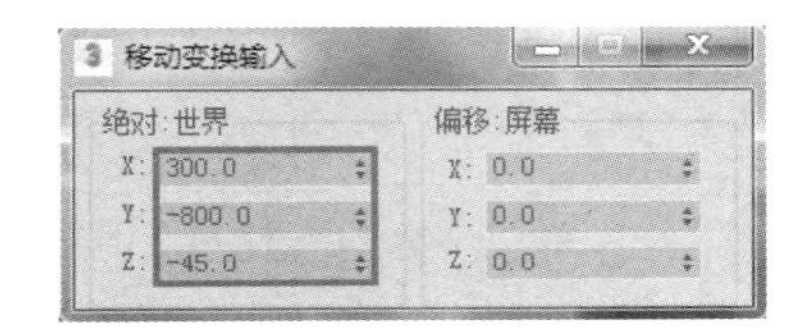

图 10-48　移动平面

2. 设置材质与贴图

1）山洞材质与贴图

单击主工具栏中的“材质编辑器”按钮，在打开的“材质编辑器”窗口中选择一个样本球，修改其名称为“山洞材质”，将“高光级别”数值设置为 5，“光泽度”数值设置为 0，如图 10-49 所示。

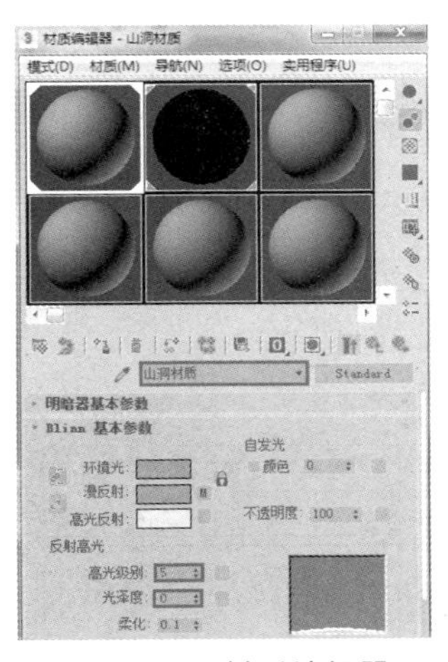

图 10-49　材质编辑器

接着展开“贴图”卷展栏，勾选“漫反射颜色”复选框，单击其右侧的长条按钮，如图 10-50 所示。

贴图

	数量	贴图类型
环境光颜色	100	无贴图
✔漫反射颜色	100	Map #1 (Mix)
高光颜色	100	无贴图
高光级别	100	无贴图
光泽度	100	无贴图
自发光	100	无贴图
不透明度	100	无贴图

图 10-50　“贴图”卷展栏

在打开的“材质/贴图浏览器”对话框中选择“混合”选项，单击“确定”按钮，如图 10-51 所示。

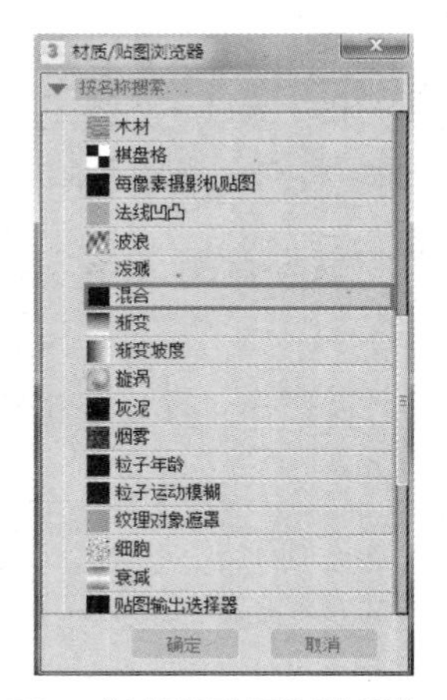

图 10-51　“材质/贴图浏览器”对话框

在打开的“混合参数”面板中，单击“颜色#1”右侧的长条按钮，选择一张砂石图片；单击“颜色#2”右侧的长条按钮，选择一张草图片，并将“颜色#2”右侧的长条按钮上的贴图直接拖动复制到“混合量”右侧的长条按钮上。

接着，勾选“混合曲线”下的“使用曲线”复选框，并将“上部”的数值修改为 0.5，“下部”的数值修改为 0.1，如图 10-52 所示。

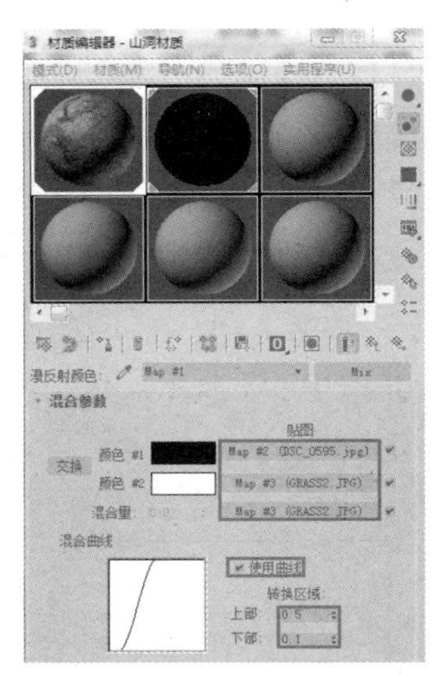

图 10-52　“混合参数”面板

单击“转到父对象”按钮，返回上一层级别。在“贴图”卷展栏中勾选“凹凸”复选框，然后单击其右侧的长条按钮，选择一张同上一样的砂石图片，并将“数量”微调框中的数值修改为 80，如图 10-53 所示。

贴图

	数量	贴图类型
环境光颜色	100	无贴图
✔漫反射颜色	100	Map #1 (Mix)
高光颜色	100	无贴图
高光级别	100	无贴图
光泽度	100	无贴图
自发光	100	无贴图
不透明度	100	无贴图
过滤色	100	无贴图
✔凹凸	80	Map #5 (DSC_0595.jpg)
反射	100	无贴图
折射	100	无贴图
置换	100	无贴图

图 10-53　“贴图”卷展栏

在视图中选择山洞模型，单击“将材质指定给选定对象”按钮，即可将以上编辑好的山洞材质指定给模型。

为使模型效果更加逼真，还可给模型添加一个“UVW 贴图”修改器，在“参数”卷展栏中选择“柱形”单选按钮，将 U、V、W 方向的平铺数量分别设置为“10”“40”“40”，并单击“适配”按钮，如图 10-54 所示。

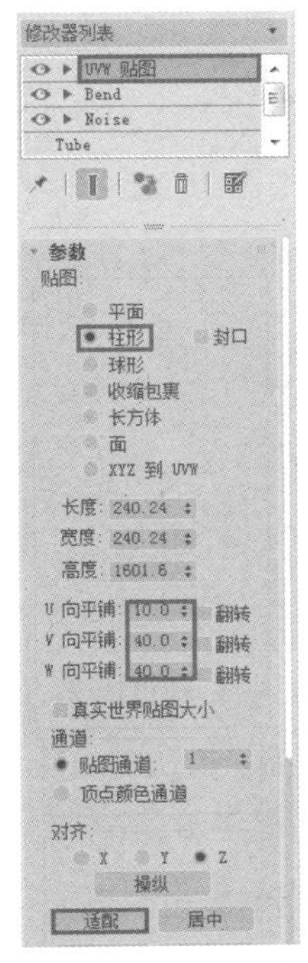

图 10-54　“UVW 贴图”修改器面板

山洞的材质与贴图效果如图 10-55 所示。

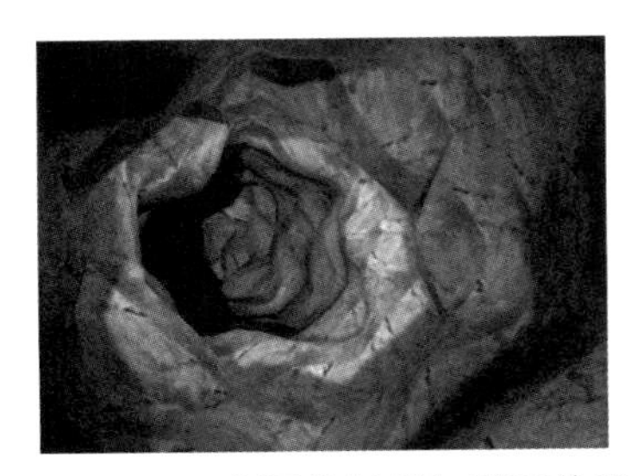

图 10-55　山洞的材质与贴图效果

2）水面材质与贴图

在“材质编辑器”窗口中选择一个新的样本球，修改其名称为“水面材质”。在“明暗器基本参数”卷展栏中，将着色模式设置为“Phong”；在“Phong 基本参数”卷展栏中，将“漫反射”颜色设置为黑色，如图 10-56 所示。

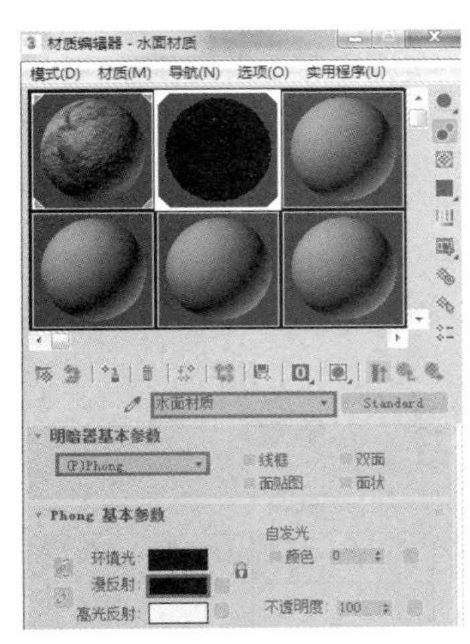

图 10-56　材质编辑器

接着展开“贴图”卷展栏，勾选“凹凸”复选框，设置其“数量”为 50，如图 10-57 所示。然后单击其右侧的长条按钮，在弹出的“材质/贴图浏览器”对话框中选择“噪波”选项，单击“确定”按钮，如图 10-58 所示。

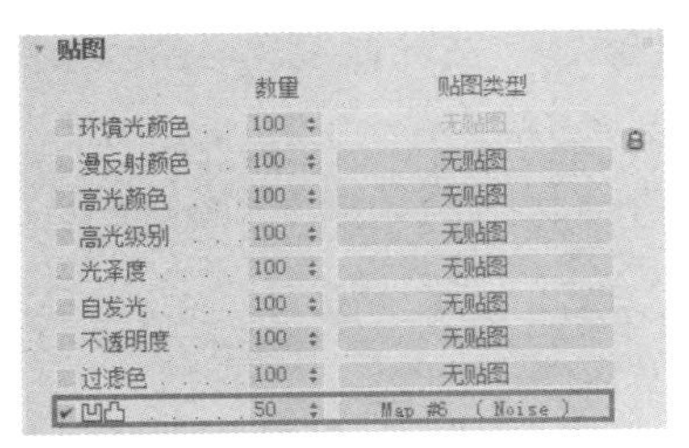

图 10-57　“贴图”卷展栏

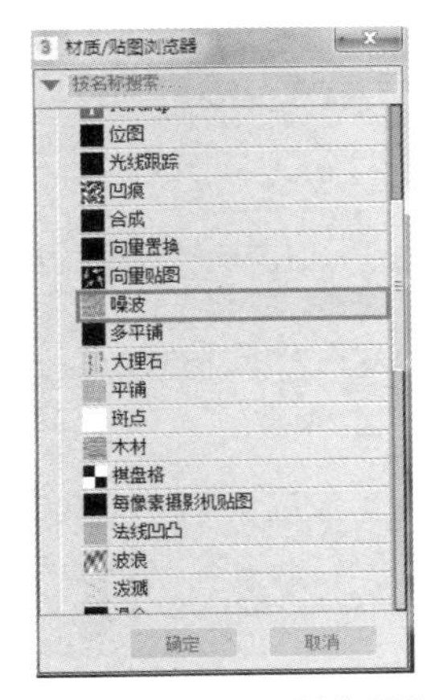

图 10-58　“材质/贴图浏览器”对话框

在“噪波参数”卷展栏中，设置“噪波类型”为“湍流”，修改其“大小”为 40，如图 10-59 所示。

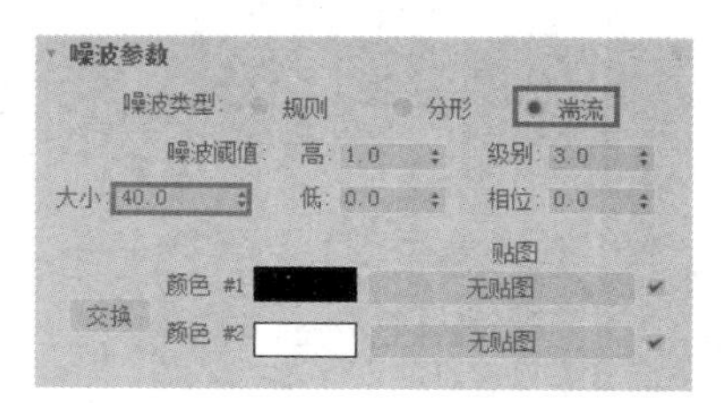

图 10-59 “噪波参数”卷展栏

单击“转到父对象”按钮，返回上一层级别。在“贴图”卷展栏中勾选“反射”复选框，设置其“数量”为 50，如图 10-60 所示。单击其右侧的长条按钮，在弹出的“材质/贴图浏览器”对话框中选择“平面镜”选项，单击“确定”按钮，如图 10-61 所示。

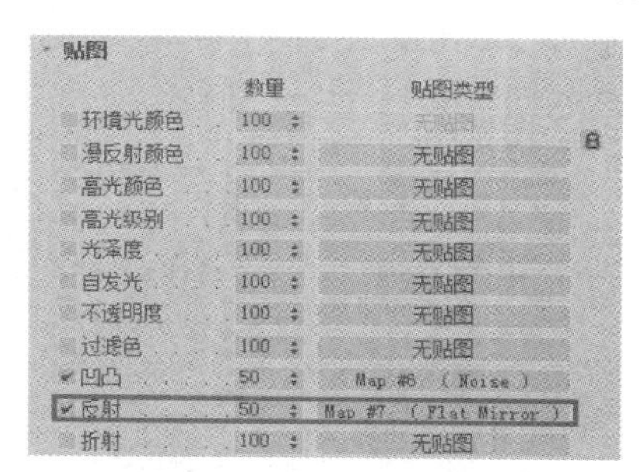

图 10-60 “贴图”卷展栏

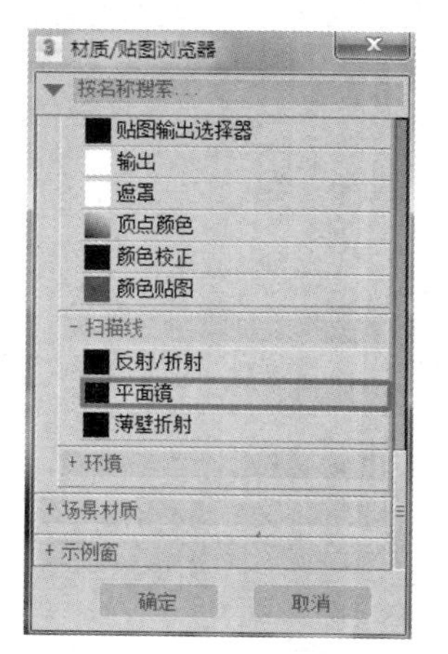

图 10-61 “材质/贴图浏览器”对话框

在“平面镜参数”卷展栏中，设置“模糊”数值为 3，设置“扭曲”类型为“使用凹凸贴图”，如图 10-62 所示。

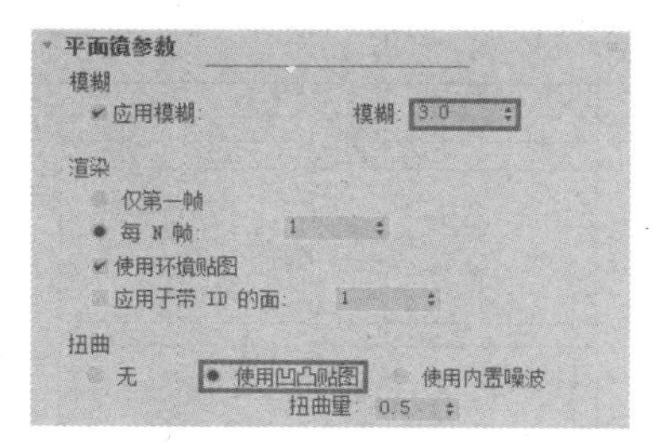

图 10-62 “平面镜参数”卷展栏

在视图中选择水面模型，单击“将材质指定给选定对象”按钮，即可将以上编辑好的水面材质指定给模型。

3. 灯光和摄影机

1）创建摄影机

执行“创建—摄影机—目标”命令，在顶视图中从上往下拖曳出一台目标摄影机，在“参数”卷展栏中将其“镜头”设置为 35mm，如图 10-63 所示。

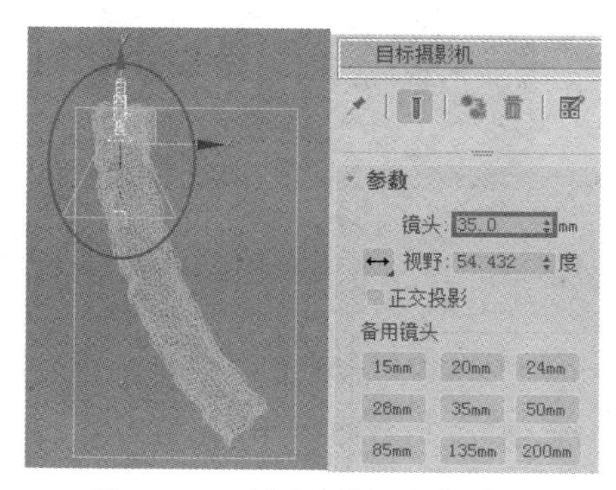

图 10-63 创建一台目标摄影机

选择 Camera01，在主工具栏中的“选择并移动”按钮上单击鼠标右键，在打开的“移动变换输入”对话框中将“绝对：世界”下的“X”“Y”“Z”的数值均修改为 0，如图 10-64 所示。

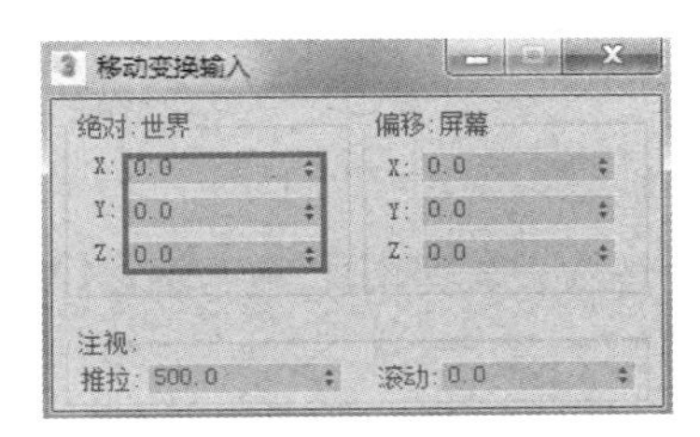

图 10-64　移动目标摄影机

同样，选择 Camera01.Target，将“X”“Y”“Z”的数值分别修改为 0、-500、0，如图 10-65 所示。

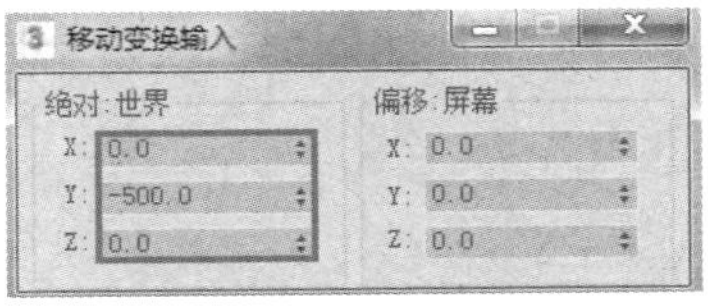

图 10-65　移动目标摄影机的目标点

在透视图的视图标签上单击鼠标右键，在弹出的快捷菜单中选择“摄影机—Camera01”，即可将透视图切换为摄影机视图，如图 10-66 所示。

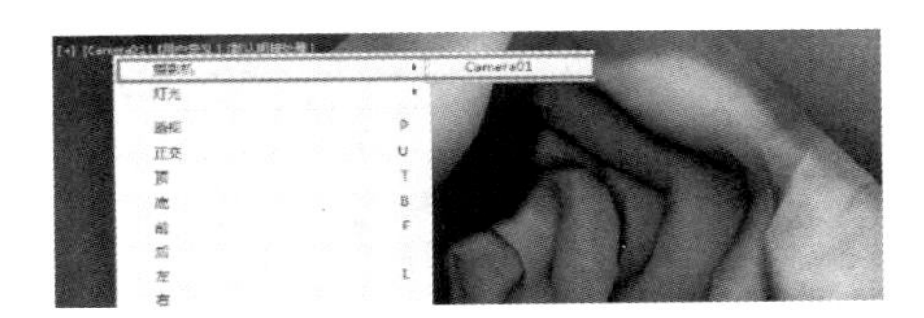

图 10-66　将透视图切换为摄影机视图

2）创建灯光

（1）创建目标聚光灯。

执行“创建—灯光—标准—目标聚光灯”命令，在顶视图中从上往下拖曳出一盏目标聚光灯，在“常规参数”卷展栏中的“阴影”参数下勾选“启用”复选框，如图 10-67 所示。

选择 Spot01，在主工具栏中的“选择并移动”按钮上单击鼠标右键，在打开的“移动变换输入”对话框中将“绝对：世界”下的“X”“Y”“Z”的数值分别修改为 0、400、0，如图 10-68 所示。

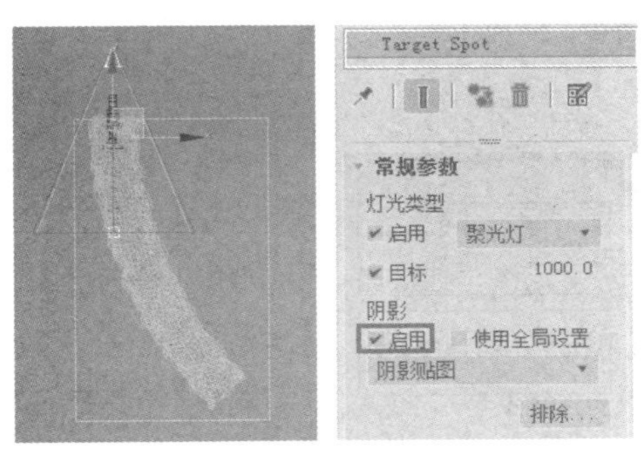

图 10-67　创建一盏目标聚光灯

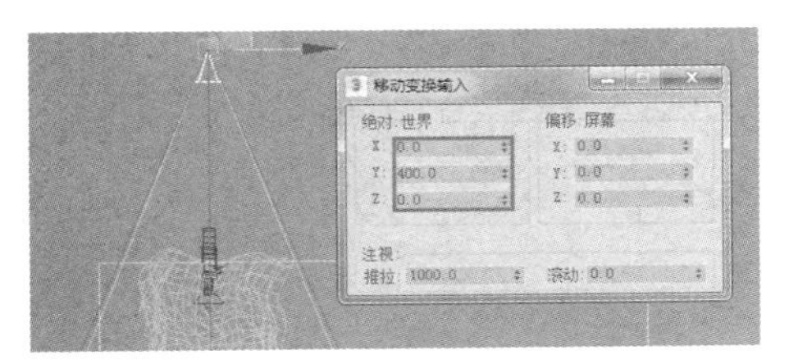

图 10-68　移动目标聚光灯

同样，选择 Spot01.Target，将“X”“Y”“Z”的数值分别修改为 0、-600、0，如图 10-69 所示。

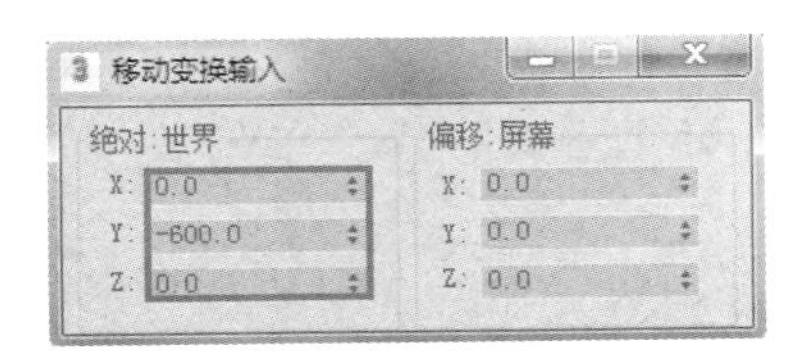

图 10-69　移动目标聚光灯的目标点

（2）创建泛光灯。

执行“创建—灯光—标准—泛光”命令，在顶视图中任意位置创建一盏泛光灯，如图 10-70 所示。

在“常规参数”卷展栏中的“阴影”参数下勾选“启用”复选框；在“强度/颜色/衰减”卷展栏中，勾选“远距衰减”下的“使用”复选框，并设置“开始”数值为 80，“结束”数值为 300，如图 10-71 所示。

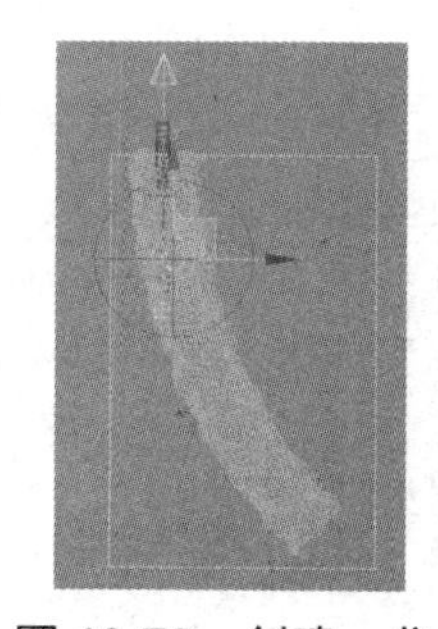

图 10-70　创建一盏泛光灯

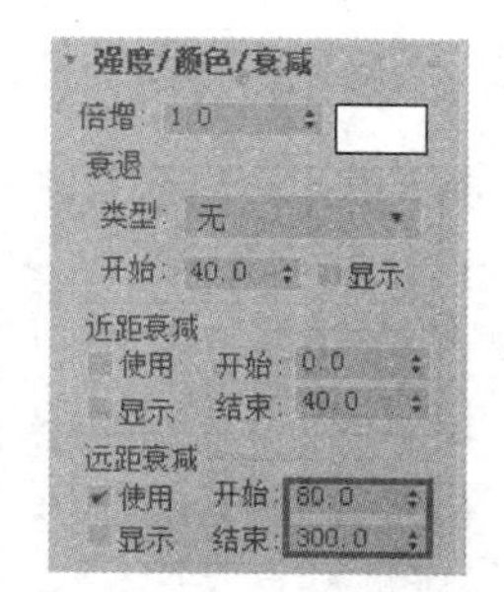

图 10-71　“强度/颜色/衰减”卷展栏

选择泛光灯，在主工具栏中的“选择并移动”按钮上单击鼠标右键，在打开的“移动变换输入”对话框中将“绝对：世界”下的“X”“Y”“Z”的数值分别修改为 40、-400、80，如图 10-72 所示。

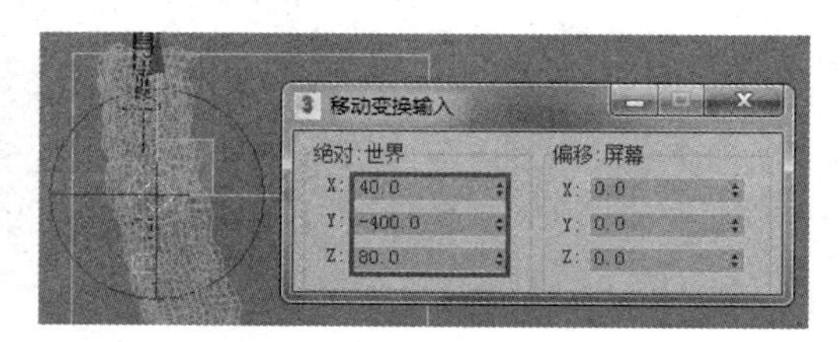

图 10-72　移动泛光灯

4. 渲染场景

渲染摄影机视图，渲染结果如图 10-42 所示。

第11章 渲　染

使用 3ds Max 制作效果图时，一般都遵循“建模—材质—灯光—渲染”这个最基本的流程，渲染是最后一道工序（后期处理除外）。渲染的英文为 Render，翻译成中文为“着色”，也就是对场景进行着色的过程。

渲染将颜色、阴影、照明效果等加入几何体中。渲染创建一个静止图像或动画，从而可以使用所设置的灯光、所应用的材质及环境设置（如背景和大气）为场景中的几何体着色。

11.1　渲染的基本常识

渲染需要经过相当复杂的运算，运算完成后将虚拟的三维场景投射到二维平面上就形成了视觉上的 3D 效果，这个过程需要对渲染器进行复杂的设置。

11.1.1　渲染器的类型

渲染场景的引擎有很多种，如 VRay 渲染器、Renderman 渲染器、mental ray 渲染器、Brazil 渲染器、FinalRender 渲染器、Maxwell 渲染器和 Lightscape 渲染器等。

3ds Max 2018 软件安装包中自带的渲染器有 Quicksilver 硬件渲染器、ART 渲染器、扫描线渲染器、VUE 文件渲染器和 Arnold 5 种。如果安装了 VRay 渲染器，那么也可以使用 VRay 渲染器来渲染场景。当然，也可以安装一些其他的渲染插件，如 Renderman、Brazil、FinalRender、Maxwell 和 Lightscape 等。

11.1.2 渲染工具

在主工具栏右侧提供了多个渲染工具，如图 11-1 所示。

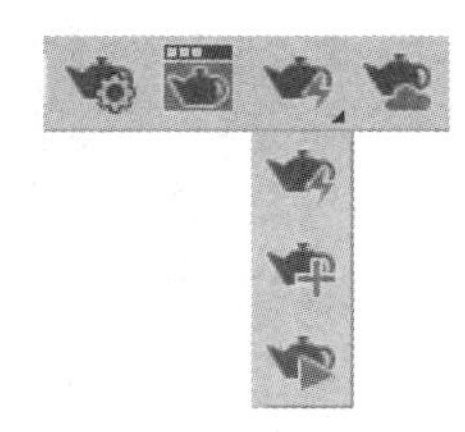

图 11-1 渲染工具

1. “渲染设置”工具

单击该按钮可以打开“渲染设置”对话框，基本上设置渲染参数都在该对话框中完成，如图 11-2 所示。

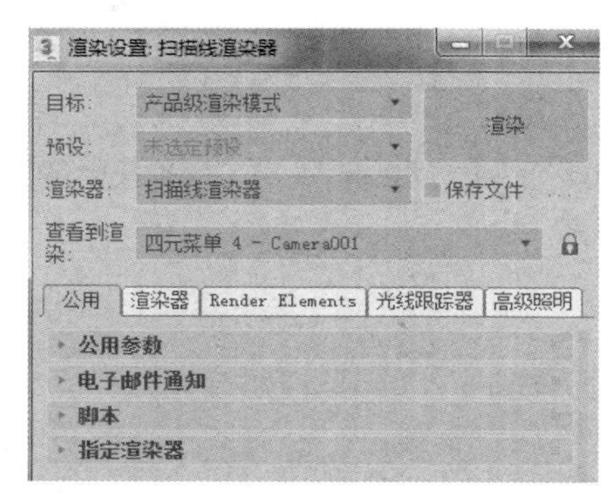

图 11-2 “渲染设置”对话框

2. “渲染帧窗口”工具

单击该按钮可以打开“渲染帧窗口”对话框，“渲染帧窗口”会显示渲染输出，在该对话框中可以设置要渲染的区域、选择要渲染的视口、选择渲染预设、渲染当前场景、将图像保存到文件中、打印渲染输出等，如图 11-3 所示。

3. “渲染产品”工具

单击该按钮可以使用当前的产品级渲染设置来渲染场景，而无须打开“渲染设置”对话框。该工具渲染结果与图 11-3 相同。

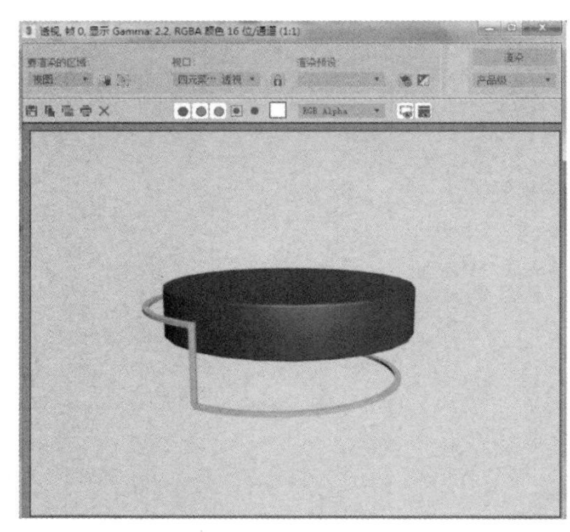

图 11-3 渲染帧窗口

4. “渲染迭代”工具

该工具可在迭代模式下渲染场景，而无须打开“渲染设置”对话框。

迭代渲染会忽略文件输出、网络渲染、多帧渲染、导出到 MI 文件和电子邮件通知。在图像（通常对各部分迭代）上执行快速迭代时使用该工具；例如，处理最终聚集设置、反射或者场景的特定对象或区域。同时，在迭代模式下进行渲染时，渲染选定对象或区域会使渲染帧窗口的其余部分保留完好。

该工具渲染结果也与图 11-3 相同。

5.“ActiveShade（动态着色）”工具

单击该按钮可以在浮动的窗口中执行“动态着色”渲染。如同渲染命令一样，ActiveShade 窗口注重“渲染设置”对话框中的“输出大小”设置。要想使用不同的图像大小，请先在“渲染设置”对话框中进行设置，然后打开 ActiveShade 窗口。该工具的渲染结果如图 11-4 所示。

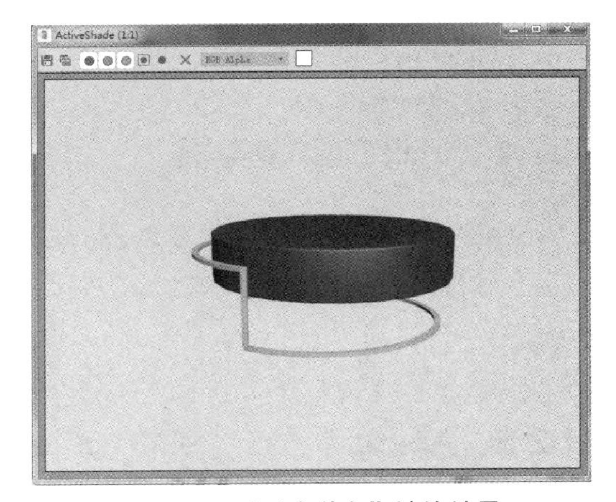

图 11-4　“动态着色”渲染结果

6.“在云中渲染”工具

该工具使用 Autodesk Cloud 渲染场景。Autodesk Rendering 使用云资源，因此可以在进行渲染的同时继续使用桌面，如图 11-5 所示。

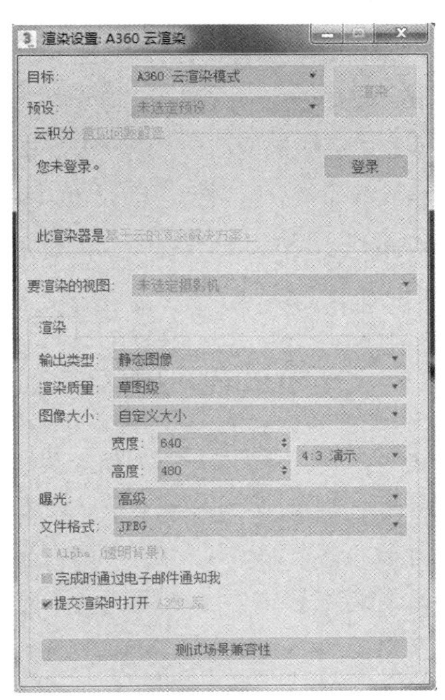

图 11-5　在云中渲染

11.2　常用渲染器

11.2.1　扫描线渲染器

扫描线渲染器可以将场景渲染为从上到下生成的一系列扫描线，它是随 3ds Max 一同提供的产品级渲染器，而不是在视口中使用的交互式渲染器。产品级渲染器生成的图像显示在渲染帧窗口，该窗口是一个拥有其自己的控件的独立窗口。

单击主工具栏中的“渲染设置”工具或按“F10”功能键，即可打开“渲染设置”对话框。3ds Max 默认的产品级渲染器就是扫描线渲染器，如图 11-6 所示。

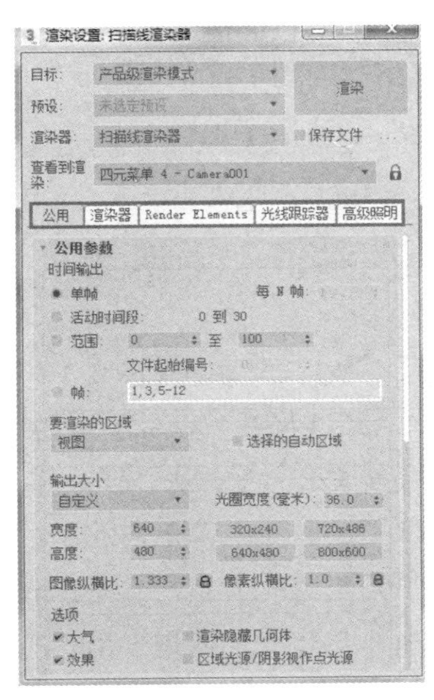

图 11-6　“渲染设置：扫描线渲染器”对话框

扫描线渲染器的参数有“公用”“渲染器”“Render Elements（渲染元素）”“光线跟踪器”和“高级照明”5 大选项卡。该渲染器渲染质量不高，但渲染速度较快，因此在渲染质量要求不高的情况下可以用它来进行渲染。

11.2.2 Quicksilver 硬件渲染器

Quicksilver 硬件渲染器使用图形硬件生成渲染，其优点是速度快，默认设置提供快速渲染。

这是因为 Quicksilver 硬件渲染器同时使用 CPU（中央处理器）和 GPU（图形处理器）加速渲染，使用越频繁，其速度越快。Quicksilver 硬件渲染器可以渲染多个透明曲面。

要想使用 Quicksilver 硬件渲染器，图形硬件必须支持 Shader Model 3.0（SM 3.0）或更高版本。

11.2.3 ART 渲染器

ART（Autodesk Raytracer）渲染器是一种仅使用 CPU 并且基于物理方式的快速渲染器，适用于建筑、产品和工业设计渲染与动画。

ART 渲染器提供几乎没有学习难度的最少量设置，以及熟悉的工作流，借助 ART 渲染器可以渲染大型、复杂的场景，并通过 Backburner 在多台计算机上利用无限渲染。

ART 渲染器的优势之一是 ActiveShade 中的快速、交互式工作流。用户可以快速操纵灯光、材质和对象，查看结果在 ActiveShade 窗口中逐步完善。

11.2.4 VUE 文件渲染器

使用 VUE 文件渲染器可以创建 VUE（*.vue*）文件。VUE 文件使用可编辑 ASCII 格式。

11.2.5 Arnold

Arnold for 3ds Max（MAXtoA）包含在 3ds Max 2018 及以上版本的默认安装中，用于支持从界面进行交互式渲染。

11.2.6 VRay 渲染器

VRay 渲染器是保加利亚的 Chaos Group 公司开发的一款高质量渲染引擎，主要以插件的形式存在于 3ds Max、Maya、SketchUp 等软件中。由于 VRay 渲染器可以真实地模拟现实光照，并且操作简单，可控性也很强，因此被广泛应用于工业设计、建筑表现和动画制作等领域。

VRay 渲染器的渲染速度与渲染质量比较均衡，也就是说，在保证较高渲染质量的前提下也具有较快的渲染速度，所以它是目前效果图制作领域最为流行的渲染器。

安装好 VRay 渲染器之后，若想使用该渲染器来渲染场景，那么可以按“F10”键打开“渲染设置”对话框，然后在“公用”选项卡中展开“指定渲染器”卷展栏，接着单击“产品级”选项右侧的“选择渲染器”按钮，最后在弹出的对话框中选择 VRay 渲染器即可。

VRay 渲染器的参数主要包括“公用”“VRay”“间接照明”“设置”和“Render Elements（渲染元素）”5 大选项卡。

如果要将当前渲染器设置为其他渲染器，则可以按“F10”键打开“渲染设置”对话框，然后在“渲染器”下拉列表中直接选择相应的渲染器即可，如图 11-7 所示。

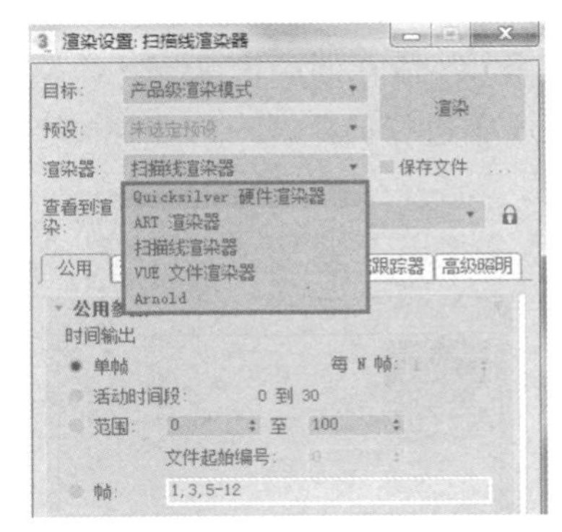

图 11-7 “渲染设置”对话框

11.3 扫描线渲染器的使用方法

11.3.1 快速渲染

当完成一个产品或场景的模型创建，并赋予了相应的材质贴图，设置好灯光和摄影机之后，即可对产品或场景进行快速渲染。其方法是先选择要渲染的视图，然后单击主工具栏中的“渲染产品”按钮，即可渲染出产品或场景的图片。

例如，打开第 9 章创建的“静物.max”文件，场景效果如图 11-8 所示。

图 11-8 静物

单击主工具栏中的“渲染产品”按钮，即可快速渲染出产品图片，如图 11-9 所示。

图 11-9 渲染产品效果

如果想要将渲染出的图片保存为图片文件，则单击图 11-9 中左上角的“保存图像”按钮，随之会打开“保存图像”对话框，如图 11-10 所示。在该对话框中设置好文件的保存位置、文件名称和保存类型之后，单击“保存”按钮，系统会弹出“JPEG 图像控制”对话框，如图 11-11 所示。在该对话框中可以设置图像保存的质量，一般可取系统默认值，单击“确定”按钮，渲染图片即保存为 JPEG 格式的图像文件，该文件可在其他程序中进行应用。

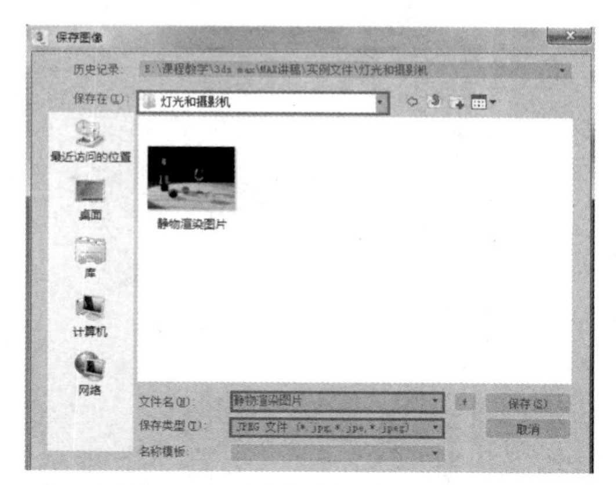

图 11-10 “保存图像”对话框

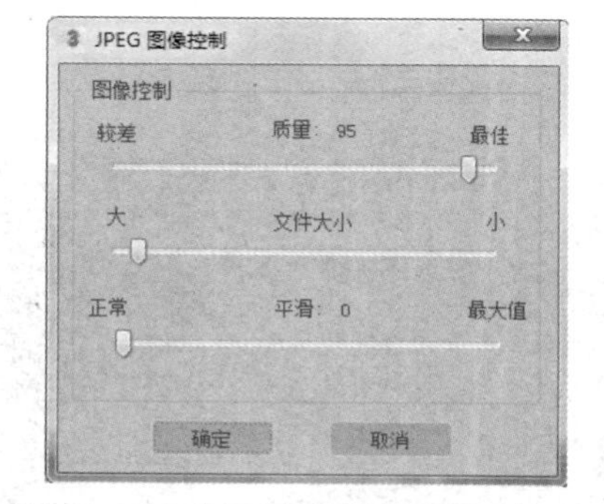

图 11-11 “JPEG 图像控制”对话框

11.3.2 渲染设置

如果想进行更加灵活的渲染，则需进行渲染设置。方法是：单击主工具栏中的“渲染设置”按钮，打开“渲染设置：扫描线渲染器”对话框，在该对话框中即可进行较为灵活的渲染设置，如图 11-12 所示。

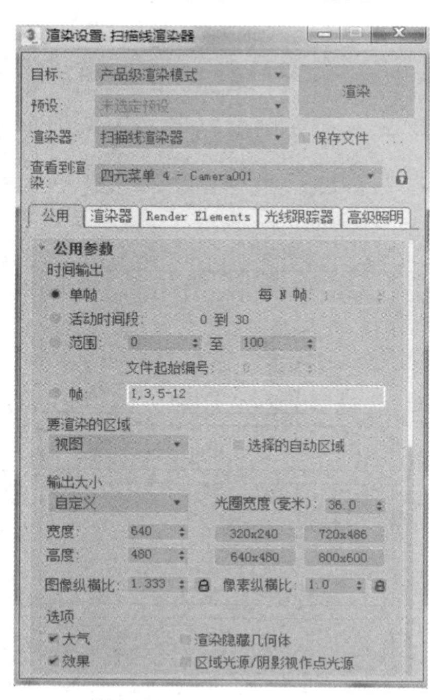

图 11-12 “渲染设置：扫描线渲染器”对话框

例如，可在“时间输出”组合框中设置渲染的帧数，是“单帧”还是“活动时间段”等；在“输出大小”组合框中可设置渲染输出的图像大小，系统默认为 640px×480px；在“渲染输出”组合框中可设置输出文件的保存位置等，用户可根据需要灵活设置。

参考文献

[1] 胡仁喜，孟培，等．3ds Max 2016 中文版从入门到精通[M]．北京：机械工业出版社，2016．

[2] 时代印象．中文版 3ds Max 2014 完全自学教程[M]．北京：人民邮电出版社，2013．

[3] 尹新梅，等．3ds Max 2012 三维建模与动画设计实践教程[M]．北京：清华大学出版社，2014．

[4] 李广松，黎波．3ds Max 建模 • 灯光 • 材质 • 渲染综合实例教程[M]．北京：人民邮电出版社，2014．

[5] 王珂．3ds Max 2012 中文版从入门到精通[M]．北京：人民邮电出版社，2013．

[6] 李涛，刘刚，郭文朝．3ds Max 2012+VRay 室内效果图案例教程[M]．北京：高等教育出版社，2012．

[7] 谭雪松，杨明川，唐浩．3ds Max 2011 中文版基础教程[M]．北京：人民邮电出版社，2011．

[8] 赵道强．3ds Max 8 工业设计实例解析[M]．北京：中国铁道出版社，2007．

[9] 神龙工作室．3ds Max 8 中文版入门与提高[M]．北京：人民邮电出版社，2007．

[10] 李斌，等．3ds Max 8&VRay 渲染器高级实例[M]．北京：清华大学出版社，2007．

[11] 刘正旭，等．3ds Max 8 渲染的艺术——VRay 篇[M]．北京：电子工业出版社，2007．

[12] 九州星火传媒．3ds Max 8 工业设计[M]．北京：电子工业出版社，2006．

[13] 杨国峰，赵射．3ds Max 6 标准教程[M]．北京：中国青年出版社，2004．

[14] 杨勇，等．3ds Max 6 精彩设计百例[M]．北京：中国水利水电出版社，2004．

[15] 编委会．中文 3ds Max 5.0/6.0 精彩创作 50 例[M]．陕西：西北工业大学出版社，2004．

[16] 雪茗斋电脑教育研究室．3ds Max 艺术效果 100 例[M]．北京：人民邮电出版社，2004．

[17] 袁承武，袁丽娜．3ds Max 5 基础教程[M]．北京：机械工业出版社，2004．

[18] 高军锋，等．3ds Max 5 轻松课堂实录[M]．北京：中国宇航出版社，2003．

反侵权盗版声明